航空发动机新技术丛书

多电航空发动机滑模容错控制

Silding More Fault Tolerant Control for More Electric Aero-Engines

肖玲斐 叶志锋 刘 威 著

北京航空航天大学出版社

内容简介

随着国内外航空动力系统的持续发展，多电航空发动机控制已成为近年来新兴研究热点之一。本书围绕多电航空发动机，基于滑模理论，较为全面地阐述多电航空发动机整机及其典型部件的容错控制方法，具有理论与工程相结合的显著特点。本书内容主要包括多电航空发动机及其控制研究的国内外现状与发展趋势、面向控制系统设计的航空发动机建模、航空发动机先进滑模容错控制、多电航空发动机交直流混合电力系统智能容错控制、磁悬浮轴承系统滑模容错控制、起动/发电机系统滑模控制与容错策略、航空电动燃油泵滑模容错控制等。

本书可作为航空宇航科学与技术、动力工程及工程热物理、能源动力、航空航天、动力机械、电气工程、自动化等相关领域从事系统建模、容错设计、先进控制等研究与应用工作的科研人员、工程技术人员及高等院校相关专业的教师、高年级本科生、硕士研究生和博士研究生的参考书。

图书在版编目(CIP)数据

多电航空发动机滑模容错控制 / 肖玲斐，叶志锋，刘威著. -- 北京 ：北京航空航天大学出版社，2023.1

ISBN 978-7-5124-4045-6

Ⅰ. ①多… Ⅱ. ①肖… ②叶… ③刘… Ⅲ. ①航空发动机—控制系统—容错技术 Ⅳ. ①V233.7

中国国家版本馆 CIP 数据核字(2023)第 025178 号

多电航空发动机滑模容错控制

肖玲斐　叶志锋　刘　威　著

策划编辑　龚　雪　　责任编辑　周世婷

*

北京航空航天大学出版社出版发行

北京市海淀区学院路 37 号(邮编 100191)　http://www.buaapress.com.cn

发行部电话：(010)82317024　传真：(010)82328026

读者信箱：goodtextbook@126.com　邮购电话：(010)82316936

北京建宏印刷有限公司印装　各地书店经销

*

开本：710×1 000　1/16　印张：18　字数：384 千字

2023 年 2 月第 1 版　2023 年 2 月第 1 次印刷

ISBN 978-7-5124-4045-6　定价：119.00 元

若本书有倒页、脱页、缺页等印装质量问题，请与本社发行部联系调换。联系电话：(010)82317024

《航空发动机新技术丛书》
编写委员会

前　言

航空发动机除了提供飞机飞行所需动力外，还要为飞机上的次级功率系统（气动系统、液压系统、机械系统、电气系统）提供动力。由于飞机的各类机载设备需要消耗越来越多地的电能，导致对航空发动机电功率的要求也越来越高，故航空发动机需要更新的技术以满足这一要求。随着电力电子技术的飞速发展，现代航空动力系统出现了多电化、全电化的概念。欧美等国家在20世纪90年代先后实施了多电飞机计划，其中多电航空发动机是多电飞机的关键技术。

多电航空发动机利用电能代替传统发动机上的液压能、气压能以及机械能等二次能源，因其具有能够提高推进系统效率、减少尾气排放、提高燃油经济性、降低附件的复杂度、有利于设备的维护和检修、提高航空发动机运行的可靠性等诸多优点，而成为航空发动机的重要发展方向，对于推动多电飞机的发展亦发挥着举足轻重的作用。多电航空发动机包括推进子系统、发电子系统、燃油子系统、配电子系统等若干个子系统，其核心部件包括主动磁悬浮轴承、起动/发电机、电动燃油泵、电力作动器等。

本书紧跟航空发动机前沿技术，以多电航空发动机控制系统为主要内容，并结合了作者团队近年来的科学研究成果。第1章综述多电航空发动机、滑模控制、容错控制、多电航空发动机容错控制研究现状与发展趋势；第2章简要介绍面向控制系统设计的几种典型航空发动机建模方法；第3章在给出滑模控制基本理论的基础上，介绍航空发动机传感器故障分数阶滑模容错控制和基于自适应故障诊断的航空发动机滑模容错控制；第4章通过多电发动机交直流混合电源系统设计、直流母线电源侧的智能容错控制和基于DC/AC的虚拟同步发电机设计，阐述基于交直流混合电力系统的多电航空发动机智能容错控制；第5章由推力主动磁悬浮轴承系统到五自由度主动磁悬浮轴承转子系统，逐步介绍包括推力主动磁悬浮轴承系统二重积分滑模控制、五自由度主动磁悬浮轴承转子系统微分滑模控制、磁悬浮轴承转子系统传感器故障滑模容错控制在内的主动磁悬浮轴承系统滑模控制与容错控制方法；第6章介绍涉

及三级式同步起动/发电系统原理与建模、基于分数阶自抗扰控制的起动控制器设计、基于滑模串级自抗扰控制的发电过程稳态调压控制器设计、起动/发电切换保护容错控制策略等内容的三级式同步起动/发电机容错控制;第7章围绕航空电动燃油泵,研究基于二次型积分滑模面的组合滑模控制方法和航空电动燃油泵执行机构滑模容错控制方法,并介绍了电动燃油泵硬件实验平台。

在多电航空发动机控制系统研究领域,作者团队已经培养了十余名研究生。正是各位同学的辛勤付出和创新性工作,才促成了本书的问世。在这里向阮祝鑫、丁润泽、何晓聪、陈玉升、徐敏、黄欣浩、孟祥硕、林聪、谭雨硕、蔡萃英、龚仁吉等同学表示衷心的感谢。同时,也非常感谢北京航空航天大学出版社负责本书出版工作的相关人员,由于他们的认真负责,提高了本书的出版质量。

本书基本涵盖多电航空发动机控制系统的重要相关内容,期望能给相关研究人员提供一定的参考。在撰写过程中,尽管作者力图精准,但由于多电航空发动机控制相关的理论和技术涉及面较广,限于作者研究水平和条件,故书中难免存在不足之处,恳请读者批评指正。

作　者
2022年9月于南京

目 录

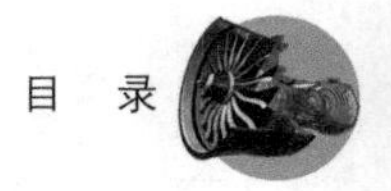

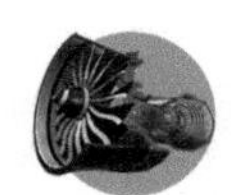

第 1 章
绪　论

1.1 多电航空发动机简述

航空发动机除了提供飞机飞行所需动力外，还要为飞机上的次级功率系统(气动系统、液压系统、机械系统、电气系统)提供动力。由于飞机的各类机载设备越来越多地消耗电能，对航空发动机电功率的需求也越来越大，航空发动机需要新的技术满足这一需求。随着电力电子技术的飞速发展，现代航空动力系统出现了多电化、全电化的概念。美欧等国家在 20 世纪 90 年代先后实施了多电飞机的计划，其中多电航空发动机(More Electric Aero-Engines，MEE)是多电飞机的核心技术。

多电航空发动机一般被用来指代安装在多电飞机上的发动机，其在传统航空发动机的基础上，应用新技术和新部件，利用电能代替传统的液压能、气压能以及机械能等二次能源。这样不仅可以减小航空发动机的体积重量，降低附件的复杂度，同时还有利于设备的维护和检修，提高航空发动机运行的可靠性。因此，多电航空发动机是未来高性能航空发动机的重要发展方向之一。

1.1.1 传统飞机

20 世纪 40 年代，飞机中的二次能源开始采用气动、液压、电能、机械传动等混合能源的模式。在传统飞机中，航空发动机作为能量转换设备，将燃料的化学能转变为机械功率，其中功率的主要部分是推进功率，表现为航空发动机的推力，而另一部分功率通过附件设备转化为四类次级能源，即气压能、液压能、电能、机械能。传统飞机发动机的功率分配如图 1.1 所示。

由图 1.1 可见，传统飞机发动机次级功率的分配如下：一是提取发动机压缩机后的高温高压空气用于除冰、环境引气的动力；二是附件机匣提取飞机发动机的机械功率，包括液压泵构成的集中式液压能源燃油泵以及其他机械传动系统；三是集中式液

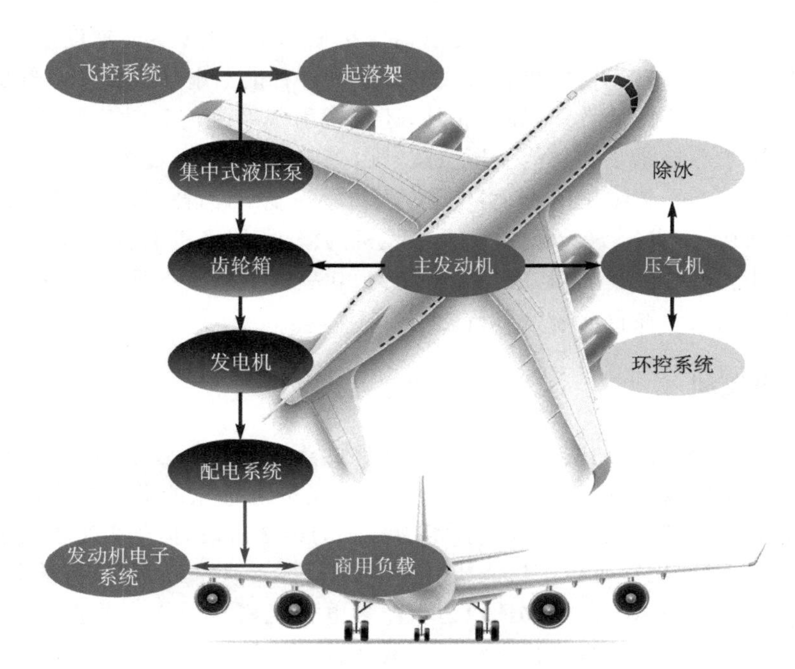

图 1.1　传统飞机发动机的功率分配

压用于飞机的操纵舵起落架、刹车等；四是由发动机转子带动主发电机，为飞机电子系统、娱乐系统提供电能，此类结构抽取发动机功率，结构复杂，增加飞机总重，降低发动机效率，导致能源使用率降低，飞机可靠性及生命力降低。

图 1.2 所示为传统飞机二次能源结构。在传统飞机中，二次能源通过发动机附

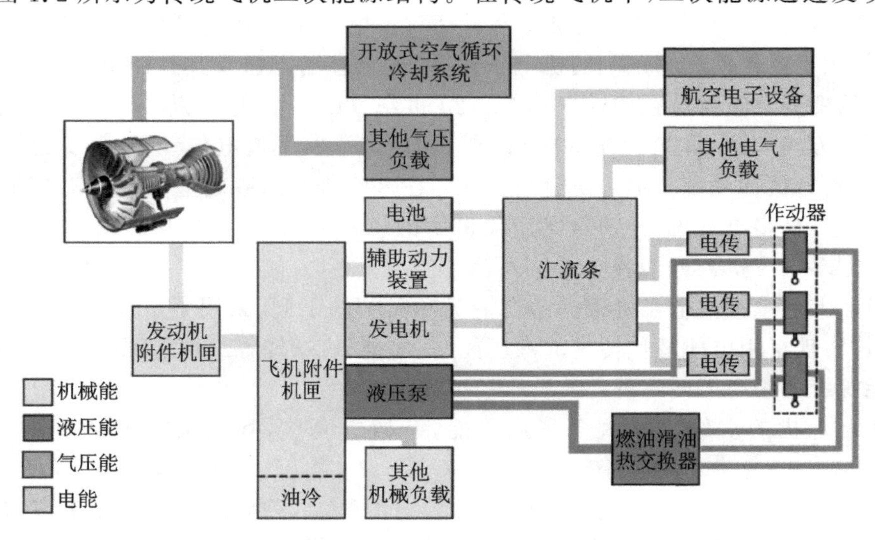

图 1.2　传统飞机二次能源结构

件机匣和飞机附件机匣首先从发动机转子提取机械功率，再转换成辅助动力装置等的机械能，经由交流或直流发电机转换成电能带动各种航空电子设备和电气负载、液压泵（由液压系统的液压能带动）等。此外，还通过引气系统将发动机转子机械能转变成气压能，用于环控系统和其他气压负载。由图1.2可看出，传统飞机二次能源存在种类多、结构复杂导致维护困难、引气等措施增大了燃油消耗、效率低等问题。

综上，各国在20世纪70年代提出全电飞机的概念，即飞机上所有次级能源均采用电能，电力作动的方式。然而，由于发电能力、功率调节能力不足，以及先进控制能力欠缺，导致全电飞机在目前还不可行。

1.1.2 多电飞机

随着世界能源危机的加剧，人们对绿色环保的逐渐重视以及航空业对降低飞行成本、提高利润率的渴望，电气化飞机应运而生。飞机电气化的发展分为以多电/全电技术为标志的第1阶段和以电推进技术为标志的第2阶段，但受多种因素制约，尚未出现大型电推进民用客机或军机飞机。对于大型客机或军机而言，目前研究以多电飞机（More Electric Aircraft，MEA）为主。多电飞机概念及技术的提出与应用改变了传统飞机设计理念，使得飞行更清洁高效，满足了军民用飞机不断增长的电能需求，因此受到世界上许多国家和相关企业的高度重视。

多电飞机概念在20世纪70年代以全电飞机（All Electric Aircraft，AEA）名字提出，而多电飞机是为了达成全电飞机目标发展过程中的过渡阶段，也常合称为多电/全电飞机。多电飞机的关键技术包括多电发动机技术、一体化起动发电技术、交流或高压直流电源系统技术、自动配电技术、电机驱动技术、机电作动器等电作动技术等。20世纪80年代，国外主要研究了针对多电飞机电功率管理分配的固态功率控制器、用于电作动刹车系统的机电作动器、永磁容错电机及其控制器、多电飞机电源系统的变频发电机与频率转换器等。20世纪90年代，美国和欧洲制定了相应详细的研究方向和计划，20世纪80年代到90年代开展了机电作动器、开关磁阻发动机起动/发电机等关键技术的研究与验证。在这些研究的基础上，21世纪初期，出现了公认的三种多电飞机，分别是民用飞机中的A-380、B-787和军用飞机F-35。三种典型多电飞机数据如表1.1所列。

虽然上述三种多电飞机根据各自情况和需求的不同，采用了不同的多电飞机技术，但均实现了用电能替代传统的液压能、气压能、机械能等二次能源，使飞机使用的二次能源统一为电能的目的。

多电飞机的次级功率大多采用电能，结构更简单，其二次能源结构如图1.3所示。

由图1.3可看出，多电飞机将电能作为二次能源，因此简化了飞机和发动机结构。例如多电飞机取消或简化了发动机和飞机附件机匣，取消了引气系统，并将传统飞机的液压作动系统变为以电能带动的电液作动机构，将传统的机械作动系统变为由电能带动的机电作动机构。起动/发电机将发动机转子的机械能转变成电能,并通过功率变换器与汇流条相连,由汇流条和功率变换器将电力分配给包括电环控系统在内的多种负载。这样的改进,一方面简化了传统发动机结构,另一方面能为飞机提供更高的电功率,满足多电飞机对电能不断增加的需求。

表 1.1 三种典型多电飞机数据

对比项目	多电飞机种类		
	A-380	B-787	F-35
首飞时间	2005年	2009年	2006年
运营/服役时间	2007年	2011年	2011年
发动机数量/台	4	2	1
发电机类型	变频交流发电机	变频交流发电机	起动/直流发电机
发电机数量与规格	4×150 kV·A	4×250 kV·A	2×125 kV·A

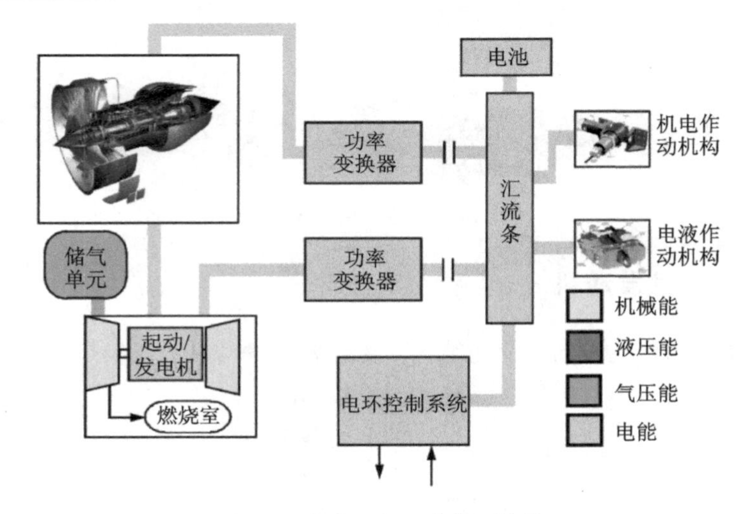

图 1.3 多电飞机二次能源结构

可见,多电飞机旨在将部分次级能源替换为电能,实现电力作动。多电飞机依靠其高可行性而受到广泛关注,主要优势如下:

① 降低飞机重量;

② 降低飞机造价;

③ 降低燃油效率(Specific Fuel Consumption,SFC);

④ 降低飞机布置费用;

⑤ 降低飞机维护费用;

⑥ 增加系统可靠性;

⑦ 增加飞行半径。

如图 1.4 所示，多电飞机中的次级能源主要由主发动机带动发电机产生电能，再由配电系统驱动各个需电单元。

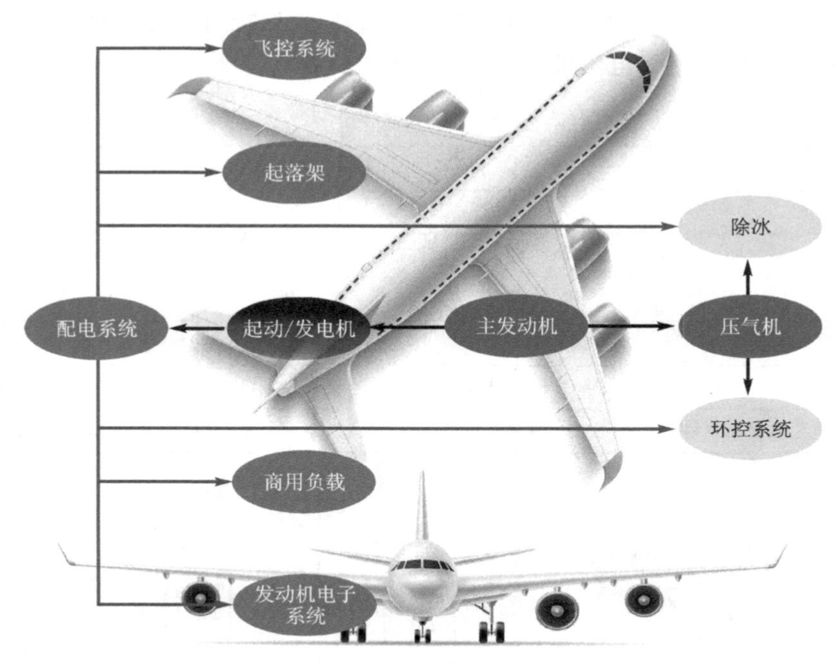

图 1.4　多电飞机功率分配

1.1.3　传统航空发动机

图 1.5 所示为传统发动机简化结构。传统航空发动机不仅仅是一个飞机推进系

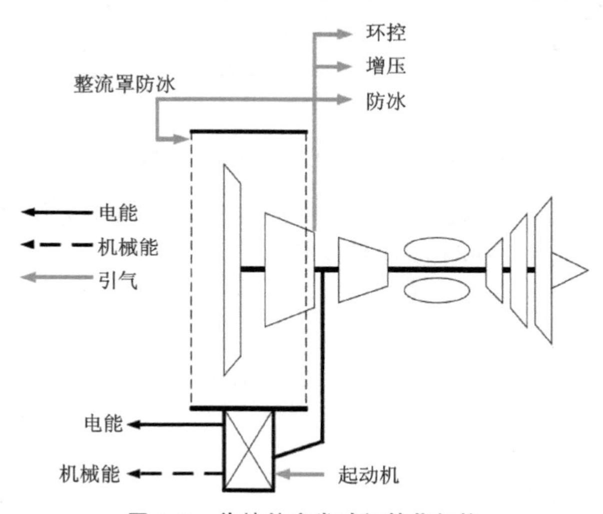

图 1.5　传统航空发动机简化机构

统，同时也为飞机附属系统提供动力和功率，例如发动机执行机构系统、控制系统、机载娱乐系统、环控系统等。在传统发动机中，飞机附属系统这部分功率主要有两种途径抽取，一是由发动机压气机引气，二是通过附件机匣提取轴功率。然而，附件机匣是一类复杂、大重量的子系统，其应用导致发动机推重比降低，功率损耗增加，发动机迎风面积增大。

1.1.4 多电航空发动机

随着多电飞机的发展，飞机的动力系统也发生了许多重大改进，其中最主要的是多电航空发动机。

Trent1000 和 GEnx 是目前已经使用的两种典型多电航空发动机，其结构如图 1.6 和图 1.7 所示。

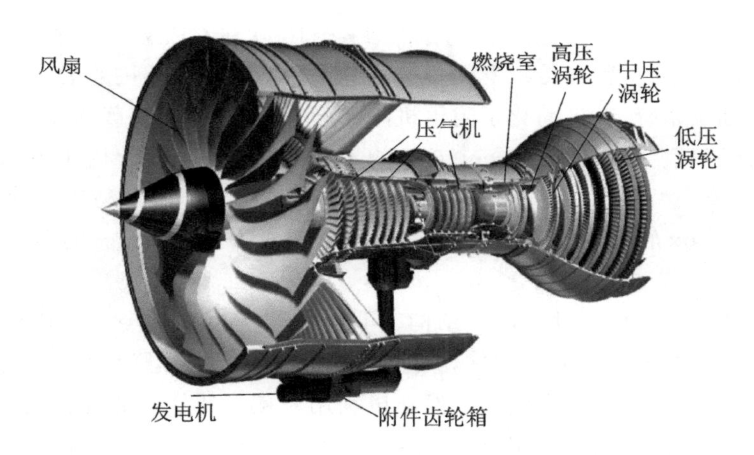

图 1.6 Trent1000 结构

图 1.7 GEnx 结构

Trent1000 与 GEnx 部分数据对比如表 1.2 所列。

表 1.2　Trent1000 与 GEnx 数据

参　数	发动机型号	
	Trent1000	GEnx
轴数	三轴	双轴
最大推力/kN	330	330
压比	50:1	43:1
高压涡轮级数	1	2
中压涡轮级数	1	0
低压涡轮级数	6	7

由图 1.6、图 1.7 和表 1.2 可知，虽然 Trent1000 和 GEnx 两款多电航空发动机在设计上有所区别，但都在传统发动机基础上采用了多电发动机的诸多关键技术，如使用磁悬浮轴承系统、改进简化了附件机匣部分等，以便为所搭载的飞机提供更充足的电力、降低能耗。GEnx 与 Trent1000 的不同之处在于，其使用了两台一体化起动/发电机。该类型起动/发电机一方面在 GEnx 起动时作为起动机带动高压转子，另一方面在 GEnx 转速大于慢车转速时，作为发电机为搭载 GEnx 的 B787 提供三相交流电。

图 1.8 所示为多电发动机简化结构。不难发现，与传统航空发动机相比，多电航空发动机上有大量的电力驱动部件，典型的部件包括主动磁悬浮轴承、起动/发电机、电动燃油泵、电力作动器。多电航空发动机利用非接触式主动磁悬浮轴承代替传统的接触式轴承，取消了润滑系统、冷却系统，降低了结构复杂度，减轻了重量；利用内

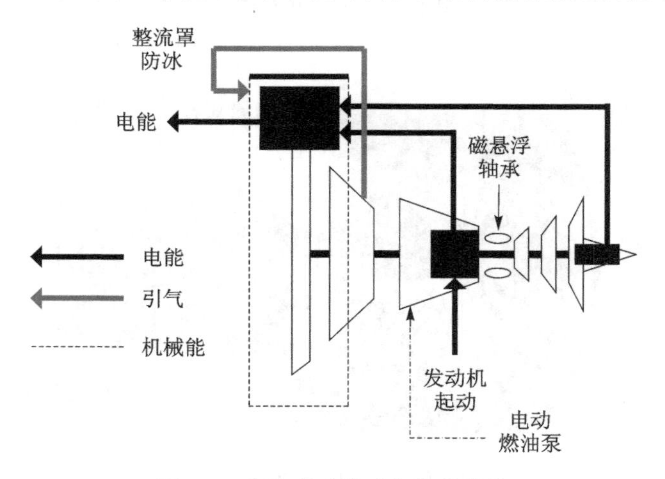

图 1.8　多电航空发动机简化结构

置式的起动/发电机完成起动过程，正常工作后起动电机转作发电机，为飞机上所有的用电系统提供电力支持；采用电动燃油泵代替由附件齿轮箱驱动的燃油泵，利用电子控制器调整电机转速来实现对燃油的调控，避免了在一些飞行状态下因燃油泵与发动机转速直接相关而排出大量多余燃油，因此取消了回油机构和冷却机构，简化了内部结构，从而能够有效地提高推进系统效率，减少尾气排放，提高燃油经济性；利用电子作动器取代液压作动器，作动功率源由独立液压源变为电力源，安装位置更加灵活。

因此，相比于传统航空发动机，多电航空发动机的主要优势包括：① 简化了航空发动机结构，有利于减轻航空发动机重量；② 降低了航空发动机复杂度，有利于提高可靠性；③ 有助于降低航空发动机制造成本和维修成本。

1.2 滑模控制理论与应用简述

滑模控制(Sliding Mode Control, SMC)也叫滑模变结构控制，本质上是一类特殊的非线性控制，且非线性表现为控制的不连续性。这种控制策略与其他控制的不同之处在于系统的“结构”并不固定，而是可以在动态过程中根据系统当前的状态(如偏差及其各阶导数等)，有目的地不断变化，迫使系统按照预定“滑动模态”的状态轨迹运动。由于滑动模态可以进行设计且与对象参数及扰动无关，使得滑模控制具有快速响应、对应参数变化及扰动不灵敏、无须系统在线辨识、物理实现简单等优点。滑模控制现在已形成一套比较完整的理论体系，对非线性系统具有良好控制性能，对多输入多输出系统的可应用性，对离散时间系统的建立提供良好的设计标准，已广泛应用到各种工业控制对象中。滑模控制具有很好的鲁棒性，当系统处于滑动模态时，对被控对象的模型误差、对象参数的变化以及外部干扰有极佳的不敏感性。

1.2.1 滑模控制理论与应用的发展过程与趋势

1. 第一阶段(1957—1960) ——萌芽时期

苏联学者 Utkin 和 Emelyanov 提出了变结构控制的概念，研究对象主要集中在以误差及误差一阶导数作为状态量的二阶系统上，系统多为单输入单输出系统(Single Input Single Output, SISO)，随后推广至任意阶线性系统。主要研究内容为滑模面的限制问题与切换问题。

2. 第二阶段(1960—1980)——快速发展

滑模变结构控制理论正式提出，研究对象扩展至多输入多输出系统(Multi Input Multi Output, MIMO)。在这一时期，Utkin 发表和出版了一系列文章和专著，正式提出了滑模变结构控制，完善了滑模变结构理论，引起了广泛关注，在滑模控制的应用等方面取得丰富成果。

3. 第三阶段(1980至今)—— 全面、融合发展

得益于计算机技术和电子信息的快速发展，滑模控制迎来了理论与应用研究的大发展、大繁荣时期。在理论上出现了高阶滑模、分数阶滑模等新兴控制算法。在与先进控制结合的复合控制中出现了自适应滑模控制，模糊滑模控制、神经网络滑模控制等一系列分支。在研究对象上应用范围更广，覆盖连续系统、时滞系统、不确定系统、离散系统、非线性系统等。其应用不仅仅局限于系统的镇定调节，而且进一步拓展至系统的伺服调节、自适应控制、最优控制、状态观测器、故障辨识、系统辨识等方面。与其他控制方法的多角度、多层次深度融合，将是滑模理论与应用研究的重要发展趋势。

1.2.2 滑模控制中存在的主要问题

1. 抖振问题

当系统处于滑模面上时，系统对参数摄动及外界干扰具有完全的鲁棒性。通过高频切换控制使系统保持在滑模面上，沿滑模面移动至状态空间原点。然而，高频的切换控制不可避免的导致抖振。抖振问题不但可能引起未建模部分的高频振荡，甚至会引发系统崩溃。抖振成为滑模控制的固有缺陷。

2. 趋近阶段问题

滑模控制因其易实现、鲁棒性好而受到广泛关注。然而其对不确定性的鲁棒性是建立在系统进入滑动模态的条件上的。在到达滑模面以后，系统进入滑动模态，对于外干扰具有完全的鲁棒性。但在趋近滑模面的过程是不具有鲁棒性的。因此，如何缩短趋近阶段是滑模控制需要研究的问题之一。为了消除趋近阶段，积分滑模应运而生。在设计滑模面的过程中，加入积分项，使得系统从初始时刻就位于滑模面上，移除了趋近阶段，保证了系统全局的鲁棒性。

3. 匹配条件问题

除趋近问题外，不确定性的匹配条件也制约着滑模控制的发展。滑模控制对于施加在控制通道的匹配干扰能够自动地进行补偿，保证鲁棒性。然而对于控制通道外的干扰，鲁棒性得不到保证。

1.3　容错控制理论与应用简述

容错控制(Fault Tolerant Control，FTC)发展至今只有几十年的历史，是一门新兴交叉学科。容错控制是指当控制系统发生故障时，能基于系统现有信息，自动地补偿故障对系统带来的影响，能够保证系统稳定，并具有一定性能，尽可能地保证故障系统的能力。现代控制理论研究的对象和系统正朝着大规模复杂化的方向发展，如航空航天领域和核设施方面。此类系统一旦发生故障，如不能及时进行容错控制，将导致灾难性的人员和财产损失。如美国运载火箭“大力神”“雅典娜”多次发射失败，造成约30亿美元的经济损失。此类系统的特殊要求是这门学科迅速发展的一个最重要的动力来源。人们迫切需要保证系统的可靠性。基于解析冗余技术的容错控制为保证系统可靠性、鲁棒性开辟了新的道路。

容错控制的思想以Niederlinski提出完整性控制为开端，其发展经历了20世纪50年代到60年代的复合冗余容错技术，以及20世纪60年代到70年代的硬件冗余容错技术。在这一阶段，少数工业发达国家(如美国、英国、法国、日本等)就现代大型设备的故障诊断和容错技术展开了研究，并且在众多工程领域得到了较好的应用，延长了许多设备的使用寿命，取得了显著的经济效益。20世纪70年代到80年代，出现了解析冗余容错技术，即利用数学模型产生的冗余信号来进行故障诊断和容错控制的思想逐渐被人们所接受。20世纪80年代至今是基于解析冗余的容错技术的成熟阶段和其他智能容错方法的发展时期。Siljak于1980年发表的可靠镇定文章是专门研究容错控制的文章之一；1993年，国际自动控制联合会(International Federation Of Automatic Control，IFAC)故障诊断与安全性专业委员会主席Patton发表容错控制综述文章。自20世纪80年代开始，国际自动控制界高度重视容错控制的发展。1986年，在美国Santa Clara大学举办的自动控制峰会上，多变量、自适应和容错控制被列为控制学科富有挑战性的课题。自1991年起，IFAC每三年都会召开故障诊断(Fault Detection And Diagnosis，FDD)与容错控制(FTC)方面的国际专题研讨会。目前FDD与FTC方面的论文不断增加，成为控制领域热门研究之一，在许多重要会议上硕果累累，如AIAA Guidance，Navigation，Control Conference，American Control Conference，European Control Conference，IEEE Conference on Decision and Control，IFAC World Congress和IFAC Safe Process。20世纪80年代，容错控制主要研究对象为飞机及飞控系统，主要目标是实现飞机系统自恢复，即在发生故障的情况下能够安全着陆。这主要是多起商业飞机事故激励的(Delta Flight 1080，American Airlines Flight 191，EL AL Flight 1862)。Three Mile Island事件和Chornobyl核反应堆事件以后，容错控制的范围拓展至各个危险系统。

根据系统处理故障和冗余的不同方式，容错控制系统可分为被动容错控制(Passive Fault Tolerant Control System，PFTCS)和主动容错系统(Active Fault Tolerant Control System，AFTCS)。容错控制系统的分类如图 1.9 所示。

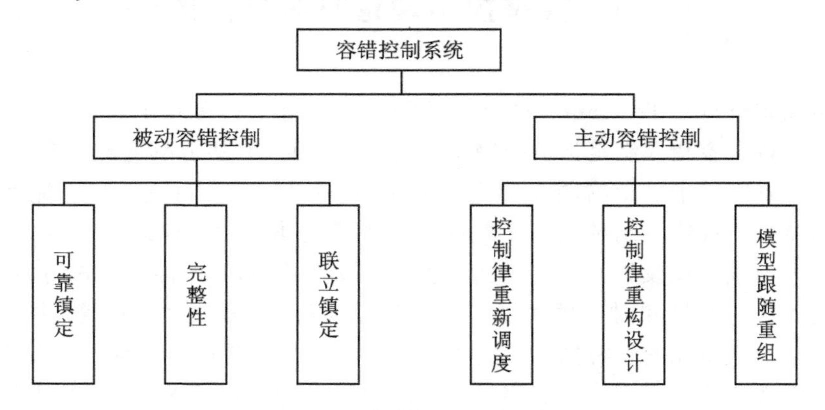

图 1.9 容错控制系统分类

1.3.1 被动容错控制

被动容错控制就是在不改变控制器结构和参数的条件下，利用鲁棒控制技术使整个闭环系统对某些确定的故障具有不敏感性，以达到故障后系统在原有的性能指标下继续工作的目的。PFTCS 这种策略的容错能力是有限的，其有效性依赖于原始无故障时系统的鲁棒性。被动容错控制器的参数一般为常数，不需要获知故障信息，也不需要在线调整控制器的结构和参数。被动容错控制大致可以分成可靠镇定、完整性、联立镇定三种类型。

1. 可靠镇定

用多个补偿器进行可靠镇定的概念是由 Siljak 于 1980 年最先提出的，随后一些学者又对其进行了深入研究。目前，对可靠镇定问题的研究已基本成熟，再加上容错计算机技术的发展，计算机硬件和软件的可靠性已达到了较高水平，控制器本身的可靠性得到了保证。因此这方面的研究已经日趋平淡。

2. 完整性

完整性问题也称作完整性控制，一直是被动容错控制中的热点研究问题。该问题之所以有很高的应用价值，是因为控制系统中执行器长期频繁地执行控制任务，是最容易发生故障的部件之一。某些执行器的失效可能使系统失去预期的性能指标，在这种情况下即使某些开环稳定的系统在闭环后也可能失去稳定性。如果在部分执行器失效时整个系统仍能稳定工作，则称该系统具有完整性。

3. 联立镇定

联立镇定有以下两个主要作用:其一,当被控对象发生故障时,可以使其仍然保持稳定,具有容错控制的功能;其二,对非线性对象,经常采用线性控制方法在某一工作点上对其进行控制。当工作点变动时,对应的线性模型也会发生变化,此时具有联立镇定能力的控制器就仍然可以镇定被控对象。

被动容错控制系统的设计基于系统中存在着的冗余现象,设计的控制器结构和参数一般具有固定形式,并不需要故障诊断机构,也不必进行控制重组,因此易于实现。这是被动容错控制策略的优点。

1.3.2 主动容错控制

主动容错控制的概念来源于对所发生的故障进行主动处理这一事实。在飞机、飞船、核电站、化工控制等领域,一个微小的系统故障都可能造成灾难性的后果。因此,这些系统不能仅仅依靠对故障的被动鲁棒性,还需要具备对故障的主动容错能力。其本质在于,故障发生后,根据所期望的特性重新设计一个控制系统,并使整个系统稳定的同时达到可接受的性能;与原系统相比,新的控制系统性能可能有所下降。主动控制强调主动性和自动性。

主动容错控制大体上可以分为控制律重新调度、控制律重构和模型跟随重组三大类。

1. 控制律重新调度(Restructurable)

系统发生故障后,整个系统的动态特性发生了变化,针对不同的故障形式应该进行不同的控制器设计。控制器设计的基本思想是离线设计出各种故障下所需的合适的控制律,并储存起来,然后根据在线 FDD 提供最新的故障信息进行控制器的选择和切换,组成一个新的闭环控制系统,从而起到对故障容错的作用。目前来看,该设计方法是最为简单并具有较好应用的。但是此法面对未知故障时不具有容错能力,如果对系统故障了解不够全面就可能会导致系统在故障面前无法取得良好的容错效果。这一窘境限制了该法的发展。

2. 控制律重构设计(Reconfigurable)

通过解析冗余技术来检测和分离故障,构建控制系统完成在线估计。当传感器发生故障或者系统外存在干扰时,仍能根据输入/输出数据在线调整控制器,使系统实现容错功能并相应地对控制律进行重构。该方法应用最为广泛,也最受专家学者重视。

3. 模型跟随重组控制

模型跟随重组控制的基本原理是，采用模型参考自适应控制的思想，使得被控过程的输出始终自适应地跟踪参考模型的输出，而不管是否发生了故障。模型重组控制法也是一种应用较广的方法，并且在实际应用中获得了一定成果。

目前主动容错控制技术发展迅速，已有多种控制方法，如图 1.10 所示。依据所采用的数学方法、设计途径、重构机制和对象系统，主动容错控制方法可大致分为特征结构配制法（Eigenstructure Assignment，EA）、模型预测容错控制法（Model Predictive Control，MPC）、改进动态违逆法（Dynamic Inversion，DI）、线性变参数容错控制（Linear Parameter Varying，LPV）、定量反馈容错控制法（Quantitative Feedback Theory，QFT）、模型参考自适应容错控制法（Model Reference Adaptive Control，MRAC）等。在实际应用中，通常将几种方法组合设计控制算法。图 1.11 展示了各种方法的相互组合。

1.4 多电航空发动机容错控制理论与应用简述

1.4.1 航空发动机容错控制

航空发动机作为飞行器的主要动力装置，是影响飞行器性能与飞行安全的重要因素。发动机必须要由控制系统来保证其稳定、高效地工作。传统的机械液压式控制系统由于结构复杂、重量大、难以实现复杂的控制律等因素已逐渐被淘汰。为了适应现代航空发动机多变量、高性能的控制要求，目前航空发动机上的控制系统主要采用全权限数字电子控制系统（Full Authority Digital Electronic Control，FADEC），其包括大量电子元件，如传感器、电液伺服阀、电机等。随着分布式控制、多电发动机等的发展，未来航空发动机上会有更多电子器件。这些电子元件通常都是工作在高温、高压强振动等恶劣环境中，虽然在设计加工的过程中已经采取相关的保护，但仍有可能会出现各种故障。控制系统的任何功能故障都可能导致发生飞行事故，甚至诱发灾难性后果。

为了保证航空发动机的安全性，传统做法是通过定期维修来降低故障率，即使没有发生故障，发动机在运行一段时间后，也要分解进行检测维护。这种方法效率低下，而且耗费大量人力物力。据统计，全球民航发动机的维护费用占飞机整体维护费用近 60%；在军用领域，美国每年用于维护发动机的费用几乎达到采购新发动机的 3 倍。为了降低发动机的维护成本，视情维修逐渐被推广。视情维修要求发动机能对自身的健康状态作出判断。在此需求下，发动机健康管理系统（Engine Health Management，EHM）应运而生。EHM 系统利用发动机的测量数据实现性能趋势监控、部

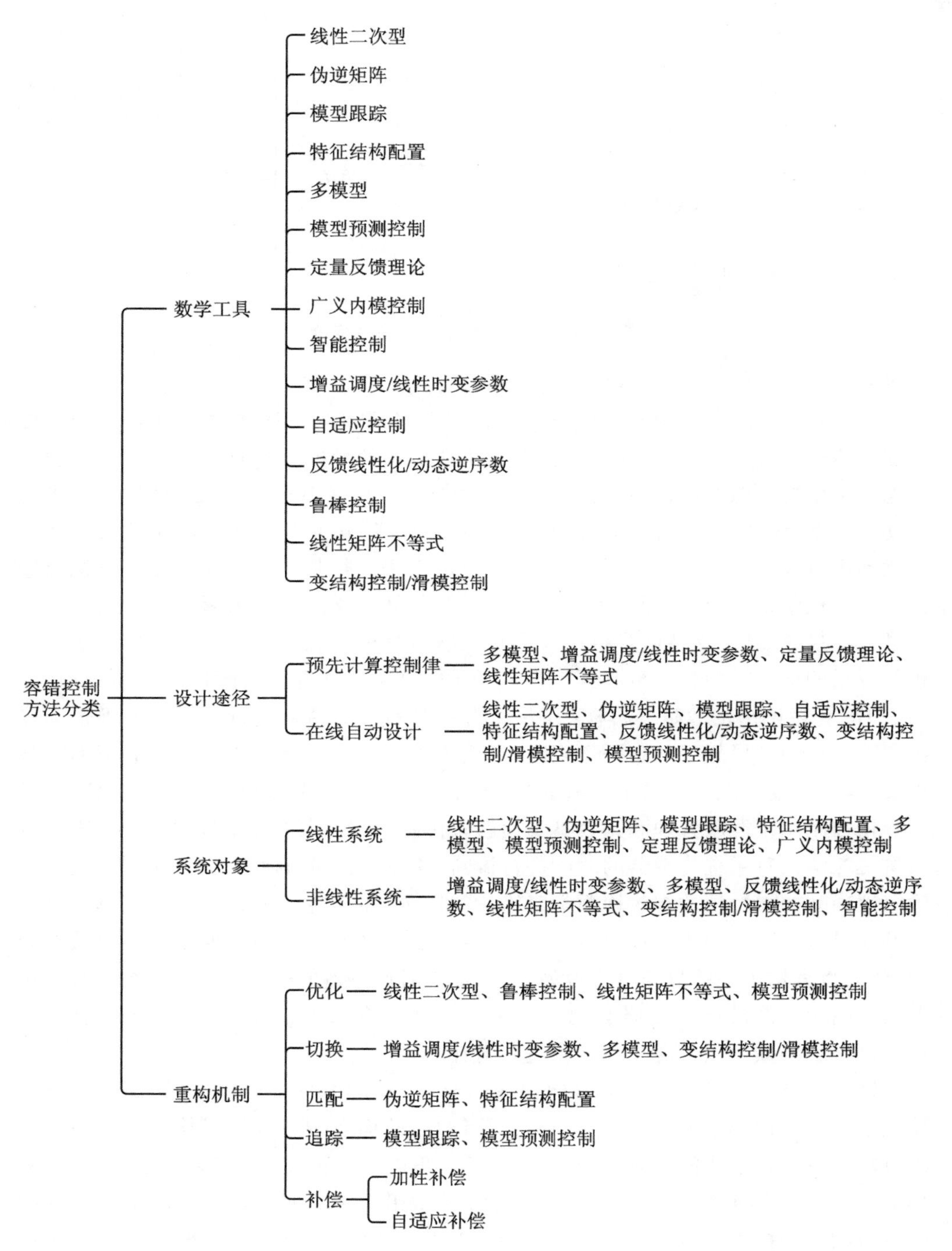

图 1.10 容错控制方法分类

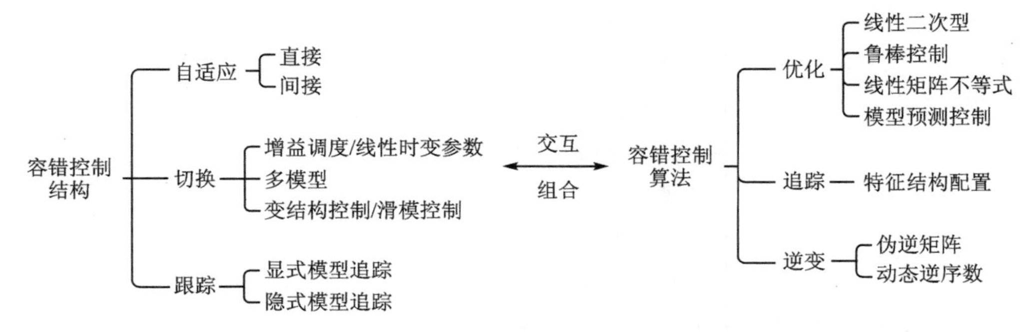

图 1.11　主动容错控制算法的组合

件寿命预测、故障诊断和维修检查建议等功能。

Simon 等对故障分析与容错方面进行了许多基础性的研究，提出了许多用于传感器故障诊断分析的理论。Campos 等从工业应用的角度分别对电力驱动系统和电力电子系统的传感器容错控制技术进行了综述。张鹏等基于 Kalman 滤波器技术和发动机模型，设计研究了传感器以及气路系统的故障分析与重构方法，并对拟合法与小扰动进行改进，设计了拟合优化建模的理论方法。戴聪等针对开关磁阻电机位置传感器机械偏移故障，从理论上分析了不同偏移量对续流时间的影响并对其影响程度进行了描述，基于支持向量机设计了开关磁阻电机的位置传感器机械偏移故障分析与容错的仿真模型。楚至濮等提出利用 BP 神经网络进行故障检测的研究，首先建立 BP 神经网络的故障分析模型，并利用数据测定对结果进行验证。冯国强等提出了引入生物学思想中的自平衡理论，对无人机传感器进行容错控制与故障诊断系统设计，通过设定无人机安全返航的“平衡点”，并建立自平衡理论模型，将故障分析与容错控制用于健康管理和是否具备返航条件的判据。蔡开龙等通过最小二乘支持向量机算法来对系统传感器的故障进行诊断，并建立其回归模型，实现了对系统的不确定性项和非线性项的有效诊断与容错。2017 年，刘云龙等利用深度学习算法对航空发动机可能存在的传感器故障进行诊断，通过收集发动机的数据参数并对其预处理，然后将其用于训练故障分析模型，由此实现对传感器的故障诊断。胡继祥等利用滑模变结构理论设计观测器实现对传感器故障的有效诊断和重构，并与基于 Kalman 滤波器的观测器故障重构效果进行对比。

针对航空发动机执行机构可能存在的故障，2012 年 Lamoureux 等提出了通过建立系统的预估器来收集系统的一些特征信息，从而实现对执行机构控制回路的离线故障分析以及在线的实时检测，但是由于其不能进行在线故障诊断，故具有一定的局限性。Fan 等利用线性矩阵不等式条件来解决由于系统的不确定性和故障导致的执行机构效率损失的容错控制。2017 年，李涛等针对执行机构部分失效问题，设计了一种鲁棒 H_∞ 的容错控制方法，并同时实现了对外部干扰的抑制作用。王君等针对执行机构部分失效问题，利用遗传算法优化控制器参数，并引入故障补偿机制，实现了对执行机构的容错控制。

1.4.2 多电发动机重要部件容错控制

1. 主动磁悬浮轴承系统

主动磁悬浮轴承利用电磁力，通过控制系统使得旋转轴的中心位置位于轴承作动器中心。由于主动磁浮轴承采用非接触式轴承，取消了滑油润滑系统、冷却系统和密封系统，故简化了机械和空气动力设计，降低了轴承系统的复杂性，减轻了发动机的重量。由于轴与轴承间的摩擦力和磨损较小，使得发动机的尺寸减小，驱动力、维护成本较低，可靠性得到了改善。

磁轴承的出现和应用，打破了许多传统的观念，导致了支承技术的革命。近十几年间，随着磁性材料技术、控制理论、转子动力学、电力电子技术和计算机的快速发展，国际上已有超过10万台磁轴承设备成功地应用在了风机、透平压缩机、真空泵、飞轮(储能)、真空泵和高速磨铣切削机床等方面，并且仍在不断扩展。

国外很多大学和科研机构很早就已经开展了磁轴承技术的研究，磁轴承技术在一些国家已经逐渐走向成熟，大批知名的磁轴承设计和制造公司开发的产品已经得到了应用。目前国内对磁轴承的研究还只是分散在一些高校，研究对象也只是简单的转子系统。在低速运转时利用泰勒展开式对平衡点附近进行近似线性化处理的基础上建模，忽略了转子偏移较大等非线性因素与交叉耦合效应的影响。大多数模型中转子动力学的研究只涉及刚性转子，忽视了在超转速下转子特性变成柔性这一特点。在控制策略方面应用的多为经典控制理论，因此磁轴承的大规模生产和使用尚未实现。

随着计算机技术和各种先进控制算法的快速发展，许多新方法和新技术被引入容错控制研究中，其中包括基于滑模理论的容错控制。如通过滑模控制研究了不确定线性系统的全局精确跟踪问题。基于跟踪误差观测器，针对单输入单输出系统，设计了滑模控制器。通过设计级联观测器，研究了一类三角非线性系统的滑模控制问题。

国内外很多学者都在研究如何进一步提高主动磁悬浮轴承的可靠性。研究内容主要针对主动磁悬浮轴承电控系统的各种故障，如控制器故障。国内外对主动磁悬浮轴承控制器故障的研究比较多。Maslen E H 等采用高速投票表决模式设计了一个高可靠磁悬浮轴承控制系统，该系统每个线圈采用一个独立的功率放大器，并且允许控制器在不停机状态下对功率放大器进行重新分配。南京航空航天大学磁悬浮应用技术研究所的纪历(2009)采用浮点 DSP 芯片 VC33 设计了具有容错功能的主动磁悬浮轴承数字控制器，并在一个五自由度试验台上进行了试验验证。该控制器采用双 DSP 结构，针对数字控制器中信号输入、输出通道可能发生的故障采用硬件冗余方法设计了具有容错能力的高可靠信号输入、输出通道。

从国内外的研究情况可以看出，容错控制采用的主动磁悬浮轴承的执行器磁路通常都是耦合的。因此其两个径向自由度之间也是强耦合的，这就要求在设计主动磁悬浮轴承控制器的时候考虑到这些耦合，设计集中控制器进行控制，而不能像磁路独立的执行器那样采用分散控制，这样才能取得好的控制效果。国内外关于主动磁悬浮轴承控制系统的研究十分广泛，各种复杂的控制算法被应用于主动磁悬浮轴承系统来提高主动磁悬浮轴承的性能。常用的控制算法有神经网络控制、模糊控制、滑模控制等。

2. 起动/发电

与传统航空发动机相比，多电航空发动机中通过内置起动/发电机，同时配有功率双向传输特性的功率变换器形成了一个起动/发电系统，将起动和发电两个功能合二为一，大大简化系统结构。起动/发电系统结构如图 1.12 所示。起动/发电系统是整个飞机供电体系中最关键的部分，利用功率变换器实现能量双向传递，提高系统的功率密度，满足在多电技术下的高功率密度、更高的能源转换效率要求。

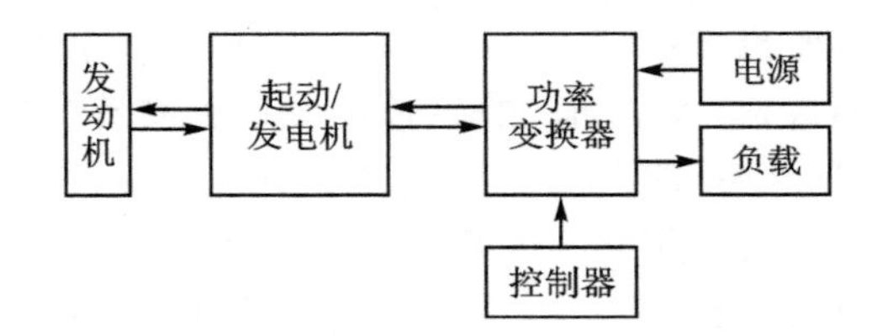

图 1.12　起动/发电系统结构

在各种形式的交流电源系统中，变频交流电源系统是目前应用前景最为广泛。其具有结构简单、可靠性高、能量转换效率高等特点。起动/发电机作为整个起动/发电系统的核心，它的整体性能和控制器控制效果的好坏决定了整个系统能否实现起动/发电双功能。起动/发电技术是指在零速静止状态下，电机以电动机状态运行输出转矩带动航空发动机起动；在航空发动机到达自持转速后，电起动工作结束，此时需要将控制目标由输出转矩转为输出电能，从航空发动机中提取功率，起动/发电机输出电能供给飞机用电设备，从而使得系统实现起动和发电双功能。要想实现起动/发电一体化，对于电机本身有一定的要求，要求电机可逆性好，能量双向流通。目前能够作为起动/发电机的电机包括有刷直流电机、无刷直流电机、异步电机、永磁同步电机、三级式同步电机、开关磁阻电机、双凸极电机以及混合励磁同步电机等。对此，国内外诸多学者和团队均开展了研究。

国外对于起动/发电技术的研究相对较早，20 世纪 50 年代末实现低压直流电机为核心的起动/发电一体化系统，用于辅助动力装置中，但是受到本身功率密度的影响，不适合大容量飞机；I. Alan 利用异步电机实现喷气发动机的起动和发电，并进行仿真实验验证；与此同时，Ferreira C 等人研制了一种开关磁阻起动/发电系统，系统

产生 30 kW 功率时的效率到达 80%，并在 F－35 战斗机中得到应用。

相比之下，国内的起动/发电一体化研究起步较晚，目前处于研制阶段，相关理论在样机上得到验证，但是没有投入使用和实现工业量产。南京航空航天大学严仰光团队提出一种新型双凸极起动/发电机系统，在对机理研究的基础上研制了样机进行试验；胡育文、黄文新等对异步电机起动/发电系统进行研究，提出异步电机起动运行和发电运行平的滑切换控制策略，以及起动、发电的平滑切换控制，并通过样机进行了试验；李亚楠等对三级式同步电机进行了研究；南京航空航天大学还创新性地提出了磁路并联和转子磁分路两种不同结构的混合励磁同步电机。除此之外，西北工业大学也对起动/发电系统开展了相关研究，尤其是针对三级式同步电机和开关磁阻起动/发电机开展了较多的研究。永磁同步电机，作为目前应用最广泛的同步电机，性能优越，若用于起动/发电系统将会展现出很大的优势。但是由于永磁电机本身永磁体和材料受限，以及温度等因素的制约，限制了其在起动/发电系统中的应用。因此，目前对它的研究主要集中在满足电磁、机械和热约束的同时，提供最小损耗的组合优化设计上，以及利用受控的电力电子技术进行高速永磁同步电机弱磁控制和系统输出直流环节电流降速控制的研究上。

上述研究均在考虑实现起动/发电功能的角度，注重的是对电机本身结构和性能方面的改进和创新，而对于控制方法，大都选择直接采用矢量控制或者直接转矩控制实现电机控制，并未考虑航空发动机与起动/发电机之间的相互影响，随之造成的诸多不确定性使得传统控制系统的控制性能不能得到保证。其中的不确定性包括起动环境的差异、电机参数的改变、航空发动机的负载特性、发电时的宽转速变化范围，以及起动到发电之间的切换过程的考量等。因此有必要在充分考虑复杂不确定性的情况下，以提高起动/发电控制系统的可靠性和鲁棒性为目标，对起动/发电机的控制方法方面进行设计，将自抗扰控制用于起动和发电过程，同时结合其他控制方法，对传统自抗扰控制进行改进，使其具有更高的普遍性与工程应用的可能。

3. 电动燃油泵

航空电动燃油泵基本功能是为航空发动机提供连续不断的规定压力和流量的燃油。电动燃油泵相比于传统的发动机燃油泵有很多显著优势。传统的航空发动机主燃油泵由发动机附件传动齿轮箱驱动，其转速与发动机的转速直接相关。为保证根据发动机需求提供准确的燃油流量，须将燃油泵多余的燃油重新流回至燃油箱，这导致了功率的损耗及油温的升高。电动燃油泵采用电动机驱动燃油泵，其转速与发动机转速不相关，因而可以根据发动机的需要，通过电子控制器直接调整燃油泵的转速，以获得发动机实际需求的燃油量，从而无须或最大程度地减少燃油流回，避免了回油导致的燃油发热、功率浪费和温度升高等问题，进而提高了发动机效率；另外，电动燃油泵省掉了传动结构和相应的润滑系统，降低了燃油控制系统的复杂性，减小了整个燃油系统的体积和重量，从而有利于提高发动机的推重比；此外，因为电动燃油

泵是主动供油，所以供油迅速，从而可改善发动机的起动特性。

鉴于航空电动燃油泵的诸多优越性，为了实现电动燃油泵发动机快速且精确地按需供油，电动燃油泵流量控制系统的研究受到了国内外大量科研人员和研究机构的关注。同时，高可靠的发动机需要电动燃油泵提供高可靠的供油，电动燃油泵必须对可能发生的故障具有良好的容错能力，以保证供油的安全可靠性。

目前，国内外就航空电动燃油泵的先进容错控制研究还不太多。电动燃油泵中的典型故障主要来自电机和控制系统硬件，使用容错电机可以有效实现电动燃油泵对电机故障的容错性能。针对控制系统硬件故障除了采用硬件备份之外，一种低成本的常用方法是设计合适的容错控制算法。就系统控制方案而言，可以通过分布式控制的方案进行燃油泵控制，控制系统的容错性能可以由数字控制器中的双余度电子通道、备份传感器、备份执行机构等保证。由于发动机的特性，一种电动燃油泵控制回路 PI 控制器的根轨迹参数设计方法，可以进一步提高航空发动机燃油控制回路的鲁棒控制性能；也可以在电动燃油泵的非线性数学模型的基础上，设计串级 PI 压力控制器。为实现更稳定、更快速的电流控制，进一步减小电机转速波动，从而使燃油泵的流量供给更加平稳精确，可利用基于有限集预测的电动燃油泵流量控制系统方案。另外，针对系统可能出现的各种故障，可以把四相容错永磁电机作为研究对象，由于电机的每相之间是具有磁、电、热和机械隔离的独立单元，故可以通过相关参数变化检测内部绕组故障，然后通过功率转换器故意短路故障相同的方法处理故障，实现电动燃油泵的容错控制。亦可利用鲁棒控制的方法确保航空电动燃油泵在具有不确定性及执行机构故障的情况下能够可靠稳定运行。在滑模控制的基础上，利用线性积分滑模面和二次积分滑模面相结合，可实现航空电动燃油泵在系统存在不匹配不确定性的情况下，稳定对其控制。此外，信号的采集与处理也是控制系统设计与分析过程中需要关注的环节之一，实际上考虑到飞行员发送燃油需求信号的过程中可能会受到干扰，通过采集受干扰信号并利用平均处理的方式，提高了燃油系统的鲁棒性。

近年来，伴随着计算机技术和各种先进控制算法的快速发展，许多新方法和新技术被引入容错控制研究中，包括基于滑模理论的容错控制。这些新的方法和技术对航空电动燃油泵燃油流量容错控制系统的设计与分析具有很好的参考价值。

针对一类存在传感器故障的随机系统，可以通过增广滑模观测器方法设计容错控制器，也可以为感应电机设计了含传感器故障检测的二阶滑模解耦电流控制器。另外，有文献提出了一种非线性不确定系统故障/噪声重构与容错控制的广义滑模方法。航空发动机结合自适应诊断，也可以设计出传感器故障情况下的滑模容错控制器。delta 算子方法也可以解决不确定系统的滑模容错控制问题。对于带有传感器故障的马尔可夫跳变系统，也可以利用基于滑模观测器的容错控制方法。

可见，基于滑模理论的容错控制研究已经受到许多关注并已有不少研究成果，因此在航空电动燃油泵流量控制系统中开展滑模容错控制研究，将不仅能够较好地推

动滑模容错控制理论的应用研究，而且对航空电动燃油泵系统容错问题的理论与方法研究也具有促进作用。

1.5　本书结构

多电航空发动机是多电飞机的核心部件，为多电飞机提供飞行所需推力和满足相应电能需求；是实现多电飞机的基础，因此受到高度重视；也是航空发动机发展的重要方向之一。

多电航空发动机是在传统航空发动机基础上，应用新技术和新部件，进行局部改进而来的。起动/发电机、主动磁悬浮轴承、电动燃油泵等是多电航空发动机在传统航空发动机基础上重点引入或改进的部件，因此是多电航空发动机的关键部件。这些关键部件的应用使得由传统发动机改进而来的多电航空发动机结构更简单紧凑，重量更轻、工作可靠性更高，并且运行维护成本更低。

本书基于滑模理论，围绕多电航空发动机，研究了其整体及重要部件的容错控制问题，包括如下 7 章内容：

第 1 章为绪论，介绍多电航空发动机，滑模控制和容错控制理论与应用，以及多电航空发动机容错控制的研究现状和发展趋势。

第 2 章介绍了面向控制系统设计的几种典型航空发动机建模方法，主要包括航空发动机非线性部件级模型的搭建方法、线性化模型的获取过程、平衡流形展开模型的建立过程。本章建立的模型，为本书后续章节涉及的控制器设计奠定了基础。

第 3 章首先简述了滑模控制基本理论，之后介绍了航空发动机传感器故障分数阶滑模容错控制和基于自适应故障诊断的航空发动机滑模容错控制。

第 4 章在设计多电航空发动机交直流混合电力系统、直流母线电源侧的智能容错控制和基于 DC/AC 的虚拟同步发电机设计的基础上，介绍了基于交直流混合电力系统的多电航空发动机智能容错控制。

第 5～7 章分别围绕主动磁悬浮轴承系统、三级式同步起动/发电机和航空电动燃油泵（多电航空发动机的关键部件），介绍了基于滑模理论的容错控制系统设计策略与方法，包括推力主动磁悬浮轴承系统二重积分滑模控制、五自由度主动磁悬浮轴承转子系统微分滑模控制、主动磁悬浮轴承转子系统传感器故障滑模容错控制、基于分数阶自抗扰控制的起动控制器设计、基于滑模串级自抗扰控制的发电过程稳态调压控制器设计、起动/发电切换保护容错控制策略、基于二次型积分滑模面的组合滑模控制方法和航空电动燃油泵执行机构滑模容错控制方法等。

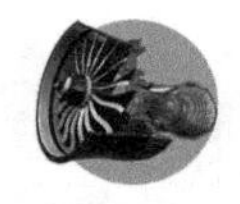

第 2 章
面向控制系统设计的航空发动机建模

2.0 引 言

建立航空发动机模型,是对航空发动机进行分析设计以及进行多电航空发动机电气系统设计的基础。由于航空发动机具有强非线性特点,且气动热力过程非常复杂,对其进行控制系统设计时,需要满足极高的实时性要求,因此如何建立一个既有足够精度,又相对简单、计算负担较小的,面向控制系统设计的航空发动机模型,成为重要的研究内容。

目前较为普遍、精度较高的航空发动机模型是非线性部件级模型,通常用其来分析航空发动机在飞行包线内任一工作状态下的热力循环以及性能参数,可以获取航空发动机处于稳态时的推力、燃油流量、转速以及各部件进出口截面的温度、压力、速度等特性数据。该模型具有高保真、非实时的特点。但是,由于其精度较高,计算负担较重,因此一般不被用于机载模型。

工程实际中,广泛使用航空发动机的线性模型,并结合增益调度等方式来实现航空发动机建模与控制。线性模型的特点是结构较为简单,同时运算速度快,但缺点是精度不够高,而且由于发动机工作范围变化大的缘故,其适用范围也较小。基于线性变参数模型(Linear Parameter Varying,LPV)的建模方法,是在线性模型的基础上,对状态方程中的系数进行参数化,使得发动机工作点变化时,参数也能够相应进行动态调整,故模型精度相对于线性模型有较大提高。但是LPV模型仍旧是对单个平衡点进行泰勒展开,然后线性化处理得到的,当工作点远离平衡点时,模型精度亦需要进一步改善。为了解决这一问题,有必要采用合适的方法避免仅对单个平衡点进行线性化。

对所有平衡点进行参数化,即当工作点变化时,平衡点受给定参数的影响同样发生变化,这样获得的平衡点线性化模型,定义为平衡流形。对平衡流形进行泰勒级数

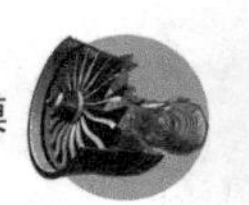

展开，并略去高阶项，同时加入调度变量就得到平衡流形展开模型（Equilibrium Manifold Expansion，EME）。EME 模型因其设计分析较为方便、精度较高，且能满足航空发动机实时性的要求，因而适合作为机载模型。

2.1　航空发动机非线性部件级模型

非线性部件级模型主要是根据航空发动机的气动热力学规律得到的曲线、公式、图表等构成的数学模型，主要用于过渡态（如发动机加速、减速过程）的分析与研究。本节以某型涡轴发动机为例，基于热力系统建模与分析工具箱（Toolbox for Modeling and Analysis of Thermodynamic Systems，T - MATS）建立航空发动机非线性部件级模型。

2.1.1　部件级模型建模机理

1. MATLAB/Simulink 中 T - MATS 工具箱与 Gasturb 软件

热力系统建模与分析工具箱是美国航空航天局（National Aeronautics and Space Administration，NASA）基于 MATLAB/Simulink 开发的仿真工具箱，其中包含发动机部件模型库，数字求解器以及控制器模块。部件模型库包含进气道、风扇、高低压压气机、燃烧室、高低压涡轮、尾喷管等部件。基于 T - MATS 工具箱，可以快速完成对发动机的建模过程，实现对发动机模型的仿真和评估，避免了烦琐的发动机热力系统的搭建过程。

由于 T - MATS 工具箱的 JT9D 涡扇发动机与传统的涡轴发动机产生动力的方式不同（JT9D 涡扇发动机借助喷管产生推力，传统的涡轴发动机通过传动轴传递功率带动做功部件产生推力），因此仅仅借助 T - MATS 工具箱无法分析涡轴发动机的工作特点，因而可以借助 Gasturb 对涡轴发动机进行分析。Gasturb 是德国 Joachim Kurzke 博士开发的燃气轮机（航空发动机和地面燃气轮机）总体性能计算软件，是当前全世界上最好的燃气轮机性能分析商业软件之一。Gasturb 可实现涡喷、涡扇、涡桨、涡轴和冲压发动机，以及地面燃气轮机的整机热力学设计或性能分析，并获得各个部件性能参数；可分析燃气轮机测试数据，帮助诊断其运行工况；可快速实现发动机系列化热力学性能设计等功能。

2. 某型涡轴发动机物理模型

对发动机部件级模型采取以下假设：

① 忽略部件热惯性和燃烧滞后的影响，燃烧室效率恒定；

② 气体在航空发动机中的流动按照一维定常进行处理。

图 2.1 为涡轴发动机的结构图。

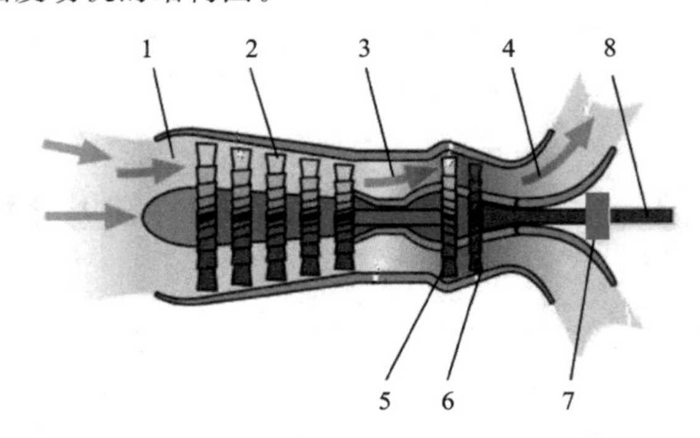

1—发动机进气道;2—压气机;3—燃烧室;4—尾喷管;5—燃气涡轮(高压涡轮);
6—动力涡轮(低压涡轮);7—减速器;8—动力输出轴(自由涡轮轴)

图 2.1 涡轴发动机结构

在建模中,对发动机部件的截面进行编号:1 为发动机进气道,2 为压气机进口,3 为压气机出口,4 为燃烧室出口(燃气涡轮进口),4.5 为动力涡轮进口,5 为动力涡轮出口,8 表为尾喷管出口。

建模计算时,主要考虑发动机整体系统热力学计算和各个部件之间的压力、转速、流量、功率平衡。在涡轴发动机热力学模型中,系统可以看作布雷顿循环,考虑焓、熵、温度、压力等的关系。

下述为基本部件的气动热力学计算。

(1) 进气道数学模型

进气道用于提供燃气轮机所需的空气流量,高速来流在进气道中减速增压,在出口处形成均匀的压力场和速度场,保证压气机与燃烧室稳定可靠的工作。对于超高速飞行的飞机,其进气道有着很大的增压作用,其增压效果甚至超过压气机;对于亚声速进气道,进气道主要不提供增压作用。以涡轴发动机进行建模为例,涡轴发动机工作范围为亚声速。

采用拟合公式计算指定高度 H 下大气压力 P_{s0} 和静温 T_{s0} 分别为

$$T_{s0} = \begin{cases} 288.15 - 0.006\,5H, & H \leqslant 11\,000 \\ 216.5, & H > 11\,000 \end{cases} \tag{2.1}$$

$$P_{s0} = \begin{cases} 101\,325(1 - 0.225\,577 \times 10^{-4} H)^{5.255\,88}, & H \leqslant 11\,000 \\ 22\,632\mathrm{e}^{\frac{11\,000-H}{6\,328}}, & H > 11\,000 \end{cases} \tag{2.2}$$

根据马赫数得到进气道气流总温、总压分别为

$$T_{t1} = T_0(1 + 0.2Ma^2) \tag{2.3}$$

$$P_{t1} = P_{s0}(1 + 0.2Ma^2)^{3.5} \tag{2.4}$$

进气道内气体热力过程看作定熵绝热过程,整个流动过程期间总温不变。因此出口出总温、总压分别为

$$P_{t2}=\sigma_{\text{Inlet}}P_{t1} \tag{2.5}$$

$$T_{t2}=T_{t1} \tag{2.6}$$

式(2.5)中，σ_{Inlet} 为进气道总压恢复系数。

(2) 压气机数学模型

压气机的作用是对进入发动机的空气做功，使气体减速增压，压缩过程看作定熵过程。根据压气机进口参数气流流量、总温、总压、压气机转速、压气机压比和效率进行一系列的气动热力学计算，最终得到压气机出口参数及压气机功率。

根据压气机设计点转速 $n_{\text{H}d}$、总温 T_{2d} 和初猜值 n_{H}，可得到换算转速 n_{HCor} 为

$$n_{\text{HCcor}}=(n_{\text{H}}/\sqrt{T_{t2}})/(n_{\text{Hd}}-\sqrt{T_{t2d}}) \tag{2.7}$$

压气机出口热力学参数为

$$P_{t3}=PR_{C}P_{t2} \tag{2.8}$$

$$W_{3}=Wc_{3}\frac{P_{t2}}{P_{t2d}}\sqrt{\frac{T_{t2d}}{T_{t2}}}-Wc_{\text{out}} \tag{2.9}$$

$$T_{t3}=f_{H2T}(far_{3},T_{t2},P_{t2}) \tag{2.10}$$

$$H_{2}=f_{H}(far_{2},T_{t2},P_{t2}) \tag{2.11}$$

$$H_{HC}=W_{3}(H_{3}-H_{2}) \tag{2.12}$$

压气机出口的理想状态熵为

$$S_{3\text{I}}=S_{2}+\lg(PR_{HC}) \tag{2.13}$$

压气机出口的理想状态焓为

$$H_{3\text{I}}=f_{S3H}(far_{3},S_{3\text{I}}) \tag{2.14}$$

因此，压气机出口的实际状态焓为

$$H_{3}=H_{2}+\frac{H_{3\text{I}}-H_{2}}{\eta_{c}} \tag{2.15}$$

T-MATS 工具箱中，压气机模块设置了流量和效率的修改模块，流量和效率系数分别为 S_Wc 和 S_eff，故计算压气机特性图中流量和效率时，应进行如下公式变化：

$$W'_{c2}=W_{c2}\cdot S\_Wc \tag{2.16}$$

$$\eta'_{c}=\eta_{c}\cdot S\_eff \tag{2.17}$$

在 T-MATS 仿真时，压气机特性是基于 R-line 线的插值计算。Gasturb 中使用的则是 β 线，R-line 线与 β 线本质上都是对特性图进行分割的网格，可以相互替换。β 值定义从 0 到 1 对应了压气机换算流量变小，压比变大的方向；而 R-line 值从 1 到 n 则为换算流量增大，压比减小的方向。可以定义 β 值为 0 的线对应 R-line 值为 1 的线。经过处理的压气机特性如图 2.2 所示。

(3) 燃烧室数学模型

空气经过压气机增压后，进入燃烧室与燃油充分混合后点火燃烧，该热力学过程看作定压加热过程，此过程中燃料的内能转化为燃气的热能，过程中存在一定的总压

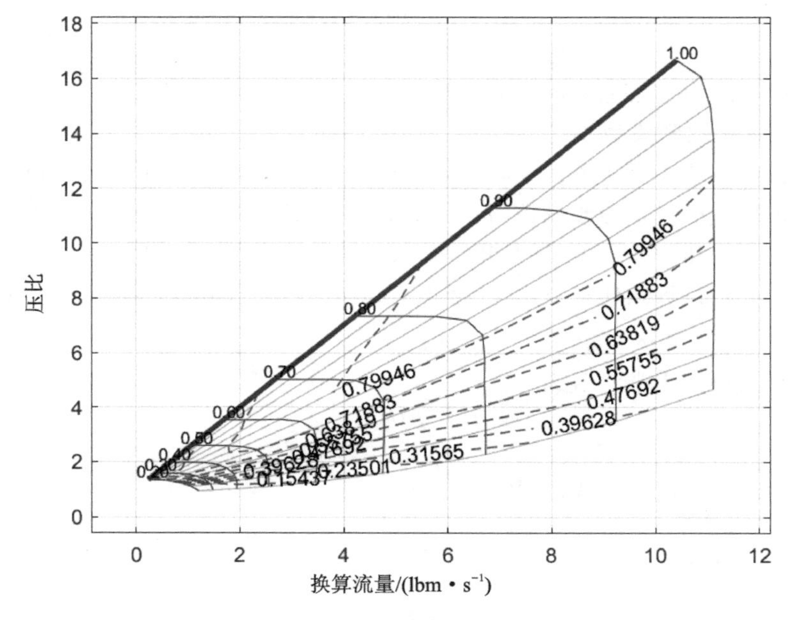

图 2.2　压气机特性图

损失。燃烧室主要参数有燃烧室效率(为固定值)η_B、燃油低热值 H_μ、总压恢复系数 σ_B。忽略燃油流量的影响,可得燃烧室出口气体质量流量和总压分别为

$$W_4 = W_3 + W_f \tag{2.18}$$

$$P_{t4} = \sigma_B P_{t3} \tag{2.19}$$

发动机处于慢车以上状态时,燃烧室出口实际焓为

$$H_4 = (W_f H_\mu \eta_B + W_3 H_3)/W_4 \tag{2.20}$$

由油气比 far_4 和燃烧室出口焓 H_4,得燃烧室出口温度为

$$T_{t4} = f_{H2T}(far_4, H_4) \tag{2.21}$$

(4) 燃气涡轮数学模型

燃气涡轮把高温、高压燃气的部分热能、压力能转化为旋转的机械功,从而带动压气机与其他附件工作。气体热力过程看作定熵过程,目的是获得高速低压气体,在尾喷管中加速降压产生推力。燃气涡轮主要性能参数有落压比 π_T 和总压损失系数 σ_T。

燃气涡轮的进口总温为 T_{t4},总压为 P_{t4},气流的质量流量为 W_4,故出口压力和流量分别为

$$P_{t5} = \frac{P_{t4}}{\pi_T} \tag{2.22}$$

$$W_{45} = Wc_{45} \frac{P_{t4}}{P_{t4d}} \sqrt{\frac{T_{t4d}}{T_{t4}}} \tag{2.23}$$

与压气机相似，得到燃气涡轮出口参数为

$$H_4 = f_H(far_4, T_{t4}, P_{t4}) \tag{2.24}$$

$$S_{45I} = S_4 + \lg(\pi_T) \tag{2.25}$$

$$H_{45I} = f_{S2H}(far_{45}, S_{45I}) \tag{2.26}$$

$$H_{45} = H_4 + \frac{H_{45I} - H_4}{\eta_{LT}} \tag{2.27}$$

$$T_{t45} = f_{H2T}(far_{45}, H_{45}) \tag{2.28}$$

$$P_{HT} = W_{45}(H_{45} - H_4) \tag{2.29}$$

Gasturb 中关于涡轮特性图中，缺少压比与 β 值的对应关系。但是根据绘制曲线的数据文件可以看出，压比仍是按照 β 线分配的。因此可以确定每条转速线对应的压比具体数值。转换后的燃气涡轮特性图见图 2.3。

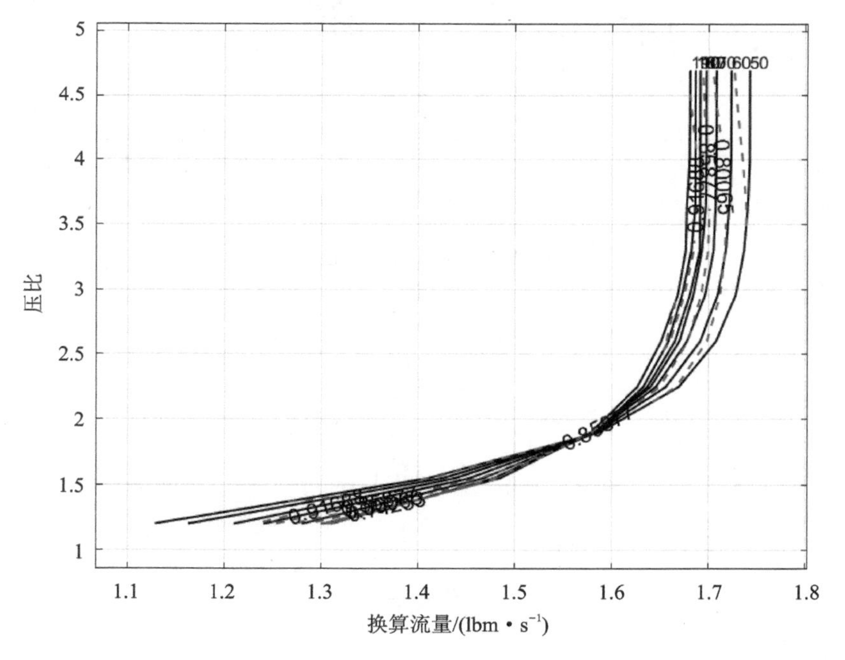

图 2.3　燃气涡轮特性图

(5) 动力涡轮数学模型

动力涡轮热力学过程与燃气涡轮相似，建模过程也类似，这里不再赘述。动力涡轮特性如图 2.4 所示。

(6) 尾喷管数学模型

对于涡轴发动机而言，尾喷管不提供主要推力，其作用是将动力涡轮流出的气流继续膨胀，同时对气流进行一定的导向。尾喷管的数学模型为

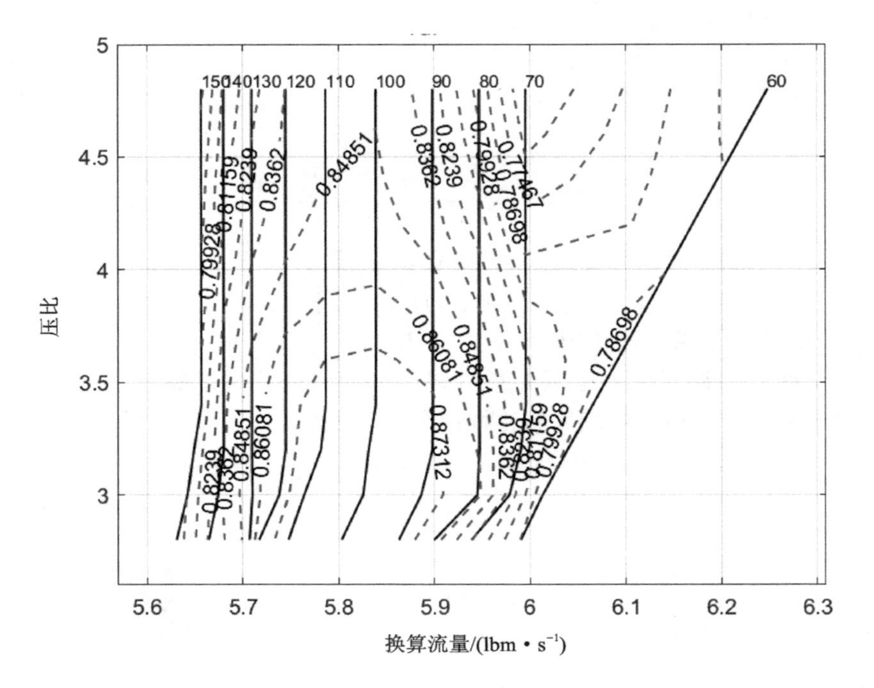

图 2.4 动力涡轮特性图

$$P_{out}=\frac{P_7}{\left(1+\frac{k-1}{2}\right)^{\frac{k}{k-1}}} \tag{2.30}$$

$$v_8=\sqrt{2C_pT_{t5}\left[1-\left(\frac{P_{s8}}{P_{t5}}\right)^{\frac{k-1}{k}}\right]} \tag{2.31}$$

$$P_8=\frac{P_{s8}}{\left(1-\frac{v_8^2}{2C_pT_{t5}}\right)^{\frac{k}{k-1}}} \tag{2.32}$$

$$\lambda=\frac{v_8}{v_{cr}} \tag{2.33}$$

$$q(\lambda)=\lambda\left[\frac{k+1}{2}-\frac{\lambda^2(k-1)}{2}\right]^{\frac{1}{k-1}} \tag{2.34}$$

$$W_8=\frac{\kappa A_8P_{t5}q(\lambda)}{\sqrt{T_5}} \tag{2.35}$$

2.1.2 共同工作方程

航空发动机的数学模型根据每个截面的进口条件进行计算，在给定的初猜值/初

始值下，需要通过部件之间的流量、功率平衡来将整个模型进行连通。通过解算器多次的迭代求解，当平衡方程的残差满足一定的误差要求时，将该点视为涡轴发动机的共同工作点，完成发动机的整个模型的计算求解。在给定初猜值条件下，如何通过平衡方程来合理地约束发动机模型，对于发动机的建模非常重要。下面从稳态工作方程和动态工作方程两方面介绍基于 T－MATS 涡轴发动机的共同工作方程。

1. 稳态工作方程

对于 T－MATS 涡轴发动机来说，稳态模型共同工作方程包含 4 个流量平衡方程和 2 个转子功率平衡方程。

① 压气机进口流量和特性图插值流量偏差方程：

$$\frac{Wc_2 - Wc_{2\mathrm{map}}}{Wc_2} = \varepsilon_1 \tag{2.36}$$

② 燃气涡轮进口流量和特性图插值流量偏差方程：

$$\frac{Wc_4 - Wc_{4\mathrm{map}}}{Wc_4} = \varepsilon_2 \tag{2.37}$$

③ 动力涡轮进口流量和特性图插值流量偏差方程：

$$\frac{Wc_{45} - Wc_{45\mathrm{map}}}{Wc_{45}} = \varepsilon_3 \tag{2.38}$$

④ 尾喷管进口流量和由 Q 曲线计算的流量偏差方程：

$$\frac{Wc_8 - Wc_{8Q}}{Wc_8} = \varepsilon_4 \tag{2.39}$$

⑤ 高压转子平衡方程：

$$\frac{\mathrm{d}n_g}{\mathrm{d}t} = \left(\frac{30}{\pi}\right)^2 \frac{1}{J_H} \frac{1}{n_g} (P_{GT} - P_{GC}) \tag{2.40}$$

⑥ 低压转子平衡方程：

$$\frac{\mathrm{d}n_p}{\mathrm{d}t} = \left(\frac{30}{\pi}\right)^2 \frac{1}{J_P} \frac{1}{n_p} (P_{PT} - P_{\mathrm{Load}}) \tag{2.41}$$

2. 动态工作方程

发动机动态工作过程中，轴存在加速度，2 个转子功率平衡方程应当替换为 2 个转子动力学方程，因此共同工作方程为 4 个流量平衡方程和 2 个转子动力学方程。

$$\frac{\mathrm{d}n_g}{\mathrm{d}t} = \left(\frac{30}{\pi}\right)^2 \frac{1}{J_H} \frac{1}{n_g} (P_{GT} - P_{GC}) \tag{2.42}$$

$$\frac{\mathrm{d}n_p}{\mathrm{d}t} = \left(\frac{30}{\pi}\right)^2 \frac{1}{J_L} \frac{1}{n_p} (P_{PT} - P_{\mathrm{Load}}) \tag{2.43}$$

2.1.3 部件级模型 MATLAB/Simulink 仿真界面

基于部件建模原理，使用 T - MATS 工具箱，建立涡轴发动机模型。其在 MATLAB/Simulink 平台上的模型界面如图 2.5 和图 2.6 所示。

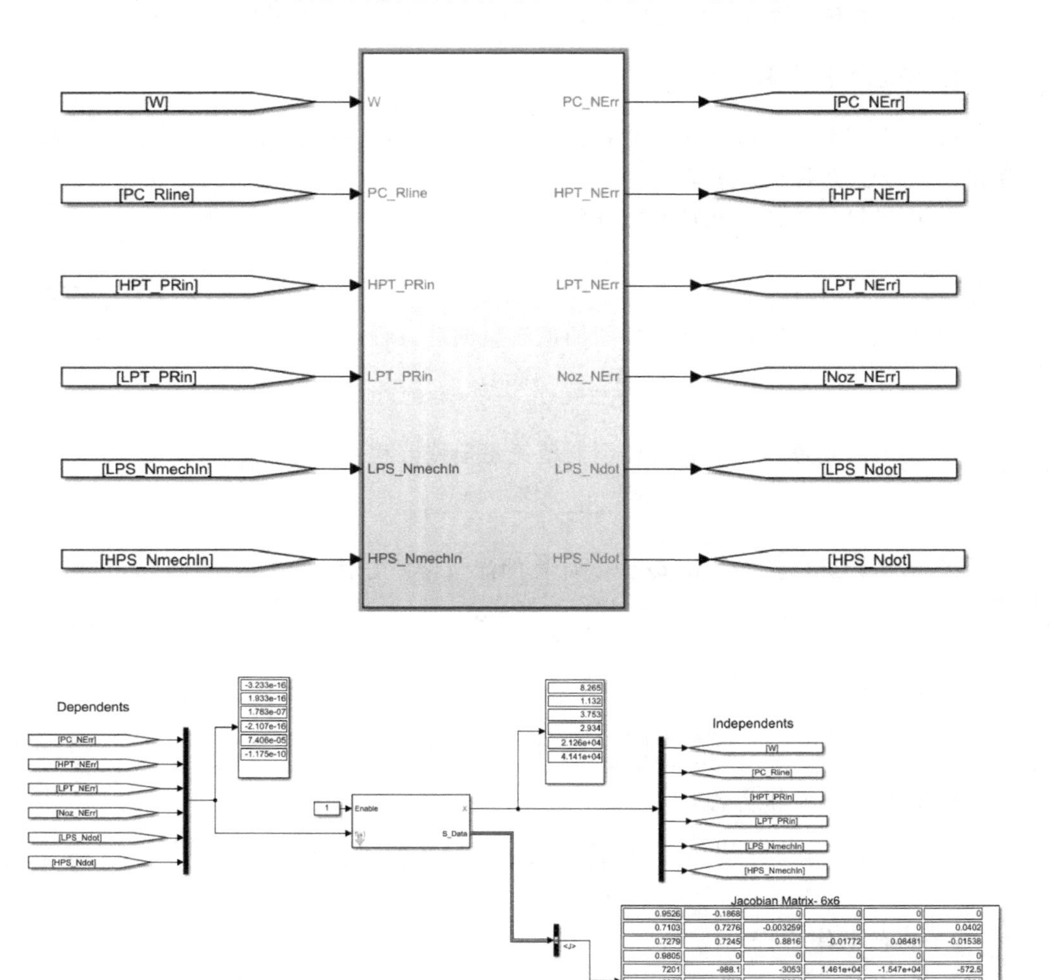

图 2.5 涡轴发动机稳态模型

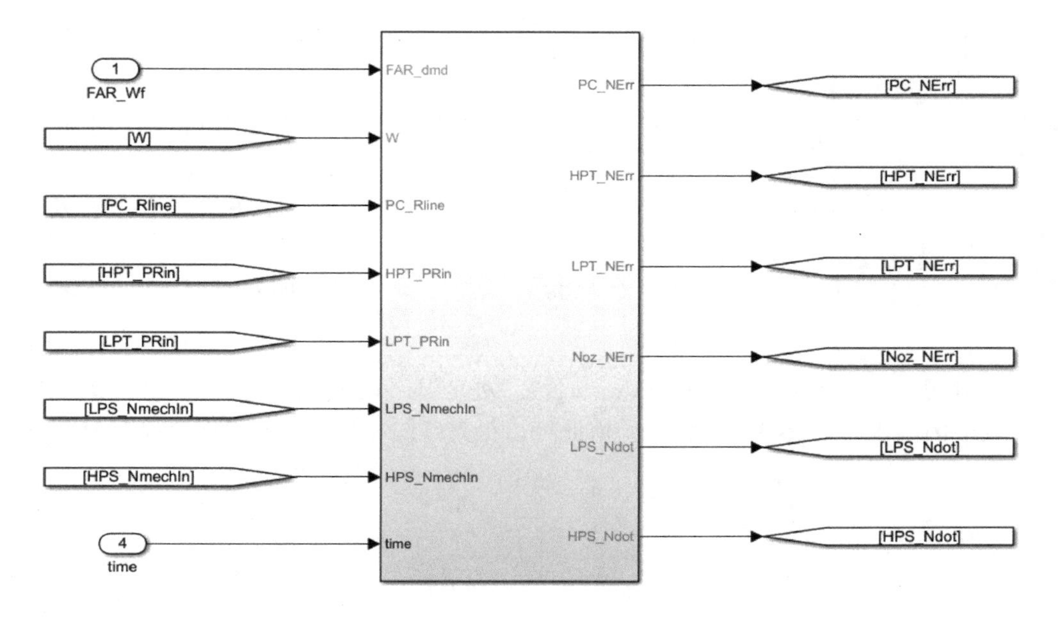

图 2.6　涡轴发动机动态模型

2.2　航空发动机线性化模型

受数字电子控制器系统数据处理能力的限制，基于航空发动机非线性部件级模型进行的控制系统设计，难以应用于工程实际，因此有必要将航空发动机非线性部件级模型线性化，以便进行预测与控制。发动机线性化建模的通常思路是对于航空发动机的一个稳态点的小范围变化可以用近似的线性状态方程来替代该点附近的非线性变化。

2.2.1　系统稳态点状态变量模型

以某双轴涡扇发动机为被控对象，双轴涡扇发动机的非线性模型可表示为

$$\left.\begin{aligned}\dot{\boldsymbol{x}}(t)&=g(\boldsymbol{x},\boldsymbol{u},t)\\\boldsymbol{y}(t)&=k(\boldsymbol{x},\boldsymbol{u},t)\end{aligned}\right\}\tag{2.44}$$

式中，$\boldsymbol{x}(t)\in\mathbf{R}^n$，为航空发动机的状态向量；$\boldsymbol{u}(t)\in\mathbf{R}^r$，为航空发动机的输入向量；$\boldsymbol{y}(t)\in\mathbf{R}^p$，为发动机输出向量。

在工作条件确定的稳态点$(\boldsymbol{x}_a,\boldsymbol{u}_a,\boldsymbol{y}_a)$处，对航空发动机非线性模型(2.44)进行泰勒展开，则有

$$\left.\begin{aligned}\dot{\boldsymbol{x}}(t)=&\left.\frac{\partial g}{\partial \boldsymbol{x}}\right|_{x=x_a,u=u_a}(\boldsymbol{x}-\boldsymbol{x}_a)+\left.\frac{\partial g}{\partial \boldsymbol{u}}\right|_{x=x_a,u=u_a}(\boldsymbol{u}-\boldsymbol{u}_a)+\\&\left.\frac{1}{2}\frac{\partial^2 g}{\partial \boldsymbol{x}^2}\right|_{x=x_a,u=u_a}(\boldsymbol{x}-\boldsymbol{x}_a)^2+\left.\frac{1}{2}\frac{\partial^2 g}{\partial \boldsymbol{u}^2}\right|_{x=x_a,u=u_a}(\boldsymbol{u}-\boldsymbol{u}_a)^2+\cdots\cdots\\\boldsymbol{y}=&\left.\frac{\partial k}{\partial \boldsymbol{x}}\right|_{x=x_a,u=u_a}(\boldsymbol{x}-\boldsymbol{x}_a)+\left.\frac{\partial k}{\partial u}\right|_{x=x_a,u=u_a}(\boldsymbol{u}-\boldsymbol{u}_a)+\\&\left.\frac{1}{2}\frac{\partial^2 k}{\partial \boldsymbol{x}^2}\right|_{x=x_a,u=u_a}(\boldsymbol{x}-\boldsymbol{x}_a)^2+\left.\frac{1}{2}\frac{\partial^2 k}{\partial \boldsymbol{u}^2}\right|_{x=x_a,u=u_a}(\boldsymbol{u}-\boldsymbol{u}_a)^2+\cdots\cdots\end{aligned}\right\}\tag{2.45}$$

对式(2.45)在系统的稳态点($\boldsymbol{x}_a,\boldsymbol{u}_a,\boldsymbol{y}_a$)处的某一临域内进行简化,忽略其泰勒级数中的高次项,只保留一次项,则由此可以得到系统在稳态点的线性化模型为

$$\left.\begin{aligned}\Delta\dot{\boldsymbol{x}}=\left.\frac{\partial g}{\partial \boldsymbol{x}}\right|_{(x=x_a,u=u_a)}(\boldsymbol{x}-\boldsymbol{x}_a)+\left.\frac{\partial g}{\partial \boldsymbol{u}}\right|_{(x=x_a,u=u_a)}(\boldsymbol{u}-\boldsymbol{u}_a)\\\Delta\boldsymbol{y}=\left.\frac{\partial k}{\partial \boldsymbol{x}}\right|_{(x=x_a,u=u_a)}(\boldsymbol{x}-\boldsymbol{x}_a)+\left.\frac{\partial k}{\partial \boldsymbol{u}}\right|_{(x=x_a,u=u_a)}(\boldsymbol{u}-\boldsymbol{u}_a)\end{aligned}\right\}$$

式中,$\Delta\boldsymbol{x}=\boldsymbol{x}-\boldsymbol{x}_a$;$\Delta\boldsymbol{y}=\boldsymbol{y}-\boldsymbol{y}_a$;$\Delta\boldsymbol{u}=\boldsymbol{u}-\boldsymbol{u}_a$;$\boldsymbol{A}=\left.\frac{\partial g}{\partial \boldsymbol{x}}\right|_{(x=x_a,u=u_a)}$;$\boldsymbol{B}=\left.\frac{\partial g}{\partial \boldsymbol{u}}\right|_{(x=x_a,u=u_a)}$;$\boldsymbol{C}=\left.\frac{\partial k}{\partial \boldsymbol{x}}\right|_{(x=x_a,u=u_a)}$;$\boldsymbol{D}=\left.\frac{\partial k}{\partial \boldsymbol{u}}\right|_{(x=x_a,u=u_a)}$。

由此获得系统在该处的状态增量形式为

$$\left.\begin{aligned}\Delta\dot{\boldsymbol{x}}=\boldsymbol{A}\Delta\boldsymbol{x}+\boldsymbol{B}\Delta\boldsymbol{u}\\\Delta\boldsymbol{y}=\boldsymbol{C}\Delta\boldsymbol{x}+\boldsymbol{D}\Delta\boldsymbol{u}\end{aligned}\right\}\tag{2.46}$$

2.2.2 系统各参数选取

状态量的选取:

$$\Delta\boldsymbol{x}=\begin{bmatrix}\Delta n_l\\\Delta n_h\end{bmatrix}$$

发动机高低压转子的转速与发动机的工作状态密切相关,能很好地表征发动机的安全以及工作状况,且方便测量。

控制变量 $\Delta\boldsymbol{u}$ 的选取:

$$\Delta\boldsymbol{u}=[\Delta W_f]$$

其中,W_f 为主燃油量,选择主燃油流量作为控制变量能很好地体现主燃油量对发动机工作状态的影响。

输出变量 $\Delta\boldsymbol{y}$ 的选取:

$$\Delta \boldsymbol{y} = \begin{bmatrix} \Delta n_l \\ \Delta n_h \\ \Delta p_3 \\ \Delta t_3 \end{bmatrix}$$

此处以选择 n_l、n_h、p_3、t_3 作为输出变量为例，n_l 和 n_h 分别是高、低压气机转子转速，p_3 为压气机出口总压，t_3 为压气机出口总温。这些参数变量能很好地表征发动机的工作状态以及性能变化。

2.2.3　模型归一化

对于发动机状态变量建模无论利用偏导数法，还是拟合法，最终都是求 $\boldsymbol{A}$、$\boldsymbol{B}$、$\boldsymbol{C}$、$\boldsymbol{D}$ 这四个矩阵的系数值，使得状态变量模型和发动机的部件级模型在相同的燃油流量参数条件下，其响应尽可能相同。但是由于系统的各参数变量之间的量级可能差别较大，导致获得的各矩阵参数的数量级也会有较大差别，由此往往要先对这些变量进行参数归一化处理，然后再进行相应的线性化工作。通常来说，习惯是以设计点处的参数值作为归一化的标准，来对参数进行合理归一化。归一化的数学表达如下：

$$N_l = \frac{n_l}{n_{lds}} \times 100\%$$

$$N_h = \frac{n_h}{n_{hds}} \times 100\%$$

$$P_3 = \frac{p_3}{p_{3ds}} \times 100\%$$

$$T_3 = \frac{t_3}{t_{3ds}} \times 100\%$$

其中，n_{lds} 是发动机设计点处风扇转轴转速，n_{hds} 是发动机设计点处高压压气机的转轴转速，p_{3ds} 是设计点处压气机出口总压值，t_{3ds} 是设计点处压气机出口温度值。

综上，系统模型可表示为

$$\left.\begin{aligned} \Delta \dot{\boldsymbol{x}}(t) &= \begin{bmatrix} \Delta \dot{N}_l \\ \Delta \dot{N}_h \end{bmatrix} = \begin{bmatrix} a_1 & a_2 \\ a_3 & a_4 \end{bmatrix} \begin{bmatrix} \Delta N_l \\ \Delta N_h \end{bmatrix} + \begin{bmatrix} b_1 \\ b_2 \end{bmatrix} [\Delta W_f] \\ \Delta \boldsymbol{y}(t) &= \begin{bmatrix} \Delta n_l \\ \Delta n_h \\ \Delta p_3 \\ \Delta t_3 \end{bmatrix} = \begin{bmatrix} 1 & 0 \\ 0 & 1 \\ c_1 & c_2 \\ c_3 & c_4 \end{bmatrix} \begin{bmatrix} \Delta N_l \\ \Delta N_h \end{bmatrix} + \begin{bmatrix} 0 \\ 0 \\ d_1 \\ d_2 \end{bmatrix} [\Delta W_f] \end{aligned}\right\} \tag{2.47}$$

由此基于状态变量、控制变量和系统的输出变量，系统的参数矩阵可表达为

$$\left.\begin{aligned} \Delta \dot{\boldsymbol{x}} &= \Delta \boldsymbol{A} \Delta \boldsymbol{x} + \boldsymbol{B} \Delta u \\ \Delta \boldsymbol{y} &= \Delta \boldsymbol{C} \Delta \boldsymbol{x} + \boldsymbol{D} \Delta u \end{aligned}\right\} \tag{2.48}$$

为了表达方便，忽略符号 Δ，将式(2.48)改写为

$$\left.\begin{aligned}\dot{\boldsymbol{x}}&=\boldsymbol{A}\boldsymbol{x}+\boldsymbol{B}u\\ \boldsymbol{y}&=\boldsymbol{C}\boldsymbol{x}+\boldsymbol{D}u\end{aligned}\right\} \tag{2.49}$$

式中，$\boldsymbol{A}=\begin{bmatrix}a_1 & a_2\\ a_3 & a_4\end{bmatrix}$；$\boldsymbol{B}=\begin{bmatrix}b_1\\ b_2\end{bmatrix}$；$\boldsymbol{C}=\begin{bmatrix}1 & 0\\ 0 & 1\\ c_1 & c_2\\ c_3 & c_4\end{bmatrix}$；$\boldsymbol{D}=\begin{bmatrix}0\\ 0\\ d_1\\ d_2\end{bmatrix}$。

2.2.4 线性模型与部件级模型仿真对比

选择高度为 10 km，马赫数为 0.8 的巡航状态作为稳态点，拟合可得 **A**、**B**、**C**、**D** 矩阵的值分别为

$$\boldsymbol{A}=\begin{bmatrix}-2.00 & 5.23\\ 0.81 & -4.04\end{bmatrix},\quad \boldsymbol{B}=\begin{bmatrix}0.68\\ 1.02\end{bmatrix},\quad \boldsymbol{C}=\begin{bmatrix}1 & 0\\ 0 & 1\\ 0.64 & 3.26\\ 0.11 & 0.36\end{bmatrix},\quad \boldsymbol{D}=\begin{bmatrix}0\\ 0\\ 0.22\\ 0.56\end{bmatrix}$$

给燃油量一个 1% 的阶跃，系统的线性模型与非线性部件级模型的仿真对比如图 2.7 所示。

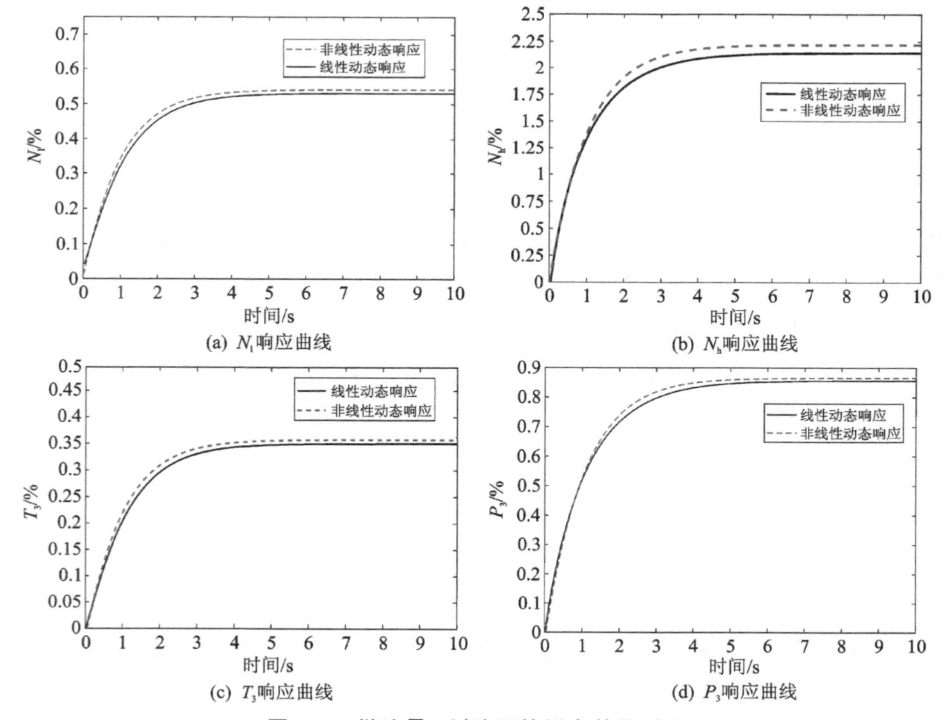

图 2.7　燃油量 1% 阶跃的拟合效果对比

2.2.5 发动机线性不确定模型

由于飞机发动机固有的非线性、制造公差、飞机发动机老化以及飞行包络线的各种扰动，需要将外部扰动、参数不确定性、未建模非线性动力学等因素的影响纳入飞机发动机的数学模型，因此可以在控制器设计一开始就提高飞机发动机的鲁棒性。

故基于式(2.49)，一个更贴合实际的航空发动机系统模型是

$$\left.\begin{aligned}\dot{\boldsymbol{x}}&=\boldsymbol{A}\boldsymbol{x}+\boldsymbol{B}u+\boldsymbol{\eta}\\\boldsymbol{y}&=\boldsymbol{C}\boldsymbol{x}+\boldsymbol{D}u\end{aligned}\right\}\tag{2.50}$$

式中，$\boldsymbol{\eta}\in\mathbf{R}^n$ 是集总干扰，包括外部干扰、参数的不确定性、未建模的非线性动力等。

2.3 航空发动机平衡流形展开模型

平衡流形展开模型是在线性化模型基础上发展而来的一种非线性模型。线性模型只在其线性化工作点附近有效，而平衡流形模型在所有平衡点附近都具有较高的模型精度，因而能够在一定程度上满足航空发动机非线性仿真、分析、设计等需要。

2.3.1 平衡流形展开建模基本原理

设某非线性系统的模型为

$$\left.\begin{aligned}\dot{\boldsymbol{x}}&=f(\boldsymbol{x},\boldsymbol{u})\\\boldsymbol{y}&=g(\boldsymbol{x},\boldsymbol{u})\end{aligned}\right\}\tag{2.51}$$

式中，$\boldsymbol{x}\in\mathbf{R}^n$；$\boldsymbol{y}\in\mathbf{R}^n$；$\boldsymbol{u}\in\mathbf{R}^n$；

在单个平衡点处，有

$$\left.\begin{aligned}f(\boldsymbol{x}_0,\boldsymbol{u}_0)&=0\\\boldsymbol{y}_0&=g(\boldsymbol{x}_0,\boldsymbol{u}_0)\end{aligned}\right\}$$

将公式(2.51)中所有的平衡点写成集合的形式，就可以得到系统的平衡流形展开模型：

$$\{(\boldsymbol{x}_e,\boldsymbol{u}_e,\boldsymbol{y}_e)\mid f(\boldsymbol{x}_e,\boldsymbol{u}_e)=0,\ \boldsymbol{y}_e=g(\boldsymbol{x}_e,\boldsymbol{u}_e)\}\tag{2.52}$$

式(2.52)中的 $\boldsymbol{x}_e,\boldsymbol{u}_e,\boldsymbol{y}_e$ 都可以用调度变量 $\boldsymbol{\theta}$ 表示，即

$$\left.\begin{aligned}\boldsymbol{x}_e&=x_e(\boldsymbol{\theta})\\\boldsymbol{u}_e&=u_e(\boldsymbol{\theta})\\\boldsymbol{y}_e&=y_e(\boldsymbol{\theta})\end{aligned}\right\}\tag{2.53}$$

调度变量 $\boldsymbol{\theta}$ 是与状态变量 $\boldsymbol{x}_e$，输入变量 $\boldsymbol{u}_e$ 或其他可测量的参数有关的函数，若将其他可测量的参数表示为 α，则调度变量函数可以写成 $\boldsymbol{\theta}=\theta(\boldsymbol{x},\boldsymbol{u},\alpha)$。

在某个稳态点附近，将式(2.51)按泰勒级数展开，则有

$$\dot{x}=\frac{\delta f}{\delta x}\bigg|_{x=x_0,u=u_0}(x-x_0)+\frac{\delta f}{\delta u}\bigg|_{x=x_0,u=u_0}(u-u_0)+$$

$$\frac{1}{2}\frac{\partial^2 f}{\partial x^2}\bigg|_{x=x_0,u=u_0}(x-x_0)^2+\frac{1}{2}\frac{\partial^2 f}{\partial u^2}\bigg|_{x=x_0,u=u_0}(u-u_0)^2+\cdots \tag{2.54}$$

在(x_0,u_0)的邻域内，略去高阶项，则得到一个稳态点的线性模型：

$$\Delta\dot{x}=\frac{\delta f}{\delta x}\bigg|_{x=x_0,u=u_0}\Delta x+\frac{\delta f}{\delta u}\bigg|_{x=x_0,u=u_0}\Delta u \tag{2.55}$$

式中，$\Delta x=x-x_0$；$\Delta u=u-u_0$。

根据同样的方法也能得到输出方程：

$$\Delta y=\frac{\delta g}{\delta x}\bigg|_{x=x_0,u=u_0}\Delta x+\frac{\delta g}{\delta u}\bigg|_{x=x_0,u=u_0}\Delta u \tag{2.56}$$

式中，$\Delta y=y-y_0$。

令

$$A=\frac{\delta f}{\delta x}\bigg|_{x=x_0,u=u_0},\ B=\frac{\delta f}{\delta u}\bigg|_{x=x_0,u=u_0}$$

$$C=\frac{\delta g}{\delta x}\bigg|_{x=x_0,u=u_0},\ D=\frac{\delta g}{\delta u}\bigg|_{x=u_0,u=u_0}$$

则式(2.55)和式(2.56)变为

$$\left.\begin{aligned}\Delta\dot{x}&=A\Delta x+B\Delta u\\ \Delta y&=C\Delta x+D\Delta u\end{aligned}\right\} \tag{2.57}$$

在平衡点上有$\dot{x}_0=\mathbf{0}$，则式(2.57)可简化为

$$\left.\begin{aligned}\dot{x}&=A(x-x_0)+B(u-u_0)\\ y-y_0&=C(x-x_0)+D(u-u_0)\end{aligned}\right\} \tag{2.58}$$

式(2.58)是单个平衡点处的线性方程，如果将所有的平衡点都进行线性化，同时再将状态变量，输入变量以及输出变量都写成含调度变量θ的形式，就可以得到一组模型族：

$$\left.\begin{aligned}\dot{x}&=A(\theta)(x-x_e(\theta))+B(\theta)(u-u_e(\theta))\\ y&=C(\theta)(x-x_e(\theta))+D(\theta)(u-u_e(\theta))+y_e\end{aligned}\right\} \tag{2.59}$$

在公式(2.59)的基础上加上一个确定的调度变量函数，就能得到标准的平衡流形展开模型：

$$\left.\begin{aligned}\dot{x}&=A(\theta)(x-x_e(\theta))+B(\theta)(u-u_e(\theta))\\ y&=C(\theta)(x-x_e(\theta))+D(\theta)(u-u_e(\theta))+y_e\\ \theta&=\theta(x,u,\alpha)\end{aligned}\right\} \tag{2.60}$$

2.3.2 航空发动机的平衡流形模型分析

将平衡流形模型理论应用到航空发动机时，需要综合考虑航空发动机的运行和

工作特点，选择合适的控制量与被控制量。本小节考虑几何不可调的大涵道比涡扇发动机，因此输入量仅选择主燃油流量 W_f。发动机转速是反映发动机工作状态和符合状况的重要参数，发动机轴的扭矩、转动部件的离心力、叶片的自振和谐振等都与转速直接有关；此外，转速也可以近似反映发动机的热负荷状况，同时也便于测量。因此，选择高低压转子转速 N_H、N_L 作为状态量和输出量。航空发动机还需要预防超温喘振的危险状况，可以通过高压压气机出口压力 P_3，监控发动机是否进入喘振，通过间接测量低压涡轮出口温度 T_{46} 监控发动机是否超温，因此 P_3 和 T_{46} 同样作为输出量。对于平衡流形展开模型，调度变量的确定也非常重要，考虑到大涵道比涡扇发动机风扇的影响更大，因此选择 $\boldsymbol{\theta}=N_L$ 作为调度变量。同时提出一系列假设，如不考虑发动机内部的热交换、气体惯性等，仅仅考虑转子惯性，可简化发动机的结构。

根据公式(2.60)的平衡流形展开模型的标准形式，将上述输入/输出状态量代入方程得到大涵道比涡扇航空发动机的平衡流形展开模型为

$$\left.\begin{array}{l}
\begin{bmatrix}\dot{N}_L\\ \dot{N}_H\end{bmatrix}=\boldsymbol{A}(\boldsymbol{\theta})\begin{bmatrix}(N_L-N_{Le}(\boldsymbol{\theta}))\\(N_H-N_{He}(\boldsymbol{\theta}))\end{bmatrix}+\boldsymbol{B}(\boldsymbol{\theta})(W_f-W_{fe}(\boldsymbol{\theta}))\\
\begin{bmatrix}N_L\\N_H\\P_3\\T_{46}\end{bmatrix}=\boldsymbol{C}(\boldsymbol{\theta})\begin{bmatrix}(N_L-N_{Le}(\theta))\\(N_H-N_{He}(\boldsymbol{\theta}))\end{bmatrix}+\boldsymbol{D}(\boldsymbol{\theta})(W_f-W_{fe}(\boldsymbol{\theta}))+\begin{bmatrix}N_{Le}(\boldsymbol{\theta})\\N_{He}(\boldsymbol{\theta})\\P_{3e}(\boldsymbol{\theta})\\T_{46e}(\boldsymbol{\theta})\end{bmatrix}\\
\boldsymbol{\theta}=N_L
\end{array}\right\}\tag{2.61}$$

2.3.3　航空发动机平衡流形展开模型建立过程

将 JT9D 非线性部件级模型看作真实的航空发动机，采用辨识方法建立航空发动机的平衡流形展开模型。一般用于平衡流形建模的方法是采用动静分离两步法，该方法主要分为稳态建模和动态建模两个步骤。首先对发动机非部件模型进行系统辨识，获得稳态和动态的响应数据；然后在稳态建模中对稳态响应数据进行建模，在动态建模中利用动态响应数据拟合出最佳的动态系数，使得平衡流形模型尽可能与部件级模型保持一致。

在进行仿真前，首先设置发动机的初始条件。飞行条件设定为 $H=9\ 000$ m，$Ma=0.7$。

1. 确定辨识信号，获取辨识数据

进行动静分离两步法辨识，输入与输出既需要体现系统的稳态特性又需要体现

系统的动态特性。针对航空发动机，阶梯信号能够在初始阶段体现动态特性，又能在阶跃 1～3 s 后体现出稳态特性，因此选择阶梯信号作为输入信号。选用的输入信号与 JT9D 部件级模型输入保持一致，即主燃油流量指令信号。

发动机模型中各参数的数量级相差较大，如果仍旧使用确切数值进行运算，则会使得模型中的较大数量级的参数对系统和模型的影响增加。例如，对低压转速进行 1% 的扰动，会使得转速增减变化 100 r/min，而在模型中的其他较小量也会因此受到影响，从而引起模型误差，同时精度和稳定性下降。因此，对模型中的参数归一化，可写为

$$W_{fn}=\frac{W_f}{W_{fd}},\quad N_{Ln}=\frac{N_L}{N_{Ld}},\quad N_{Hn}=\frac{N_H}{N_{Hd}},\quad P_{3n}=\frac{P_3}{P_{3d}},\quad T_{46n}=\frac{T_{46}}{P_{46d}} \tag{2.62}$$

其中，下标 d 表示设计点。

图 2.8 设置的阶梯信号仅展现了加速过程，同时可以看到扰动的信号较大，这样做一方面缩短了辨识模型的时间，另一方面是因为平衡流形展开模型及其辨识方法允许采用较大的扰动。考虑到发动机强非线性的特点，每次的阶跃量设置成 5%，持续时间为 10 s。

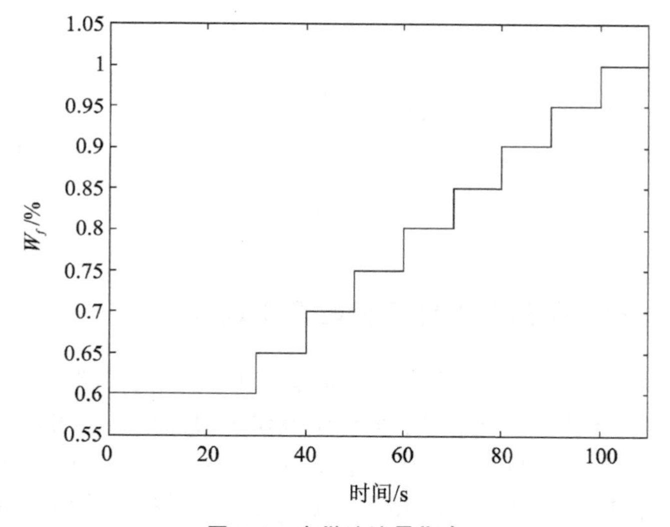

图 2.8　主燃油流量指令

2. 稳态建模

从辨识得到的数据里提取各参数的稳态数据，然后以调度变量为自变量，通过对数据的拟合建立各稳态参数与调度变量之间的关系。这些参数包括高压压气机转速 N_H、主燃油流量 W_f、高压压气机出口压力 P_3、低压涡轮出口温度 T_{46}。本小节对模型参数均采用多项式拟合，采用三次多项式拟合方法后的拟合结果如图 2.9 所示。

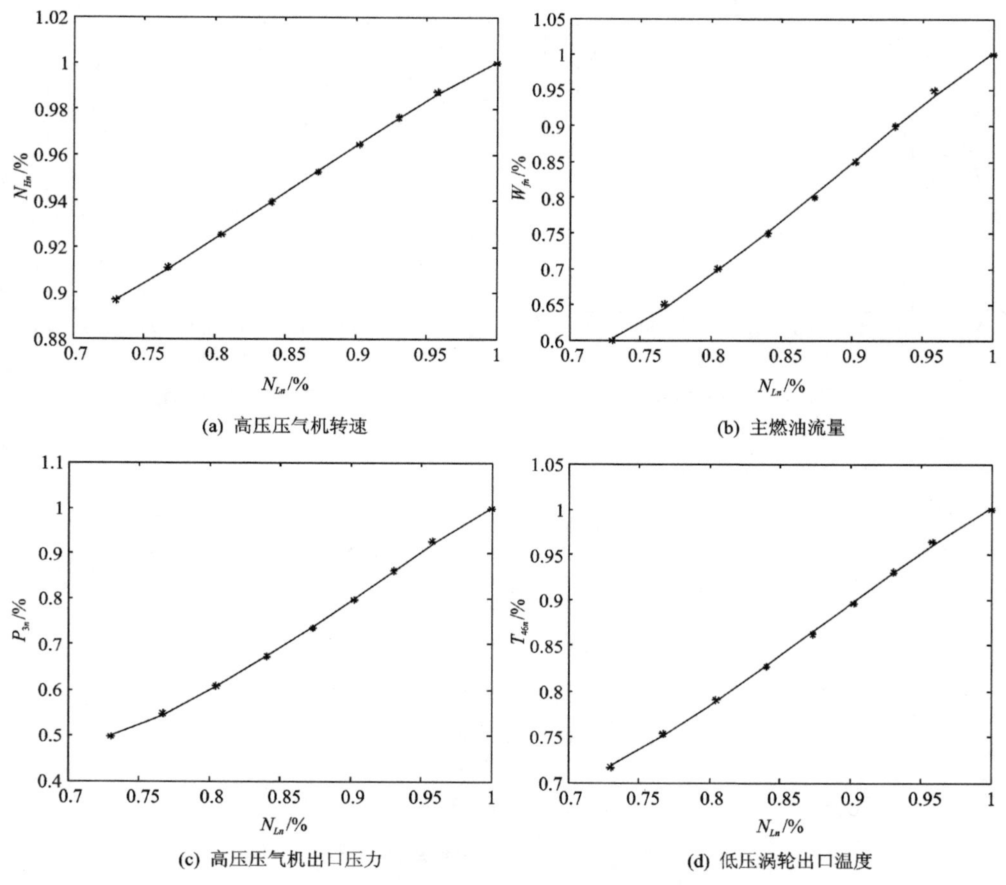

图 2.9　平衡流形拟合结果

3. 稳态建模精度校核

稳态建模精度校核就是进行稳态相对误差计算。通过求取过程中的偏差量，求出 $\Delta N_H = N_H - N_H(\theta)$，$\Delta P_3 = P_3 - P_3(\theta)$ 和 $\Delta T_{46} = T_{46} - T_{46}(\theta)$。

$\Delta N_H(\theta)$、$\Delta P_{t3}(\theta)$、$\Delta T_{t46}(\theta)$ 的表达式已经通过多项式拟合过程获得，知道了调度变量 $\boldsymbol{\theta}$，也就知道了上述值，做差再经过处理后，稳态建模相对误差如图 2.10 所示。

由图 2.10 可以看出，稳态时各偏差量大都不为零，平衡流形的稳态建模与非线性部件级模型尚有一定的误差，除燃油量外，其他偏差量都保持在 5% 以内。因此，后续需要对燃油量的拟合展开进一步研究。

4. 动态建模

动态建模主要需要获得随平衡点变化而变化的动态参数，主要可以通过拟合法

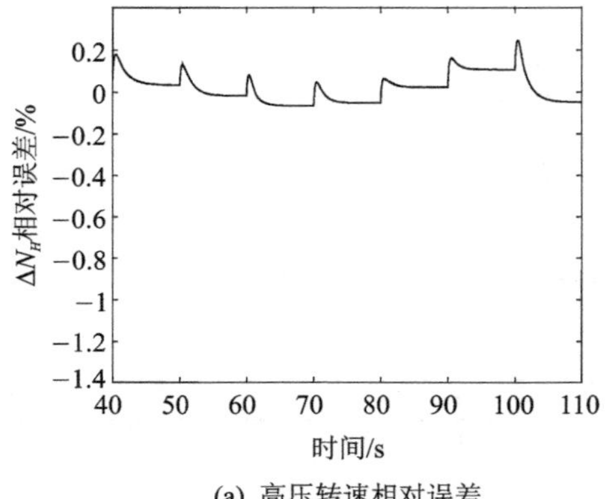

(a) 高压转速相对误差

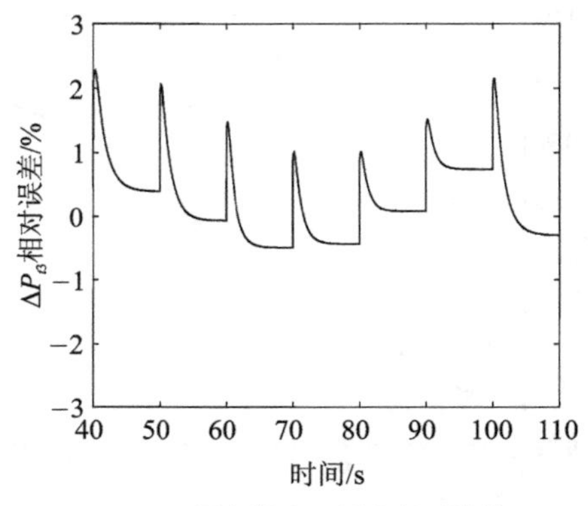

(b) 压气机出口压力相对误差

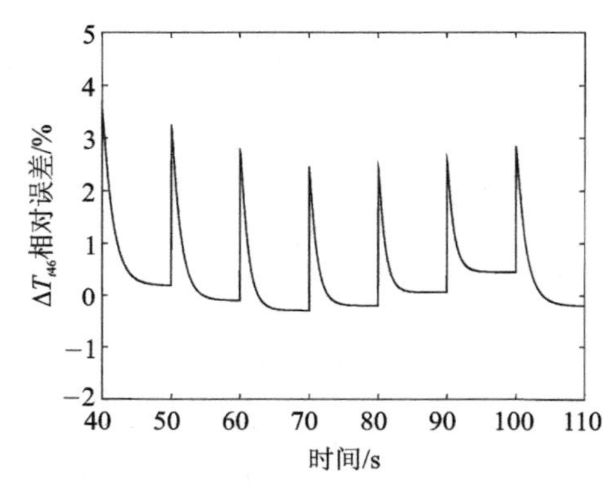

(c) 涡轮出口温度相对误差

图 2.10　稳态过程建模误差

和偏导数法等方法获取。本小节动态建模的主要思路是首先通过小扰动法在发动机平衡点处施加小扰动，以此获得初始的状态方程系数，之后利用拟合法通过将非线性模型与线性模型的输出进行比较，此刻应该以线性动态响应贴近非线性动态响应为原则，将非线性模型与线性模型的输出响应做差，利用最小二乘法等算法使其目标函数最小，由此获得模型的动态系数，最后再以调度参数为自变量对动态系数进行整合，获得动态系数关于调度参数的多项式。

根据前面定义的平衡流形展开模型，公式可以展开写为

$$\left.\begin{aligned}\Delta\dot{N}_L &= a_{11} + \Delta N_L + a_{21}\Delta N_H + b_1\Delta W_f \\ \Delta\dot{N}_H &= a_{12} + \Delta N_L + a_{22}\Delta N_H + b_2\Delta W_f \\ \Delta P_3 &= c_{31}\Delta N_L + c_{41}\Delta N_H + d_3\Delta W_f \\ \Delta T_{46} &= c_{32}\Delta N_L + c_{42}\Delta N_H + d_4\Delta W_f\end{aligned}\right\} \tag{2.63}$$

(1) 小扰动法建立线性模型

小扰动法的主要思路是在发动机的稳态工作平衡点处进行扰动，然后获取扰动

前后状态量、状态量的导数以及输出量的增量，最后再利用扰动量比值求出矩阵系数。例如，对于公式(2.63)，在某一时刻给 N_L 施加一个 1%的小扰动 ΔN_L，并同时令 Δn_H，ΔW_f 等参数扰动为零，则此时的模型的流量和功率方程不平衡，但在扰动撤销后的一段时间内模型会恢复到平衡状态。计算状态方程参数的公式为

$$a_{11}=\frac{\Delta \dot{n}_L}{\Delta n_L},\quad a_{21}=\frac{\Delta \dot{n}_H}{\Delta n_L},\quad c_{31}=\frac{\Delta P_3}{\Delta n_L},\quad c_{41}=\frac{\Delta T_{46}}{\Delta n_L} \tag{2.64}$$

其他的状态方程参数公式同理可得，最终就得到了初始的线性状态方程模型。但此时的输出响应与部件级模型相比差距较大，因此需要使用拟合法来提高建立的模型的精度。

(2) 拟合获得动态参数

上述在单个平衡点处可视为线性系统的模型有 2 个互异模态 e^{s_1} 和 e^{s_2}，其中，满足条件：$s_1+s_2=a_{11}+a_{22}$，$s_1s_2=a_{11}a_{22}-a_{12}a_{21}$。

对主燃油流量进行阶跃响应后，可以得到阶跃响应的解析式为

$$\begin{aligned}\Delta N_L(t)&=N_L(t)-N_L(0)\\&=\Delta W_f\left[\frac{a_{12}b_2-a_{22}b_1}{s_1s_2}+\frac{(s_1-a_{22})b_1+a_{12}b_2}{s_1(s_1-s_2)}e^{s_1t}+\right.\\&\left.\quad\frac{(s_2-a_{22})b_1+a_{12}b_2}{s_2(s_2-s_1)}e^{s_2t}\right]\end{aligned} \tag{2.65}$$

$$\begin{aligned}\Delta N_H(t)&=N_H(t)-N_H(0)\\&=\Delta W_f\left[\frac{a_{21}b_1-a_{11}b_2}{s_1s_2}+\frac{(s_1-a_{11})b_2+a_{21}b_1}{s_1(s_1-s_2)}e^{s_1t}+\right.\\&\left.\quad\frac{(s_2-a_{11})b_2+a_{21}b_1}{s_2(s_2-s_1)}e^{s_2t}\right]\end{aligned} \tag{2.66}$$

$$\begin{aligned}\Delta P_3(t)&=P_3(t)-P_3(0)\\&=\Delta W_f\left\{d_3-\frac{b_1(c_{31}a_{22}-c_{32}a_{21})+b_2(c_{32}a_{11}-c_{31}a_{12})}{s_1s_2}+\right.\\&\quad\frac{b_1[c_{31}(s_1-a_{22})+c_{32}a_{21}]+b_2[c_{32}(s_1-a_{11})+c_{31}a_{12}]}{s_1(s_1-s_2)}e^{s_1t}+\\&\left.\quad\frac{b_1[c_{31}(s_2-a_{22})+c_{32}a_{21}]+b_2[c_{32}(s_2-a_{11})+c_{31}a_{12}]}{s_2(s_2-s_1)}e^{s_2t}\right\}\end{aligned} \tag{2.67}$$

$$\begin{aligned}\Delta T_{46}(t)&=T_{46}(t)-T_{46}(0)\\&=\Delta W_f\left\{d_4-\frac{b_1(c_{41}a_{22}-c_{42}a_{21})+b_2(c_{42}a_{11}-c_{41}a_{12})}{s_1s_2}+\right.\\&\quad\frac{b_1[c_{41}(s_1-a_{22})+c_{42}a_{21}]+b_2[c_{42}(s_1-a_{11})+c_{41}a_{12}]}{s_1(s_1-s_2)}e^{s_1t}+\end{aligned}$$

$$\left.\frac{b_1\left[c_{41}(s_2-a_{22})+c_{42}a_{21}\right]+b_2\left[c_{42}(s_2-a_{11})+c_{41}a_{12}\right]}{s_2(s_2-s_1)}\mathrm{e}^{s_2t}\right\} \tag{2.68}$$

选择对输出量高压压气机转速和低压压气机转速同时进行最小二乘法衡量，使用一个目标函数共同涵盖。而非仅仅考虑低压转速或高压转速的影响，以此防止其中一个过度拟合导致另一个误差变大。当该函数得到最小值时意味着线性模型输出与非线性模型输出误差最小，由此就获得了单个平衡点处的若干动态系数。最小化目标函数设计如下：

$$\begin{aligned}\min J=&(\Delta N_L(t)-\Delta N_L(t)')^T(\Delta N_L(t)-\Delta N_L(t)')+\\&(\Delta N_H(t)-\Delta N_H(t)')^T(\Delta N_H(t)-\Delta N_H(t)')\end{aligned} \tag{2.69}$$

式中，$\Delta N_L(t)'$和$\Delta N_H(t)'$分别是从部件级JT9D模型的输出响应中截取的与线性模型输出相应时间相对应的一段数据。

按照上述方法，每次增加1%的燃油扰动，然后求出对应平衡点处的动态系数，最终就得到了所有平衡点处的动态系数。之后再使用调度变量N_1作为自变量，各个动态系数作为因变量，选择二阶多项式系数拟合，最终得到的拟合结果如图2.11所示。

$\boldsymbol{A}$、$\boldsymbol{B}$、$\boldsymbol{C}$、$\boldsymbol{D}$矩阵与调度变量N_{Ln}可以写成多项式的形式，即

$$\left.\begin{aligned}a_{11}&=13.28-38.65N_{Ln}+23.37N_{Ln}^2\\a_{12}&=22.86-45.99N_{Ln}+25.7N_{Ln}^2\\a_{21}&=-3.858+12.33N_{Ln}-6.847N_{Ln}^2\\a_{22}&=-10.58+21.49N_{Ln}-14.95N_{Ln}^2\end{aligned}\right\} \tag{2.70}$$

用上述多项式代替原本固定的动态系数，能够使得模型的精度大大提升。

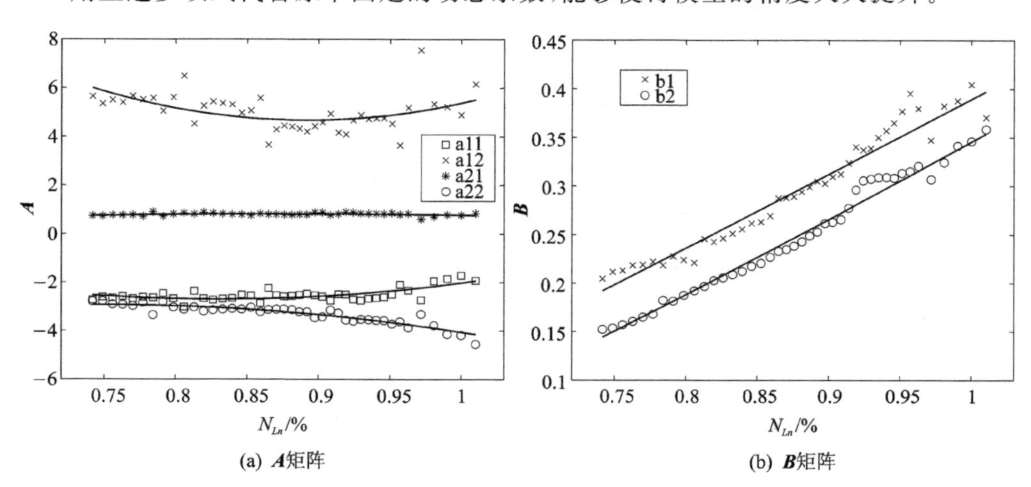

(a) $\boldsymbol{A}$矩阵　　(b) $\boldsymbol{B}$矩阵

图2.11　动态系数拟合

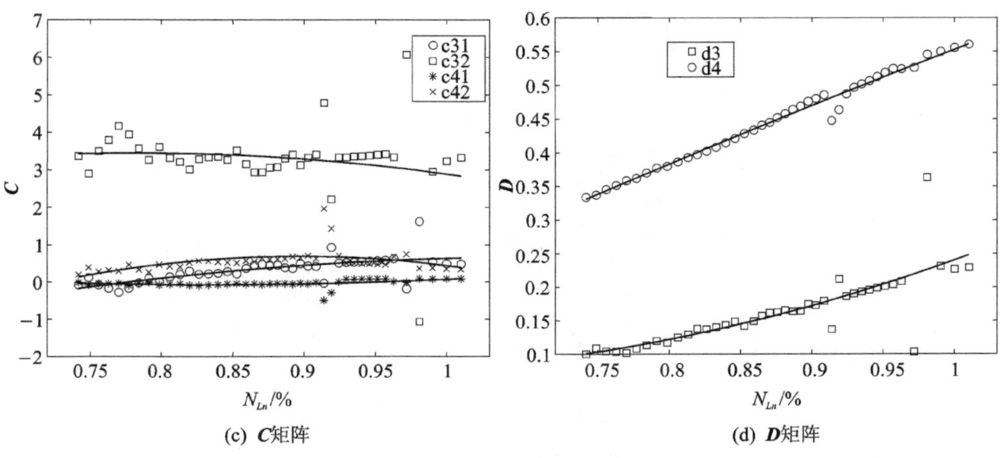

(c) **C**矩阵　　(d) **D**矩阵

图 2.11　动态系数拟合(续)

5. 动态建模验证

在获得所有的动态系数以后，搭建如图 2.12 所示的 Simulink 平衡流形仿真模型。

输入信号设定主燃油流量从 60%提高到 100%，再降低至 65%，每次的阶跃维持在 5%并保持 10 s 使其进入稳态，以模拟平衡流形与航空发动机部件级模型的加减速仿真过程。

图 2.13 和图 2.14 所示为所建立的动态模型与部件级模型的一些仿真结果，包括各参数对比和误差精度计算。

经过非线性部件级模型与平衡流形参数的图像对比以及相对误差的计算可以发现，低压压气机转速的相对误差保持在 2%以内，高压压气机转速的相对误差保持在 0.3%以内，高压压气机出口压力相对误差保持在 1.5%以内，低压涡轮出口温度相对误差保持在 1.2%以内。

2.4　本章小结

本章首先介绍了航空发动机非线性部件级模型的搭建方法，通过对 MATLAB/Simulink 中 T-MATS 工具箱与 Gasturb 软件，获得了某涡轴发动机非线性部件级模型。其次，阐述了航空发动机线性化模型的获取过程，并与非线性部件级模型进行了仿真对比，进一步得到了航空发动机线性不确定模型。最后，基于平衡流形展开建模基本原理，详细说明了航空发动机平衡流形展开模型的建立过程，通过对平衡流形展开模型与非线性部件级模型的输出响应进行比较，验证了模型的精度。本章建立的非线性部件级模型、线性化模型、平衡流形展开模型，为后续章节涉及的控制器设计奠定了基础。

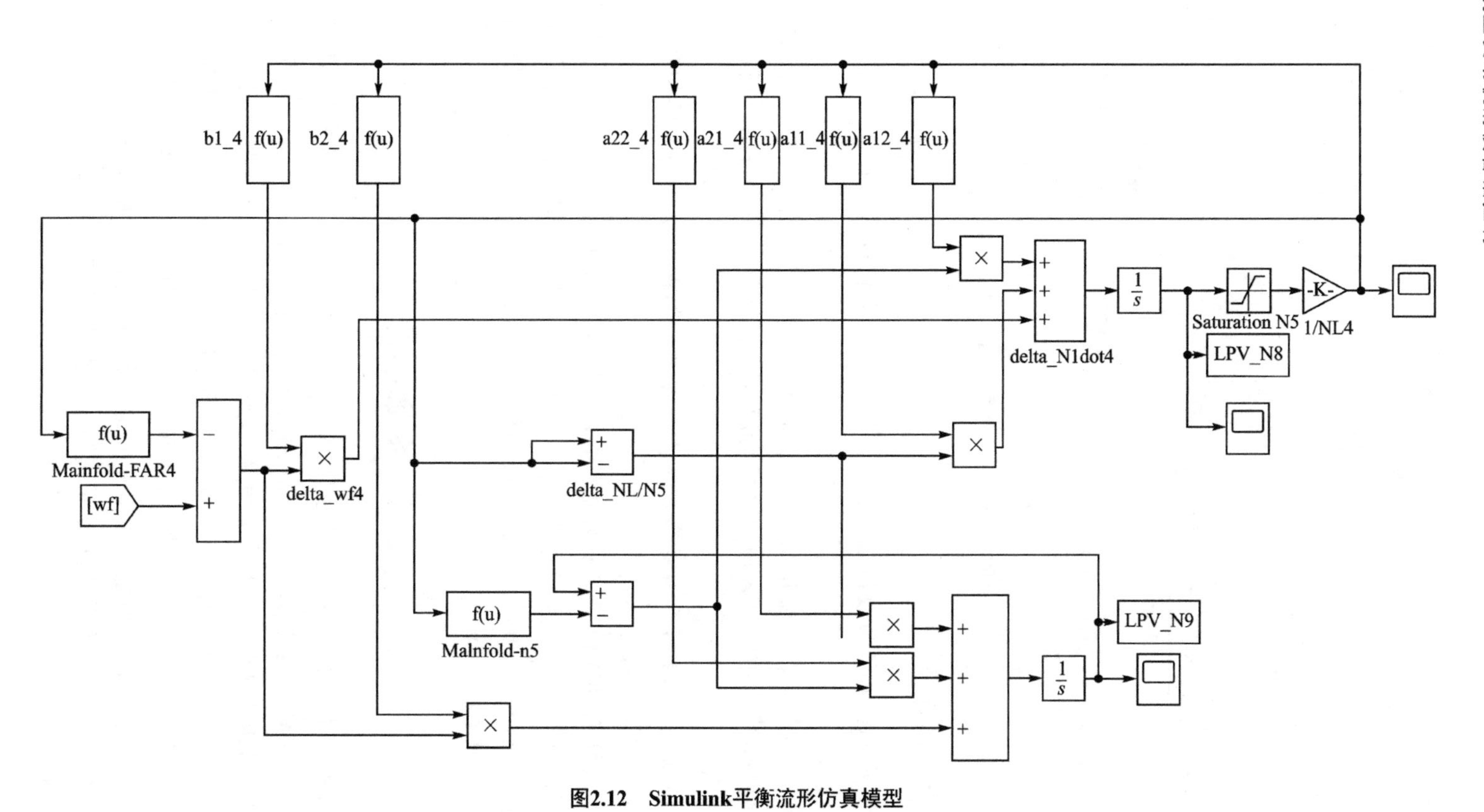

图2.12 Simulink平衡流形仿真模型

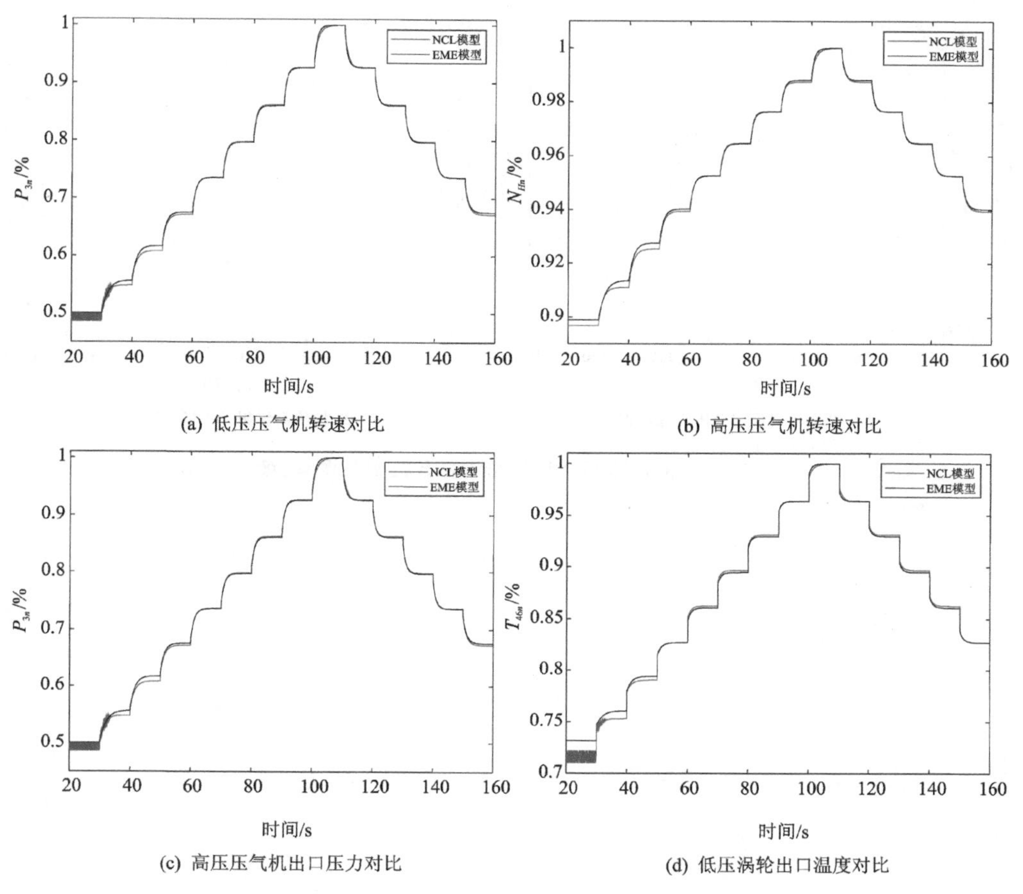

(a) 低压压气机转速对比

(b) 高压压气机转速对比

(c) 高压压气机出口压力对比

(d) 低压涡轮出口温度对比

图 2.13　部件级模型与平衡流形参数对比

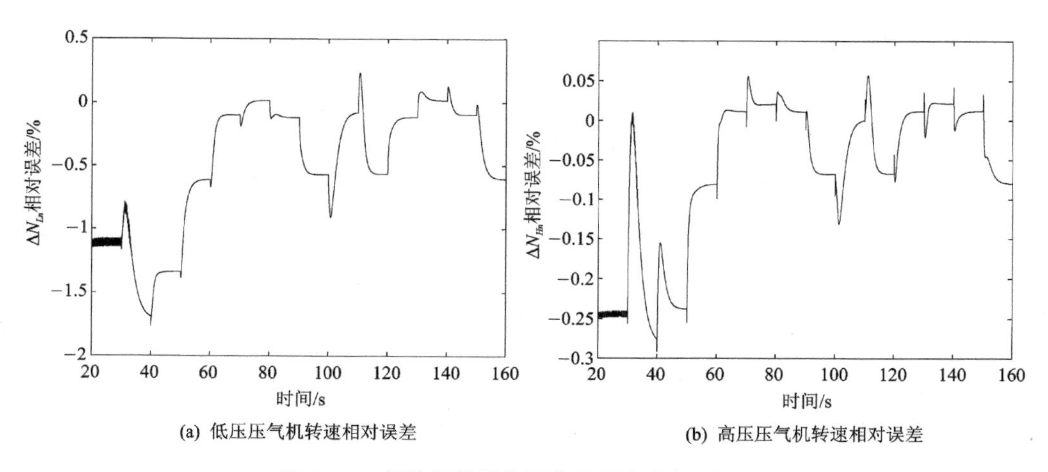

(a) 低压压气机转速相对误差

(b) 高压压气机转速相对误差

图 2.14　部件级模型与平衡流形参数相对误差

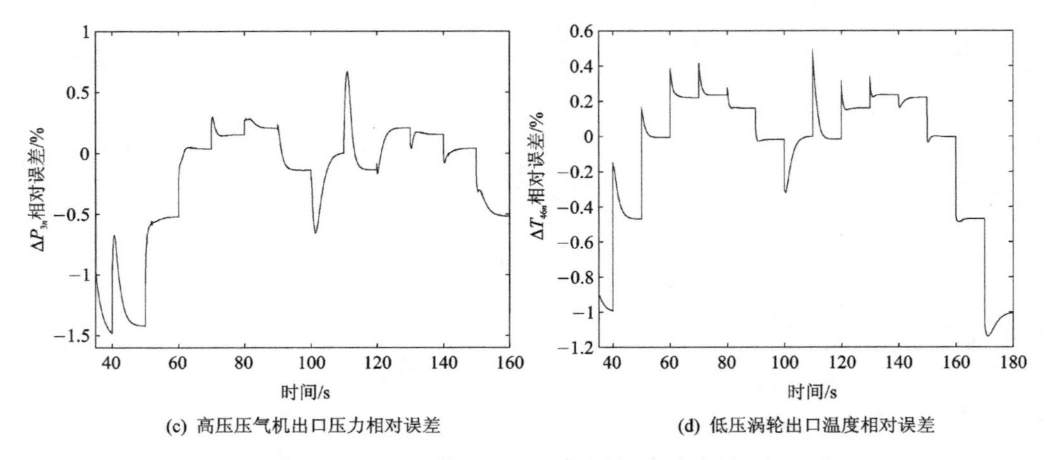

(c) 高压压气机出口压力相对误差

(d) 低压涡轮出口温度相对误差

图 2.14　部件级模型与平衡流形参数相对误差(续)

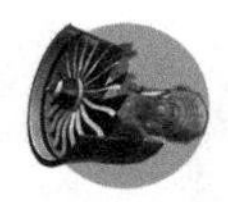

第 3 章
航空发动机滑模容错控制

3.0 引 言

随着现代航空技术迅猛发展，先进飞行器需要性能更加强劲、安全保障更加可靠、使用寿命更加长久的航空发动机。航空发动机作为飞机的心脏部分和多电航空发动机的原动机部分，它的安全可靠性极其重要。由于航空发动机结构复杂，并且长期工作在高温、高压、高振动的恶劣工作环境中，导致航空发动机故障在整个飞行器故障率中占有极高的比例，因此航空发动机的容错控制尤为重要而备受关注。容错控制的目的在于当故障发生时，通过采取必要的措施，最大限度地保障航空发动机的安全运行。

“容错”是容忍故障的简称，“容错”中的“错”表示系统发生故障。当系统故障发生时，为使安全性要求比较高的系统或者是一些造价比较高昂的系统仍然保证一定的稳定性，需要采取不同的控制策略，而不是仅仅采用具有鲁棒控制性能和自适应控制性能的控制器。实现该策略的方式是通过某些控制技术对故障信号进行处理，使系统在被迫放弃高性能而采用略低一些的性能时，能够继续安全运行并提供较满意的品质。可见，容错控制的根本特征就是当控制系统发生故障时，系统依然能够维持其自身运行在安全状态，并尽可能满足一定的性能指标要求。

近年来，容错控制在理论、设计方法和应用上取得了较大进步，而且新的概念和方法仍在不断涌现。这其中，又以基于滑模理论的容错控制最受重视。滑模控制的鲁棒性本质非常适合基于模型的容错控制，而基于滑模观测器的故障重构方法可以将故障的动态特性估计和重构出来，以便更好地认识故障、分析故障原因、采取相应的补救措施，以达到容错控制的目的。

本章以航空发动机为研究对象，在分析滑模控制的基本理论的基础上，介绍航空发动机传感器故障分数阶滑模容错控制和基于自适应故障诊断的航空发动机滑模容

错控制。

3.1　滑模控制基本理论

滑模控制(Sliding Mode Control,SMC)于 20 世纪 50 年代由苏联学者 Emelyanov、Utkin 等提出。滑模控制的基本思想是通过特定的控制律,使系统从任意初始状态出发到达并保持在设定的切换流形(即滑模面)上,在此流形上,系统可以自发地向平衡点运动(即滑模运动)。滑模控制是一种非线性控制,其特点是带有不连续的开关切换项。正是这种不连续的控制使得系统可以进入滑动模态。滑模控制最大的优点是在系统进入滑动模态后,系统的动态特性完全不受匹配的干扰影响,具有极强的鲁棒性。滑模理论发展至今,出现了线性滑模、积分滑模、分数阶滑模和终端滑模等控制方法。本节着重结合线性滑模和积分滑模,介绍滑模控制基本理论。

3.1.1　系统描述及基本概念

1. 系统描述

以单输入系统为例,滑模控制系统可表述为某右端不连续微分方程,其形式为

$$\left.\begin{aligned}\dot{\boldsymbol{x}} &= f(\boldsymbol{x},u)\\ s(\dot{\boldsymbol{x}}) &= 0\end{aligned}\right\} \tag{3.1}$$

$$f(\boldsymbol{x},u)=\begin{cases}f^{+}(\boldsymbol{x},u)=f(\boldsymbol{x},u^{+}), & s(\boldsymbol{x})>0\\ f^{-}(\boldsymbol{x},u)=f(\boldsymbol{x},u^{-}), & s(\boldsymbol{x})<0\end{cases} \tag{3.2}$$

式中,$\boldsymbol{x}\in\mathbf{R}^{n}$,为系统状态量;$u\in\mathbf{R}$,为系统控制量;$s(\boldsymbol{x})=s(\boldsymbol{x}_1,\boldsymbol{x}_2,\cdots,\boldsymbol{x}_n)$,为定义在状态空间内的系统状态变量 $\boldsymbol{x}$ 的函数,称为切换函数。

若状态空间内存在一个超平面 $s(\boldsymbol{x})=0$,则 $s(\boldsymbol{x})=0$ 称为滑模面或切换面。$f(\boldsymbol{x},u)$为不连续项,根据 $s(\boldsymbol{x})$的正负,在 $f^{+}(\boldsymbol{x},u)$与 $f^{-}(\boldsymbol{x},u)$之间切换。这体现出了滑模控制的变结构特点。

$s(\boldsymbol{x})=0$ 将状态空间分为两部分,即 $s(\boldsymbol{x})>0$ 部分和 $s(\boldsymbol{x})<0$ 部分,如图 3.1 所示。

可见,系统状态围绕滑模面 $s(\boldsymbol{x})=0$ 的运动可分为 3 种情况。

(1) 穿　越

穿越即系统状态由 $s(\boldsymbol{x})>0$ 穿越至 $s(\boldsymbol{x})<0$,或由 $s(\boldsymbol{x})<0$ 穿越至 $s(\boldsymbol{x})>0$,如图 3.1 中 A 点所示。

(2) 发　散

发散即系统状态由 $s(\boldsymbol{x})=0$ 脱离滑模面至 $s(\boldsymbol{x})\neq0$,如图 3.1 中 B 点所示。

(3) 滑　动

滑动即系统状态由 $s(\boldsymbol{x})\neq 0$ 收敛至 $s(\boldsymbol{x})=0$，并沿 $s(\boldsymbol{x})=0$ 滑动至状态平衡位置，如图 3.1 中 C 点所示。该阶段称为滑动模态。

以一个二阶系统为例，其中

$$\left.\begin{aligned}\dot{x}_1&=x_2\\ \dot{x}_2&=ax_2+bu\end{aligned}\right\}\tag{3.3}$$

$$s(\boldsymbol{x})=cx_1+x_2=cx_1+\dot{x}_1\tag{3.4}$$

绘制滑模控制系统相平面图，则滑模面 $s(\boldsymbol{x})=0$ 可由图 3.2 表示。

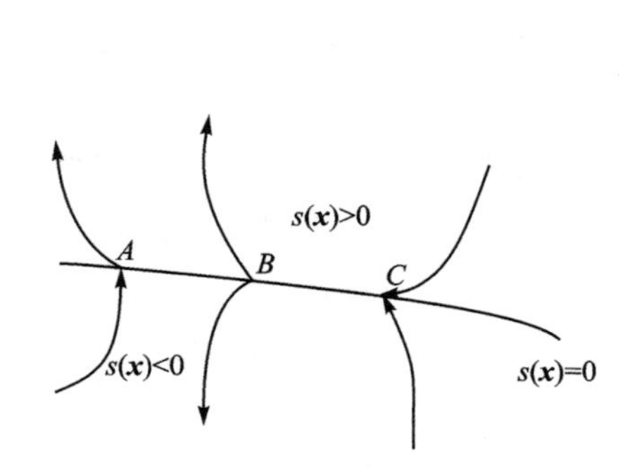

图 3.1　切换面及其相关状态运动示意

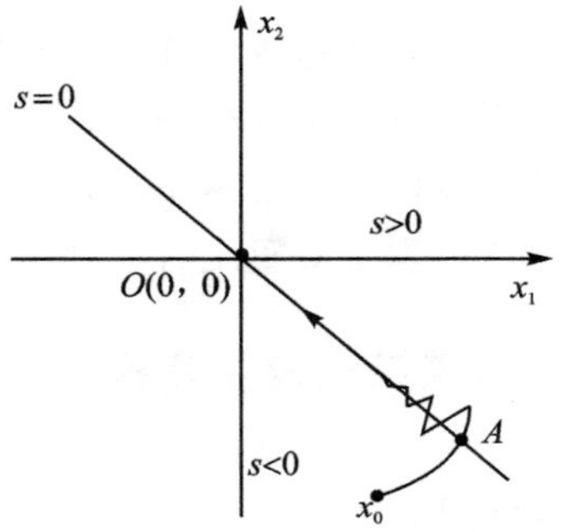

图 3.2　理想滑模控制相平面示意图

图 3.2 中滑模面在相平面图中为一直线，系统状态经过数次穿越后收敛至滑模面内，并沿滑模面滑向状态平衡点 O。当系统处于滑模面上，满足 $s(\boldsymbol{x})=0$ 时，有

$$cx_1+\dot{x}_1=0\tag{3.5}$$

对其进行求解，可得其解为 $x_1(t)=x_1(0)\mathrm{e}^{-ct}$。

显然，此系统同原系统相比，降低了阶数。系统响应仅与参数 c 有关，不受系统参数变化或干扰的影响。此时系统具有强鲁棒性，并能够降低系统阶次。

因此，滑模控制设计的基本思想是设计一个控制器，将从任一点出发的轨迹线通过控制作用拉到滑模面上，然后沿此滑模面滑动至原点。其数学表达式为

$$u=\begin{cases}u^{+}(\boldsymbol{x}), & s(\boldsymbol{x})>0\\ u^{-}(\boldsymbol{x}), & s(\boldsymbol{x})<0\end{cases}\tag{3.6}$$

式中，$u^{+}(\boldsymbol{x})\neq u^{-}(\boldsymbol{x})$，且 u 能够使系统在任意初始状态都能够在有限时间内到达滑模面，并沿着预先设定的滑模面运动到平衡点。滑模运动分为两个阶段：趋近阶段与滑动阶段（滑动模态）。

2. 基本概念

下面简要介绍滑模控制中的几个重点概念，作为后续章节研究内容的基础。

(1) 趋近阶段

趋近阶段也称到达阶段，该阶段完全位于滑模面之外，依靠控制的作用向滑模面趋近，对应图 3.2 中 $\boldsymbol{x}_0 \rightarrow A$ 阶段。趋近阶段即为系统由任意初始状态在有限时间内向切换面趋近的过程。

(2) 滑动阶段

滑动阶段也称滑动模态。该阶段是位于切换面上的运动，对应图 3.2 中 $A \rightarrow O$ 阶段。系统进入滑动模态后，沿滑模面向系统状态平衡点 O 运动。在该阶段，系统对于外部干扰和未建模动态具有完全的鲁棒性。这种鲁棒性是具有完全的自适应性，成为滑模控制最突出的优点。

(3) 滑模存在条件和可达条件

滑模存在条件是滑模控制应用的前提，如果系统的初始点不在滑模面附近，而是在状态空间的任意位置，此时要求系统的运动必须趋向于切换面，Utkin 首先提出了滑模存在的充分条件：

$$\left.\begin{aligned} \lim_{s \to 0^+} \dot{s} < 0 \\ \lim_{s \to 0^-} \dot{s} > 0 \end{aligned}\right\} \tag{3.7}$$

式(3.7)称为滑动模态的存在条件，该条件保证系统在切换面邻域内的任意初始状态，都会到达滑模面。该条件也称为局部到达条件。

由于系统初始状态可能处在状态空间中的任意位置，而且一般远离滑模面，因此滑模面必须在系统整个状态空间内都有较强的吸引力，也因此有了系统的滑动模态全局可达条件：

$$\left.\begin{aligned} \dot{s} < 0, \quad s > 0 \\ \dot{s} > 0, \quad s < 0 \end{aligned}\right\} \tag{3.8}$$

或写为其等价形式：

$$\dot{s}s < 0 \tag{3.9}$$

为保证在有限时间内达到滑模面，可达条件可进一步严格为

$$\dot{s}s < -\chi \tag{3.10}$$

式中，χ 为任意正定实数。

(4) 等效控制

当系统处于滑模面上时，$s(\boldsymbol{x})=0$，系统的运动状态由系统状态方程及滑模面 $s(\boldsymbol{x})=0$ 共同决定。在理想状态下，系统应处于滑模面上，并严格无抖振的沿滑模运动。此时系统状态满足

$$\dot{s}(\boldsymbol{x}) = 0 \tag{3.11}$$

在此状态下，可将其与 $\dot{\boldsymbol{x}} = f(\boldsymbol{x}, u)$ 联立，求解出等效控制 u_{eq}。即不论系统在何种控制量的作用下，该控制量均可等效为 u_{eq} 的作用。换而言之，u_{eq} 为保证系统沿滑模面运动的控制量。等效控制的概念为分析系统在滑动模态的响应提供了便利。

值得注意的是，等效控制 u_{eq} 仅保证系统在到达滑模面以后能够沿滑模面运动且不脱离滑模面，不能够将系统由滑模面外拉至滑模面上。

3.1.2 匹配扰动的鲁棒性

尽管滑模控制能够自适应地对参数不确定性、外干扰具有鲁棒性，但是这种鲁棒性仅针对满足匹配条件的干扰，即发生在控制通道中的干扰。对于不满足匹配条件的干扰，其鲁棒性得不到保证。下面以一个含有干扰的线性系统为例进行说明。

针对含有干扰的线性系统

$$\dot{\boldsymbol{x}}(t)=\boldsymbol{A}\boldsymbol{x}(t)+\boldsymbol{B}\boldsymbol{u}(t)+\boldsymbol{D}\xi(t,\boldsymbol{x}) \tag{3.12}$$

式中，$\boldsymbol{D}\in\mathbf{R}^{n\times 1}$，为干扰增益矩阵；$\xi(t,\boldsymbol{x})$为未知干扰。

设计滑模面为 $s=\boldsymbol{C}\boldsymbol{x}$，且 s 满足存在和可达条件。当系统处于滑模面上时，有

$$\dot{s}=\boldsymbol{C}\dot{\boldsymbol{x}}=\boldsymbol{C}\left[\boldsymbol{A}\boldsymbol{x}(t)+\boldsymbol{B}\boldsymbol{u}(t)+\boldsymbol{D}\xi(t,\boldsymbol{x})\right]=0 \tag{3.13}$$

根据等效控制定义，可求得系统等效控制为

$$\boldsymbol{u}_{eq}=-(\boldsymbol{C}\boldsymbol{B})^{-1}\left[\boldsymbol{C}\boldsymbol{A}\boldsymbol{x}(t)+\boldsymbol{C}\boldsymbol{D}\xi(t,\boldsymbol{x})\right] \tag{3.14}$$

将等效控制代入式(3.14)，则处于滑模面上的闭环系统为

$$\dot{\boldsymbol{x}}(t)=\left[\boldsymbol{I}_n-\boldsymbol{B}(\boldsymbol{C}\boldsymbol{B})^{-1}\boldsymbol{C}\right]\boldsymbol{A}\boldsymbol{x}(t)+\left[\boldsymbol{I}_n-\boldsymbol{B}(\boldsymbol{C}\boldsymbol{B})^{-1}\boldsymbol{C}\right]\boldsymbol{D}\xi(t,\boldsymbol{x}) \tag{3.15}$$

定义 $\boldsymbol{P}_s=\left[\boldsymbol{I}_n-\boldsymbol{B}(\boldsymbol{C}\boldsymbol{B})^{-1}\boldsymbol{C}\right]$，很显然有 $\boldsymbol{C}\boldsymbol{P}_s=\boldsymbol{P}_s\boldsymbol{B}=\boldsymbol{0}$。

当 $\xi(t,\boldsymbol{x})$满足匹配条件时，即其影响施加于控制通道内时，其数学上满足增益矩阵 $\boldsymbol{D}$ 在控制矩阵 $\boldsymbol{B}$ 的子空间内。即存在一个矩阵 $\boldsymbol{R}\in\mathbf{R}^{m\times l}$，使得 $\boldsymbol{D}=\boldsymbol{B}\boldsymbol{R}$ 成立。

综上所述，系统可写为

$$\dot{\boldsymbol{x}}(t)=\boldsymbol{P}_s\boldsymbol{A}\boldsymbol{x}(t)+\boldsymbol{P}_s\boldsymbol{B}\boldsymbol{R}\xi(t,\boldsymbol{x}) \tag{3.16}$$

由于 $\boldsymbol{P}_s\boldsymbol{B}=0$，则

$$\dot{\boldsymbol{x}}(t)=\boldsymbol{P}_s\boldsymbol{A}x(t) \tag{3.17}$$

可见，滑模控制能够对满足匹配条件的干扰具有完全自适应的鲁棒性。但对于不满足匹配条件的，$\boldsymbol{D}=\boldsymbol{B}\boldsymbol{R}$ 不能够保证成立，则系统鲁棒性得不到保证。

3.1.3 滑模控制的抖振问题

理论意义上，滑动模态能够按照实际需要设计，而且由于滑动模态运动和被控对象参数、外界扰动无关，因此滑模控制鲁棒性强，但是滑模控制的开关特性会引起系统的抖振，这是因为开关控制具有不连续性。

对于理想的滑模控制系统，控制系统切换过程具有理想的开关特性，系统状态测量没有误差，控制量不受实际情况限制，滑动模态为光滑运动且渐进稳定于原点，无抖振现象，但是实际系统由于受各种特性影响，都会出现抖振。抖振产生的主要原因有时间滞后开关、空间滞后开关、系统惯性的影响和离散系统本身造成的抖振。消除抖振的方法主要有准滑动模态法、趋近律法、滤波方法、观测器法、模糊方法、神经网

络方法、遗传算法、切换增益法、扇形区域法等。

3.1.4　基于趋近律的线性滑模控制器设计

如 3.1.2 小节中所述，滑模控制仅在滑动模态阶段具有鲁棒性，而在趋近阶段不具有鲁棒性，导致系统趋近阶段的性能使人不满意。因此，人们非常希望能够使得系统状态快速到达滑模面，进而缩短趋近阶段。我国高为炳院士率先提出趋近律的概念，通过设计趋近律，使得滑模运动趋近速率可控，能够快速收敛，并减小抖振。

1. 趋近律的选择

比较常见的趋近律有以下几种。

(1) 等速趋近律

$$\dot{s} = -\varepsilon \operatorname{sgn}(s) \tag{3.18}$$

式中，$\varepsilon > 0$。

(2) 幂次趋近律

$$\dot{s} = -k|s|^{\alpha} \operatorname{sgn}(s) \tag{3.19}$$

式中，$k > 0$；$0 < \alpha < 1$。

(3) 指数趋近律

$$\dot{s} = -\varepsilon \operatorname{sgn}(s) - ks \tag{3.20}$$

式中，$\varepsilon > 0$，$k > 0$。

由式(3.18)～式(3.20)趋近律可以看出，含有符号函数 $\operatorname{sgn}(s)$ 的项能够保证在系统在趋近 $s=0$ 的同时，仍能保证一定收敛速率，然而过大的增益又会导致系统在 $s=0$ 附近穿梭，引起抖振。含有 s 的项能够在远离 $s=0$ 的时候增大收敛速率。同时，以上趋近律明显满足滑模面的全局可达性条件，为系统设计带来便利。

此外，在选择趋近律时，应遵循的原则是保证系统状态点远离切换面时具有较快的趋近速率，加快收敛。在靠近切换面时具有较小的趋近速率，减小抖振。

由于指数趋近律具有出色的自适应速率，充分满足以上原则，因此目前针对趋近律的研究更多的是指数趋近律的研究。

(4) 幂次指数趋近律

指数趋近律已取得丰富的成果，Devika 等提出了幂次指数趋近律，即

$$\left.\begin{aligned} \dot{s} &= -\frac{k}{N(s)} \operatorname{sgn}(s) \\ N(s) &= \delta + (1-\delta) \mathrm{e}^{-\alpha|s|^{P}} \end{aligned}\right\} \tag{3.21}$$

式中，$k > 0$；$\alpha > 0$；$\delta < 1$；P 为正整数。

(5) 混合幂次指数趋近律

在幂次指数趋近律基础上，一种混合幂次指数趋近律被提出，即

$$\left.\begin{aligned}\dot{s}&=-k_1 s-\frac{k_2|s|^{\alpha}}{N(s)}\operatorname{sgn}(s)\\N(s)&=\delta+(1-\delta)\mathrm{e}^{-\beta|s|^P}\end{aligned}\right\}\tag{3.22}$$

式中，$k>0$；$\beta>0$；$\alpha>0$；$\delta<1$；P 为正整数。

通过分析可以发现，式(3.22)中$-k_1 s$ 能够在远离 s 时加速收敛。$N(s)$始终保持正定，保证滑模面满足全局到达条件。且当系统远离滑模面时，$N(s)$减小，使得切换项增益增大，加速收敛。当系统靠近滑模面时，$N(s)$增大，使得切换项增益缩小，避免系统抖振。通过混合幂次指数趋近律不但能够自适应的增大收敛速度，同时也能够在靠近滑模面时避免抖振，保证系统性能。

2. 趋近律的对比

这里选择三种趋近律进行仿真对比。

选择幂次趋近律slaw_1 为

$$\mathrm{slaw}_1=-1\times|s|^{0.5}\operatorname{sgn}(s)$$

选择幂次指数趋近律slaw_2 为

$$\mathrm{slaw}_2=-1\times\left[0.1+(1-0.1)\mathrm{e}^{-|s|^2}\right]^{-1}\operatorname{sgn}(s)$$

选择混合幂次指数趋近律slaw_3 为

$$\mathrm{slaw}_3=-1\times\left[0.1+(1-0.1)\mathrm{e}^{-|s|^2}\right]^{-1}|s|^{0.1}\operatorname{sgn}(s)$$

设定切换面初始值 $s(0)=100$，验证三种趋近律的收敛效果，见图 3.3。可以看出这三种趋近律均能有效避免抖振，其中混合幂次指数趋近律收敛最快。

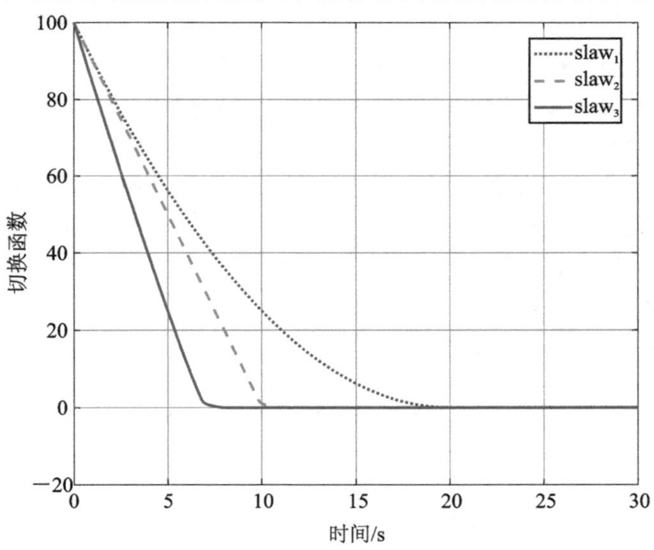

图 3.3　趋近律对比图

3. 基于线性滑模面的滑模控制器设计

针对单输入标称线性系统

$$\dot{\boldsymbol{x}}(t)=\boldsymbol{A}\boldsymbol{x}(t)+\boldsymbol{B}u(t) \tag{3.23}$$

式中，$\boldsymbol{x}(t)\in\mathbf{R}^n$，为系统状态；$u(t)\in\mathbf{R}$，为控制量；$\boldsymbol{A}=\begin{bmatrix}\boldsymbol{A}_{11} & \boldsymbol{A}_{12}\\ \boldsymbol{A}_{21} & \boldsymbol{A}_{22}\end{bmatrix}\in\mathbf{R}^{n\times n}$，为系统状态矩阵；$\boldsymbol{B}=\begin{bmatrix}\boldsymbol{B}_1\\ \boldsymbol{B}_2\end{bmatrix}\in\mathbf{R}^n$，为控制增益矩阵。

为简化推导过程，只与时间 t 相关的项均不再注明，例如 $\boldsymbol{x}(t)$ 简写为 $\boldsymbol{x}$。

(1) 线性滑模面设计

令 $\bar{\boldsymbol{x}}=\boldsymbol{T}\boldsymbol{x}$，对系统(3.23)进行线性变换，可得标准形式

$$\dot{\bar{\boldsymbol{x}}}=\bar{\boldsymbol{A}}\bar{\boldsymbol{x}}+\bar{\boldsymbol{B}}u \tag{3.24}$$

式中，$\bar{\boldsymbol{x}}=\begin{bmatrix}\bar{\boldsymbol{x}}_{n-1}\\ \bar{\boldsymbol{x}}_n\end{bmatrix}$；$\bar{\boldsymbol{x}}_{n-1}=\begin{bmatrix}\bar{\boldsymbol{x}}_1 & \cdots & \bar{\boldsymbol{x}}_{n-1}\end{bmatrix}^{\mathrm{T}}$；$\bar{\boldsymbol{A}}=\boldsymbol{T}\boldsymbol{A}\boldsymbol{T}^{-1}=\begin{bmatrix}\bar{\boldsymbol{A}}_{11} & \bar{\boldsymbol{A}}_{12}\\ \bar{\boldsymbol{A}}_{21} & \bar{\boldsymbol{A}}_{22}\end{bmatrix}$；$\bar{\boldsymbol{B}}=\boldsymbol{T}\boldsymbol{B}=\begin{bmatrix}\boldsymbol{0}\\ \bar{\boldsymbol{B}}_2\end{bmatrix}$；$\boldsymbol{T}$ 为合适维数的可逆矩阵。

设计线性滑模面为

$$s(\bar{\boldsymbol{x}})=\boldsymbol{C}\bar{\boldsymbol{x}} \tag{3.25}$$

式中，$\boldsymbol{C}=\begin{bmatrix}\boldsymbol{C}_1 & \boldsymbol{1}\end{bmatrix}\in\mathbf{R}^{1\times n}$。

当系统处于滑模面上时，有 $\boldsymbol{C}_1\bar{\boldsymbol{x}}_{n-1}+\bar{x}_n=0$，将其代入式(3.24)，则有

$$\frac{\mathrm{d}\bar{\boldsymbol{x}}_{n-1}}{\mathrm{d}t}=(\bar{\boldsymbol{A}}_{11}-\bar{\boldsymbol{A}}_{12}\boldsymbol{C}_1)\bar{\boldsymbol{x}}_{n-1} \tag{3.26}$$

由式(3.26)可以看出，当系统处于滑动模态时，系统响应仅由闭环系统的状态矩阵 $\bar{\boldsymbol{A}}_{11}-\bar{\boldsymbol{A}}_{12}\boldsymbol{C}_1$ 决定。因此，利用线性系统理论的控制方法，如极点配置法，或是线性二次型调节器(Linear Quadratic Regulator, LQR)等方法可以很方便求得 $\boldsymbol{C}_1$，并将闭环系统的极点调节至合适位置，保证闭环系统稳定性以及其他动态品质。

(2) 控制律设计

在合理设计滑模面 $s(\bar{\boldsymbol{x}})=\boldsymbol{C}\bar{\boldsymbol{x}}$ 后，闭环系统稳定性得到保证，只须设计控制律使得系统能够在有限时间内到达滑模面，并保持在滑模面上，即保证系统满足滑模面的可达条件。下面采用基于趋近律的方法，通过滑模可达性的充分条件进行推导，得到能够保证可达性的控制律，并实现自适应地趋近速率，实现快速收敛，趋近无抖振的效果。

针对式(3.25)的滑模面，对其沿时间 t 进行求导，则

$$\begin{aligned}\dot{s} &= C\dot{\bar{x}} \\ &= [C_1 \quad 1]\,\dot{\bar{x}} \\ &= C(\bar{A}\bar{x} + \bar{B}u)\end{aligned}$$

为实现自适应趋近速率，规定 $\dot{s}$ 为混合幂次指数趋近律(3.22)，则有

$$C(\bar{A}\bar{x} + \bar{B}u) = -k_1 s - \frac{k_2 |s|^{\alpha}}{N(s)}\mathrm{sgn}(s)$$

因此

$$u = (C\bar{B})^{-1}\left(-C\bar{A}\bar{x} - k_1 s - \frac{k_2 |s|^{\alpha}}{N(s)}\mathrm{sgn}(s)\right) \tag{3.27}$$

式中，$k_1>0$，$k_2>0$；$N(s)=\delta+(1-\delta)\mathrm{e}^{-\beta|s|^P}$，$\beta>0$，$\delta<1$；$P$ 为正整数。

(3) 线性滑模控制器设计步骤

基于趋近律的线性滑模控制器设计步骤包括以下三步：

① 将式(3.23)系统进行线性变换，转换为如式(3.24)所示的标准形式。

② 针对变换后的式(3.24)系统，通过极点配置法等方法设计线性滑模面，保证滑动模态稳定。

③ 通过滑模可达条件式(3.9)，选定某种趋近律，推导出保证滑模可达的控制律 u。

3.1.5 基于积分滑模面的滑模控制器设计

3.1.4 小节阐述了基于趋近律的线性滑模控制器设计方法。由于航空发动机是一个复杂的非线性不确定系统，其不确定性表现为既有匹配不确定性又有不匹配不确定性。因此，基于线性滑模面的滑模控制器设计方法在对不匹配不确定性的处理上存在不足。系统状态须经过趋近阶段，而此阶段的鲁棒性得不到保障。

下面介绍一类带有抑制矩阵的积分滑模控制方法。该方法使得系统在任意初始状态下都能够在初始时刻即位于滑模面上，消除了趋近阶段，增强了系统的鲁棒性。

1. 积分滑模面设计

考虑一类带有不确定性的非线性系统

$$\dot{x} = f(x,t) + Bu(x,t) + \phi(x,t) \tag{3.28}$$

式中，$x(t)\in \mathbf{R}^n$，为系统状态；$u(t)\in \mathbf{R}^m$，为控制量；$\phi(x,t)$为未知系统不确定性，包含匹配不确定性以及不匹配不确定性。

针对式(3.28)系统，有以下假设：

假设 3.1.1 $\mathrm{Rank}(B)=m$。

假设 3.1.2 $\phi(x,t)$未知，但其有界，并满足 $\|\phi(x,t)\|<\bar{\phi}(x,t)$。其中 $\bar{\phi}(x,t)$ 为一已知函数。

设计积分滑模控制律形式为

$$\boldsymbol{u}=\boldsymbol{u}_0+\boldsymbol{u}_1 \tag{3.29}$$

式中，$\boldsymbol{u}_0$ 为标称系统控制律，其作用为保证标称系统闭环稳定，并具有一定动态性能；$\boldsymbol{u}_1$ 为基于带有抑制矩阵的积分滑模面的非线性控制律，其作用为补偿匹配不确定性的影响，并抑制不匹配不确定性的影响。

针对系统(3.28)，设计带有抑制矩阵的积分滑模面为

$$\boldsymbol{s}=\boldsymbol{G}\left\{\boldsymbol{x}(t)-\boldsymbol{x}(t_0)-\int_{t_0}^{t}[f(\boldsymbol{x},\tau)+\boldsymbol{B}\boldsymbol{u}_0(\boldsymbol{x},\tau)]\mathrm{d}\tau\right\} \tag{3.30}$$

式中，$\boldsymbol{G}\in\mathbf{R}^{m\times n}$，为抑制矩阵，并满足 $\boldsymbol{GB}$ 可逆。

当初始时刻为 t_0 时，有

$$\boldsymbol{s}=\boldsymbol{G}\left\{\boldsymbol{x}(t)-\boldsymbol{x}(t_0)-\int_{t_0}^{t_0}[f(\boldsymbol{x},\tau)+\boldsymbol{B}\boldsymbol{u}_0(\boldsymbol{x},\tau)]\mathrm{d}\tau\right\}=0$$

即系统在任意初始时刻时，都在滑模面上。则当系统满足滑模全局可达条件时，系统将在任意初始时刻均在滑模面上，并保持在滑模面上运动，消除了趋近阶段，这是积分滑模面的优势。

2. 系统鲁棒性分析

式(3.30)中的 $\boldsymbol{x}(t_0)+\int_{t_0}^{t}[f(\boldsymbol{x},\tau)+\boldsymbol{B}\boldsymbol{u}_0(\boldsymbol{x},\tau)]\mathrm{d}\tau$ 项，可看作标称系统状态 $\boldsymbol{x}$ 的轨迹，即由初始状态 $\boldsymbol{x}(t_0)$，在标称控制器 $\boldsymbol{u}_0$ 和系统的约束下，在时间 t 时的运动轨迹。因此，滑模面(3.30)可视为系统的一个惩罚因子。当系统无不确定性时，系统的响应与标称系统轨迹一致，系统无偏离，始终位于滑模面上。当系统出现不确定性时，系统响应与标称系统轨迹出现偏差，使得系统偏离滑模面，则输出控制量去抑制该影响，实现系统对不确定性的鲁棒性。

下面给出系统状态在滑动模态时的数学分析。

对于任意 Rank $\boldsymbol{B}=m$ 的矩阵 $\boldsymbol{B}\in\mathbf{R}^{n\times m}$，定义 $\boldsymbol{P}=\begin{bmatrix}\boldsymbol{B}^{+}\\ \boldsymbol{B}^{\perp+}\end{bmatrix}$，其中 $\boldsymbol{B}^{+}$ 为 $\boldsymbol{B}$ 广义逆矩阵，$\boldsymbol{B}^{\perp}$ 为 $\boldsymbol{B}$ 的正交补矩阵，$\boldsymbol{B}^{\perp+}$ 为 $\boldsymbol{B}^{\perp}$ 的广义逆矩阵。

存在 $\boldsymbol{P}^{-1}=[\boldsymbol{B}\quad \boldsymbol{B}^{\perp}]$，有

$$\boldsymbol{PP}^{-1}=\begin{bmatrix}\boldsymbol{B}^{+}\boldsymbol{B} & \boldsymbol{0}\\ \boldsymbol{0} & \boldsymbol{B}^{\perp+}\boldsymbol{B}^{\perp}\end{bmatrix}=\begin{bmatrix}\boldsymbol{I}_m & \boldsymbol{0}\\ \boldsymbol{0} & \boldsymbol{I}_{n-m}\end{bmatrix}$$

其中，$\boldsymbol{I}_n$ 为单位矩阵。

有

$$(\boldsymbol{PP}^{-1})^{-1}=\boldsymbol{P}^{-1}\boldsymbol{P}=\boldsymbol{BB}^{+}+\boldsymbol{B}^{\perp}\ \boldsymbol{B}^{\perp+}=\boldsymbol{I}_n \tag{3.31}$$

即

$$\boldsymbol{I}_n=\boldsymbol{BB}^{+}+\boldsymbol{B}^{\perp}\ \boldsymbol{B}^{\perp+} \tag{3.32}$$

由式(3.28)～式(3.32)可知

$$\phi(\boldsymbol{x},t)=\phi_m(\boldsymbol{x},t)+\phi_u(\boldsymbol{x},t) \tag{3.33}$$

式中，$\phi_m(\boldsymbol{x},t)=\boldsymbol{BB}^+\phi(\boldsymbol{x},t)$，为匹配不确定性；$\phi_u(\boldsymbol{x},t)=\boldsymbol{B}^{\perp}\boldsymbol{B}^{\perp+}\phi(\boldsymbol{x},t)$，为不匹配不确定性。

滑模面(3.30)对时间 t 求导，可得

$$\begin{aligned}\dot{s}&=\boldsymbol{G}[f(\boldsymbol{x},t)+\boldsymbol{B}(\boldsymbol{u}_0+\boldsymbol{u}_1)+\boldsymbol{BB}^+\phi(\boldsymbol{x},t)+\boldsymbol{B}^{\perp}\boldsymbol{B}^{\perp+}\phi(\boldsymbol{x},t)]-\\&\quad\boldsymbol{G}[f(\boldsymbol{x},t)+\boldsymbol{Bu}_0]\\&=\boldsymbol{GB}(\boldsymbol{u}_1+\boldsymbol{B}^+\phi(\boldsymbol{x},t))+\boldsymbol{GB}^{\perp}\boldsymbol{B}^{\perp+}\phi(\boldsymbol{x},t)\end{aligned} \tag{3.34}$$

则系统等效控制为

$$\boldsymbol{u}_{1\mathrm{eq}}=-\boldsymbol{B}^+\phi(\boldsymbol{x},t)-(\boldsymbol{GB})^{-1}\boldsymbol{GB}^{\perp}\boldsymbol{B}^{\perp+}\phi(\boldsymbol{x},t) \tag{3.35}$$

将等效控制 $\boldsymbol{u}_{1\mathrm{eq}}$ 代入式(3.28)系统中，可得在滑动模态时的状态动态方程为

$$\begin{aligned}\dot{\boldsymbol{x}}_{\mathrm{eq}}&=f(\boldsymbol{x},t)+\boldsymbol{B}(\boldsymbol{u}_0-\boldsymbol{B}^+\phi(\boldsymbol{x},t)-(\boldsymbol{GB})^{-1}\boldsymbol{GB}^{\perp}\boldsymbol{B}^{\perp+}\phi(\boldsymbol{x},t))+\phi(\boldsymbol{x},t)\\&=f(\boldsymbol{x},t)+\boldsymbol{Bu}_0+[\boldsymbol{I}_n-\boldsymbol{B}(\boldsymbol{GB})^{-1}\boldsymbol{G}]\phi_u(\boldsymbol{x},t)\end{aligned} \tag{3.36}$$

由式(3.36)可知，在非线性控制项 $\boldsymbol{u}_1$ 的作用下，匹配不确定性被完全补偿，非匹配不确定性项的影响由 $\boldsymbol{X}=[\boldsymbol{I}_n-\boldsymbol{B}(\boldsymbol{GB})^{-1}\boldsymbol{G}]$ 进行抑制。

根据已有研究结果表明，当

$$\boldsymbol{G}=\boldsymbol{B}^+ \tag{3.37}$$

时，$\boldsymbol{X}$ 取得最小值 $\boldsymbol{X}=\boldsymbol{I}_n$。此时，在非线性控制项 $\boldsymbol{u}_1$ 的作用下，非匹配不确定性的影响不会被放大。

由式(3.36)也可看出，系统的响应由标称控制 $\boldsymbol{u}_0$ 决定，即在带抑制矩阵的积分滑模控制下，非线性控制项 $\boldsymbol{u}_1$ 不影响系统的稳定性。因此，在设计 $\boldsymbol{u}_0$ 时，可通过极点配置等方法，确保系统闭环稳定。

3. 控制器设计

对式(3.28)系统，当其为一类线性定常系统时，有

$$f(\boldsymbol{x},t)=\boldsymbol{Ax}$$

$$g(\boldsymbol{x},t)=\boldsymbol{B}$$

其中，$\boldsymbol{A}=\begin{bmatrix}\boldsymbol{A}_{11} & \boldsymbol{A}_{12}\\ \boldsymbol{A}_{21} & \boldsymbol{A}_{22}\end{bmatrix}\in\mathbf{R}^{n\times n}$，为系统状态矩阵；$\boldsymbol{B}=\begin{bmatrix}\boldsymbol{B}_1\\ \boldsymbol{B}_2\end{bmatrix}\in\mathbf{R}^{n\times m}$，为控制增益矩阵。

设计带抑制矩阵的积分滑模控制器控制律为 $\boldsymbol{u}=\boldsymbol{u}_0+\boldsymbol{u}_1$。

控制器设计分为两步，即 $\boldsymbol{u}_0$ 设计及 $\boldsymbol{u}_1$ 设计。

$\boldsymbol{u}_0$ 针对标称系统，负责保证标称系统闭环稳定，并具有满意动态性能，其设计可采用多种控制方法，例如 H_∞、LQR、自适应控制等。下面以极点配置法作说明。

对于系统

$$\left.\begin{aligned}\dot{\boldsymbol{x}}&=\boldsymbol{Ax}+\boldsymbol{Bu}_0\\ \boldsymbol{y}&=\boldsymbol{Cx}\end{aligned}\right\} \tag{3.38}$$

其控制量为状态反馈 $\boldsymbol{u}_0=-\boldsymbol{Kx}$，则闭环系统可写为

$$\dot{\boldsymbol{x}}=(\boldsymbol{A}-\boldsymbol{BK})\boldsymbol{x} \tag{3.39}$$

此时系统响应完全由$(\boldsymbol{A}-\boldsymbol{BK})$决定。通过极点配置的方法将$(\boldsymbol{A}-\boldsymbol{BK})$的特征根配置到 S 平面合适位置，保证系统稳定性。

$\boldsymbol{u}_1$ 基于积分滑模面(3.30)设计，其作用为抑制和补偿不确定性。

设计控制律为

$$\boldsymbol{u}_1=-\rho\operatorname{sgn}(\boldsymbol{s}^{\mathrm{T}}\boldsymbol{GB}) \tag{3.40}$$

其中，$\rho>\|\boldsymbol{B}^{+}+\boldsymbol{B}^{-1}\boldsymbol{B}^{\perp}\boldsymbol{B}^{\perp+}\|$；$\boldsymbol{s}$ 为滑模面(3.30)。

4. 滑模面可达性证明

在前文的叙述中已经说明系统处于滑模面(3.30)时，系统响应和稳定性完全由 $\boldsymbol{u}_0$ 决定。因此，保证 $\boldsymbol{u}_0$ 能够使得标称系统稳定后，只须确保系统能够到达并保持在滑模面上，即可保证闭环系统稳定性，并具有对非匹配不确定性的鲁棒性。

选择 Lyapunov 方程：

$$V=\frac{1}{2}\boldsymbol{s}^{\mathrm{T}}\boldsymbol{s}$$

于是

$$\begin{aligned}
\dot{V}&=\boldsymbol{s}^{\mathrm{T}}\dot{\boldsymbol{s}}\\
&=\boldsymbol{s}^{\mathrm{T}}[\boldsymbol{G}\dot{\boldsymbol{x}}-\boldsymbol{G}f(\boldsymbol{x},t)-\boldsymbol{GBu}_0]\\
&=\boldsymbol{s}^{\mathrm{T}}[\boldsymbol{G}f(\boldsymbol{x},t)+\boldsymbol{GBu}_0+\boldsymbol{GBu}_1+\boldsymbol{G}\phi(\boldsymbol{x},t)-\boldsymbol{G}f(\boldsymbol{x},t)-\boldsymbol{GBu}_0]\\
&=\boldsymbol{s}^{\mathrm{T}}[\boldsymbol{GBu}_1+\boldsymbol{G}\phi(\boldsymbol{x},t)]\\
&=-\rho\boldsymbol{s}^{\mathrm{T}}\boldsymbol{GB}\operatorname{sgn}(\boldsymbol{s}^{\mathrm{T}}\boldsymbol{GB})+\boldsymbol{s}^{\mathrm{T}}\boldsymbol{G}\phi(\boldsymbol{x},t)
\end{aligned}$$

因此

$$\begin{aligned}
\dot{V}&=-\rho\boldsymbol{s}^{\mathrm{T}}\boldsymbol{GB}\operatorname{sgn}(\boldsymbol{s}^{\mathrm{T}}\boldsymbol{GB})+\boldsymbol{s}^{\mathrm{T}}\boldsymbol{G}[\boldsymbol{BB}^{+}\phi(\boldsymbol{x},t)+\boldsymbol{B}^{\perp}\boldsymbol{B}^{\perp+}\phi(\boldsymbol{x},t)]\\
&\leqslant-\rho\|\boldsymbol{s}^{\mathrm{T}}\boldsymbol{GB}\|+\boldsymbol{s}^{\mathrm{T}}\boldsymbol{GBB}^{+}\phi(\boldsymbol{x},t)+\boldsymbol{s}^{\mathrm{T}}\boldsymbol{GBB}^{-1}\boldsymbol{B}^{\perp}\boldsymbol{B}^{\perp+}\phi(\boldsymbol{x},t)\\
&\leqslant-\rho\|\boldsymbol{s}^{\mathrm{T}}\boldsymbol{GB}\|+\|\boldsymbol{s}^{\mathrm{T}}\boldsymbol{GB}\|\|\bar{\phi}(\boldsymbol{x},t)\|\|\boldsymbol{B}^{+}+\boldsymbol{B}^{-1}\boldsymbol{B}^{\perp}\boldsymbol{B}^{\perp+}\|\\
&\leqslant\|\boldsymbol{s}^{\mathrm{T}}\boldsymbol{GB}\|(\|\boldsymbol{B}^{+}+\boldsymbol{B}^{-1}\boldsymbol{B}^{\perp}\boldsymbol{B}^{\perp+}\|-\rho)
\end{aligned}$$

由于 $\rho>\|\boldsymbol{B}^{+}+\boldsymbol{B}^{-1}\boldsymbol{B}^{\perp}\boldsymbol{B}^{\perp+}\|$，有 $\dot{V}<0$，因此滑模面可达。

3.2　航空发动机传感器故障分数阶滑模容错控制

传感器用于测量系统的内部信息，是外界了解系统工作状态的唯一媒介。航空发动机的控制系统与健康管理系统所有决策和指令都以传感器测量信号作为参考。由于航空发动机工作时其内部环境极端恶劣，部署传感器的位置大多处于高温、高

压、强振动中，因此传感器是航空发动机控制系统中的一类故障易发元件。为了避免传感器故障对航空发动机的安全运行造成威胁，需要对其进行故障诊断，提高发动机控制系统的可靠性。

本节基于航空发动机的平衡流形展开模型，设计一种分数阶积分滑模观测器，利用状态估计误差系统处于滑动模态时，滑模观测器的等效输出误差注入实现对故障的准确估计，进而设计针对航空发动机传感器故障的容错控制系统。当检测到传感器有故障发生时，通过重构得到的故障估计值修正传感器测量数据实现容错，保障航空发动机的安全可靠性。

3.2.1 分数阶微积分数学基础

1. 分数阶微积分定义

分数阶微积分由传统的微积分推广而来。传统的微积分阶次均为整数，而分数阶微积分的阶次则可以为任意实数。为了便于表达，定义分数阶微积分算子：

$$
{}_{t_0}D_t^a=\begin{cases}\dfrac{d^a}{dt^a}, & a>0\\ 1, & a=0\\ \displaystyle\int_{t_0}^{t}(\mathrm{d}\tau)^{-a}, & a<0\end{cases} \tag{3.41}
$$

其中，a 为分数阶微积分的阶次；t_0、t 为积分运算时的上下限。当不涉及上下限时，该算子可简写为 D^a。

截至目前，不同的学者从不同的角度出发，给出了分数阶微积分的多种定义，其中最常用的三种定义是 Grunwald－Letnikov(G－L)定义、Riemann－Liouville(R－L)定义和 Caputo 定义。

(1) Grunwald－Letnikov 定义

G－L 微分定义基于传统整数阶导数的定义，将其直接推广到阶次为实数的情况：

$$
{}_{t_0}D_t^a f(t)=\lim_{c\to 0}c^{-a}\sum_{k=0}^{(t-a)/c}(-1)^k\binom{a}{k}f(t-kc)
$$

式中，$[x]$ 为 x 的整数部分；$\binom{a}{k}$ 为二项式系数，$\binom{a}{k}=\dfrac{a!}{ki!(a-k)!}$。

其显式表达为

$$
{}_{t_0}D_t^a f(t)=\sum_{k=0}^{m}\frac{f^{(k)}(t_0)(t-t_0)^{-a+k}}{\Gamma(-a+k+1)}+\frac{1}{\Gamma(-a+m+1)}\int_{t_0}^{t}(t-\tau)^{m-a}f^{(m+1)}(\tau)\mathrm{d}\tau
$$

式中，$a-1<m<a$；$\Gamma(x)$为Gamma函数，$\Gamma(x)=\int_0^{\infty}\tau^{x-1}\mathrm{e}^{-x}\mathrm{d}\tau$。

G-L积分定义由其导数定义替换阶次得到：

$${}_{t_0}D_t^{-a}f(t)=\lim_{c\to 0}c^{a}\sum_{k=0}^{[(t-a)/c]}\binom{a}{k}f(t-kc)$$

其显式表达为

$${}_{t_0}D_t^{-a}f(t)=\sum_{k=0}^{m}\frac{f^{(k)}(t_0)(t-t_0)^{a+k}}{\Gamma(a+k+1)}+\frac{1}{\Gamma(a+k+1)}\int_{t_0}^{t}(t-\tau)^{a+m}f^{(m+1)}(\tau)\mathrm{d}\tau$$

（2）Riemann-Liouville定义

R-L积分定义由Cauchy高阶积分定义推广得到：

$${}_{t_0}D_t^{-a}f(t)=\frac{1}{\Gamma(a)}\int_{t_0}^{t}(t-\tau)^{a-1}f(\tau)\mathrm{d}\tau$$

对其进行整数阶求导即可得R-L导数定义：

$${}_{t_0}D_t^{a}f(t)=\frac{d^n}{dt^n}\left[\frac{1}{\Gamma(n-a)}\int_{t_0}^{t}\frac{f(\tau)}{(t-\tau)^{a-n+1}}\mathrm{d}\tau\right]$$

式中，n为整数，满足$n-1<a<n$。

（3）Caputo定义

Caputo定义是对R-L定义的一种修正，其积分定义与R-L定义相同。但其导数定义与R-L定义中求导与积分的顺序相反，即先对函数$f(t)$求n阶导数，再求a阶积分：

$${}_{t_0}D_t^{a}f(t)=\frac{1}{\Gamma(n-a)}\int_{t_0}^{t}\frac{f^{(n)}(\tau)}{(t-\tau)^{a-n+1}}\mathrm{d}\tau$$

式中，n为整数，满足$n-1<a<n$。

2. 分数阶微积分性质

（1）分数阶微积分运算性质

分数阶微积分算子是线性的，即满足

$${}_{t_0}D_t^{a}(\lambda f(t)+\mu g(t))=\lambda\,{}_{t_0}D_t^{a}f(t)+\mu\,{}_{t_0}D_t^{a}g(t)$$

分数阶微积分算子与整数阶微分按特定顺序结合满足结合律，即

$$\frac{d^n}{dt^n}\left[{}_{t_0}D_t^{a}f(t)\right]={}_{t_0}D_t^{a+n}f(t)$$

当$f(t)$的前$n-1$阶导数在t_0处全都为0时，分数阶微积分算子与整数阶微分结合完全满足结合律和交换律，即

$$\frac{d^n}{dt^n}\left[{}_{t_0}D_t^{a}f(t)\right]={}_{t_0}D_t^{a}\left(\frac{d^n f(t)}{dt^n}\right)={}_{t_0}D_t^{a+n}f(t)$$

若初始条件为0，则R-L定义和Caputo定义等价；若$f(t)$在$[t_0,t]$上有$n-1$阶导数，且这些导数都连续，则在此区间内R-L定义和G-L定义等价。

(2) 分数阶微积分的 Laplace 变换

G－L 定义导数的 Laplace 变换为

$$L\left[{}_{t_0}D_t^a f(t)\right]=s^a F(s)$$

R－L 定义导数的 Laplace 变换为

$$L\left[{}_{t_0}D_t^a f(t)\right]=s^a F(s)-\sum_{k=0}^{n-1} s^k\left({}_{t_0}D_t{}^{a-k-1} f(t)\right)\Big|_{t=t_0}$$

式中，n 为整数，满足 $n-1<a<n$。

Caputo 定义导数的 Laplace 变换为

$$L\left[{}_{t_0}D_t^a f(t)\right]=s^a F(s)-\sum_{k=0}^{n-1} s^{a-k-1} f^k(t_0)$$

式中，n 为整数，满足 $n-1<a<n$。

三种定义的积分的 Laplace 变换均为

$$L\left[{}_{t_0}D_t{}^{-a} f(t)\right]=s^{-a} F(s)$$

(3) 分数阶微分/积分环节频率特性

在初始条件为 0 时，分数阶微分/积分环节的传递函数为 $G(s)=s^a$，其频率响应函数为 $G(j\omega)=(j\omega)^a$。幅频特性和相频特性分别为

$$|G(j\omega)|=\omega^a$$

$$\angle G(j\omega)=\arg(j^a)$$

在对数坐标下有

$$|G(j\omega)|=20a\lg\omega(\mathrm{dB})$$

取最小相位，则有

$$\angle G(j\omega)=\frac{\pi}{2}a$$

3. 分数阶微积分的近似算法

由于分数阶微积分的 Laplace 变换得到的传递函数通常都是无理函数，在实际应用中难以实现。因此需要对其进行有理化近似，图 3.4 所示为理想分数阶与近似分数阶频率特性的比较，而有理化近似可分为适用于连续系统的频域滤波和适用于离散系统的数字滤波。频域滤波算法包括连分式展开法、Carlson 方法、Charef 方法、Matsuda 方法、Oustaloup 方法等。数字滤波算法包括有限冲击响应（Finite Impulse Response，FIR）滤波算法和无限冲击响应（Infinite Impulse Response，IIR）滤波算法两类。本小节介绍最常见的 Oustaloup 方法。

Oustaloup 方法的思路是利用曲线拟合的方法对分数阶微积分的传递函数进行有理化近似，使有理传递函数的频率特性与原分数阶微积分传递函数的频率特性之间的误差最小。

对于分数阶微分算子 s^a，在频段 $[\omega_b,\omega_h]$ 上的近似为

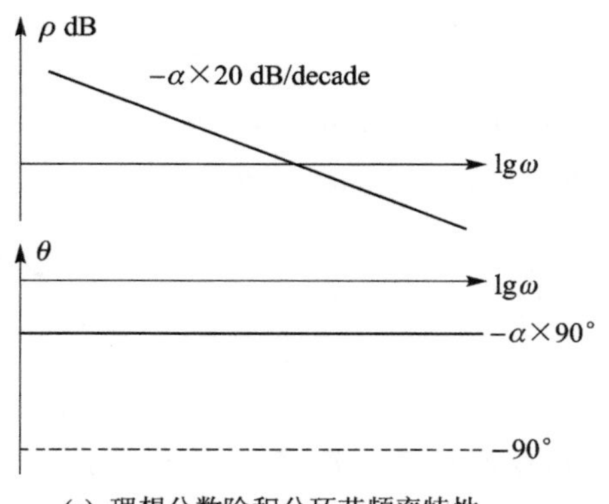

(a) 理想分数阶积分环节频率特性

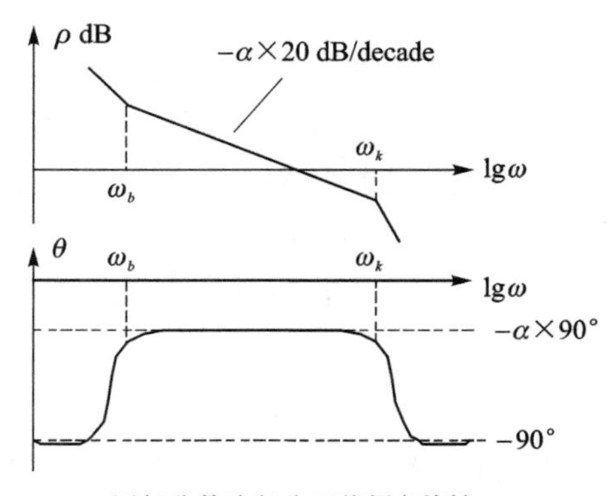

(b) 近似分数阶积分环节频率特性

图 3.4　理想分数阶与近似分数阶频率特性比较

$$s^{a} \approx \left(\frac{\omega_b}{\omega_h}\right)^{\frac{a}{2}} \prod_{k=-N}^{N} \frac{1+s/\omega_k'}{1+s/\omega_k}$$

其中，$\omega_k' = \omega_b\left(\frac{\omega_h}{\omega_b}\right)^{\frac{k+N+(1-a)/2}{2N+1}}$，$\omega_k = \omega_b\left(\frac{\omega_h}{\omega_b}\right)^{\frac{k+N+(1+a)/2}{2N+1}}$；$N$ 为近似阶次，N 的选择标准为使得近似传递函数在指定频段内没有明显波纹，且尽可能小。

为了减小在拟合频段边缘的畸变，可以使用如下改进 Oustaloup 算法：

$$s^{a} \approx \left(\frac{d\omega_b}{b}\right)^{a} \frac{ds^2 + b\omega_h s}{d(1-a)s^2 + b\omega_h s + da} \prod_{k=-N}^{N} \frac{1+s/\omega_k'}{1+s/\omega_k}$$

式中，$b>0$，$d>0$；$\omega_k' = \left(\frac{d\omega_b}{b}\right)^{\frac{a-2k}{2N+1}}$，$\omega_k = \left(\frac{b\omega_h}{d}\right)^{\frac{a+2k}{2N+1}}$。

3.2.2　基于分数阶积分滑模观测器传感器故障估计

1. 观测器设计

受传感器故障影响的涡扇发动机平衡流形展开模型为

$$\left.\begin{aligned} \dot{\boldsymbol{x}} &= \boldsymbol{A}(\boldsymbol{\theta})(\boldsymbol{x}-\boldsymbol{x}_e(\boldsymbol{\theta})) + \boldsymbol{B}(\boldsymbol{\theta})(\boldsymbol{u}-\boldsymbol{u}_e(\boldsymbol{\theta})) \\ \boldsymbol{y} &= \boldsymbol{C}(\boldsymbol{\theta})(\boldsymbol{x}-\boldsymbol{x}_e(\boldsymbol{\theta})) + \boldsymbol{D}(\boldsymbol{\theta})(\boldsymbol{u}-\boldsymbol{u}_e(\boldsymbol{\theta})) + \boldsymbol{y}_e(\boldsymbol{\theta}) + f(t) \\ \boldsymbol{\theta} &= \theta(\boldsymbol{x},\boldsymbol{u},\alpha) \end{aligned}\right\} \tag{3.42}$$

式中，$\boldsymbol{x}\in\mathbf{R}^n$，$\boldsymbol{u}\in\mathbf{R}^m$，$\boldsymbol{y}\in\mathbf{R}^p$；$f(t)\in\mathbf{R}^p$，为有界的故障向量，$\|f(t)\|\leqslant\alpha$，$\alpha$ 为已知的大于 0 的常数。

当某个输出 y_i 对应的传感器正常工作时，$f_i(t)=0$；发生故障时，$f_i(t)\neq 0$。

将输出 $\boldsymbol{y}$ 通过如下滤波器：

$$\dot{\boldsymbol{z}} = \boldsymbol{A}_z\boldsymbol{z} + \boldsymbol{B}_z\boldsymbol{y}$$

式中，$\boldsymbol{A}_z \in \mathbf{R}^{p\times p}$，为稳定矩阵；$\boldsymbol{B}_z \in \mathbf{R}^{p\times p}$；$\boldsymbol{z} \in \mathbf{R}^p$。

使用 $\boldsymbol{z}$ 对系统(3.43)进行增广可得

$$\left.\begin{aligned}\begin{bmatrix}\dot{\boldsymbol{x}}\\ \dot{\boldsymbol{z}}\end{bmatrix} &= \begin{bmatrix}\boldsymbol{A}(\boldsymbol{\theta}) & \boldsymbol{0}\\ \boldsymbol{B}_z\boldsymbol{C}(\boldsymbol{\theta}) & \boldsymbol{A}_z\end{bmatrix}\begin{bmatrix}\boldsymbol{x}\\ \boldsymbol{z}\end{bmatrix} - \begin{bmatrix}\boldsymbol{A}(\boldsymbol{\theta})\boldsymbol{x}_e(\boldsymbol{\theta}) + \boldsymbol{B}(\boldsymbol{\theta})\boldsymbol{u}_e(\boldsymbol{\theta})\\ \boldsymbol{B}_z(\boldsymbol{C}(\boldsymbol{\theta})\boldsymbol{x}_e(\boldsymbol{\theta}) + \boldsymbol{D}(\boldsymbol{\theta})\boldsymbol{u}_e(\boldsymbol{\theta}))\end{bmatrix} + \\ &\quad \begin{bmatrix}\boldsymbol{B}(\boldsymbol{\theta})\\ \boldsymbol{B}_z\boldsymbol{D}(\boldsymbol{\theta})\end{bmatrix}\boldsymbol{u} + \begin{bmatrix}\boldsymbol{0}\\ \boldsymbol{B}_z\end{bmatrix}\boldsymbol{f}\\ \boldsymbol{z} &= \begin{bmatrix}\boldsymbol{0} & \boldsymbol{I}_p\end{bmatrix}\begin{bmatrix}\boldsymbol{x}\\ \boldsymbol{z}\end{bmatrix}\end{aligned}\right\} \tag{3.43}$$

针对增广后的系统，设计如下分数阶积分滑模滑模观测器(Fraction - order Integral Sliding Mode Observe，FOISMO)：

$$\left.\begin{aligned}\begin{bmatrix}\dot{\hat{\boldsymbol{x}}}\\ \dot{\hat{\boldsymbol{z}}}\end{bmatrix} &= \begin{bmatrix}\boldsymbol{A}(\hat{\boldsymbol{\theta}}) & \boldsymbol{0}\\ \boldsymbol{B}_z\boldsymbol{C}(\hat{\boldsymbol{\theta}}) & \boldsymbol{A}_z\end{bmatrix}\begin{bmatrix}\hat{\boldsymbol{x}}\\ \hat{\boldsymbol{z}}\end{bmatrix} - \begin{bmatrix}\boldsymbol{A}(\hat{\boldsymbol{\theta}})\boldsymbol{x}_e(\hat{\boldsymbol{\theta}}) + \boldsymbol{B}(\hat{\boldsymbol{\theta}})\boldsymbol{u}_e(\hat{\boldsymbol{\theta}})\\ \boldsymbol{B}_z(\boldsymbol{C}(\hat{\boldsymbol{\theta}})\boldsymbol{x}_e(\hat{\boldsymbol{\theta}}) + \boldsymbol{D}(\hat{\boldsymbol{\theta}})\boldsymbol{u}_e(\hat{\boldsymbol{\theta}}))\end{bmatrix} + \\ &\quad \begin{bmatrix}\boldsymbol{B}(\hat{\boldsymbol{\theta}})\\ \boldsymbol{B}_z\boldsymbol{D}(\hat{\boldsymbol{\theta}})\end{bmatrix}\boldsymbol{u} + \begin{bmatrix}\boldsymbol{0}\\ \boldsymbol{I}_p\end{bmatrix}\boldsymbol{v}\\ \hat{\boldsymbol{z}} &= \begin{bmatrix}\boldsymbol{0} & I_p\end{bmatrix}\begin{bmatrix}\hat{\boldsymbol{x}}\\ \hat{\boldsymbol{z}}\end{bmatrix}\end{aligned}\right\} \tag{3.44}$$

式中，$\boldsymbol{v}$ 为非线性切换项。

定义分数阶积分滑模函数为

$$\boldsymbol{S} = \boldsymbol{e}_z + kD^{-a}\boldsymbol{e}_z$$

式中，$0<a<1$；$k>0$；$\boldsymbol{e}_z = \hat{\boldsymbol{z}} - \boldsymbol{z}$。

与之相应的非线性切换项 $\boldsymbol{v}$ 为

$$\boldsymbol{v} = -\boldsymbol{A}_z\boldsymbol{e}_z - kD^{1-a}\boldsymbol{e}_z - \rho\frac{\boldsymbol{S}}{\|\boldsymbol{S}\|}$$

式中，$\rho>0$。

2. 稳定性分析

定义滑模观测器的状态估计误差为

$$\boldsymbol{e}_x = \hat{\boldsymbol{x}} - \boldsymbol{x}$$

由(3.43)和(3.44)状态估计误差的动态方程为

$$\begin{bmatrix}\dot{\boldsymbol{e}}_x\\ \dot{\boldsymbol{e}}_z\end{bmatrix} = \begin{bmatrix}\boldsymbol{A}(\boldsymbol{\theta}) & \boldsymbol{0}\\ \boldsymbol{B}_z\boldsymbol{C}(\boldsymbol{\theta}) & \boldsymbol{A}_z\end{bmatrix}\begin{bmatrix}\boldsymbol{e}_x\\ \boldsymbol{e}_z\end{bmatrix} + \begin{bmatrix}\boldsymbol{A}(\hat{\boldsymbol{\theta}}) - \boldsymbol{A}(\boldsymbol{\theta}) & \boldsymbol{0}\\ \boldsymbol{B}_z(\boldsymbol{C}(\hat{\boldsymbol{\theta}}) - \boldsymbol{C}(\boldsymbol{\theta})) & \boldsymbol{0}\end{bmatrix}\begin{bmatrix}\boldsymbol{x}\\ \boldsymbol{z}\end{bmatrix} -$$

$$\begin{bmatrix} \boldsymbol{A}(\hat{\boldsymbol{\theta}})\boldsymbol{x}_e(\hat{\boldsymbol{\theta}})+\boldsymbol{B}(\hat{\boldsymbol{\theta}})\boldsymbol{u}_e(\hat{\boldsymbol{\theta}}) \\ \boldsymbol{B}_z(\boldsymbol{C}_2(\hat{\boldsymbol{\theta}})\boldsymbol{x}_e(\hat{\boldsymbol{\theta}})+\boldsymbol{D}_2(\hat{\boldsymbol{\theta}})\boldsymbol{u}_e(\hat{\boldsymbol{\theta}})) \end{bmatrix}+\begin{bmatrix} \boldsymbol{A}(\boldsymbol{\theta})\boldsymbol{x}_e(\boldsymbol{\theta})+\boldsymbol{B}(\boldsymbol{\theta})\boldsymbol{u}_e(\boldsymbol{\theta}) \\ \boldsymbol{B}_z(\boldsymbol{C}_2(\boldsymbol{\theta})\boldsymbol{x}_e(\boldsymbol{\theta})+\boldsymbol{D}_2(\boldsymbol{\theta})\boldsymbol{u}_e(\boldsymbol{\theta})) \end{bmatrix}+$$

$$\begin{bmatrix} \boldsymbol{B}(\hat{\boldsymbol{\theta}})-\boldsymbol{B}(\boldsymbol{\theta}) \\ \boldsymbol{B}_z(\boldsymbol{D}_2(\hat{\boldsymbol{\theta}})-\boldsymbol{D}_2(\boldsymbol{\theta})) \end{bmatrix}\boldsymbol{u}+\begin{bmatrix} \boldsymbol{0} \\ \boldsymbol{B}_z \end{bmatrix}\boldsymbol{f}+\begin{bmatrix} \boldsymbol{0} \\ \boldsymbol{I}_p \end{bmatrix}\boldsymbol{v} \tag{3.45}$$

为了便于后续分析，将(3.45)改写为

$$\begin{bmatrix} \dot{\boldsymbol{e}}_x \\ \dot{\boldsymbol{e}}_z \end{bmatrix}=\begin{bmatrix} \widetilde{\boldsymbol{A}}_0 & \boldsymbol{0} \\ \boldsymbol{B}_z\widetilde{\boldsymbol{C}}_0 & \boldsymbol{A}_z \end{bmatrix}\begin{bmatrix} \boldsymbol{e}_x \\ \boldsymbol{e}_z \end{bmatrix}+\begin{bmatrix} \Delta g(\boldsymbol{x},\boldsymbol{u}) \\ \boldsymbol{B}_z\Delta h(\boldsymbol{x},\boldsymbol{u}) \end{bmatrix}-\begin{bmatrix} \boldsymbol{0} \\ \boldsymbol{B}_z \end{bmatrix}\boldsymbol{f}+\begin{bmatrix} \boldsymbol{0} \\ \boldsymbol{I}_p \end{bmatrix}\boldsymbol{v} \tag{3.46}$$

式中，

$$\Delta g(\boldsymbol{x},\boldsymbol{u})=g(\hat{\boldsymbol{x}},\boldsymbol{u})-g(\boldsymbol{x},\boldsymbol{u})$$

$$\Delta h(\boldsymbol{x},\boldsymbol{u})=h(\hat{\boldsymbol{x}},\boldsymbol{u})-h(\boldsymbol{x},\boldsymbol{u})$$

$$g(\boldsymbol{x},\boldsymbol{u})=-\widetilde{\boldsymbol{A}}_0\boldsymbol{x}+\boldsymbol{A}(\boldsymbol{\theta})\boldsymbol{x}-\boldsymbol{A}(\boldsymbol{\theta})\boldsymbol{x}_e(\boldsymbol{\theta})-\boldsymbol{B}(\boldsymbol{\theta})\boldsymbol{u}_e(\boldsymbol{\theta})+\boldsymbol{B}(\boldsymbol{\theta})\boldsymbol{u}$$

$$g(\hat{\boldsymbol{x}},\boldsymbol{u})=-\widetilde{\boldsymbol{A}}_0\hat{\boldsymbol{x}}+\boldsymbol{A}(\hat{\boldsymbol{\theta}})\hat{\boldsymbol{x}}-\boldsymbol{A}(\hat{\boldsymbol{\theta}})\boldsymbol{x}_e(\hat{\boldsymbol{\theta}})-\boldsymbol{B}(\hat{\boldsymbol{\theta}})\boldsymbol{u}_e(\hat{\boldsymbol{\theta}})+\boldsymbol{B}(\hat{\boldsymbol{\theta}})\boldsymbol{u}$$

$$h(\boldsymbol{x},\boldsymbol{u})=-\widetilde{\boldsymbol{C}}_0\boldsymbol{x}+\boldsymbol{C}(\boldsymbol{\theta})\boldsymbol{x}-\boldsymbol{C}(\boldsymbol{\theta})\boldsymbol{x}_e(\boldsymbol{\theta})-\boldsymbol{D}(\boldsymbol{\theta})\boldsymbol{u}_e(\boldsymbol{\theta})+\boldsymbol{D}(\boldsymbol{\theta})\boldsymbol{u}$$

$$h(\hat{\boldsymbol{x}},\boldsymbol{u})=-\widetilde{\boldsymbol{C}}_0\hat{\boldsymbol{x}}+\boldsymbol{C}(\hat{\boldsymbol{\theta}})\hat{\boldsymbol{x}}-\boldsymbol{C}(\hat{\boldsymbol{\theta}})\boldsymbol{x}_e(\hat{\boldsymbol{\theta}})-\boldsymbol{D}(\hat{\boldsymbol{\theta}})\boldsymbol{u}_e(\hat{\boldsymbol{\theta}})+\boldsymbol{D}(\hat{\boldsymbol{\theta}})\boldsymbol{u}$$

假设 3.2.1　增广系统可观。

假设 3.2.2　$\widetilde{\boldsymbol{A}}_0$ 为稳定矩阵。

假设 3.2.3　存在对称正定矩阵 $\boldsymbol{P}\in\mathbf{R}^{n\times n}$ 和 $\boldsymbol{Q}\in\mathbf{R}^{n\times n}$，使得以下 Lyapunov 方程成立：$\widetilde{\boldsymbol{A}}_0\boldsymbol{P}+\boldsymbol{P}\widetilde{\boldsymbol{A}}_0=-\boldsymbol{Q}$。

假设 3.2.4　$g(\boldsymbol{x},\boldsymbol{u})$、$h(\boldsymbol{x},\boldsymbol{u})$ 均满足 Lipschitz 条件，即存在大于 0 的常数 γ_1、γ_2，使得 $g(\boldsymbol{x}_1,\boldsymbol{u})-g(\boldsymbol{x}_2,\boldsymbol{u})\leqslant\gamma_1\|\boldsymbol{x}_1-\boldsymbol{x}_2\|$，$h(\boldsymbol{x}_1,\boldsymbol{u})-h(\boldsymbol{x}_2,\boldsymbol{u})\leqslant\gamma_2\|\boldsymbol{x}_1-\boldsymbol{x}_2\|$ 成立。

定理 3.2.1　若假设 3.2.1～3.2.4 满足，且 $\dfrac{\lambda_{\min}(\boldsymbol{Q})}{\lambda_{\max}(\boldsymbol{P})}>2\gamma_1$，则状态估计误差 $\boldsymbol{e}_x$ 将收敛于 0。

证　明：

选择如下 Lyapunov 函数：

$$V=\boldsymbol{e}_x^{\mathrm{T}}\boldsymbol{P}\boldsymbol{e}_x$$

求导可得

$$\begin{aligned}\dot{V}&=\boldsymbol{e}_x^{\mathrm{T}}(\widetilde{\boldsymbol{A}}_0^{\mathrm{T}}\boldsymbol{P}+\boldsymbol{P}\widetilde{\boldsymbol{A}}_0)\boldsymbol{e}_x+2\boldsymbol{e}_x^{\mathrm{T}}\boldsymbol{P}\Delta g(\boldsymbol{x},\boldsymbol{u})\\&\leqslant-\lambda_{\min}(\boldsymbol{Q})\|\boldsymbol{e}_x\|^2+2\gamma_1\lambda_{\max}(\boldsymbol{P})\|\boldsymbol{e}_x\|^2\\&=(-\lambda_{\min}(\boldsymbol{Q})+2\gamma_1\lambda_{\max}(\boldsymbol{P}))\|\boldsymbol{e}_x\|^2\end{aligned}$$

若 $\dfrac{\lambda_{\min}(\boldsymbol{Q})}{\lambda_{\max}(\boldsymbol{P})}>2\gamma_1$，$\dot{V}\leqslant0$，且仅当 $\boldsymbol{e}_x=0$ 时，等号成立。由 Lyapunov 稳定性定理

可知，状态估计误差收敛于0。

证明完毕。

定理 3.2.2 当滑模增益 $\rho>\alpha\|\boldsymbol{B}_z\|$ 时，状态误差动态系统可以到达滑模面 $\boldsymbol{S}=\boldsymbol{0}$。

证　明：

选择如下Lyapunov函数：

$$V=\frac{1}{2}\boldsymbol{S}^{\mathrm{T}}\boldsymbol{S}$$

求导可得

$$\begin{aligned}\dot{V}&=\boldsymbol{S}^{\mathrm{T}}(\dot{\boldsymbol{e}}_z+kD^{1-\alpha}\boldsymbol{e}_z)\\&=\boldsymbol{S}^{\mathrm{T}}(\boldsymbol{B}_z\widetilde{\boldsymbol{C}}_0\boldsymbol{e}_x+\boldsymbol{A}_z\boldsymbol{e}_z+\boldsymbol{B}_z\Delta h(\boldsymbol{x},\boldsymbol{u})-\boldsymbol{B}_z\boldsymbol{f}+\boldsymbol{v}+kD^{1-\alpha}\boldsymbol{e}_z)\\&=\boldsymbol{S}^{\mathrm{T}}\left(\boldsymbol{B}_z\widetilde{\boldsymbol{C}}_0\boldsymbol{e}_x+\boldsymbol{B}_z\Delta h(\boldsymbol{x},\boldsymbol{u})-\boldsymbol{B}_z\boldsymbol{f}-\rho\frac{\boldsymbol{S}}{\|\boldsymbol{S}\|}\right)\\&\leqslant\|\boldsymbol{S}^{\mathrm{T}}\|\left[(\|\boldsymbol{B}_z\widetilde{\boldsymbol{C}}_0\|+\gamma_2\|\boldsymbol{B}_z\|)\|\boldsymbol{e}_x\|+\alpha\|\boldsymbol{B}_z\|-\rho\right]\end{aligned}\tag{3.47}$$

由定理3.2.1可知，$\boldsymbol{e}_x\to0$，将其代入式(3.47)可得：当 $\rho>\alpha\|\boldsymbol{B}_z\|$，$\dot{V}\leqslant0$，当且仅当 $\boldsymbol{S}=\boldsymbol{0}$ 时，等号成立。由此可知，滑模面 $\boldsymbol{S}=\boldsymbol{0}$ 可达。

证明完毕。

定理 3.2.3 状态误差动态系统将在有限时间内到达滑模面 $\boldsymbol{S}=\boldsymbol{0}$。

证　明：

选择Lyapunov函数为

$$V=\frac{1}{2}\boldsymbol{e}_z^{\mathrm{T}}\boldsymbol{e}_z$$

求导可得

$$\dot{V}=\frac{1}{2}\boldsymbol{e}_z^{\mathrm{T}}(\boldsymbol{A}_z^{\mathrm{T}}+\boldsymbol{A}_z)\boldsymbol{e}_z+\boldsymbol{e}_z^{\mathrm{T}}(\boldsymbol{B}_z\widetilde{\boldsymbol{C}}_0\boldsymbol{e}_x+\boldsymbol{B}_z\Delta h(\boldsymbol{x},\boldsymbol{u})-\boldsymbol{B}_z\boldsymbol{f}+\boldsymbol{v})$$

由于 $\boldsymbol{A}_z$ 为稳定矩阵，则 $\boldsymbol{A}_z^{\mathrm{T}}+\boldsymbol{A}_z<0$，因此

$$\dot{V}\leqslant\boldsymbol{e}_z^{\mathrm{T}}(\boldsymbol{B}_z\widetilde{\boldsymbol{C}}_0\boldsymbol{e}_x+\boldsymbol{B}_z\Delta h(\boldsymbol{x},\boldsymbol{u})-\boldsymbol{B}_z\boldsymbol{f}+\boldsymbol{v})\tag{3.48}$$

假设 $\rho=\alpha\|\boldsymbol{B}_z\|+\eta_0$（$\eta_0$ 为大于0的常数），将其代入式(3.48)可得

$$\dot{V}\leqslant\|\boldsymbol{e}_z\|((\|\boldsymbol{B}_z\widetilde{\boldsymbol{C}}_0\|+\gamma_2\|\boldsymbol{B}_z\|)\|\boldsymbol{e}_x\|-\eta_0)\tag{3.49}$$

定义一个常数 η，满足 $0<\eta<\eta_0$。由定理3.2.1可知 $\boldsymbol{e}_x$ 渐进收敛于0，因此，$\boldsymbol{e}_x$ 将在有限时间内收敛至有界域 $\Omega_\eta=\left\{\boldsymbol{e}_x:\|\boldsymbol{e}_x\|<\dfrac{\eta_0-\eta}{\|\boldsymbol{B}_z\widetilde{\boldsymbol{C}}_0\|+\gamma_2\|\boldsymbol{B}_z\|}\right\}$。将 $\boldsymbol{e}_x$ 进入 Ω_η 的时刻记作 $t=t_\eta$。在 Ω_η 内，不等式(3.49)满足：

$$\dot{V}\big|_{t>t_\eta}\leqslant-\eta\|\boldsymbol{e}_z\|\tag{3.50}$$

由 Lyapunov 函数的设定可得：$V=\boldsymbol{e}_z^{\mathrm{T}}\boldsymbol{e}_z=\frac{1}{2}\|\boldsymbol{e}_z\|^2$，即 $\|\boldsymbol{e}_z\|=2\sqrt{V}$，将其代入式(3.50)可得

$$\dot{V}|_{t>t_\eta}\leqslant -2\eta\sqrt{V} \tag{3.51}$$

对式(3.51)两端进行积分，有

$$\int_{V(t_\eta)}^{0}\frac{1}{\sqrt{V}}\mathrm{d}V\leqslant -2\eta\int_{t_\eta}^{t_s}\mathrm{d}t$$

解得

$$t_s=\frac{1}{\eta}\sqrt{V(t_\eta)}+t_\eta$$

因此，状态误差动态系统将在 $t=t_s$ 到达滑模面 $\boldsymbol{S}=\boldsymbol{0}$。

证明完毕。

3. 故障重构

状态误差动态系统到达滑模面后开始滑模运动。在滑模运动过程中有 $\boldsymbol{e}_z=\boldsymbol{0}$ 和 $\dot{\boldsymbol{e}}_z=\boldsymbol{0}$，将其代入式(3.46)可得

$$\begin{bmatrix}\dot{\boldsymbol{e}}_x\\ \boldsymbol{0}\end{bmatrix}=\begin{bmatrix}\widetilde{\boldsymbol{A}}_0 & \boldsymbol{0}\\ \boldsymbol{B}_z\widetilde{\boldsymbol{C}}_0 & \boldsymbol{A}_z\end{bmatrix}\begin{bmatrix}\boldsymbol{e}_x\\ \boldsymbol{0}\end{bmatrix}+\begin{bmatrix}\Delta g(\boldsymbol{x},\boldsymbol{u})\\ \boldsymbol{B}_z\Delta h(\boldsymbol{x},\boldsymbol{u})\end{bmatrix}-\begin{bmatrix}\boldsymbol{0}\\ \boldsymbol{B}_z\end{bmatrix}\boldsymbol{f}+\begin{bmatrix}\boldsymbol{0}\\ \boldsymbol{I}_p\end{bmatrix}\boldsymbol{v}_{\mathrm{eq}} \tag{3.52}$$

式中，$\boldsymbol{v}_{\mathrm{eq}}$ 为等效输出误差注入(Equivalent Output Error Injection)，代表着维持滑模运动的非线性项的平均效应，可以通过对非线性切换项进行滤波得到。若使用准滑模，则由非线性切换项直接得到，即

$$\boldsymbol{v}_{\mathrm{eq}}=-\boldsymbol{A}_z\boldsymbol{e}_z-kD^{1-a}\boldsymbol{e}_z-\rho\frac{\boldsymbol{S}}{\|\boldsymbol{S}\|+\delta}$$

定义故障的估计值为

$$\hat{\boldsymbol{f}}=\boldsymbol{B}_z^{-1}\boldsymbol{v}_{\mathrm{eq}} \tag{3.53}$$

将式(3.53)代入式(3.52)可得

$$\hat{\boldsymbol{f}}-\boldsymbol{f}=-\boldsymbol{B}_z\widetilde{\boldsymbol{C}}_0\boldsymbol{e}_x-\boldsymbol{B}_z\Delta h(\boldsymbol{x},\boldsymbol{u})$$

由于 $\boldsymbol{e}_x\to\boldsymbol{0}$，因此 $\hat{\boldsymbol{f}}-\boldsymbol{f}\to\boldsymbol{0}$。

3.2.3 分数阶积分滑模控制

积分滑模控制器虽然没有稳态误差，但积分项的引入会带来较大的超调。而分数阶积分的记忆特性能很好地减少超调。在滑模函数中用分数阶积分代替整数阶积分环节能进一步提升控制性能。

涡扇发动机的标称模型为式(2.60)，由于 $\theta=N_1$，因此 $N_{1e}(\theta)=N_1$，将其代入

式(2.60)可将模型化简为

$$\begin{bmatrix}\dot{N}_1\\\dot{N}_2\end{bmatrix}=\begin{bmatrix}a_{12}(\theta)\\a_{22}(\theta)\end{bmatrix}(N_2-N_{2e}(\theta))+\begin{bmatrix}b_1(\theta)\\b_2(\theta)\end{bmatrix}(W_f-W_{fe}(\theta)) \tag{3.54}$$

记 $\boldsymbol{x}=[N_1\quad N_2]^{\mathrm{T}}$，$u=W_f$。为了便于控制器设计，将式(3.52)改写为如下形式：

$$\begin{cases}\dot{x}_1=g_1(\boldsymbol{x})+h_1(\boldsymbol{x})u\\\dot{x}_2=g_2(\boldsymbol{x})+h_2(\boldsymbol{x})u\end{cases} \tag{3.55}$$

其中，

$$g_1(x)=a_{12}(\theta)x_2-a_{12}(\theta)x_{2e}(\theta)-b_1(\theta)u_e(\theta)$$

$$g_2(x)=a_{22}(\theta)x_2-a_{22}(\theta)x_{2e}(\theta)-b_2(\theta)u_e(\theta)h_1(x)=b_1(\theta)$$

$$h_2(x)=b_2(\theta)$$

对风扇转速 N_1 进行控制。参考值为 x_{1d}，定义控制误差为 $e_x=x_{1d}-x_1$。

对于式(3.54)系统，设计如下分数阶积分滑模函数：

$$S=k_1e_x+k_2D^{-a}e_x \tag{3.56}$$

式中，$k_1>0$；$k_2>0$；$0<a<1$。

滑模函数的导数为

$$\begin{aligned}\dot{S}&=k_1\dot{e}_x+k_2D^{1-a}e_x\\&=k_1[\dot{x}_{1d}-(g_1(x)+h_1(x)u)]+k_2D^{1-a}e_x\end{aligned} \tag{3.57}$$

假设在控制的作用下系统到达滑模面，此时有 $\dot{S}=0$，将其代入式(3.57)可得系统处于滑动模态时的等效控制律：

$$u_{\mathrm{eq}}=h_1(\boldsymbol{x})^{-1}[(\dot{x}_{1d}-g_1(x))+k_1{}^{-1}k_2D^{1-a}e_x] \tag{3.58}$$

为了使系统能到达滑模面，可在控制律(3.58)上叠加一个切换控制律：

$$u_{\mathrm{sw}}=h_1(\boldsymbol{x})^{-1}K\,\mathrm{sgn}(S) \tag{3.59}$$

式中，$K>0$。

当系统中存在不确定性，即 $\dot{x}_1=g_1(\boldsymbol{x})+h_1(\boldsymbol{x})u+d$ 时，若 $\|d\|\leqslant\beta$，为了使系统到达滑模面，应使 $K>\beta$。

结合式(3.58)和式(3.59)可得分数阶积分滑模控制(Fraction - order Integral Sliding Mode Control，FOISMC)的控制律为

$$\begin{aligned}u&=u_{\mathrm{eq}}+u_{\mathrm{sw}}\\&=h_1(\boldsymbol{x})^{-1}(\dot{x}_{1d}-g_1(\boldsymbol{x})+k_1^{-1}k_2D^{1-a}e_x+K\,\mathrm{sgn}(S))\end{aligned} \tag{3.60}$$

使用连续函数代替符号函数，则准滑模控制律为

$$u=h_1(\boldsymbol{x})^{-1}\left(\dot{x}_{1d}-g_1(\boldsymbol{x})+k_1{}^{-1}k_2D^{1-a}e_x+K\frac{S}{|S|+\delta}\right) \tag{3.61}$$

3.2.4　容错控制系统设计

本小节针对航空发动机的传感器故障设计的容错控制系统结构如图 3.5 所示。

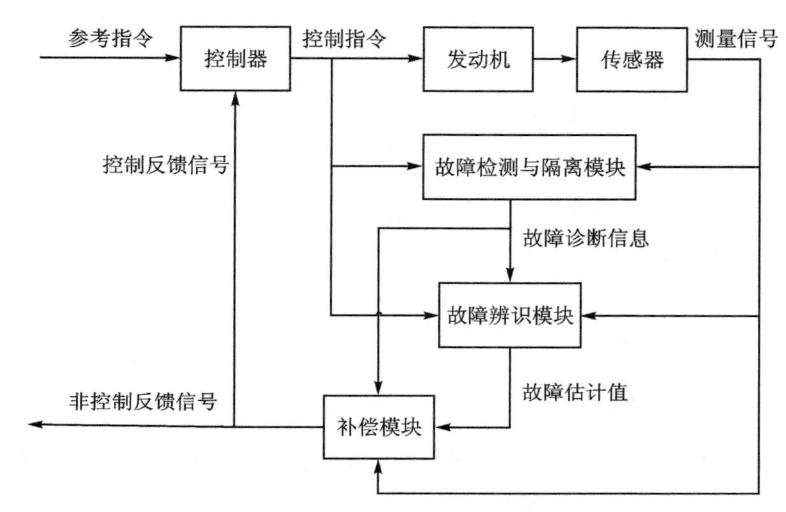

图 3.5　传感器故障容错控制系统结构

在发动机工作时,结合控制器输出的控制信号和传感器的测量信号对每个传感器的健康状态进行实时诊断。当检测到有传感器发生故障时,将故障诊断信息(各个传感器的健康状态)传递给故障辨识模块。故障辨识模块的核心是第 4 章设计的分数阶积分滑模观测器。在有传感器发生故障时,根据故障诊断的信息,调用模块内存储的适合当前传感器故障情况的参数构成观测器,并利用控制信号和测量信号对传感器故障进行估计。然后补偿模块利用得到的故障估计数据对传感器的测量信号进行修正,以便减少传感器故障对发动机工作状态的影响。

3.2.5　仿真验证

利用涡扇发动机在巡航状态的平衡流形展开模型进行传感器故障辨识仿真验证。

本小节利用涡扇发动机在巡航状态的平衡流形展开模型进行传感器故障检测仿真验证。模型中各个系数分别为

$$\theta = N_1 \in [0.75, 1.0]$$

$$\boldsymbol{A}(\theta) = \begin{bmatrix} 13.28 & 46.58 \\ -1.89 & -10.58 \end{bmatrix} + \begin{bmatrix} -38.65 & -93.72 \\ 6.05 & 21.49 \end{bmatrix}\theta + \begin{bmatrix} 23.37 & 52.37 \\ -3.35 & -14.95 \end{bmatrix}\theta^2$$

$$\boldsymbol{B}(\theta) = \begin{bmatrix} 0.67 \\ 0.74 \end{bmatrix} + \begin{bmatrix} -1.72 \\ -0.40 \end{bmatrix}\theta + \begin{bmatrix} 1.73 \\ 0.68 \end{bmatrix}\theta^2$$

$$
\boldsymbol{C}(\theta)=\begin{bmatrix}1 & 0\\0 & 1\\-8.67 & 9.08\\3.04 & -14.53\end{bmatrix}+\begin{bmatrix}0 & 0\\0 & 0\\17.62 & -12.36\\-7.67 & 34.14\end{bmatrix}\theta+\begin{bmatrix}0 & 0\\0 & 0\\-8.31 & 6.54\\4.74 & -19.25\end{bmatrix}\theta^2
$$

$$
\boldsymbol{D}(\theta)=\begin{bmatrix}0\\0\\-0.29\\-0.32\end{bmatrix}+\begin{bmatrix}0\\0\\0.51\\0.88\end{bmatrix}\theta
$$

$$
N_2(\theta)=2.19-5.21\theta+6.55\theta^2-2.53\theta^3
$$

$$
W_f(\theta)=8.85-30.94\theta+37.14\theta^2-13.15\theta^3
$$

$$
P_{t3}(\theta)=8.59-30.17\theta+35.72\theta^2-13.15\theta^3
$$

$$
T_{t46}(\theta)=6.75-22.18\theta+26.26\theta^2-9.82\theta^3
$$

1. 故障估计仿真验证

分数阶积分环节阶次在 0～1 范围内时，其阶跃响应如图 3.6 所示，分数阶积分环节的动态特性在两个相邻的整数阶环节之间过度。当分数阶次 $0<a<1$ 时，阶次越小越接近常数环节，阶次越大越接近积分环节。这是由于分数阶积分是输入信号与一个时间衰减因子的卷积，而分数阶次与衰减速率呈负相关。如果说整数阶的积分环节具有完全记忆的特性，即保留输入信号的全部历史信息，那么分数阶则具有部分记忆的特性。这种特性可用于减少在控制中由于积分环节引起的超调。

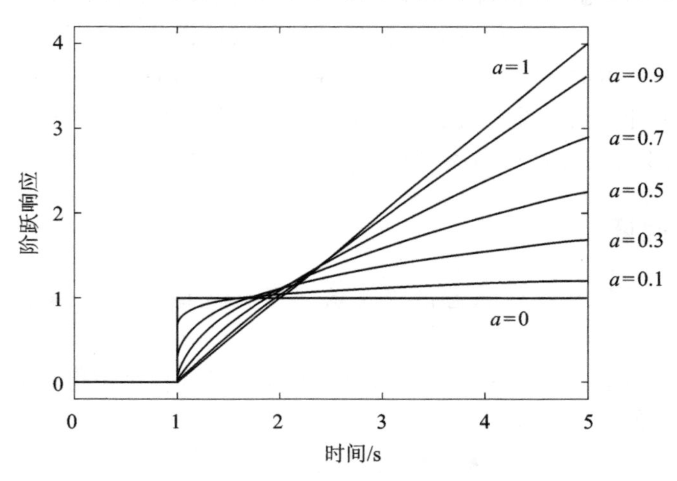

图 3.6　分数阶积分环节阶跃响应

为了减少超调量选择分数阶滑模面的积分阶次为 $a=0.1$，积分项系数 $k=1$。

本小节采用改进的 Oustaloup 近似算法计算。由于故障信号主要位于低频段，因此选择拟合频段为 0.01～100 rad/s。

利用涡扇发动机在巡航状态的平衡流形展开模型进行传感器故障辨识仿真验证。

增广滤波器的参数选择 $A_z=-0.01\boldsymbol{I}_4$，$B_z=0.01\boldsymbol{I}_4$。滑模增益 $\rho=1$，准滑模边界层参数 $\delta=0.01$。

如图3.7所示，调节主燃油流量由70%增加到90%，保持稳定一段时间后降低到80%，模拟发动机的加减速和稳态工作情况。

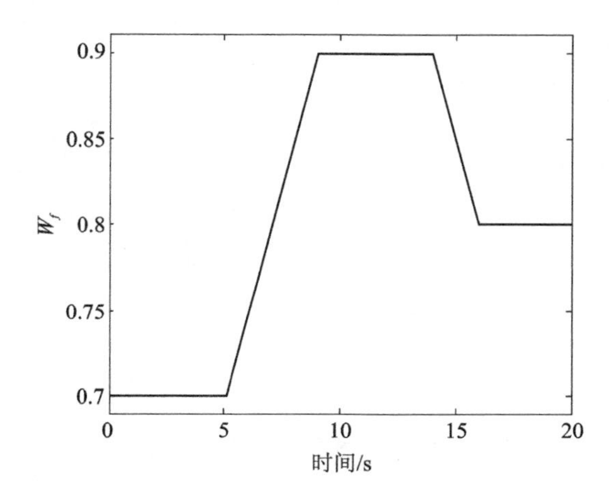

图3.7　主燃油量变化

设定风扇转速 N_1，传感器在运行第8 s开始发生幅度为5%的突变故障；高压压气机转速 N_2，传感器在运行的第5 s开始发生缓变故障，故障幅度每秒增大0.1%；高压压气机出口压力 P_3 传感器在运行过程发生间歇性故障。分别使用FOISMO、传统的滑模观测器(Sliding Mode Observe，SMO)和整数阶的积分滑模观测器(Integral Sliding Mode Observe，ISMO)进行故障重构。故障重构的效果如图3.8～图3.13所示。由于使用了准滑模，因此SMO对故障的估计存在稳态误差，而ISMO和FOISMO在积分环节的作用下估计误差逐渐收敛于0。与ISMO相比，FOISMO依靠分数阶积分的记忆特性，拥有更小的超调量和更快的收敛速度。

2. 容错控制仿真验证

设定风扇转速 N_1 维持在90%处。N_1 传感器在8～12 s内发生突变故障。如图3.14(a)所示，当没有采取容错控制措施时，传感器的测量值与实际的 N_1 产生偏差。由于控制器是以传感器测量的信号为准，当反馈的测量信号与参考指令的设定值存在误差时，控制器便调整控制输入使得测量信号重新跟踪设定值。此时 N_1 的实际值偏离控制预期，导致发动机并不工作在期望状态。在采取容错控制时，如图3.14(b)所示，故障检测与隔离模块检测到故障后，调用故障辨识模块对传感器的故障进行重构，并对发生故障的传感器测量信号进行修正。修正后的 N_1 传感器信

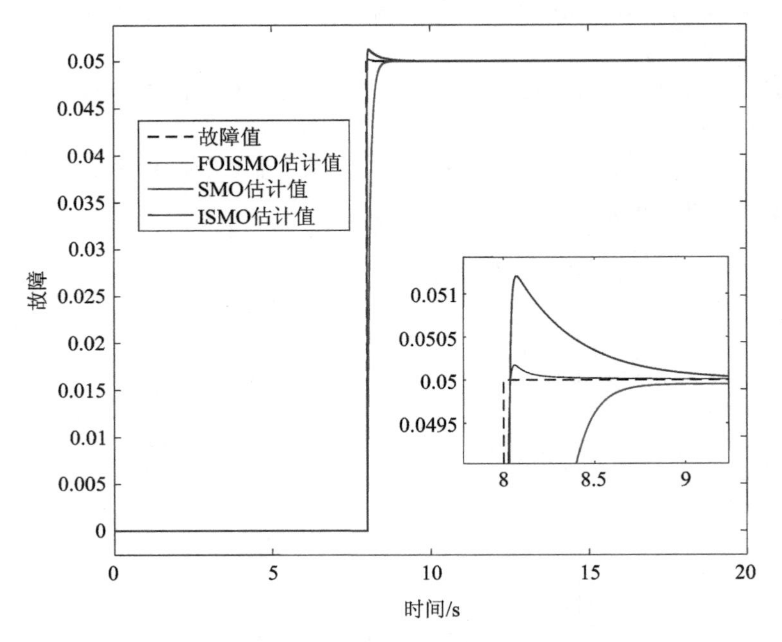

图 3.8 传感器突变故障重构

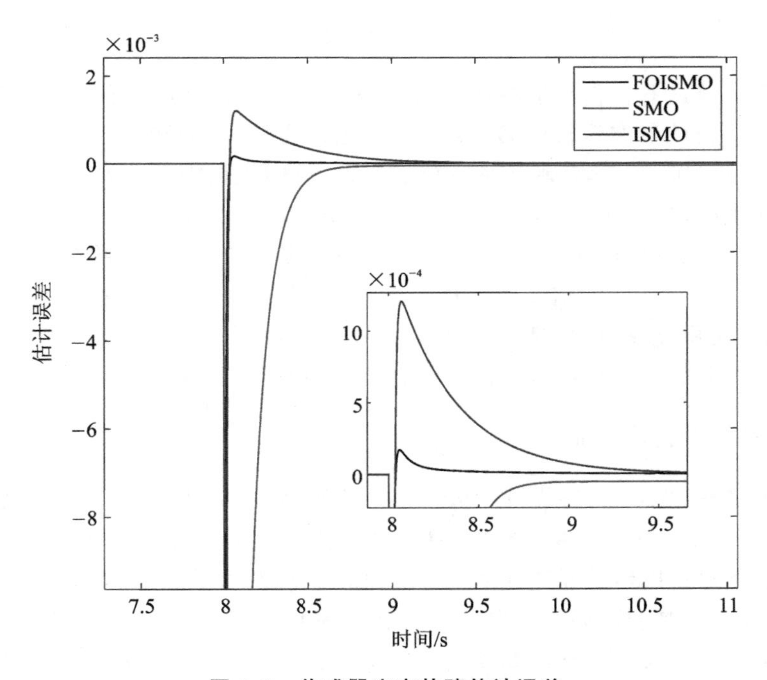

图 3.9 传感器突变故障估计误差

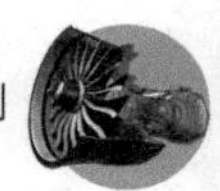

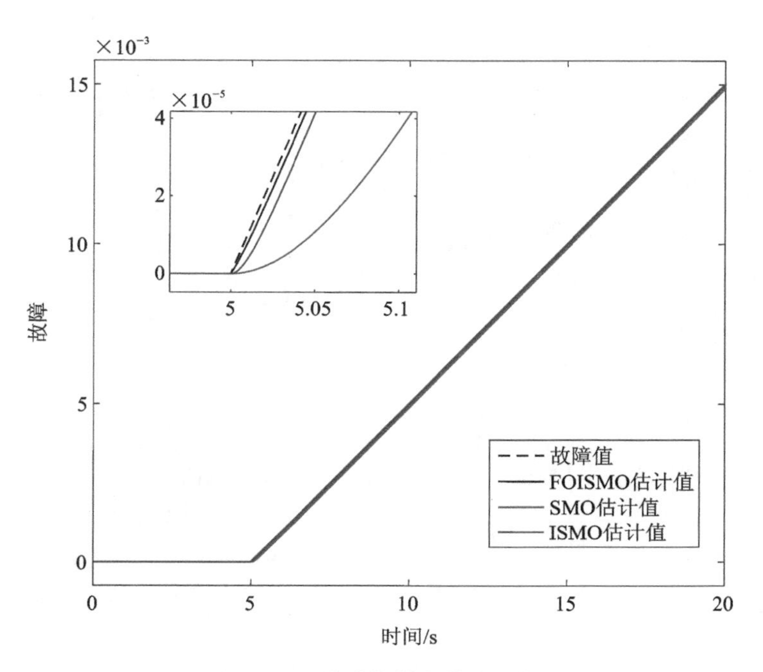

图 3.10　传感器缓变故障重构

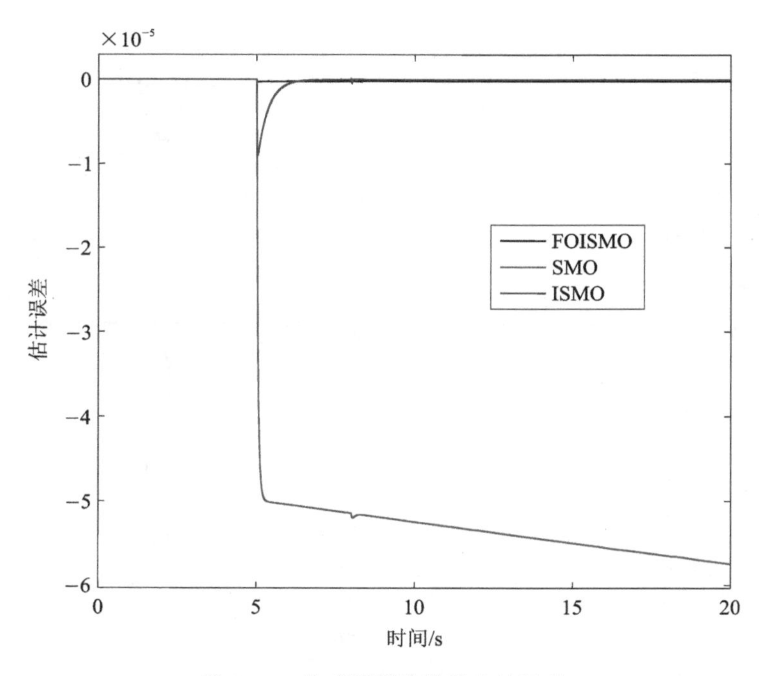

图 3.11　传感器缓变故障估计误差

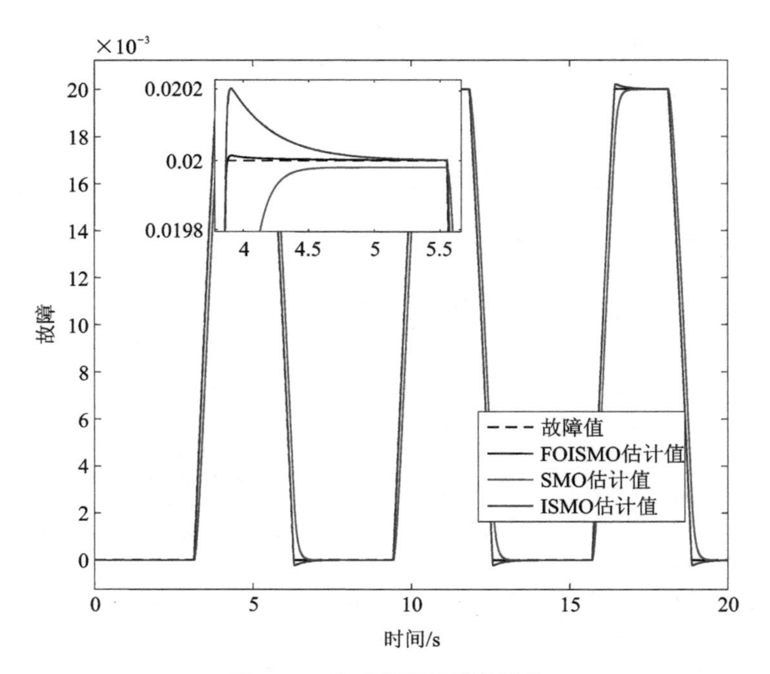

图 3.12　传感器间歇故障重构

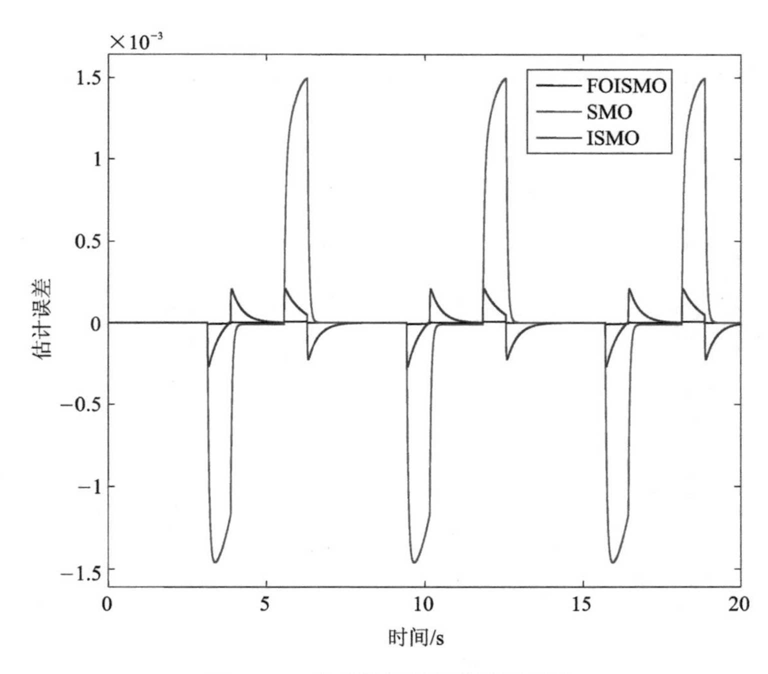

图 3.13　传感器间歇故障估计误差

号与实际 N_1 的值几乎一样。将修正后的测量信号用于反馈控制，可以消除故障对闭环控制系统的影响。

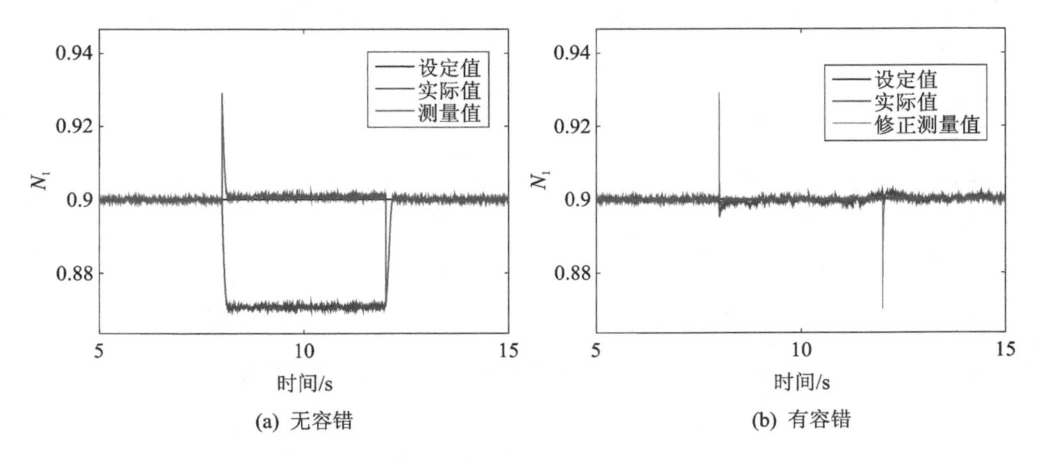

(a) 无容错　　(b) 有容错

图 3.14　稳态过程中传感器突变故障的容错控制效果

设定风扇转速 N_1 维持在 90%处。N_1 传感器在 8～16 s 内发生缓变故障。若无容错控制，将使得 N_1 的实际值偏离控制设定值；而采取容错控制后，可以消除故障对闭环控制系统的影响，效果如图 3.15 所示。

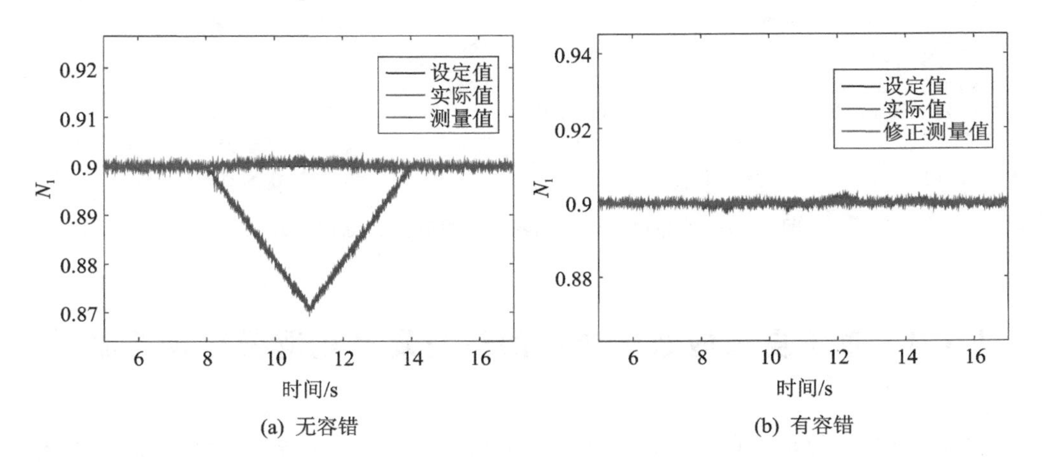

(a) 无容错　　(b) 有容错

图 3.15　稳态过程中传感器缓变故障的容错控制效果

当航空发动机处于动态过程中时，容错控制的效果见图 3.16 和图 3.17。由图可以看出，本小节设计的容错控制策略对于发动机在动态过程中发生传感器故障同样有效。

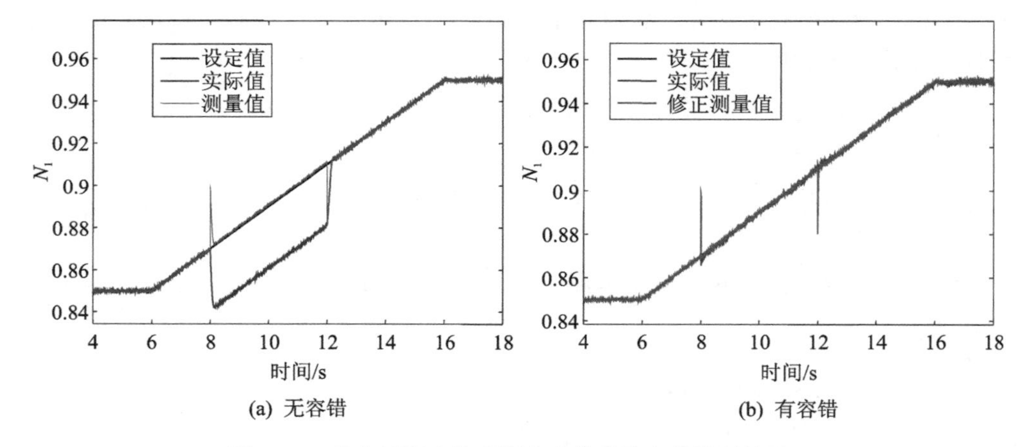

(a) 无容错　(b) 有容错

图 3.16　动态过程中传感器突变故障的容错控制效果

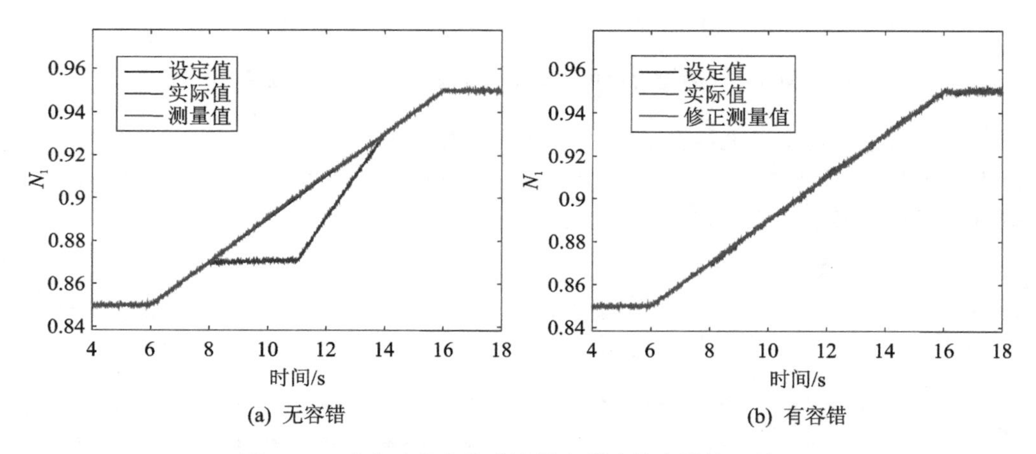

(a) 无容错　(b) 有容错

图 3.17　动态过程中传感器缓变故障的容错控制效果

3.3　基于自适应故障诊断的航空发动机滑模容错控制

本节介绍一种基于自适应诊断观测器的航空发动机滑模容错控制方法。首先，针对传感器和执行机构均发生故障的问题，建立了受不确定性和外干扰影响的航空发动机控制系统的一般模型，并进一步获得了增广动态模型，以方便故障诊断和容错控制器设计。然后，设计故障检测观测器和自适应故障诊断观测器，并构造滑模容错控制器。之后，证明了闭环系统的鲁棒稳定性和故障估计误差指数收敛，并且收敛速率可以通过合适选择可设计参数来调整。

3.3.1　含传感器和执行机构故障的航空发动机线性模型

考虑航空发动机在某稳态工况中运行时（如巡航工况时），同时发生传感器故障和执行机构故障，系统表示为

$$\left.\begin{aligned}\dot{\boldsymbol{x}} &= \boldsymbol{A}\boldsymbol{x} + \boldsymbol{B}\boldsymbol{u} + \boldsymbol{E}\boldsymbol{f} + \boldsymbol{\eta} \\ \boldsymbol{y} &= \boldsymbol{C}\boldsymbol{x} + \boldsymbol{D}\boldsymbol{u} + \boldsymbol{H}\boldsymbol{f}\end{aligned}\right\} \tag{3.62}$$

式中，$\boldsymbol{f} \in \mathbf{R}^{n}$，是故障向量；$\boldsymbol{E} \in \mathbf{R}^{n}$；$\boldsymbol{H} \in \mathbf{R}^{n}$。

假设 3.3.1　假设故障向量 $\boldsymbol{f}$ 及其导数是范数有界的，即 $\| f(t) \| \leqslant f_0$，$\| \dot{f}(t) \| \leqslant f_1$，$\| \eta(t) \| \leqslant \eta_0$，$\mathrm{rank}(\boldsymbol{H}) = q$，$q \leqslant r$，其中 $f_0 \geqslant 0$，$f_1 \geqslant 0$，$\eta_0 \geqslant 0$，其中 $\| \cdot \|$ 是 1 范数。

注 1： 假设故障分布矩阵 $\boldsymbol{H}$ 为满列秩，这意味着故障对输出的影响是独立的。故障分布矩阵 $\boldsymbol{E}$ 可以为零（传感器故障情况）或非零，这意味着可能存在其他类型的故障。

注 2： 矩阵 $\boldsymbol{D}$ 不需要为零，因此控制效果可以直接作用于输出。在飞机发动机系统模型中，$\boldsymbol{D}$ 通常不为零。

注 3： 本小节所考虑的航空发动机线性模型是一种归一化偏差模型。因此，在不同的稳态工作点附近，基于不同的 $\boldsymbol{x}_0$，$\boldsymbol{y}_0$，$\boldsymbol{u}_0$，本小节提出的容错控制方法可以方便地应用。

矩阵 $\boldsymbol{D}$ 可能不为零，为了便于故障诊断和容错控制器设计，式（3.62）系统的增广模型为

$$\left.\begin{aligned}\dot{\boldsymbol{x}}_a &= \boldsymbol{A}_a\boldsymbol{x}_a + \boldsymbol{B}_a\boldsymbol{u}_a + \boldsymbol{E}_a\boldsymbol{f}_a + \boldsymbol{\eta}_a \\ \boldsymbol{y} &= \boldsymbol{C}_a\boldsymbol{x}_a + \boldsymbol{H}_a\boldsymbol{f}_a\end{aligned}\right\} \tag{3.63}$$

式中，$\boldsymbol{x}_a = \begin{bmatrix}\boldsymbol{x} \\ \boldsymbol{u}\end{bmatrix}$；$\boldsymbol{u}_a = \dot{\boldsymbol{u}}$；$\boldsymbol{f}_a = \begin{bmatrix}\boldsymbol{f} \\ \boldsymbol{0}_{m\times 1}\end{bmatrix}$；$\boldsymbol{\eta}_a = \begin{bmatrix}\boldsymbol{\eta} \\ \boldsymbol{0}_{m\times 1}\end{bmatrix}$；$\boldsymbol{E}_a = \begin{bmatrix}\boldsymbol{E} & \boldsymbol{0}_{n\times m} \\ \boldsymbol{0}_{m\times n} & \boldsymbol{0}_{m\times n}\end{bmatrix}$；$\boldsymbol{A}_a = \begin{bmatrix}\boldsymbol{A} & \boldsymbol{B} \\ \boldsymbol{0}_{m\times n} & \boldsymbol{0}_{m\times m}\end{bmatrix}$；$\boldsymbol{B}_a = \begin{bmatrix}\boldsymbol{0}_{n\times m} \\ \boldsymbol{0}_{m\times m}\end{bmatrix}$；$\boldsymbol{C}_a = [\boldsymbol{C} \quad \boldsymbol{D}]$；$\boldsymbol{H}_a = [\boldsymbol{H} \quad \boldsymbol{0}_{r\times m}]$。其中，$\boldsymbol{0}$ 是适当维数的零矩阵。

假设 3.3.2　$(\boldsymbol{A}_a, \boldsymbol{C}_a)$ 是可观测的。

3.3.2　故障检测观测器设计

构造如下故障检测观测器来检测故障：

$$\left.\begin{aligned}\dot{\hat{\boldsymbol{x}}}_a &= \boldsymbol{A}_a\hat{\boldsymbol{x}}_a + \boldsymbol{B}_a\boldsymbol{u}_a + \boldsymbol{L}(\hat{\boldsymbol{y}} - \boldsymbol{y}) \\ \hat{\boldsymbol{y}} &= \boldsymbol{C}_a\hat{\boldsymbol{x}}_a\end{aligned}\right\} \tag{3.64}$$

式中，$\hat{\boldsymbol{x}}_a \in \mathbf{R}^{(n+m)}$，是状态估计；$\boldsymbol{L} \in \mathbf{R}^{(n+m)\times r}$，是观测器增益矩阵。根据假设 3.3.2，

可以选择合适的 $\boldsymbol{L}$，使得 $(\boldsymbol{A}_a+\boldsymbol{L}\boldsymbol{C}_a)$ 是一个稳定的矩阵。

定义 $\boldsymbol{e}=\hat{\boldsymbol{x}}_a-\boldsymbol{x}_a$ 是观测误差，$\boldsymbol{\varepsilon}_0=\hat{\boldsymbol{y}}-\boldsymbol{y}$ 是输出误差，由于式(3.63)和式(3.64)，可得

$$\dot{\boldsymbol{e}}=(\boldsymbol{A}_a+\boldsymbol{L}\boldsymbol{C}_a)\boldsymbol{e}-(\boldsymbol{L}\boldsymbol{H}_a+\boldsymbol{E}_a)\boldsymbol{f}_a-\boldsymbol{\eta}_a \tag{3.65}$$

$$\boldsymbol{\varepsilon}_0=\boldsymbol{C}_a\boldsymbol{e}-\boldsymbol{H}_a\boldsymbol{f}_a \tag{3.66}$$

如果没有故障发生且没有干扰，即 $\boldsymbol{f}=\boldsymbol{0}$，$\boldsymbol{\eta}=\boldsymbol{0}$，则 $\lim\limits_{t\to\infty}\|\boldsymbol{\varepsilon}_0\|=\boldsymbol{0}$。然而，当存在扰动并发生故障时，即使 $t\to\infty$，也可能出现 $\boldsymbol{f}\neq\boldsymbol{0}$ 和 $\|\boldsymbol{\varepsilon}_0\|\neq\boldsymbol{0}$ 的情况。

由于 $(\boldsymbol{A}_a+\boldsymbol{L}\boldsymbol{C}_a)$ 通过设计是一个稳定的矩阵，在假设 3.3.1 的基础上，可以得到输出误差的界为

$$\|\boldsymbol{\varepsilon}_0\|\leqslant\max_{\omega\geqslant0}\|\boldsymbol{C}_a[j\omega\boldsymbol{I}-(\boldsymbol{A}_a+\boldsymbol{L}\boldsymbol{C}_a)]^{-1}\|\eta_0\triangleq\lambda \tag{3.67}$$

因此，故障检测可以通过下式进行：

$$\begin{cases}\|\boldsymbol{\varepsilon}_0\|\leqslant\lambda, & \text{无故障发生}\\ \|\boldsymbol{\varepsilon}_0\|\geqslant\lambda, & \text{发生故障}\end{cases} \tag{3.68}$$

式中，λ 是由式(3.67)定义的阈值。

3.3.3 自适应故障估计器设计

式(3.68)产生警告后，给出如下自适应观测器来估计故障：

$$\left.\begin{aligned}\dot{\hat{\boldsymbol{x}}}_a&=\boldsymbol{A}_a\hat{\boldsymbol{x}}_{am}+\boldsymbol{B}_a\boldsymbol{u}_a+\boldsymbol{E}_a\hat{\boldsymbol{f}}_a+\boldsymbol{L}(\hat{\boldsymbol{y}}_m-\hat{\boldsymbol{y}})\\ \hat{\boldsymbol{y}}_m&=\boldsymbol{C}_a\hat{\boldsymbol{x}}_a+\boldsymbol{H}_a\hat{\boldsymbol{f}}_a\end{aligned}\right\} \tag{3.69}$$

式中，$\hat{\boldsymbol{x}}_{am}$ 是自适应诊断观测器状态向量；$\hat{\boldsymbol{f}}_a$ 是 $\boldsymbol{f}_a$ 的一个估计值。

观测器增益 $\boldsymbol{L}$ 由下式给出：

$$\boldsymbol{L}=(\boldsymbol{P}^{-1}\boldsymbol{C}_a^{\mathrm{T}}\boldsymbol{H}_a-\boldsymbol{E}_a)\boldsymbol{H}_a^{+} \tag{3.70}$$

式中，$\boldsymbol{H}_a^{+}$ 是矩阵 $\boldsymbol{H}_a$ 的左逆；$\boldsymbol{P}=\boldsymbol{P}^{\mathrm{T}}$，是如下不等式的对称正定解：

$$(\boldsymbol{A}_a+\boldsymbol{L}\boldsymbol{C}_a)^{\mathrm{T}}\boldsymbol{P}+\boldsymbol{P}(\boldsymbol{A}_a+\boldsymbol{L}\boldsymbol{C}_a)\leqslant-\boldsymbol{Q} \tag{3.71}$$

式中，$\boldsymbol{Q}$ 是给定的正定对称矩阵。

令 $\boldsymbol{\varepsilon}=\hat{\boldsymbol{y}}_m-\boldsymbol{y}$ 为自适应诊断观测器输出误差，然后通过使用 $\boldsymbol{\varepsilon}$ 实现对 $\hat{\boldsymbol{f}}_a$ 的良好估计，故障诊断定律被创建为

$$\hat{\boldsymbol{f}}_a=-\boldsymbol{G}\boldsymbol{H}_a^{\mathrm{T}}\boldsymbol{\varepsilon}-\gamma\boldsymbol{G}\hat{\boldsymbol{f}}_a \tag{3.72}$$

式中，$\gamma>0$，是一个常数；$\boldsymbol{G}=\boldsymbol{G}^{\mathrm{T}}>0$，是一个预先指定的定义式(16)中学习率的加权矩阵。在调整这两个参数时，首先要选择一个合适的 $\boldsymbol{G}$ 以获得令人满意的故障诊断律学习率。然后调整 γ 并保证 $\boldsymbol{G}\boldsymbol{H}_a^{\mathrm{T}}\boldsymbol{\varepsilon}$ 和 $\gamma\boldsymbol{G}\hat{\boldsymbol{f}}_a$ 几乎在同一数量级。将 $\hat{\boldsymbol{f}}_a$ 的值设置为零并依次增加直到由式(3.68)检测到故障。

3.3.4　滑模容错控制器设计

根据滑模控制理论，控制器的设计通常分为两步。第一步是指定一个合适的滑动面；第二步是构造一个控制信号，使状态可以强制到达滑动面并保持在上面。因此，本小节首先给出一个令人满意的滑模函数，然后根据趋近律方法得到滑模容错控制器。

定义滑模函数为

$$\boldsymbol{s}=\boldsymbol{\sigma}\boldsymbol{x}_a \tag{3.73}$$

式中，$\boldsymbol{\sigma}\in\mathbf{R}^{m\times(n+m)}$，$\boldsymbol{\sigma}$ 的选择应保证滑动面的稳定性和动态性能。指定 $\boldsymbol{\sigma}$ 的一种方法是通过极点放置使式(3.73)的特征多项式满足赫尔维兹条件。

一方面，$\boldsymbol{s}$ 的导数是

$$\dot{\boldsymbol{s}}=\boldsymbol{\sigma}\dot{\boldsymbol{x}}_a=\boldsymbol{\sigma}(\boldsymbol{A}_a\boldsymbol{x}_a+\boldsymbol{B}_a\boldsymbol{u}_a+\boldsymbol{E}_a\boldsymbol{f}_a+\boldsymbol{\eta}_a) \tag{3.74}$$

另一方面，为了迫使状态到达滑模面并保持在滑模面上，使用趋近律(3.75)得到滑模控制

$$\dot{\boldsymbol{s}}=-\boldsymbol{k}_1\boldsymbol{s}-\boldsymbol{k}_2\mathrm{sgn}(\boldsymbol{s}) \tag{3.75}$$

式中，$\mathrm{sgn}(\boldsymbol{s})\triangleq[\mathrm{sgn}(\boldsymbol{s}_1),\cdots,\mathrm{sgn}(\boldsymbol{s}_m)]^{\mathrm{T}}$，$\mathrm{sgn}(\boldsymbol{s}_i)$，$(i=1,\cdots,m)$是信号函数；$\boldsymbol{k}_1>0$，$\boldsymbol{k}_2>0$，增加 $\boldsymbol{k}_1$ 可以帮助状态更快地到达滑动表面，减少 $\boldsymbol{k}_2$ 有利于减弱颤振。

比较式(3.74)和式(3.75)，基于故障诊断定律(3.72)，构造如下滑模容错控制器：

$$\boldsymbol{u}_a=(\boldsymbol{\sigma}\boldsymbol{B})^{-1}(-\boldsymbol{k}_1\boldsymbol{s}-\boldsymbol{k}_2\mathrm{sgn}(\boldsymbol{s})-\boldsymbol{\sigma}\boldsymbol{A}_a\hat{\boldsymbol{x}}_a-\boldsymbol{\sigma}\boldsymbol{E}_a\hat{\boldsymbol{f}}_a) \tag{3.76}$$

因此，系统(3.63)的输入信号为

$$\boldsymbol{u}=\int_0^t\boldsymbol{u}_a(\tau)\mathrm{d}\tau \tag{3.77}$$

假设 3.3.3　假设 $\boldsymbol{\sigma}^{\mathrm{T}}\boldsymbol{\sigma}\boldsymbol{A}_a$ 和 $\boldsymbol{\sigma}^{\mathrm{T}}\boldsymbol{\sigma}\boldsymbol{E}_a$ 是正定矩阵。

3.3.5　鲁棒稳定性分析

定理 3.3.1　对于满足假设 3.3.1 和假设 3.3.2 的系统(3.63)，由式(3.72)给出的鲁棒自适应诊断算法保证变量$(\boldsymbol{\varepsilon},\hat{\boldsymbol{f}}_a)$以大于 $\mathrm{e}^{-\alpha t}$ 的速率指数收敛于集合 $\overline{\Omega}$，其中

$$\Omega=\left\{(\boldsymbol{\varepsilon},\hat{\boldsymbol{f}}_a)\mid\frac{\lambda_{\min}(\boldsymbol{P})}{2\|\boldsymbol{C}_a\|^2}\|\varepsilon\|^2+\frac{\rho}{2}\|\hat{\boldsymbol{f}}_a\|^2>\rho f_0^2+\frac{\beta}{\alpha}\right\}$$

$$\overline{\Omega}=\left\{(\boldsymbol{\varepsilon},\hat{\boldsymbol{f}}_a)\mid\frac{\lambda_{\min}(\boldsymbol{P})}{2\|\boldsymbol{C}_a\|^2}\|\varepsilon\|^2+\frac{\rho}{2}\|\hat{\boldsymbol{f}}_a\|^2\leqslant\rho f_0^2+\frac{\beta}{\alpha}\right\}$$

并且

$\rho = -\lambda_{\min}(\boldsymbol{P})\dfrac{\|\boldsymbol{H}_a\|^2}{\|\boldsymbol{C}_a\|^2} + \lambda_{\min}(\boldsymbol{G}^{-1})$，$\alpha = \dfrac{\min(c_1, c_2)}{\max[\lambda_{\max}(\boldsymbol{P}), \lambda_{\max}(\boldsymbol{G}^{-1})]}$，$\beta = \dfrac{\lambda_{\max}(\boldsymbol{P})}{\mu_1}\eta_0^2 + \dfrac{\gamma}{\mu_2}f_0^2 + \dfrac{\lambda_{\max}(\boldsymbol{G}^{-1})}{\mu_3}f_1^2$，$c_1 = \lambda_{\min}(\boldsymbol{Q}) - \mu_1\lambda_{\max}(\boldsymbol{P})$，$c_2 = 2\lambda_{\min}(\boldsymbol{H}_a^{\mathrm{T}}\boldsymbol{H}_a) + (2-\mu_2)\gamma - \mu_3\lambda_{\max}(\boldsymbol{G}^{-1})$，当矩阵 $\boldsymbol{P}$ 和 $\boldsymbol{Q}$ 满足式(3.70)时，选择参数 $\mu_1>0$，$\mu_2>0$，$\mu_3>0$，$\gamma>0$ 及矩阵 $\boldsymbol{G}=\boldsymbol{G}^{\mathrm{T}}>0$，使得 $\rho>0$，$\alpha>0$，$\beta>0$，$c_1>0$，$c_2>0$。$\lambda_{\min}(\cdot)$ 和 $\lambda_{\max}(\cdot)$ 分别表示对应矩阵的最小特征值和最大特征值。

证　明：

令 $\boldsymbol{e}_m = \hat{\boldsymbol{x}}_{a_m} - \boldsymbol{x}_a$，$\tilde{\boldsymbol{f}} = \hat{\boldsymbol{f}}_a - \boldsymbol{f}_a$，选择 $V_1 = \boldsymbol{e}_m^{\mathrm{T}}\boldsymbol{P}\boldsymbol{e}_m + \tilde{\boldsymbol{f}}\boldsymbol{G}^{-1}\tilde{\boldsymbol{f}}$ 作为 Lyapunov 函数。

根据式(3.69)和式(3.63)，可知存在 $\dot{\boldsymbol{e}}_m = \boldsymbol{A}_a\boldsymbol{e}_m + \boldsymbol{E}_a\tilde{\boldsymbol{f}}_a + \boldsymbol{L}\boldsymbol{\varepsilon} - \boldsymbol{\eta}_a$，并且

$$\boldsymbol{\varepsilon} = \boldsymbol{C}_a\boldsymbol{e}_m + \boldsymbol{H}_a\tilde{\boldsymbol{f}}_a \tag{3.78}$$

则

$$\dot{\boldsymbol{e}}_m = (\boldsymbol{A}_a + \boldsymbol{L}\boldsymbol{C}_a)\boldsymbol{e}_m + (\boldsymbol{E}_a + \boldsymbol{L}\boldsymbol{H}_a)\tilde{\boldsymbol{f}}_a - \boldsymbol{\eta}_a \tag{3.79}$$

根据式(3.72)，可以得到

$$\dot{\tilde{\boldsymbol{f}}} = -\boldsymbol{G}\boldsymbol{H}_a^{\mathrm{T}}\boldsymbol{\varepsilon} - \gamma\boldsymbol{G}\tilde{\boldsymbol{f}}_a - \dot{\boldsymbol{f}}_a \tag{3.80}$$

因此，V_1 的导数为

$$\begin{aligned}\dot{V}_1 = {} & \boldsymbol{e}_m^{\mathrm{T}}[\boldsymbol{P}(\boldsymbol{A}_a + \boldsymbol{L}\boldsymbol{C}_a) + (\boldsymbol{A}_a + \boldsymbol{L}\boldsymbol{C}_a)^{\mathrm{T}}\boldsymbol{P}]\boldsymbol{e}_m + 2\boldsymbol{e}_m^{\mathrm{T}}\boldsymbol{P}(\boldsymbol{E}_a + \boldsymbol{L}\boldsymbol{H}_a)\tilde{\boldsymbol{f}} - \\ & 2\boldsymbol{e}_m^{\mathrm{T}}\boldsymbol{P}\boldsymbol{\eta}_a - 2\tilde{\boldsymbol{f}}^{\mathrm{T}}\boldsymbol{H}_a^{\mathrm{T}}\boldsymbol{\varepsilon} - 2\gamma\tilde{\boldsymbol{f}}^{\mathrm{T}}\tilde{\boldsymbol{f}}_a - 2\tilde{\boldsymbol{f}}^{\mathrm{T}}\boldsymbol{G}^{-1}\dot{\boldsymbol{f}}_a\end{aligned}$$

由式(3.70)，有

$$\boldsymbol{P}(\boldsymbol{E}_a + \boldsymbol{L}\boldsymbol{H}_a) = \boldsymbol{C}_a^{\mathrm{T}}\boldsymbol{H}_a$$

根据式(3.71)、式(3.78)和 $\hat{\boldsymbol{f}}_a = \tilde{\boldsymbol{f}} + \boldsymbol{f}_a$，可以得到

$$\begin{aligned}\dot{V}_1 \leqslant {} & -\boldsymbol{e}_m^{\mathrm{T}}\boldsymbol{Q}\boldsymbol{e}_m + 2\boldsymbol{e}_m^{\mathrm{T}}\boldsymbol{C}_a^{\mathrm{T}}\boldsymbol{H}_a\tilde{\boldsymbol{f}} - 2\boldsymbol{e}_m^{\mathrm{T}}\boldsymbol{P}\boldsymbol{\eta}_a - 2\tilde{\boldsymbol{f}}^{\mathrm{T}}\boldsymbol{H}_a^{\mathrm{T}}(\boldsymbol{C}_a\boldsymbol{e}_m + \boldsymbol{H}_a\tilde{\boldsymbol{f}}) - \\ & 2\gamma\tilde{\boldsymbol{f}}^{\mathrm{T}}(\tilde{\boldsymbol{f}} + \boldsymbol{f}_a) - 2\tilde{\boldsymbol{f}}^{\mathrm{T}}\boldsymbol{G}^{-1}\dot{\boldsymbol{f}}_a \\ = {} & -\boldsymbol{e}_m^{\mathrm{T}}\boldsymbol{Q}\boldsymbol{e}_m - 2\boldsymbol{e}_m^{\mathrm{T}}\boldsymbol{P}\boldsymbol{\eta}_a - 2\tilde{\boldsymbol{f}}^{\mathrm{T}}(\boldsymbol{H}_a^{\mathrm{T}}\boldsymbol{H}_a + \gamma)\tilde{\boldsymbol{f}} - 2\gamma\tilde{\boldsymbol{f}}^{\mathrm{T}}f_a - 2\tilde{\boldsymbol{f}}^{\mathrm{T}}\boldsymbol{G}^{-1}\dot{\boldsymbol{f}}_a\end{aligned}$$

很容易证明 $-2\boldsymbol{a}^{\mathrm{T}}\boldsymbol{M}\boldsymbol{b} \leqslant \mu\boldsymbol{a}^{\mathrm{T}}\boldsymbol{M}\boldsymbol{a} + \dfrac{1}{\mu}\boldsymbol{b}^{\mathrm{T}}\boldsymbol{M}\boldsymbol{b}$，$\boldsymbol{a}\in\mathbf{R}^n$，$\boldsymbol{b}\in\mathbf{R}^n$ 适用于任何常数 $\mu>0$ 和正定矩阵 $\boldsymbol{M}$。因此，存在

$$-2\boldsymbol{e}_m^{\mathrm{T}}\boldsymbol{P}\boldsymbol{\eta}_a \leqslant \mu_1\boldsymbol{e}_m^{\mathrm{T}}\boldsymbol{P}\boldsymbol{e}_m + \frac{1}{\mu_1}\boldsymbol{\eta}_m^{\mathrm{T}}\boldsymbol{P}\boldsymbol{\eta}_a$$

$$-2\tilde{\boldsymbol{f}}^{\mathrm{T}}\boldsymbol{G}^{-1}\dot{\boldsymbol{f}}_a \leqslant \mu_3\tilde{\boldsymbol{f}}^{\mathrm{T}}\boldsymbol{G}^{-1}\tilde{\boldsymbol{f}} + \frac{1}{\mu_3}\dot{\boldsymbol{f}}_a^{\mathrm{T}}\boldsymbol{G}^{-1}\dot{\boldsymbol{f}}_a$$

$$-2\gamma\tilde{\boldsymbol{f}}^{\mathrm{T}}\boldsymbol{f}_a \leqslant \mu_2\tilde{\boldsymbol{f}}^{\mathrm{T}}\gamma\tilde{\boldsymbol{f}} + \frac{1}{\mu_2}\boldsymbol{f}_a^{\mathrm{T}}\gamma\boldsymbol{f}_a$$

其中，$\mu_i>0$，$(i=1,2,3)$是常数。

有

$$\dot{V}_1 \leqslant -e_m^{\mathrm{T}}Qe_m - 2\tilde{f}^{\mathrm{T}}(H_a^{\mathrm{T}}H_a + \gamma)\tilde{f} + (\mu_1 e_m^{\mathrm{T}}Pe_m + \frac{1}{\mu_1}\eta_m^{\mathrm{T}}P\eta_a) +$$
$$(\mu_2\tilde{f}^{\mathrm{T}}\gamma\tilde{f} + \frac{1}{\mu_2}f_a^{\mathrm{T}}\gamma f_a) + (\mu_3\mu_3\tilde{f}^{\mathrm{T}}G^{-1}\tilde{f} + \frac{1}{\mu_3}\dot{f}_a^{\mathrm{T}}G^{-1}\dot{f}_a)$$
$$\leqslant -c_1\|e_m\|^2 - c_2\|\tilde{f}\|^2 + \beta \tag{3.81}$$

其中，

$$c_1 = \lambda_{\min}(Q) - \mu_1\lambda_{\max}(P)c_2 = 2\lambda_{\min}(H_a^{\mathrm{T}}H_a) + (2-\mu_2)\gamma - \mu_3\lambda_{\max}(G^{-1})$$
$$\beta = \frac{\lambda_{\max}(P)}{\mu_1}\eta_0^2 + \frac{\gamma}{\mu_2}f_0^2 + \frac{\lambda_{\max}(G^{-1})}{\mu_3}f_1^2$$

则有

$$\lambda_{\min}(P)\|e_m\|^2 + \lambda_{\min}(G^{-1})\|\tilde{f}\|^2 \leqslant V \leqslant \lambda_{\max}(P)\|e_m\|^2 + \lambda_{\max}(G^{-1})\|\tilde{f}\|^2 \tag{3.82}$$

一方面，将式(3.82)的右侧代入式(3.81)，得到

$$\dot{V}_1 \leqslant -\alpha V_1 + \beta \tag{3.83}$$

其中，$\alpha = \dfrac{\min(c_1, c_2)}{\max[\lambda_{\max}(P), \lambda_{\max}(G^{-1})]}$。

另一方面，很容易证明 $a^{\mathrm{T}}a + b^{\mathrm{T}}b \geqslant 2a^{\mathrm{T}}b$，$2(a^{\mathrm{T}}a + b^{\mathrm{T}}b) \geqslant (a+b)^{\mathrm{T}}(a+b)$，$a^{\mathrm{T}}a \geqslant \frac{1}{2}(a+b)^{\mathrm{T}}(a+b) - b^{\mathrm{T}}b$，其中 $a \in \mathbf{R}^n$，$b \in \mathbf{R}^n$。因此，由式(3.82)及假设3.3.1，给出

$$\|e_m\|^2 \geqslant \frac{1}{2}\frac{\|\varepsilon\|^2}{\|C_a\|^2} - \frac{\|H_a\|^2}{\|C_a\|^2}\|\tilde{f}\|^2 \qquad \|\tilde{f}\|^2 \geqslant \frac{1}{2}\|f_a\|^2 - f_0^2$$

由式(3.82)的左边，可以看出以下不等式对于$(\varepsilon, \hat{f}) \in \Omega$成立。

$$V_1 \geqslant \lambda_{\min}(P)\|e_m\|^2 + \lambda_{\min}(G^{-1})\|\tilde{f}\|^2$$
$$\geqslant \frac{\lambda_{\min}(P)}{2\|C_a\|^2}\|\varepsilon\|^2 + \rho\left(\frac{1}{2}\|\hat{f}_a\|^2 - f_0^2\right) \geqslant \frac{\beta}{\alpha}$$

适当地选择 P，G，满足 $\rho = -\lambda_{\min}(P)\dfrac{\|H_a\|^2}{\|C_a\|^2} + \lambda_{\min}(G^{-1})$，且 $\rho > 0$。因此，根据式(3.81)和式(3.83)，给出$(\varepsilon, \hat{f}) \in \Omega$时，$\dot{V}_1 < 0$。

故由式(3.79)和式(3.80)描述的动态系统是稳定的；$(\varepsilon, \hat{f})$是一致有界的，并且以大于 $e^{-\alpha t}$ 的速率呈指数收敛至 $\bar{\Omega}$。

证明完毕。

定理3.3.2 在假设3.3.1～假设3.3.3下，系统式(3.63)可以通过滑模容错控制器式(3.76)稳定。如果矩阵 P 和 Q 满足式(3.71)，则参数 $\mu_i > 0$，$(i = 1, \cdots, 5)$，

$\gamma>0$，矩阵 $\boldsymbol{G}=\boldsymbol{G}^{\mathrm{T}}>0$，$\boldsymbol{k}_2>0$，选择 $\boldsymbol{\sigma}$ 使得

$$c_3>0,\ c_4>0,\ c_5>0,\ \zeta>0,\ \|\boldsymbol{k}_2\|>\|\boldsymbol{\sigma}\|\eta_0 \tag{3.84}$$

其中，

$$\zeta=\frac{\lambda_{\max}(\boldsymbol{P})}{\mu_1}\eta_0^2+\frac{\gamma}{\mu_2}f_0^2+\frac{\lambda_{\max}(\boldsymbol{G}^{-1})}{\mu_3}f_1^2$$

$$c_3=\lambda_{\min}(\boldsymbol{Q})-\lambda_{\max}\left[\mu_1\boldsymbol{P}+\frac{1}{\mu_4}(\boldsymbol{\sigma}^{\mathrm{T}}\boldsymbol{\sigma}\boldsymbol{A}_a)\right]$$

$$c_4=2\lambda_{\min}(\boldsymbol{H}_a^{\mathrm{T}}\boldsymbol{H}_a)+(2-\mu_2)\gamma-\lambda_{\max}\left[(\mu_3\boldsymbol{G}^{-1})+\frac{1}{\mu_5}(\boldsymbol{\sigma}^{\mathrm{T}}\boldsymbol{\sigma}\boldsymbol{E}_a)\right]$$

$$c_5=\lambda_{\min}(2\boldsymbol{\sigma}^{\mathrm{T}}k_1\boldsymbol{\sigma})-\lambda_{\max}\left[\mu_4(\boldsymbol{\sigma}^{\mathrm{T}}\boldsymbol{\sigma}\boldsymbol{A}_a)+\mu_5(\boldsymbol{\sigma}^{\mathrm{T}}\boldsymbol{\sigma}\boldsymbol{E}_a)\right]$$

证　明：

选择 Lyapunov 函数为

$$V_2=V_1+V_s \tag{3.85}$$

式中，$V_s=\boldsymbol{s}^{\mathrm{T}}\boldsymbol{s}$。

将控制律(3.76)应用到式(3.63)，可得到闭环系统

$$\begin{aligned}\dot{\boldsymbol{x}}_a=&\boldsymbol{A}_a\boldsymbol{x}_a-\boldsymbol{B}_a(\boldsymbol{\sigma}\boldsymbol{B}_a)^{-1}\boldsymbol{\sigma}\boldsymbol{A}_a\boldsymbol{x}_{a_m}+\boldsymbol{B}_a(\boldsymbol{\sigma}\boldsymbol{B}_a)^{-1}(-\boldsymbol{k}_1\boldsymbol{s}-\boldsymbol{k}_2\operatorname{sgn}(\boldsymbol{s}))-\\&\boldsymbol{B}_a(\boldsymbol{\sigma}\boldsymbol{B}_a)^{-1}\boldsymbol{\sigma}\boldsymbol{E}_a\hat{\boldsymbol{f}}_a+\boldsymbol{E}_a\boldsymbol{f}_a+\boldsymbol{\eta}_a\end{aligned} \tag{3.86}$$

则 V_s 的导数为

$$\begin{aligned}\dot{V}_s=&-2\boldsymbol{x}_a^{\mathrm{T}}(\boldsymbol{\sigma}^{\mathrm{T}}\boldsymbol{\sigma}\boldsymbol{A}_a)\boldsymbol{e}_m-2\boldsymbol{x}_a^{\mathrm{T}}(\boldsymbol{\sigma}^{\mathrm{T}}\boldsymbol{\sigma}\boldsymbol{E}_a)\tilde{\boldsymbol{f}}-2\boldsymbol{x}_a^{\mathrm{T}}(\boldsymbol{\sigma}^{\mathrm{T}}\boldsymbol{k}_1\boldsymbol{\sigma})\boldsymbol{x}_a+\\&2\boldsymbol{s}^{\mathrm{T}}\boldsymbol{\sigma}\boldsymbol{\eta}_a-2\boldsymbol{s}^{\mathrm{T}}\boldsymbol{k}_2\operatorname{sgn}(\boldsymbol{s})\end{aligned} \tag{3.87}$$

与定理 3.3.1 的证明相同，在假设 3.3.3 的基础上，给出

$$-2\boldsymbol{x}_a^{\mathrm{T}}(\boldsymbol{\sigma}^{\mathrm{T}}\boldsymbol{\sigma}\boldsymbol{A}_a)\boldsymbol{e}_m\leqslant\mu_4\boldsymbol{x}_a^{\mathrm{T}}(\boldsymbol{\sigma}^{\mathrm{T}}\boldsymbol{\sigma}\boldsymbol{A}_a)\boldsymbol{x}_a+\frac{1}{\mu_4}\boldsymbol{e}_m^{\mathrm{T}}(\boldsymbol{\sigma}^{\mathrm{T}}\boldsymbol{\sigma}\boldsymbol{A}_a)\boldsymbol{e}_m$$

$$-2\boldsymbol{x}_a^{\mathrm{T}}(\boldsymbol{\sigma}^{\mathrm{T}}\boldsymbol{\sigma}\boldsymbol{E}_a)\tilde{\boldsymbol{f}}\leqslant\mu_5\boldsymbol{x}_a^{\mathrm{T}}(\boldsymbol{\sigma}^{\mathrm{T}}\boldsymbol{\sigma}\boldsymbol{E}_a)\boldsymbol{x}_a+\frac{1}{\mu_5}\tilde{\boldsymbol{f}}^{\mathrm{T}}(\boldsymbol{\sigma}^{\mathrm{T}}\boldsymbol{\sigma}\boldsymbol{E}_a)\tilde{\boldsymbol{f}}$$

根据式(3.81)，在假设 3.3.1 和假设 3.3.2 下，对于 V_2 的导数，存在

$$\begin{aligned}\dot{V}_2\leqslant&-\boldsymbol{e}_m^{\mathrm{T}}\left(\boldsymbol{Q}-\mu_1\boldsymbol{P}-\frac{1}{\mu_4}\boldsymbol{\sigma}^{\mathrm{T}}\boldsymbol{\sigma}\boldsymbol{A}_a\right)\boldsymbol{e}_m-\\&\tilde{\boldsymbol{f}}^{\mathrm{T}}\left(2\boldsymbol{H}_a^{\mathrm{T}}\boldsymbol{H}_a+2\gamma-\mu_2\gamma-\mu_3\boldsymbol{G}^{-1}-\frac{1}{\mu_5}\boldsymbol{\sigma}^{\mathrm{T}}\boldsymbol{\sigma}\boldsymbol{E}_a\right)\tilde{\boldsymbol{f}}-\\&\boldsymbol{x}_a^{\mathrm{T}}(2\boldsymbol{\sigma}^{\mathrm{T}}k_1\boldsymbol{\sigma}-\mu_4\boldsymbol{\sigma}^{\mathrm{T}}\boldsymbol{\sigma}\boldsymbol{A}_a-\mu_5\boldsymbol{\sigma}^{\mathrm{T}}\boldsymbol{\sigma}\boldsymbol{E}_a)+\frac{1}{\mu_1}\boldsymbol{\eta}_a^{\mathrm{T}}\boldsymbol{P}\boldsymbol{\eta}_a+\frac{1}{\mu_2}\boldsymbol{f}_a^{\mathrm{T}}\gamma\boldsymbol{f}_a+\\&\frac{1}{\mu_3}\dot{\boldsymbol{f}}_a^{\mathrm{T}}\boldsymbol{G}^{-1}\dot{\boldsymbol{f}}_a+2\boldsymbol{s}^{\mathrm{T}}(-\boldsymbol{k}_2\operatorname{sgn}(\boldsymbol{s})+\boldsymbol{\sigma}\boldsymbol{\eta}_a)\\\leqslant&-c_3\|\boldsymbol{e}_m\|^2-c_4\|\tilde{\boldsymbol{f}}\|^2-c_5\|\boldsymbol{x}_a\|^2+\zeta+2\boldsymbol{s}^{\mathrm{T}}(-\boldsymbol{k}_2\operatorname{sgn}(\boldsymbol{s})+\boldsymbol{\sigma}\boldsymbol{\eta}_a)\end{aligned}$$

其中，

$$\zeta=\frac{\lambda_{\max}(\boldsymbol{P})}{\mu_1}\eta_0^2+\frac{\gamma}{\mu_2}f_0^2+\frac{\lambda_{\max}(\boldsymbol{G}^{-1})}{\mu_3}f_1^2$$

$$c_3=\lambda_{\min}(\boldsymbol{Q})-\lambda_{\max}\left[\mu_1\boldsymbol{P}+\frac{1}{\mu_4}(\sigma^{\mathrm{T}}\sigma\boldsymbol{A}_a)\right]$$

$$c_4=2\lambda_{\min}(\boldsymbol{H}_a^{\mathrm{T}}\boldsymbol{H}_a)+(2-\mu_2)\gamma-\lambda_{\max}\left[(\mu_3\boldsymbol{G}^{-1})+\frac{1}{\mu_5}(\boldsymbol{\sigma}^{\mathrm{T}}\boldsymbol{\sigma}\boldsymbol{E}_a)\right]$$

$$c_5=\lambda_{\min}(2\boldsymbol{\sigma}^{\mathrm{T}}k_1\boldsymbol{\sigma})-\lambda_{\max}[\mu_4(\boldsymbol{\sigma}^{\mathrm{T}}\boldsymbol{\sigma}\boldsymbol{A}_a)+\mu_5(\boldsymbol{\sigma}^{\mathrm{T}}\boldsymbol{\sigma}\boldsymbol{E}_a)]$$

如果选择 $\boldsymbol{\sigma},\boldsymbol{k}_2$ 使得 $\|\boldsymbol{k}_2\|>\|\boldsymbol{\sigma}\|\eta_0$，则 $2\boldsymbol{s}^{\mathrm{T}}(-\boldsymbol{k}_2\mathrm{sgn}(\boldsymbol{s})+\boldsymbol{\sigma\eta}_a)\leqslant 0$ 成立。

类似于定理 3.3.1 的证明，闭环系统是稳定的，当 $\boldsymbol{P}$ 和 $\boldsymbol{Q}$ 满足式(3.71)时，选择参数 $\mu_i>0,(i=1,\cdots,5),\gamma>0$ 和矩阵 $\boldsymbol{G}>0$ 使得 $c_3>0,c_4>0,c_5>0,\zeta>0$。因此，系统式(3.63)可以通过滑模容错控制器(3.76)稳定。

证明完毕。

3.3.6 仿真验证

本小节以某航空涡扇发动机为例，验证所给出的理论结果。航空发动机模型表示为

$$\left.\begin{aligned}\dot{x}&=\boldsymbol{Ax}+\boldsymbol{Bu}+\begin{bmatrix}12x_1^2-x_2^2\\-1.7x_1^2+x_2^2\end{bmatrix}+\Delta\boldsymbol{Ax}+\Delta\boldsymbol{Bu}+\begin{bmatrix}1&0\\0&1\end{bmatrix}\boldsymbol{f}\\\boldsymbol{y}&=\boldsymbol{Cx}+\boldsymbol{Du}+\begin{bmatrix}1&0\\0&1\end{bmatrix}\boldsymbol{f}\end{aligned}\right\}\tag{3.88}$$

因为

$$\boldsymbol{A}=\begin{bmatrix}-2.148&-0.403\\2.862&-3.017\end{bmatrix},\quad\boldsymbol{B}=\begin{bmatrix}0.298&0.594\\0.285&1.708\end{bmatrix}$$

$$\boldsymbol{C}=\begin{bmatrix}0&1\\-0.013&-0.364\end{bmatrix},\quad\boldsymbol{D}=\begin{bmatrix}0&0\\0.365&-0.232\end{bmatrix}$$

所以式(3.88)中

$$\Delta\boldsymbol{A}=-0.2\times\boldsymbol{A},\quad\Delta\boldsymbol{B}=-0.1\times\boldsymbol{B},\quad\boldsymbol{x}=[n_{\mathrm{h}}\quad n_1]^{\mathrm{T}}$$

$$\boldsymbol{y}=[n_1\quad T_5]^{\mathrm{T}},\quad\boldsymbol{u}=[W_{fb}\quad A_8]^{\mathrm{T}}$$

其中，n_{h} 为高压转子的归一化偏差速度，n_1 为低压转子速度归一化偏差，T_5 为低压涡轮总温度归一化偏差，W_{fb} 为燃油流量比归一化偏差，A_8 为喷管喉部面积归一化偏差。

值得指出的是，由于 $\boldsymbol{x},\boldsymbol{y},\boldsymbol{u}$ 是归一化变量，它们是无量纲，因此仿真图中没有显示它们的单位。显然，仿真中考虑了传感器故障和执行机构故障。

此外，通过比较式(3.88)和式(3.62)，有 $\boldsymbol{\eta}=\begin{bmatrix}12x_1^2-x_2^2\\-1.7x_1^2+x_2^2\end{bmatrix}+\Delta\boldsymbol{Ax}+\Delta\boldsymbol{Bu}$。显

然，系统中同时存在不确定性和非线性项。注意到，$\boldsymbol{\eta}$ 中存在非线性的跨通道相互作用，这表明飞机发动机的复杂动力学。

在仿真中，假设从第 10 s 开始出现故障，并且 $\boldsymbol{f}=[-0.05;0075+0025\times\sin(4\pi t)]^{\mathrm{T}}$。假设 $\boldsymbol{\lambda}=[0.0219\quad 0.0438]^{\mathrm{T}}$，$\boldsymbol{\eta}_0=[0.5\quad 1.0]^{\mathrm{T}}$，以及工作点的初始状态偏差向量为 $\boldsymbol{x}=[-0.1\quad 0.1]^{\mathrm{T}}$。

令 $\boldsymbol{Q}=0.1\boldsymbol{I}_{4\times 4}$，则观测器增益矩阵 $\boldsymbol{L}$ 和对称正定解 $\boldsymbol{P}$ 可以由式(3.70)和式(3.71)得到：

$$\boldsymbol{L}=\begin{bmatrix} 0 & -0.0130 \\ 1.0000 & -0.3640 \\ 22.5372 & -0.4445 \\ -14.3250 & -0.1525 \end{bmatrix}$$

$$\boldsymbol{P}=\begin{bmatrix} 0.0329 & -0.0126 & 0.0128 & -0.0073 \\ -0.0126 & -0.3581 & 0.3819 & -0.2184 \\ 0.0128 & 0.3819 & -0.3568 & 0.2380 \\ -0.0073 & -0.2184 & 0.2380 & -0.0827 \end{bmatrix}$$

在故障诊断律(3.72)中选择 $\boldsymbol{G}=\mathrm{diag}\{100,10,1,1\}$，$\gamma=10^{-4}$，滑模函数式(3.73)中选择 $\boldsymbol{\sigma}=\begin{bmatrix} 50 & 0 & 1 & 0 \\ 0 & 50 & 0 & 1 \end{bmatrix}$，滑模容错控制器式(3.76)中选择 $\boldsymbol{k}_1=5\boldsymbol{I}_{2\times 2}$，$k_2=0.01\boldsymbol{I}_{2\times 2}$。

为了进行比较，使用 LQR 控制器，不考虑可能的故障。反馈控制增益为

$$\boldsymbol{K}=\begin{bmatrix} 0.0423 & 0.0107 & 1.0145 & 0.0464 \\ 0.1376 & 0.0594 & 0.0464 & 1.1679 \end{bmatrix}$$

仿真结果如图 3.18～图 3.26 所示。图 3.18 显示了集总干扰，图 3.19 显示了从第 10 s 开始出现的故障，以及根据本小节提出的故障诊断规律对故障的估计。显然，故障估计的误差很小。在图 3.20 中，虚线表示$[\lambda_1,\lambda_2]$的值，其中 $\boldsymbol{\lambda}=[\lambda_1,\lambda_2]^{\mathrm{T}}$ 是输出误差 $\|\boldsymbol{\varepsilon}_0\|$ 的阈值。模拟中 λ_1，λ_2 的值分别为 0.0219 和 0.0438。从图中可以看出，所提出的检测观测器是有效的，故障能够被快速检测到。图 3.21 和图 3.22 显示一旦发生故障，LQR 控制器的状态和输出不能再保持为零。而在所提出的滑模容错控制器下，低压阀芯和高压阀芯的速度偏差更接近于零，如图 3.23 所示。由于考虑的故障 $\boldsymbol{f}$ 包括正弦信号，因此状态波动不大。图 3.24 显示了滑模容错控制信号。状态的估计误差小于±0.01，如图 3.25 所示。图 3.26 显示滑模变量处于零附近的小边界内。因此，与 LQR 方法相比，本小节提出的滑模容错控制方法具有更好的性能。

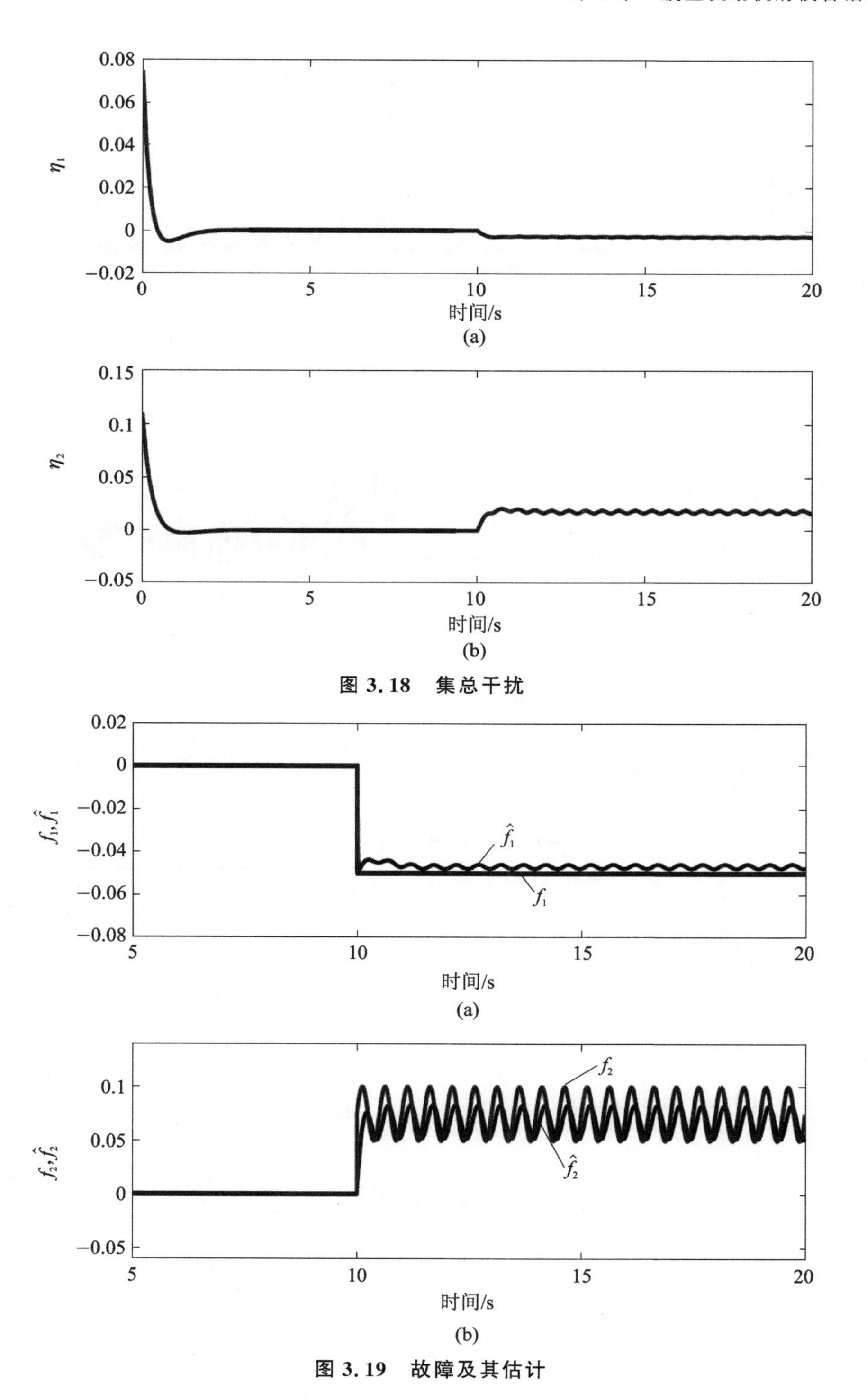

图 3.18　集总干扰

图 3.19　故障及其估计

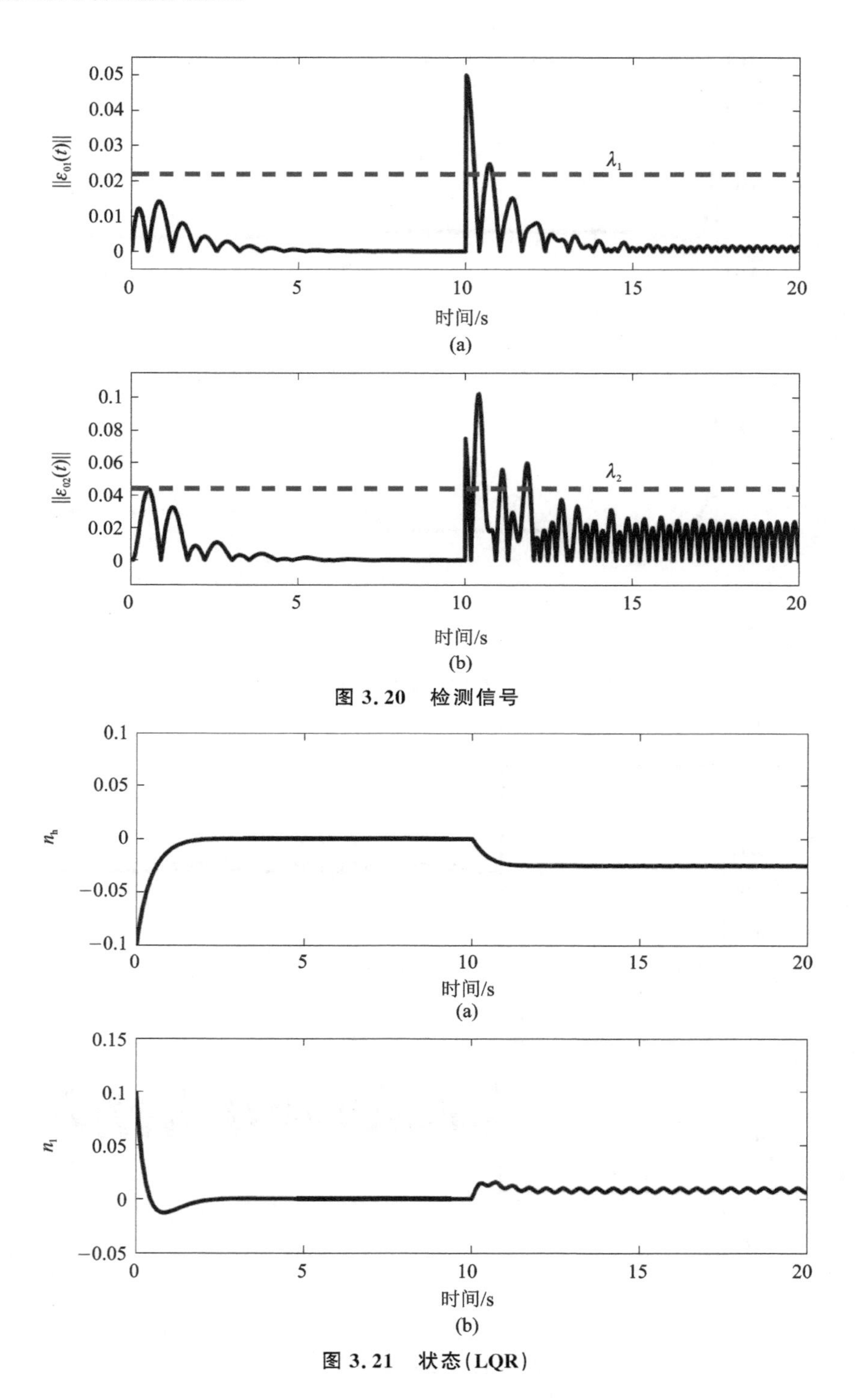

图 3.20 检测信号

图 3.21 状态(LQR)

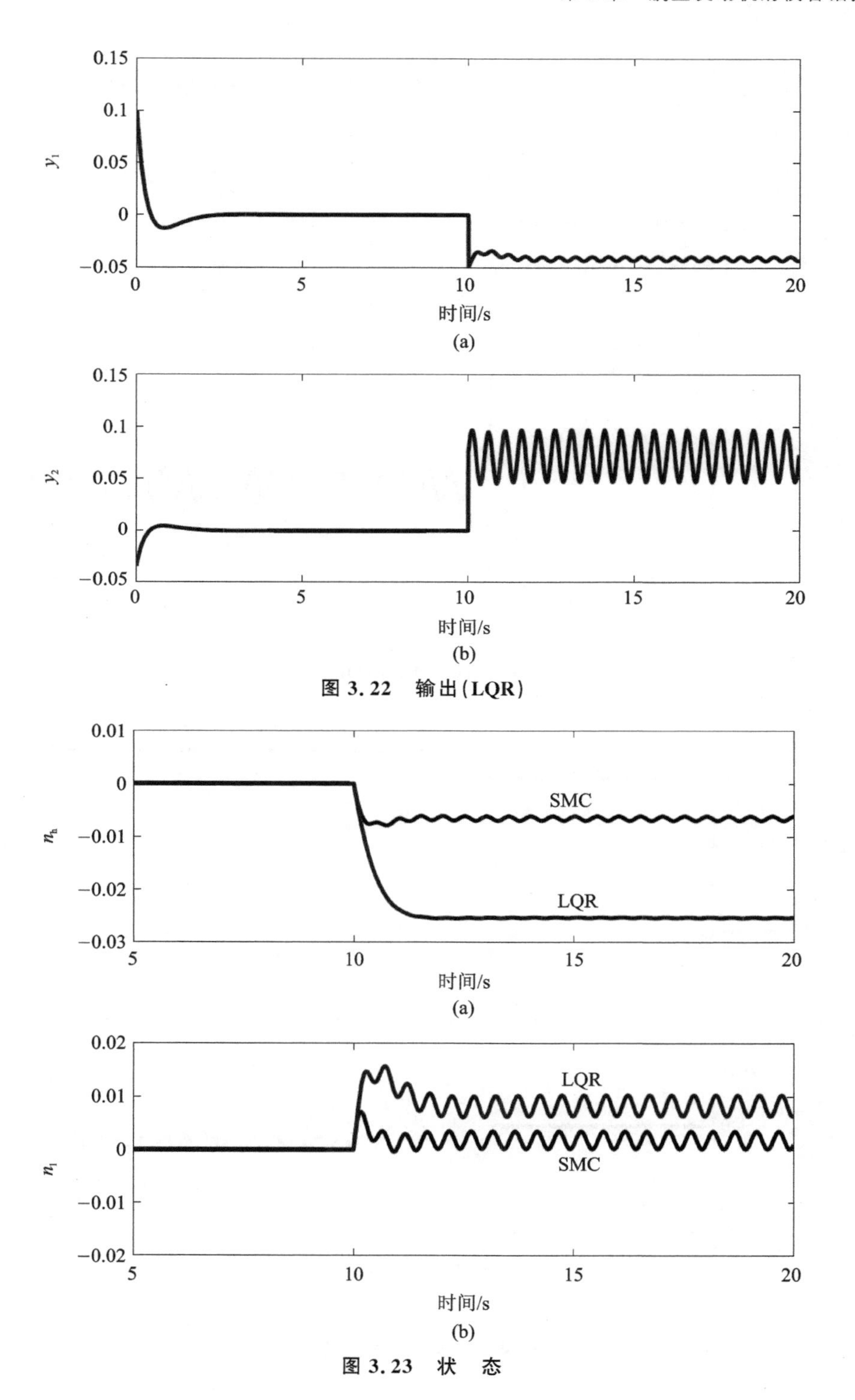

(a)

(b)

图 3.22　输出(LQR)

(a)

(b)

图 3.23　状　态

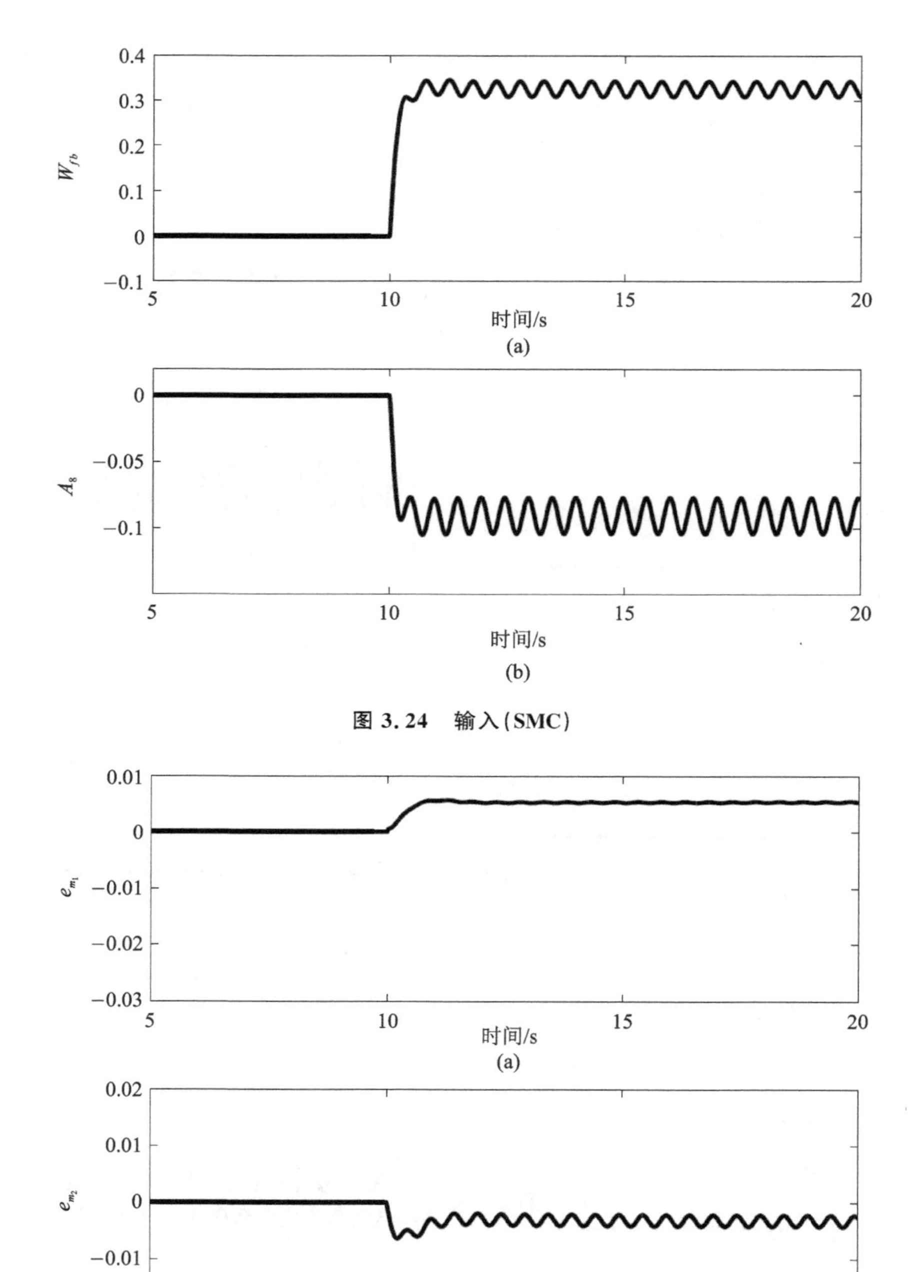

图 3.24　输入(SMC)

图 3.25　状态估计误差(SMC)

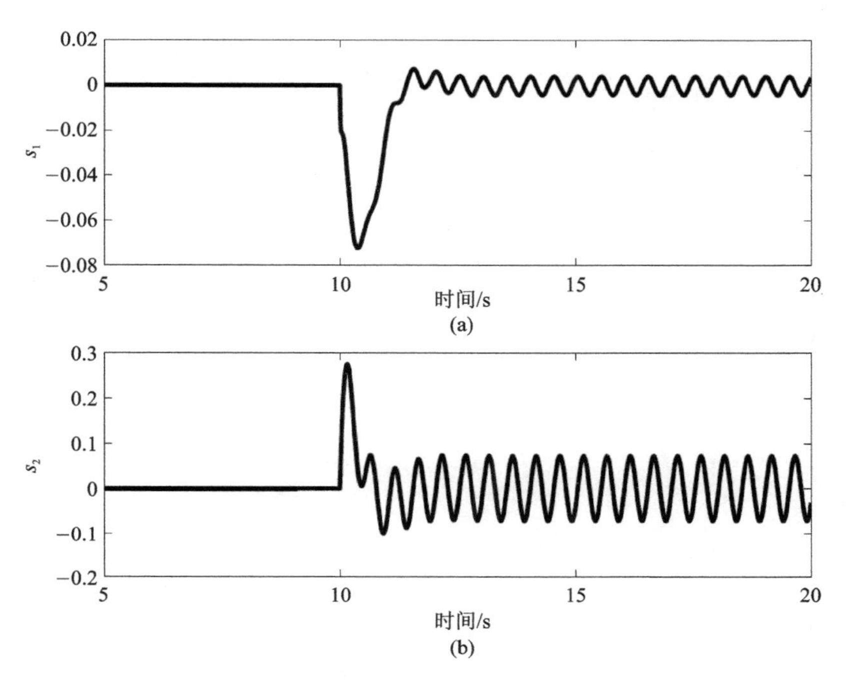

图 3.26　滑动模式变量

3.4　本章小结

本章阐述了滑模控制的基本理论,介绍了基于趋近律的线性滑模控制器设计方法和基于积分滑模面的滑模控制器设计方法。在此基础上,进一步以航空发动机为研究对象,给出了一种航空发动机传感器故障分数阶滑模容错控制方法和一种基于自适应故障诊断的航空发动机滑模容错控制方法。在航空发动机传感器故障分数阶滑模容错控制方法中,基于传感器故障时的航空发动机平衡流形展开模型而设计的分数阶积分滑模观测器,可以保证分数阶积分滑模面可达,容错控制策略能有效消除传感器故障对闭环控制系统的影响。在基于自适应故障诊断的航空发动机滑模容错控制方法中,构造的滑模容错控制器,可以保证航空发动机在同时发生传感器和执行机构故障时,闭环系统鲁棒稳定,故障估计误差指数收敛。

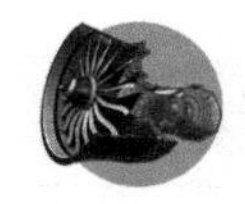

第4章 基于交直流混合电力系统的多电航空发动机智能容错控制

4.0 引 言

在传统飞机中，二次能源包括液压能、气动能和电能。自20世纪70年代以来，多电飞机概念得到快速发展。多电飞机主要是在驱动飞机子系统时用电能代替大部分二次能源，因而对电能的需求相比于传统飞机大大增加。例如，配备多台发电机的B787的发电能力达到兆瓦级别，为机载电气设备提供电力。F35、B787和A380是三种典型的多电飞机，它们采用了不同的电力系统类型。F35直接使用直流发电机产生270 V直流电作为主电源。B787和A380通过变频交流发电机发电，其中B787产生电压为235 V、频率为400 Hz的交流电，并通过电力电子转换器获得270 V直流电，从而形成交直流混合电力系统。

通常，对于大型载人飞机，其能量来自航空发动机燃烧燃料，其中大部分能量用于提供飞机推力。然而，随着多电飞机对电力需求的增加，由发电机从航空发动机中获取的电能也逐渐增加，航空发动机的稳定性对电力性能至关重要。因此，有必要为包括电力系统在内的多电航空发动机设计合适的控制方法。

近年来，一些学者对航空发动机推进与电力的综合控制进行了研究。有文献概述了对基于多电飞机集成发动机/功率控制系统的电力管理解决方案的研究，并提出了基于确保电力系统稳定并集成航空发动机控制技术的功率控制概念。另有文献通过协调航空发动机和混合动力子系统，开发了一种基于速度的模型预测控制器，用于处理大功率负载瞬态。

此外，现代工程系统的日益复杂，发生故障的可能性也随之增加。当系统发生故障时，设计用于处理不确定性的传统鲁棒控制器可能会失败，至少会降低性能。因此，为了保持故障系统的稳定性和保证系统的性能，容错控制(Fault Tolerance Control, FTC)已经被越来越多的研究者所研究。文献描述了一种具有容错性的电动发

动机/飞机的节能电源管理解决方案。文献基于滑模理论通过自适应故障诊断，提出了一种针对航空发动机故障的鲁棒容错控制方法。

为了保证航空发动机的安全运行，提高供电质量，本章针对一种多电航空发动机交直流混合电力系统，提出一种新颖的智能容错控制方法。该系统由一个航空发动机、两个发电机、两个 AC/DC 整流器、两个 DC/AC 逆变器、直流负载和交流负载等组成。针对带执行器故障的航空发动机，设计了一种多目标优化智能滑模容错控制器。每台 AC/DC 整流器都是 12 脉冲带有源电力滤波器(Active Power Filter，APF)的自耦变压器整流单元(Autotransformer Rectifier Unit，ATRU)，其中 APF 用于实现直流母线所需的性能。针对 AC/DC 整流器，综合考虑多项性能指标，设计智能分数阶 PI(Fractional Order PI，FOPI)控制器。当交流负载突变，或是 AC/DC 整流器故障时，对 DC/AC 逆变器采用虚拟同步发电机(Virtual Synchronous Generator，VSG)控制方法，保证了交流侧都有满意的电压、电流和频率。仿真结果验证了所提出的基于交直流混合电力系统的多电航空发动机智能容错控制方法的有效性。

4.1　多电航空发动机交直流混合电力系统设计

除了提供飞机飞行所需的动力外，航空发动机还为飞机上的二次能源系统提供能量。随着飞机各类机载设备消耗的电能越来越多，对飞机电能的需求也越来越大。在过去的几十年中，随着电力电子技术的快速发展，现代飞机中出现了多电的概念。图 4.1 所示为多电飞机(More Electric Aircraft，MEA)上电功率约为 1.5 MW 的电力系统。

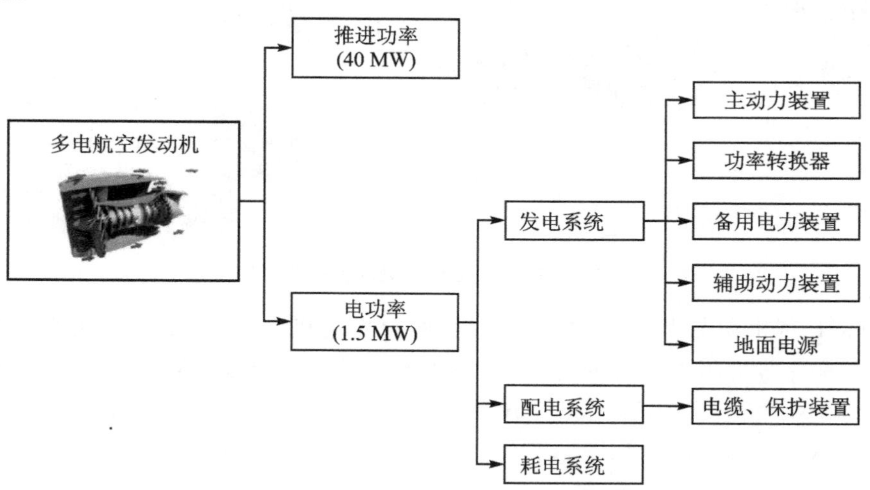

图 4.1　多电航空发动机上的电力系统

随着飞机用电需求的增加,飞机的发电能力显著增加。为了提高发电效率,降低发电系统的各种损耗,电压等级不断提高。与传统供电系统相比,270 V 直流供电系统具有发电效率高、发电配电系统重量轻、易于实现不间断供电、可靠性高等优点。因此,270 V 直流电源系统是非常有应用前景的。

然而,MEA 上不仅有直流负载,还有交流负载。这些负载工作时,需要保证正常工作电压不得偏离额定电压太多。当电压变化较大时,需要一些控制方法来保持电压稳定。

此外,由于航空发动机的不确定性和故障,以及电气负载的多样性和可变性,直流母线电压的波动可能会很大。航空发动机、发电机、整流器、逆变器等不稳定,可能成为严重的安全隐患。

本节的目的是提出一种新型多电航空发动机 AC/DC 混合电力系统组成及其相应的控制策略。

B787 的每个发动机驱动两台并联的交流发电机。鉴于此,本节设计带有直流母线额定电压为 270 V,交流母线额定电压为 115 V,频率为 400 Hz 的 MEA AC/DC 混合电力系统(见图 4.2)。直流母线及其用户侧设备构成直流母线电源侧设备的电气负载。

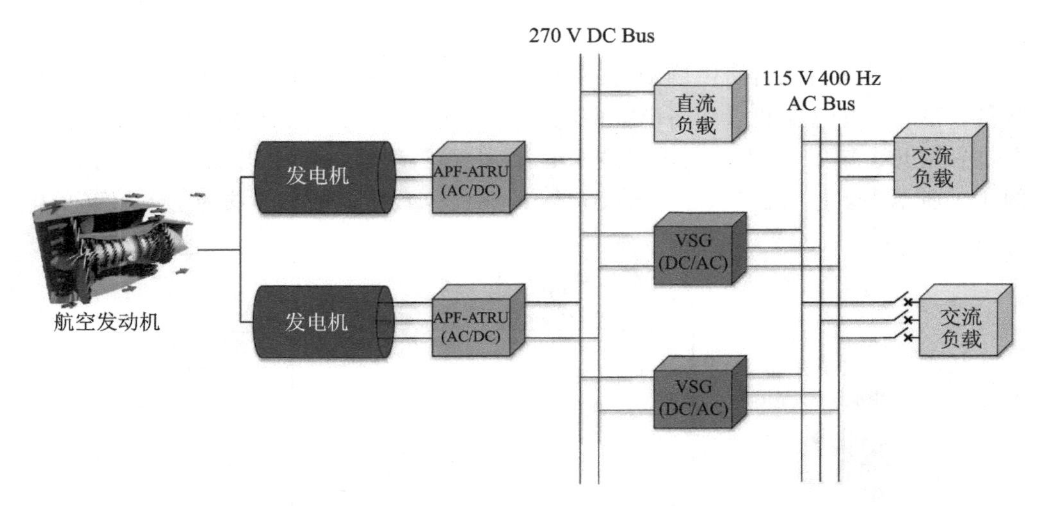

图 4.2　多电航空交直流混合电力系统

直流母线电源侧由一台航空发动机、两台发电机和两台 AC/DC 整流器组成。AC/DC 整流器采用电力有源滤波-多脉冲自耦变压整流器(Active Power Filter - Auto Transformer Rectification unit,APF - ATRU),可将发电机的变频交流输出整流为 270 V 直流输出。APF - ATRU 方法用于提高 AC/DC 的输入电流质量,有利于减小 AC/DC 的体积和重量。

直流母线的用户侧包括一个直流负载、两个直流/交流转换器、一个 115 V/400 Hz

的交流母线和两个交流负载。DC/AC 的功能是将 270 V DC 转换为 115 V、400 Hz AC 输出。两台 DC/AC 逆变器采用 VSG 控制技术。两个 DC/AC 转换器有助于确保 MEA 电力系统在其中一个 DC/AC 转换器发生故障时具有容错能力。

随着机载设备功耗的增加,有时需要多台电力电子变换器并联工作,逆变器并联运行的原因则很多。首先,大电流电力电子器件的数量有限。其次,逆变器并联运行可为电源系统提供冗余和关键机载设备所需的高可靠性。第三,逆变器并联运行还可以减少大功率逆变器的发热。因此,在所提出的交直流混合电力系统中,采用多个逆变器并联,提高了电力传输效率和供电系统的可靠性。

与传统的 DC/AC 变流器控制方案相比,采用多个 VSG 并联的方案将 270 V DC 转换为 115 V、400 Hz AC,通过 VSG 控制算法可以模拟同步发电机的有功频率调节和无功电压调节特性,从而保证电力系统的稳定性。因此,所提出的多电航空发动机交直流混合电力系统能够满足电能和航空发动机安全运行的需求,同时考虑到多电航空发动机上电气设备的多样性。

4.2　直流母线电源侧的智能容错控制

4.2.1　发动机智能滑模容错控制

FTC 可以在运行中发生故障时调整系统部件,并在可接受的条件下保持系统的稳定性。由于 FTC 在保证安全方面的重要作用,已经引起了包括航空业在内的业界的广泛关注。

航空发动机经常在高温、高压和高振动等恶劣的环境下工作,执行机构不可避免地会出现不确定性和故障。故研究航空发动机的鲁棒 FTC 方法是必不可少的。同时,两台发电机通常连接到发动机的低压轴上。因此,航空发动机低压轴转速的稳态和动态特性在多电航空发动机电力系统中非常重要。此外,在几种故障中,执行器故障是最严重的,这是因为它们直接影响系统的行为。

因此,本节借助滑模控制(Sliding Mode Control, SMC)方法在处理不确定性方面的优势,设计一种适用于航空发动机智能滑模容错控制(Sliding Mode Fault Tolerant Control, SMFTC),以实现航空发动机在执行器发生故障时的状态鲁棒稳定。

1. 考虑执行器故障的航空发动机不确定线性动力学模型

对于双轴航空发动机,以某额定工作点为例,航空发动机在某一工作点工作时,为航空发动机典型的线性状态空间模型。

$$\left.\begin{aligned}\delta\dot{\boldsymbol{x}} &= \boldsymbol{A}\delta\boldsymbol{x} + \boldsymbol{B}\delta\boldsymbol{u}\\ \delta\boldsymbol{y} &= \boldsymbol{C}\delta\boldsymbol{x} + \boldsymbol{D}\delta\boldsymbol{u}\end{aligned}\right\} \tag{4.1}$$

式中，$\boldsymbol{A}$、$\boldsymbol{B}$、$\boldsymbol{C}$、$\boldsymbol{D}$ 是适当维数的矩阵；$\delta\boldsymbol{x}$、$\delta\boldsymbol{u}$ 和 $\delta\boldsymbol{y}$ 分别为归一化偏差状态向量、归一化偏差输入向量和归一化偏差输出向量，即

$$\delta\boldsymbol{x}=\begin{bmatrix}\delta x_1\\ \delta x_2\\ \vdots\\ \delta x_n\end{bmatrix}=\begin{bmatrix}\dfrac{x_1-x_{1_0}}{x_{1_0}}\\ \dfrac{x_2-x_{2_0}}{x_{2_0}}\\ \vdots\\ \dfrac{x_n-x_{n_0}}{x_{n_0}}\end{bmatrix}$$

$$\delta\boldsymbol{u}=\begin{bmatrix}\delta u_1\\ \delta u_2\\ \vdots\\ \delta u_n\end{bmatrix}=\begin{bmatrix}\dfrac{u_1-u_{1_0}}{u_{1_0}}\\ \dfrac{u_2-u_{2_0}}{u_{2_0}}\\ \vdots\\ \dfrac{u_n-u_{n_0}}{u_{n_0}}\end{bmatrix}$$

$$\delta\boldsymbol{y}=\begin{bmatrix}\delta y_1\\ \delta y_2\\ \vdots\\ \delta y_n\end{bmatrix}=\begin{bmatrix}\dfrac{y_1-y_{1_0}}{y_{1_0}}\\ \dfrac{y_2-y_{2_0}}{y_{2_0}}\\ \vdots\\ \dfrac{y_n-y_{n_0}}{y_{n_0}}\end{bmatrix}$$

其中，$\boldsymbol{x}_0=[x_{1_0}\quad x_{2_0}\quad\cdots\quad x_{n_0}]^{\mathrm{T}}$、$\boldsymbol{u}_0=[u_{1_0}\quad u_{2_0}\quad\cdots\quad u_{n_0}]^{\mathrm{T}}$ 和 $\boldsymbol{y}_0=[y_{1_0}\quad y_{2_0}\quad\cdots\quad y_{n_0}]^{\mathrm{T}}$ 分别是特定工作点的稳态状态向量、稳态输入向量和稳态输出向量。

考虑双轴发动机，状态向量 $\boldsymbol{x}$ 可包括低压轴转速 n_1 和高压轴转速 n_{h}，控制向量 $\boldsymbol{u}$ 可包含主燃油流量 W_{fb}、尾喷口喉部区域面积 A_8，输出向量 $\boldsymbol{y}$ 可由低压轴转速 n_1、低压涡轮总温 T_5 组成，即

$$\delta\boldsymbol{x}=\begin{bmatrix}\dfrac{n_{\mathrm{h}}-n_{\mathrm{h}_0}}{n_{\mathrm{h}}}\\ \dfrac{n_1-n_{1_0}}{n_1}\end{bmatrix}\triangleq\begin{bmatrix}\delta n_{\mathrm{h}}\\ \delta n_1\end{bmatrix}$$

$$\delta \boldsymbol{y} = \begin{bmatrix} \dfrac{n_1 - n_{1_0}}{n_1} \\ \dfrac{T_5 - T_{5_0}}{T_{5_0}} \end{bmatrix} \triangleq \begin{bmatrix} \delta n_1 \\ \delta T_5 \end{bmatrix}$$

$$\delta \boldsymbol{u} = \begin{bmatrix} \dfrac{W_{fb} - W_{fb_0}}{W_{fb_0}} \\ \dfrac{A_8 - A_{80}}{A_{80}} \end{bmatrix} \triangleq \begin{bmatrix} \delta W_{fb} \\ \delta A_8 \end{bmatrix}$$

其中，n_{h_0}、n_{1_0}、T_{5_0}、W_{fb_0} 和 A_{80} 是确定工作点的稳态值。此时，式(4.1)可改写为

$$\left.\begin{aligned} \begin{bmatrix} \delta \dot{n}_h \\ \delta \dot{n}_1 \end{bmatrix} &= \begin{bmatrix} a_{11} & a_{12} \\ a_{21} & a_{22} \end{bmatrix} \begin{bmatrix} \delta n_h \\ \delta n_1 \end{bmatrix} + \begin{bmatrix} b_{11} & b_{12} \\ b_{21} & b_{22} \end{bmatrix} \begin{bmatrix} \delta W_{fb} \\ \delta A_8 \end{bmatrix} \\ \begin{bmatrix} \delta n_1 \\ \delta T_5 \end{bmatrix} &= \begin{bmatrix} 0 & 1 \\ c_{21} & c_{22} \end{bmatrix} \begin{bmatrix} \delta n_h \\ \delta n_1 \end{bmatrix} + \begin{bmatrix} 0 & 0 \\ d_{21} & d_{22} \end{bmatrix} \begin{bmatrix} \delta W_{fb} \\ \delta A_8 \end{bmatrix} \end{aligned}\right\} \tag{4.2}$$

忽略式(4.2)中的符号 δ，然后将式(4.1)改写为

$$\left.\begin{aligned} \dot{\boldsymbol{x}} &= \boldsymbol{A}\boldsymbol{x} + \boldsymbol{B}\boldsymbol{u} \\ \boldsymbol{y} &= \boldsymbol{C}\boldsymbol{x} + \boldsymbol{D}\boldsymbol{u} \end{aligned}\right\} \tag{4.3}$$

由于航空发动机的非线性、制造公差、老化以及飞行中的一些干扰，航空发动机的动力学模型应考虑未建模的非线性动力学、参数不确定性、外部干扰等因素的影响。故航空发动机的不确定线性动力学模型可表示为

$$\dot{\boldsymbol{x}} = \boldsymbol{A}\boldsymbol{x} + \boldsymbol{B}\boldsymbol{u} + \boldsymbol{\eta} \tag{4.4}$$

式中，$\boldsymbol{\eta} = [\eta_1 \quad \eta_2]^{\mathrm{T}}$ 是集成的干扰，包括未建模的非线性动力学、参数不确定性、外部干扰等。

在式(4.4)中，因为 $\boldsymbol{\eta}$ 是集成扰动，它可能依赖于状态 x。通常，为了确保航空发动机的安全，其操作被限制在有界区域。图 4.3 所示为压气机图上表示的发动机工作线和各种约束。

图 4.3 中，发动机工作线随着发动机输入的变化，在稳态条件下获得的压气机压比和质量流量点的轨迹。显然，存在怠速限制、最大转速限制、涡轮温度限制等。因为转速被选择为状态 $\boldsymbol{x}$，所以状态是有界的。更多详细说明见文献[113]。

因此，可以假设 $\boldsymbol{x}$ 是有限的，初始值 $\boldsymbol{x}_0$ 在 $\mathbf{R}^2$ 的子集内有界，η_1、η_2 的边界称为 $\bar{\eta}_1$、$\bar{\eta}_2$，其中 $\bar{\eta}_1 > 0$、$\bar{\eta}_2 > 0$。

考虑到执行器可能出现的故障，在式(4.4)的基础上，给出

$$\dot{\boldsymbol{x}} = \boldsymbol{A}\boldsymbol{x} + \boldsymbol{B}\boldsymbol{\rho}\boldsymbol{u}_0 + \boldsymbol{\eta} \tag{4.5}$$

式中，$\boldsymbol{u} = \boldsymbol{\rho}\boldsymbol{u}_0$，$\boldsymbol{u}_0$ 是执行器上的控制信号向量；$\boldsymbol{\rho} = \mathrm{diag}\{\rho_1, \rho_2\}$，是故障系数矩阵，其中 $0 < \rho_1 \leqslant 1$、$0 < \rho_2 \leqslant 1$。

当 $\rho_i (i = 1, 2)$ 为 0 时，表示相应的执行器完全失效；当 ρ_i 等于 1 时，表示相应的

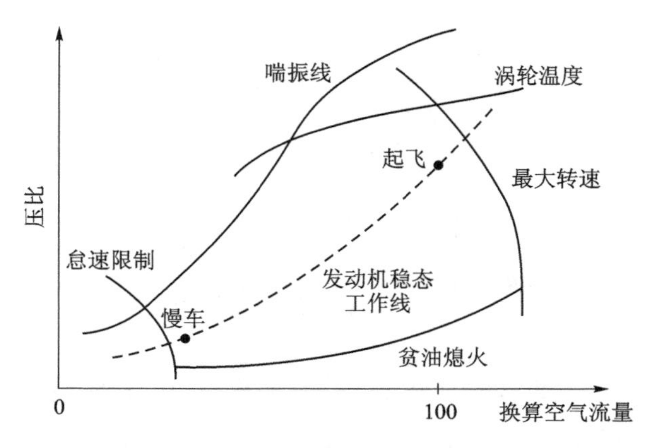

图 4.3 压气机图上的发动机工作线和工作极限[113]

执行器未发生故障。对 ρ_i 为零的情况，即执行器存在部分故障或无故障，超出了本节所讲内容的范围。

2. 滑模容错控制器设计

SMC 方法是一种广泛应用的鲁棒控制方法，其原理简单，需要两步来完成控制系统的设计。第一步是指定一个具有所需稳态和动态性能的滑模面；第二步是构造一个合适的控制器，迫使系统的状态到达滑模面，并保持在滑模面。因此，在接下来的步骤中，首先设计一个积分滑模面，然后根据趋近律方法得到滑模控制器。

将滑模函数定义为

$$\boldsymbol{s}=\boldsymbol{x}+\boldsymbol{\sigma}\int_0^t \boldsymbol{x}\,\mathrm{d}\tau \tag{4.6}$$

式中，$\boldsymbol{s}=[s_1 \quad s_2]^{\mathrm{T}}$，为滑模变量向量，是可设计的参数矩阵，用于保证滑模面 $S=\{x\,|\,\boldsymbol{s}(x)=0\}$ 的稳定性；$\boldsymbol{\sigma}=\mathrm{diag}\{\sigma_1 \quad \sigma_2\}$，为正定矩阵。

趋近律用于实现状态到达滑模面，并保持在滑模面上，即满足趋近条件 $\boldsymbol{s}^{\mathrm{T}}\dot{\boldsymbol{s}}<0$。采用以下常数加比例速率趋近定律：

$$\dot{\boldsymbol{s}}=-\boldsymbol{q}\boldsymbol{s}-\boldsymbol{k}\,\mathrm{sgn}(\boldsymbol{s}) \tag{4.7}$$

式中，$\mathrm{sgn}(\boldsymbol{s})=[\mathrm{sgn}(s_1) \quad \mathrm{sgn}(s_2)]^{\mathrm{T}}$，$\mathrm{sgn}(\cdot)$是符号函数；$\boldsymbol{q}=\mathrm{diag}\{q_1 \quad q_2\}$、$\boldsymbol{k}=\mathrm{diag}\{k_1 \quad k_2\}$是可设计的正定矩阵，并假设 $k_1>\bar{\eta}_1$、$k_2>\bar{\eta}_2$。

对式(4.6)求导，得

$$\dot{\boldsymbol{s}}=\dot{\boldsymbol{x}}+\boldsymbol{\sigma}\boldsymbol{x} \tag{4.8}$$

考虑航空发动机的模型，有

$$\dot{\boldsymbol{s}}=\boldsymbol{A}\boldsymbol{x}+\boldsymbol{B}\boldsymbol{u}+\boldsymbol{\sigma}\boldsymbol{x} \tag{4.9}$$

比较式(4.7)和式(4.9)，可得

$$\boldsymbol{A}\boldsymbol{x}+\boldsymbol{B}\boldsymbol{u}+\boldsymbol{\sigma}\boldsymbol{x}=-\boldsymbol{q}\boldsymbol{s}-\boldsymbol{k}\,\mathrm{sgn}(\boldsymbol{s})$$

因此，控制信号 $\boldsymbol{u}_0$ 可表示为

$$\boldsymbol{u}_0 = -(\boldsymbol{B\rho})^{-1}[\boldsymbol{qs} + \boldsymbol{k}\,\mathrm{sgn}(\boldsymbol{s}) + \boldsymbol{Ax} + \boldsymbol{\sigma x}] \tag{4.10}$$

式中，需要求得 $\boldsymbol{B}\rho$ 的逆矩阵。如果 $\boldsymbol{B}\rho$ 不可逆，则用其伪逆矩阵代替逆矩阵。

将式(4.10)代入式(4.5)，并考虑航空发动机式(4.4)的不确定模型，可得

$$\begin{aligned}\dot{\boldsymbol{s}} &= \boldsymbol{Ax} + \boldsymbol{B\rho u}_0 + \boldsymbol{\eta} + \boldsymbol{\sigma x} \\ &= \boldsymbol{Ax} - [\boldsymbol{qs} + \boldsymbol{k}\,\mathrm{sgn}(\boldsymbol{s}) + \boldsymbol{Ax} + \boldsymbol{\sigma x}] + \boldsymbol{\eta} + \boldsymbol{\sigma x} \\ &= -\boldsymbol{qs} - \boldsymbol{k}\,\mathrm{sgn}(\boldsymbol{s}) + \boldsymbol{\eta}\end{aligned}$$

将 Lyapunov 函数选择为 $V = \frac{1}{2}\boldsymbol{s}^{\mathrm{T}}\boldsymbol{s}$，其导数为

$$\begin{aligned}\dot{V} &= \boldsymbol{s}^{\mathrm{T}}\dot{\boldsymbol{s}} \\ &= \boldsymbol{s}^{\mathrm{T}}[-\boldsymbol{qs} - \boldsymbol{k}\,\mathrm{sgn}(\boldsymbol{s}) + \boldsymbol{\eta}]\end{aligned}$$

显然，当 $k_1 > \bar{\eta}_1$、$k_2 > \bar{\eta}_2$ 时，存在 $\dot{V} < 0$，即保持到达条件 $\boldsymbol{s}^{\mathrm{T}}\dot{\boldsymbol{s}} < 0$。因此，通过控制器式(4.9)可以达到滑模面式(4.5)，并且航空发动机的状态可以鲁棒稳定。

3. 滑模容错控制器的智能优化

一般来说，工作点与平衡点的状态偏差应尽可能小，输入能量消耗也应最小化。因此，航空发动机的多目标性能指标为

$$J_1 = \int_0^t \boldsymbol{x}^{\mathrm{T}}\boldsymbol{x}\,\mathrm{d}\tau \tag{4.11}$$

$$J_2 = \int_0^t \boldsymbol{u}^{\mathrm{T}}\boldsymbol{u}\,\mathrm{d}\tau \tag{4.12}$$

其中，J_1 表示对稳态控制精度的要求，J_2 表示对输入能耗的关注。

下文中，将用灰狼优化算法(Grey Wolf Optimizer, GWO)搜索式(4.10)中的最优控制可设计参数来实现航空发动机的多目标优化。文献[115]给出了 GWO 的原理。GWO 是一种元启发式优化算法，其灵感来源于灰狼狩猎的初级阶段。灰狼成群捕食猎物主要分为三个阶段：搜索、包围和攻击。

通常，5～12 只灰狼生活在一个具有非常严格的社会统治等级的群体中，等级有从顶层到底层的 4 个层次，各等级灰狼分别被称为 α_{GWO}、β_{GWO}、δ_{GWO} 和 ω_{GWO}。因此，在 GWO 中，最合适的解决方案为 α_{GWO}，第二和第三个最佳解决方案分别是 β_{GWO} 和 δ_{GWO}，其余候选解决方案假定为 ω_{GWO}。

该优化算法模拟了灰狼的狩猎过程，并从创建随机的灰狼种群开始。当达到最大迭代次数时，α_{GWO}、β_{GWO}、δ_{GWO} 估计猎物的可能位置。

描述狩猎过程的主要数学方程为

$$\left.\begin{aligned}&\boldsymbol{X}(t_{\mathrm{GWO}}+1) = \boldsymbol{X}_p(t_{\mathrm{GWO}}) - \boldsymbol{AD} \\ &\boldsymbol{A} = 2\boldsymbol{ar}_1 - \boldsymbol{aC} = 2\boldsymbol{r}_2\boldsymbol{D} = |\boldsymbol{CX}_p(t_{\mathrm{GWO}}) - \boldsymbol{X}(t_{\mathrm{GWO}})|\end{aligned}\right\} \tag{4.13}$$

式中，t_{GWO} 代表当前迭代次数；$\boldsymbol{X}_p(t_{\mathrm{GWO}})$、$\boldsymbol{X}(t_{\mathrm{GWO}})$ 分别代表猎物和灰狼位置的向

量;$\boldsymbol{A}$ 和 $\boldsymbol{C}$ 为系数向量;$\boldsymbol{a}$ 在迭代过程中从 2 线性减少到 0;$\boldsymbol{r}_1$ 和 $\boldsymbol{r}_2$ 是在 0 到 1 间的随机向量;$\boldsymbol{D}$ 是中间辅助变量。

在 GWO 中,假设 α_{GWO}(最佳候选解决方案)、β_{GWO} 和 δ_{GWO} 对猎物的可能位置有更好的了解。GWO 保存在当前迭代中获得的前三个最佳解决方案,并要求其他灰狼(包括 ω_{GWO})根据最佳搜索解的位置更新其位置。也就是说,α_{GWO}、β_{GWO} 和 δ_{GWO} 估计猎物的位置,而其他狼随机更新它们在猎物周围的位置。这种行为可描述为

$$\left.\begin{aligned}&\boldsymbol{D}_\alpha=|\boldsymbol{C}_1\boldsymbol{X}_\alpha-\boldsymbol{X}|,\boldsymbol{D}_\beta=|\boldsymbol{C}_2\boldsymbol{X}_\beta-\boldsymbol{X}|,\boldsymbol{D}_\delta=|\boldsymbol{C}_3\boldsymbol{X}_\delta-\boldsymbol{X}|\\&\boldsymbol{X}_1=\boldsymbol{X}_\alpha-\boldsymbol{A}_1\boldsymbol{D}_\alpha,\boldsymbol{X}_2=\boldsymbol{X}_\beta-\boldsymbol{A}_2\boldsymbol{D}_\beta,\boldsymbol{X}_3=\boldsymbol{X}_\delta-\boldsymbol{A}_3\boldsymbol{D}_\delta\\&\boldsymbol{X}(t_{\mathrm{GWO}}+1)=\frac{\boldsymbol{X}_1+\boldsymbol{X}_2+\boldsymbol{X}_3}{3}\end{aligned}\right\}\tag{4.14}$$

式中,下标 α、β 和 δ 分别与 α_{GWO}、β_{GWO} 和 δ_{GWO} 有关;$\boldsymbol{X}_1$、$\boldsymbol{A}_2$ 和 $\boldsymbol{A}_3$ 是中间辅助变量。

在每次迭代中,根据狼群的性能指标,将狼群的最优个体和相应位置存入档案。一旦达到最大迭代次数,GWO 将终止,然后返回一组非支配解。

根据 SMC 理论,$\boldsymbol{\sigma}$、$\boldsymbol{q}$ 和 $\boldsymbol{k}$ 对航空发动机的稳态和动态控制性能至关重要。此外,很明显,$\boldsymbol{k}$ 应足够大,以应对集成扰动的影响。然而,$\boldsymbol{k}$ 值增大会增加控制信号的值,见控制律式(4.10)。因此,s_1、s_2、q_1、q_2、k_1 和 k_2 是控制器中获得最小性能指标式(4.11)的关键参数。

故当 GWO 用于实现航空发动机智能 SMFTC 时,式(4.13)中描述的每个 t_{GWO} 的 $\boldsymbol{X}(t_{\mathrm{GWO}})$ 为 $\boldsymbol{X}=[\sigma_1\quad\sigma_2\quad q_1\quad q_2\quad k_1\quad k_2]$。图 4.4 为提出的针对航空发动机智能 SMFTC 方法框图。

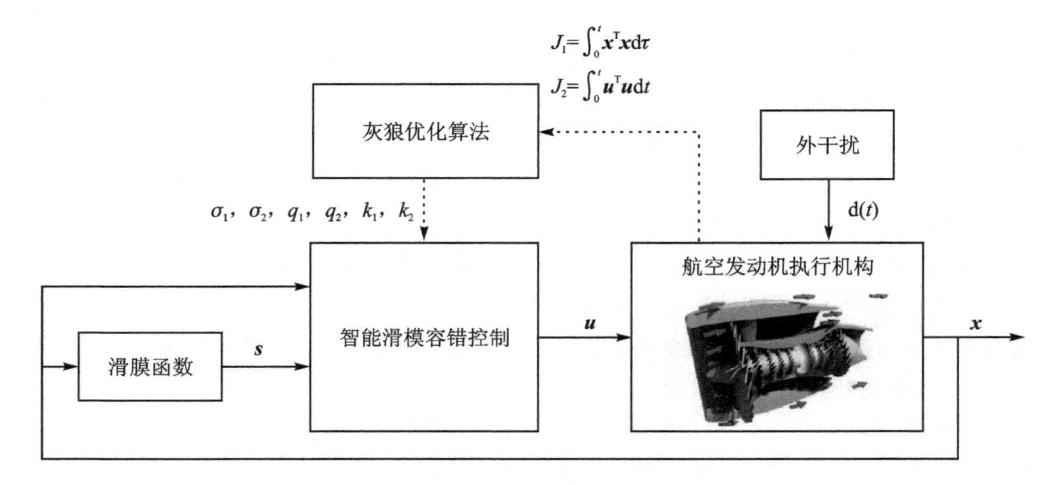

图 4.4　航空发动机智能滑模容错控制方法框图

注意:通常,线性二次调节(LQR)性能指标为

$$J=\int_0^t(\boldsymbol{x}^{\mathrm{T}}\boldsymbol{Q}\boldsymbol{x}+\boldsymbol{u}^{\mathrm{T}}\boldsymbol{R}\boldsymbol{u})\,\mathrm{d}\tau\tag{4.15}$$

式中，$\boldsymbol{x}$ 是状态；$\boldsymbol{u}$ 是输入；$\boldsymbol{Q}$ 和 $\boldsymbol{R}$ 是加权矩阵。

显然，式(4.11)和式(4.12)中的性能指标是 J_1 和 J_2。LQR 性能指标式(4.15)是 J_1 和 J_2 通过固定加权矩阵 $\boldsymbol{Q}$ 和 $\boldsymbol{R}$ 的组合。因此，本小节中的优化不限于指定某些加权矩阵 $\boldsymbol{Q}$ 和 $\boldsymbol{R}$。

4.2.2　发电机控制

由于发电机直接由航空发动机低压轴驱动，因此发电机转速与航空发动机低压轴转速相同。

电压调节器是维持供电系统电压稳定的方法之一，其基本原理是通过调节励磁电流达到控制发电机输出电压的目的。电压调节器的主要功能包括：

① 调整交流发电机的励磁电流，使发电机输出电压不会因负载或转速的变化而改变。

② 限制发电机相电压的最大值。

在本小节，为两台发电机设计了 PI 控制器。PI 控制器的传递函数可表示为

$$G_{c_G}(s)=k_{p_G}+k_{i_G}\frac{1}{s} \tag{4.16}$$

式中，k_{p_G} 和 k_{i_G} 分别是比例系数和积分系数；s 是拉普拉斯算子。

发电机 PI 控制的框图见图 4.5。

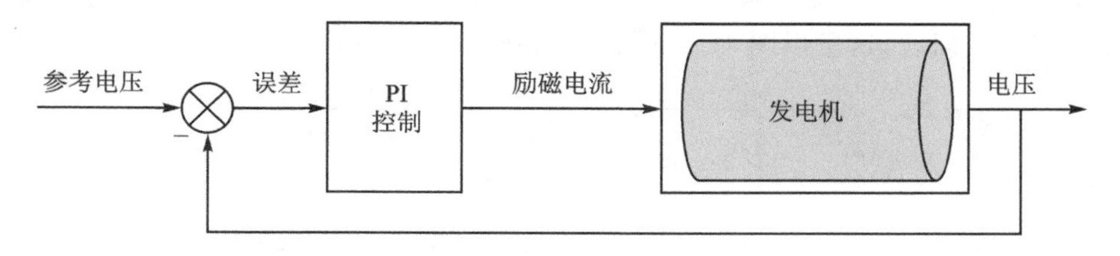

图 4.5　发电机智能控制框图

4.2.3　AC/DC 整流器的智能控制

1. AC/DC 整流器的控制

电力电子技术对 MEA 非常重要。电力电子变换器分为 AC/DC 整流器、DC/DC 变换器、DC/AC 逆变器、AC/AC 变压器四种类型。其中，AC/DC 整流指的是采用多脉冲整流技术，而三相电桥是常用的整流电路。

由于自耦变压器整流器的重量和体积随着脉冲数的增加而增加，故这里采用 12 脉冲自耦变压器整流器单元(Autotransformer Rectifier Unit，ATRU)。电力负荷的变化将导致直流母线电压波动。为了减小这种波动，采用有源滤波器(Active Power Filter，APF)来提高 ATRU 的性能。图 4.6 所示为带有 APF 的 12 脉冲 ATRU

结构。

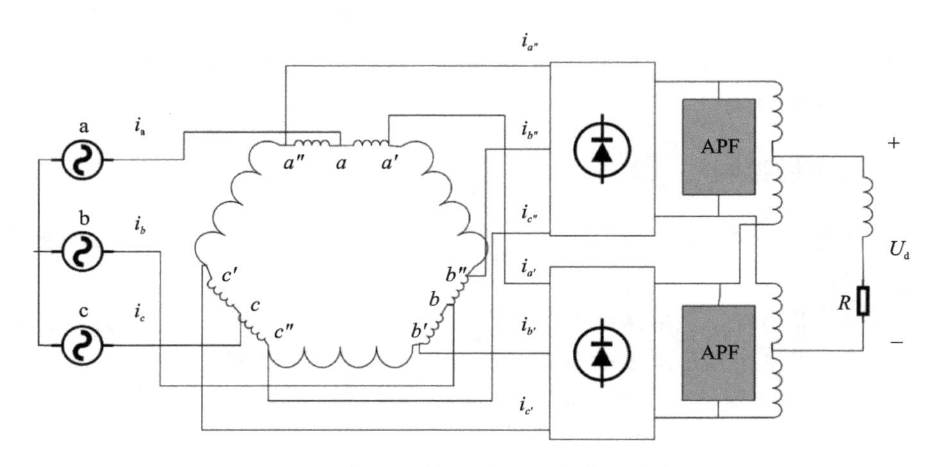

图 4.6　带 APF 的 12 脉冲自耦变压整流器

由图 4.6 可以看出，这种拓扑结构基于一个 12 脉冲 ATRU，在三相非受控整流桥的输出端有两个并联的 APF。由于两组三相非受控整流桥的输入电压存在相位差，因此它们的输出瞬时电压不相等。为了保证正常运行，采用平衡电抗器来平滑两组直流电压，使总输出电压满足工作条件。

本小节设计的基于直流侧并联 APF 的 12 脉冲 ATRU 由两个三相电桥组成，为了方便描述该问题，这里以图 4.7 所示的三相电桥为例进行介绍。

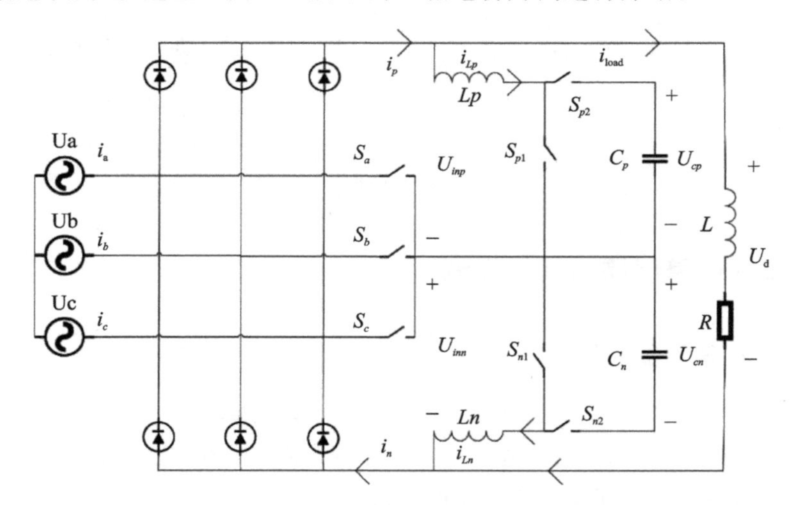

图 4.7　直流侧并联有源电力滤波器拓扑图

图 4.7 中，L_p、S_{p1}、S_{p2}、C_p 和 L_n、S_{n1}、S_{n2}、C_n 构成双向双升压电路，与低频双向开关 S_a、S_b、S_c 一起构成直流侧并联 APF 的主电路，其中 L_p 和 L_n 是滤波电感。S_{p1}、S_{p2}、S_{n1}、S_{n2} 是高频开关、C_p 和 C_n 是电容。低频开关的工作频率是基准频率

的两倍，而 S_{p1}、S_{p2}、S_{n1} 和 S_{n2} 工作在高频，两对高频开关相互补充。三个低频开关一次只打开一个，电路的传导规则是中间电压开关是否打开。与低频开关相比，高频开关的频率非常高，因此可以以某一电压传导为例进行说明。

图 4.8 为直流侧 APF 的等效电路图。

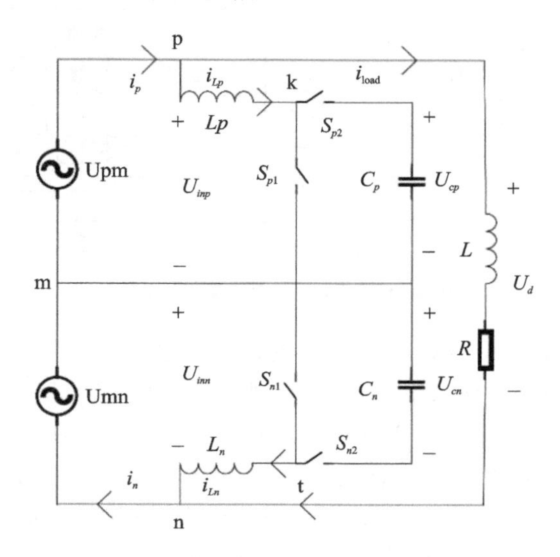

图 4.8　直流侧有源电力滤波器等效电路图

当 S_{p1} 和 S_{p2} 闭合时，滤波电感直接连接到电源。此时，电源会对滤波电感充电，即电感电流增加，有

$$U_{Lp}=U_{pm}=L\ \frac{\mathrm{d}i_{Lp}}{\mathrm{d}t}>0 \tag{4.17}$$

$$U_{Ln}=U_{mn}=L\ \frac{\mathrm{d}i_{Ln}}{\mathrm{d}t}>0 \tag{4.18}$$

其中，U_{Lp} 和 U_{Ln} 分别是 L_p 和 L_n 的电压。此外，U_{pm} 是点 p 和 m 之间的电压，U_{mn} 是点 m 和 n 之间的电压。

当 S_{p2} 和 S_{n2} 闭合时，滤波电感两端电压可以表示为

$$U_{Lp}=U_{pm}-U_{Cp}=L\ \frac{\mathrm{d}i_{Lp}}{\mathrm{d}t}<0 \tag{4.19}$$

$$U_{Ln}=U_{mn}-U_{Cn}=L\ \frac{\mathrm{d}i_{Ln}}{\mathrm{d}t}<0 \tag{4.20}$$

其中，U_{Cp} 和 U_{Cn} 分别是 C_p 和 C_n 的电压；i_{Lp} 和 i_{Ln} 分别是通过 L_p 和 L_n 的电流。

可以看出，电感器两端的电压降低，即电感器电流降低。类似地，当 S_{p1} 和 S_{n2} 闭合或 S_{p2} 和 S_{n1} 闭合时，两个滤波电感器之间的电压相应地增加或减少。

由以上分析可以看出，滤波电感两端的电压可以是正的或负的，电感电流可以增加或减少，这意味着电流是可控的。因此，当采用适当的控制时，该电路可以被视为

受控电流源，从而实现对非线性负载的谐波电流的补偿。

图 4.9 所示为 APF－ATRU 的控制方案。

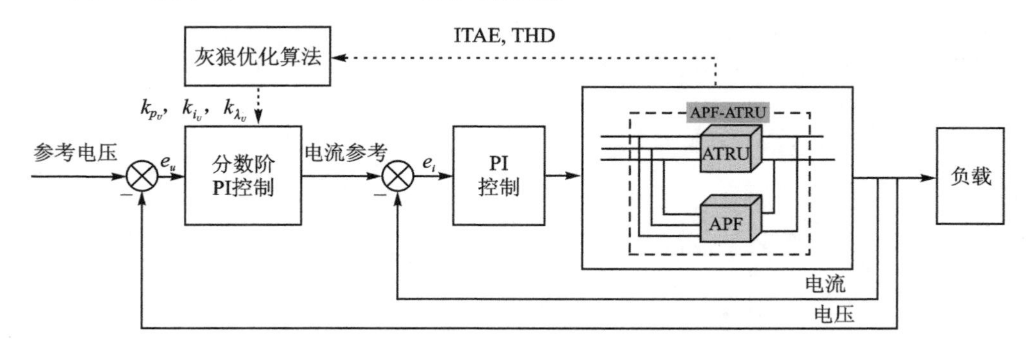

图 4.9　APF－ATRU 智能控制

APF－ATRU 控制采用双环控制方案。外环采用 FOPI(Fractional Order PI controller)电压控制器，内环采用 PI 电流控制器。此外，采用基于 GWO 的多目标优化算法对控制系统进行优化。GWO 用于调整 FOPI 控制器的参数，而 GWO 基于最小化 APF－ATRU 的两个性能指标优化。这两个性能指标分别是时间与绝对误差的积分(Integral of Time and Absolute Error，ITAE)和总谐波失真(Total Harmonic Distortion，THD)。

外环电压控制器的作用是保证电压稳定，为电流控制器提供参考信号。FOPI 控制器的传递函数可以表示为

$$G_{c_G}(s)=k_{p_u}+k_{i_u}s^{k_{\lambda_u}} \tag{4.21}$$

式中，k_{p_u} 和 k_{i_u} 分别是比例系数和积分系数。

k_{p_u}、k_{i_u} 和 k_{λ_u} 是 FOPI 控制器中的可设计参数，它们通过 GWO 进行优化，见图 4.9。与整数阶 PI 控制器相比，分数阶 PI 控制器增加了积分阶 k_{λ_u}。

内环电流控制器的作用是保证直流侧有源电力滤波器能够实时补偿直流侧电流。内环采用 PI 控制器，其中 k_{p_I} 和 k_{i_I} 是控制器的可设计参数。

由图 4.2 可知，有两个 AC/DC，假设在每个 APF 中使用相同的电压外环中的 FOPI 控制器参数 k_{p_u}、k_{i_u} 和 k_{λ_u}，以及相同的电流内环中的 PI 控制器参数 k_{p_I} 和 k_{i_I}。

2. 交直流整流器控制器参数的智能优化

下面，将应用 GWO 对两个 APF－ATRU 进行控制器参数智能优化。优化的目标是使直流电压跟踪误差和谐波电流同时最小化。因此，选择式(4.22)～式(4.25)的多目标性能指标，即 ITAE 性能指标和 THD 性能指标。因为 APF－ATRU 由两个独立的整流桥组成，所以实际目标函数分别是两组 ITAE 和 THD 的平均值。J_{11}

和 J_{12} 分别适用于两个 APF－ATRU 的电压跟踪要求。J_{21} 和 J_{22} 分别是两个 APF－ATRU 谐波电流需求的 THD。

$$J_{11}=\int_0^{\infty} t\left|e_{u1}(t)\right|\mathrm{d}t \tag{4.22}$$

$$J_{12}=\int_0^{\infty} t\left|e_{u2}(t)\right|\mathrm{d}t \tag{4.23}$$

$$J_{21}=\frac{\sqrt{\sum_{n=2}^{\infty} I_{1_{sn}}^2}}{I_{1_{s1}}} \tag{4.24}$$

$$J_{22}=\frac{\sqrt{\sum_{n=2}^{\infty} I_{2_{sn}}^2}}{I_{2_{s1}}} \tag{4.25}$$

式中，e_{u1} 和 e_{u2} 分别是两个 APF－ATRU 的电压跟踪误差；$I_{1_{sn}}$ 和 $I_{2_{sn}}$ 分别是两个 APF－ATRU 的 n 次谐波电流的有效值；$I_{1_{s1}}$ 和 $I_{2_{s1}}$ 分别是两个 APF－ATRU 基波电流的有效值。

需要优化的三个参数分别是 k_{p_u}、k_{i_u} 和 k_{λ_u}。因此，当使用 GWO 实现 APF－ATRU 的智能控制时，式（4.13）中描述的每个 t_{GWO} 的 $\boldsymbol{X}(t_{\mathrm{GWO}})$ 为 $\boldsymbol{X}=[k_{p_u} \quad k_{i_u} \quad k_{\lambda_u}]$。

4.3　基于 DC/AC 的虚拟同步发电机设计

飞机在不同的飞行条件下有不同的负载，可能会出现突然的交流负载变化，这将导致交流母线和直流母线波动。这些波动是瞬时的，此时仅控制直流侧的电源系统是不够的，因为电压调整过程中存在时滞。首选的方法是对交流母线也实施相应的调整手段，以便 MEA 电力系统能够在交流负载突然变化的情况下保持直流母线电压。因此，需要为 DC/AC 逆变器设计合适的控制方法。

传统飞机上的 DC/AC 逆变器是航空静止逆变器（Aero Static Inverter，ASI），其主要功能是将直流电源的电能转换为交流电源，供电气设备使用。随着 MEA 的发展，机载设备的数量不断增加，供电系统的供电容量也越来越大，传统的 ASI 已不能满足大供电容量的要求。此外，来自 ASI 的交流电源无法实现闭环控制，因此电压幅值和频率容易受到负载变化的影响。

VSG 是一种新型的逆变器控制策略，它可以利用储能装置模拟同步发电机的转子惯性和阻尼特性，改善逆变器的运行特性。与传统的 DC/AC 逆变器控制方案相比，VSG 可以通过控制算法模拟同步发电机的有功频率调节和无功电压调节特性，保证交流母线的稳定性。目前，VSG 在微电网中得到了广泛的研究。由于 MEA 电

力系统是一种独立的微电网，VSG 可以应用于航空领域。

因此，本节提出了 VSG 技术来调整 DC/AC 逆变器，见图 4.2，以确保交流母线具有令人满意的性能。采用 VSG 控制算法的 DC/AC 主电路拓扑如图 4.10 所示。

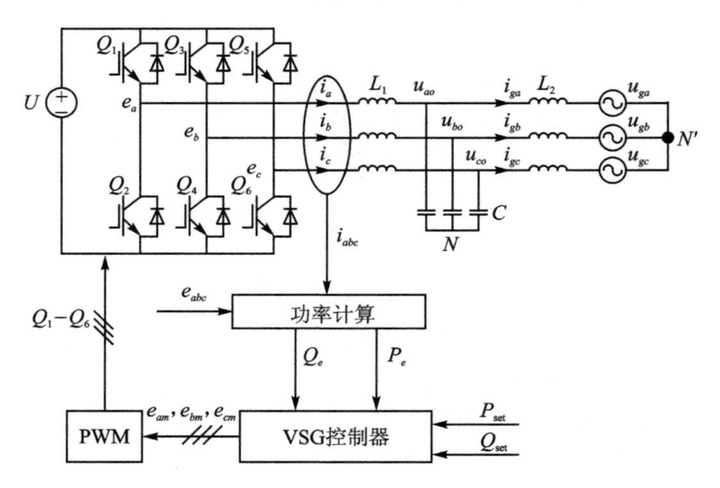

图 4.10　基于 VSG 控制算法的 DC/AC 主电路拓扑

图 4.10 中，$Q_1 \sim Q_6$ 是 6 个开关管，u_{a0}、u_{b0}、u_{c0} 为同步发电机的输出电压，u_{gc}、u_{gb}、u_{gc} 是输出到混合动力系统的电压，L_1、C、L_2 构成滤波器，桥臂的中点电压（e_a、e_b、e_c）模拟同步发电机的内部电势。控制系统由功率计算、VSG 控制算法和脉宽调制（Pulse Width Modulation，PWM）技术组成。

VSG 的有功功率和无功功率计算如下：

$$P_e = e_\alpha i_\alpha + e_\beta i_\beta \tag{4.26}$$

$$Q_e = e_\beta i_\alpha - e_\alpha i_\beta \tag{4.27}$$

式中，e_α 和 e_β 为 e_a、e_b、e_c 通过坐标变换得到的 $\alpha\beta$ 坐标下的表达式，同理，i_α 和 i_β 为电路电流在 $\alpha\beta$ 坐标下的表达式。

虚拟同步发电机可以模拟同步发电机的惯性，其有功调频特性可以用如下发电机机械部分的转矩公式表示：

$$T_{\text{set}} + D_p(\omega_n - \omega) - T_e = J\,\frac{\mathrm{d}\omega}{\mathrm{d}t} \tag{4.28}$$

$$\theta = \int \omega\,\mathrm{d}t \tag{4.29}$$

其无功调压特性可以描述为

$$Q_{\text{set}} + \sqrt{2}D_q(U_n - U_0) - Q_e = K\,\frac{\mathrm{d}(\sqrt{2}E_m)}{\mathrm{d}t} \tag{4.30}$$

式(4.28)和式(4.29)中，P_{set} 和 Q_{set} 分别为有功功率和无功功率的设定值，J 是转子的转动惯量，T_{set} 是机械转矩给定，T_e 是电磁转矩，D_p 是阻尼系数，θ 为转子角度，ω

为转子角速度，D_q 为下垂系数，U_0 为输出电压有效值，U_n 为额定电压有效值，E_m 为调制波有效值。

三相调制波表示为

$$e_{am}=\sqrt{2}E_m\sin\theta \tag{4.31}$$

$$e_{bm}=\sqrt{2}E_m\sin\left(\theta-\frac{2\pi}{3}\right) \tag{4.32}$$

$$e_{cm}=\sqrt{2}E_m\sin\left(\theta+\frac{2\pi}{3}\right) \tag{4.33}$$

VSG 控制框图见图 4.11。

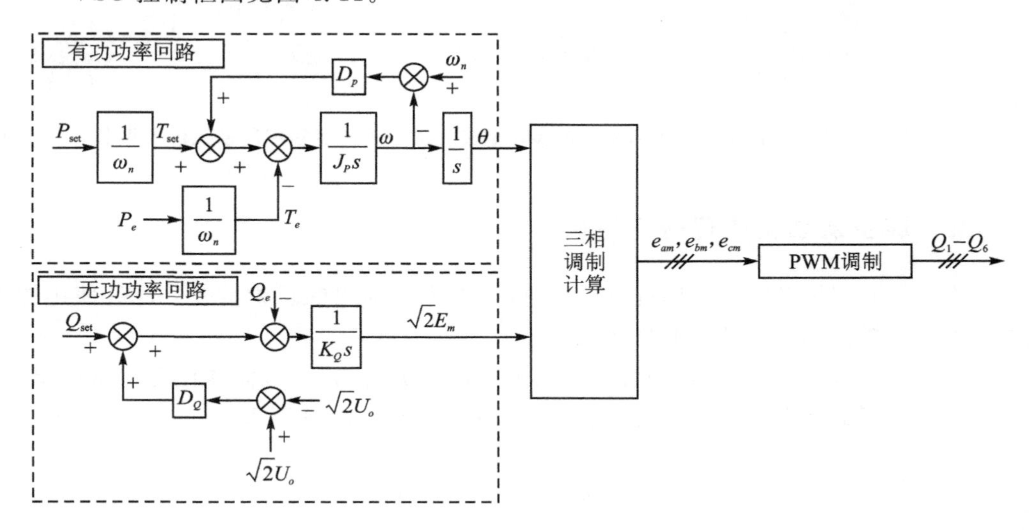

图 4.11　VSG 控制框图

图 4.11 中有两个主要部分，一个是有功回路，另一个是无功回路。可以发现，有功回路(有源回路)调节输出电压的频率，无功回路输出电压的幅值。

4.4　仿真验证

MEA 功率控制系统的仿真平台如图 4.12 所示。

图 4.12 中，出口 1、2、3 和 4 分别与性能指标 J_{11}、J_{12}、J_{21} 和 J_{22} 有关。

考虑到航空发动机的动态特性比 AC/DC 的速度慢得多，在仿真中进行航空发动机控制律的优化与 AC/DC 的分离。根据图 4.4 得到优化的航空发动机智能 SMFTC 规律式(4.10)后，GWO 将在图 4.9 的基础上对整个 MEA 功率控制系统进行优化。

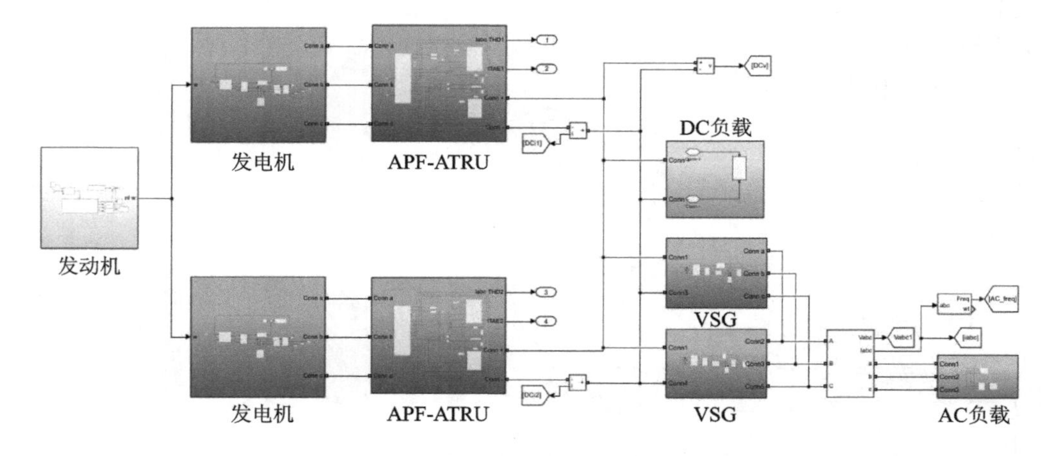

图 4.12 基于交直流混合电力系统的多电航空发动机智能容错控制系统仿真平台

4.4.1 航空发动机的智能容错控制

本小节对双轴航空发动机进行仿真，以说明本章提出的理论结果。此处使用的航空发动机模型的线性部分取自文献[105]。

根据式(4.4)，考虑式(4.1)并基于文献[105]，知 $\boldsymbol{x}$，$\boldsymbol{y}$，$\boldsymbol{u}$ 是标准化无量纲变量，因此其单位不显示在本小节的模拟图中。矩阵 $\boldsymbol{A}$、$\boldsymbol{B}$、$\boldsymbol{C}$、$\boldsymbol{D}$ 分别为

$$\boldsymbol{A}=\begin{bmatrix}-2.148 & -0.403\\ 2.862 & -3.017\end{bmatrix}$$

$$\boldsymbol{B}=\begin{bmatrix}0.298 & 0.594\\ 0.285 & 1.708\end{bmatrix}$$

$$\boldsymbol{C}=\begin{bmatrix}0 & 1\\ -0.013 & -0.364\end{bmatrix}$$

$$\boldsymbol{D}=\begin{bmatrix}0 & 0\\ 0.365 & -0.232\end{bmatrix}$$

假设执行器故障系数矩阵为 $\boldsymbol{\rho}=\mathrm{diag}\{0.8\quad 0.8\}$。显然，矩阵 $\boldsymbol{A}$ 是 Hurwitz，$(\boldsymbol{A},\boldsymbol{B})$是可控的，$\boldsymbol{B\rho}$ 是可逆的。

设不确定性从第 2 s 出现，集成扰动

$$\boldsymbol{\eta}=-0.2\times\boldsymbol{Ax}-0.1\boldsymbol{Bu}+\begin{bmatrix}12x_1^2-x_2^2\\ -1.7x_1^2+x_2^2\end{bmatrix}+\begin{bmatrix}0.02\mathrm{e}^{-20(t-2)}\\ -0.01\mathrm{e}^{-10(t-2)}\end{bmatrix}$$

显然，$\boldsymbol{\eta}$ 中既有时变扰动，也有非线性项。此外，还注意到 $\boldsymbol{\eta}$ 中存在非线性跨通道相互作用，这表明航空发动机的复杂动力学。

假设工作点的初始偏差状态向量为 $\boldsymbol{x}(0)=[-0.1\quad 0.1]^{\mathrm{T}}$。

图 4.13 所示为航空发动机 SMFTC 的 GWO 优化结果的迭代，显示了狼群搜索猎物的过程，并且有三种可能的捕食位置可供支配。因此，用户可以从三个可能的位置选择一个令人满意的$\boldsymbol{X}=[\sigma_1 \quad \sigma_2 \quad k_1 \quad k_2 \quad q_1 \quad q_2]$。

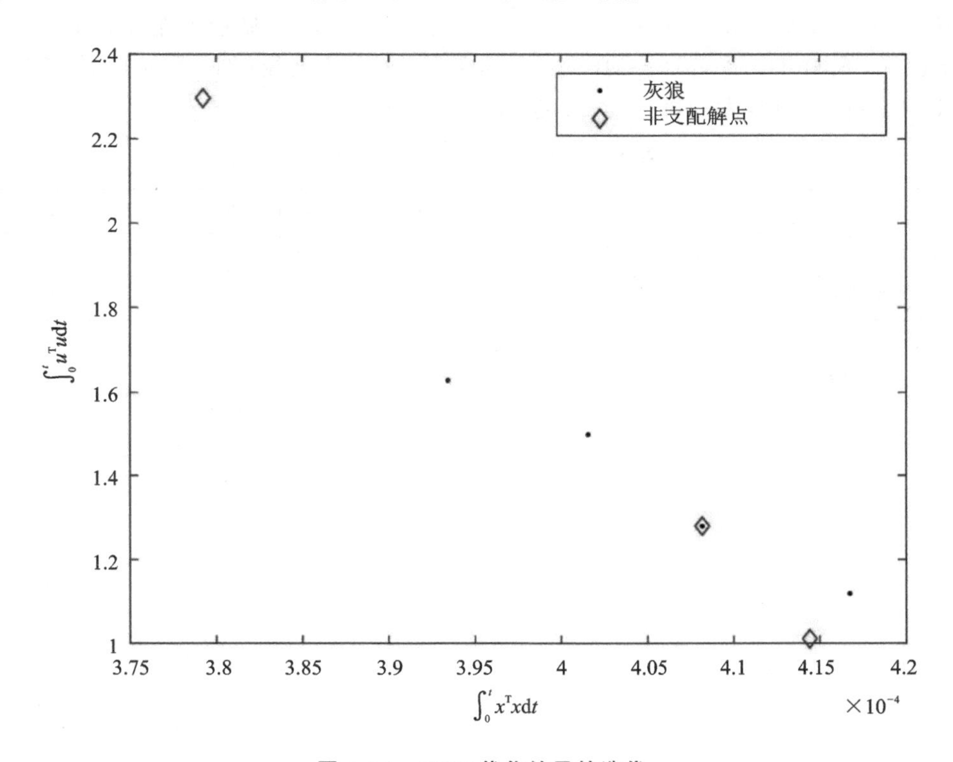

图 4.13　GWO 优化结果的迭代

由图 4.13 可知，如果更加注意最小化输入消耗，则可以选择最右的非支配解点作为最佳点；相反，选择最左边的；或者考虑两个性能指标，选择中间的一个。

表 4.1 所列为在 SMFTC 方法和智能 SMFTC 方法下分别选择的$[\sigma_1 \quad \sigma_2 \quad k_1 \quad k_2 \quad q_1 \quad q_2]$值。

表 4.1　航空发动机控制器中的可设计参数

参　数	σ_1	σ_2	k_1	k_2	q_1	q_2
SMFTC	5	5	5	5	5	5
智能 SMFTC	4.082 9	1.804 5	1.355 2	2.942 6	1.846 4	4.125 1

表 4.1 中，第二行 SMFTC 方法的参数是通过多次尝试、人工调整得到的，可以确保闭环系统的稳定。然而，由于最小化输入消耗引起了更多关注，因此在 GWO 自动搜索后，选择表 4.1 第三行中的参数作为智能 SMFTC 方法参数。

航空发动机的控制性能比较如表 4.2 所列。航空发动机的模拟结果如图 4.14～图 4.19 所示。

在表 4.1、表 4.2 和图 4.14～图 4.19 中，SMFTC 表示未经优化的控制器，智能 SMFTC 代表 GWO 智能优化的控制器。图 4.14～图 4.18 显示了在没有集成干扰的情况下，SMFTC 和智能 SMFTC 之间的控制性能比较；图 4.19 给出了智能 SMFTC 方法下航空发动机自第 2 s 起的扰动控制结果。

表 4.2 航空发动机控制性能比较

方 法	$\sum x^{\mathrm{T}}x$	$\sum u^{\mathrm{T}}u$	$\lvert\max(W_{fb})\rvert$	$\lvert\max(A_8)\rvert$	$\lvert\max(T_5)\rvert$	$\lvert\max(n_{\mathrm{h}})\rvert$	$\lvert\max(n_1)\rvert$
SMFTC	3.7849×10^{-4}	2.337 9	1.032 5	0.239 0	0.428 8	0.001 1	0.001 2
智能 SMFTC	4.6818×10^{-4}	0.535 4	0.413 6	0.090 9	0.168 5	0.001 2	0.001 1

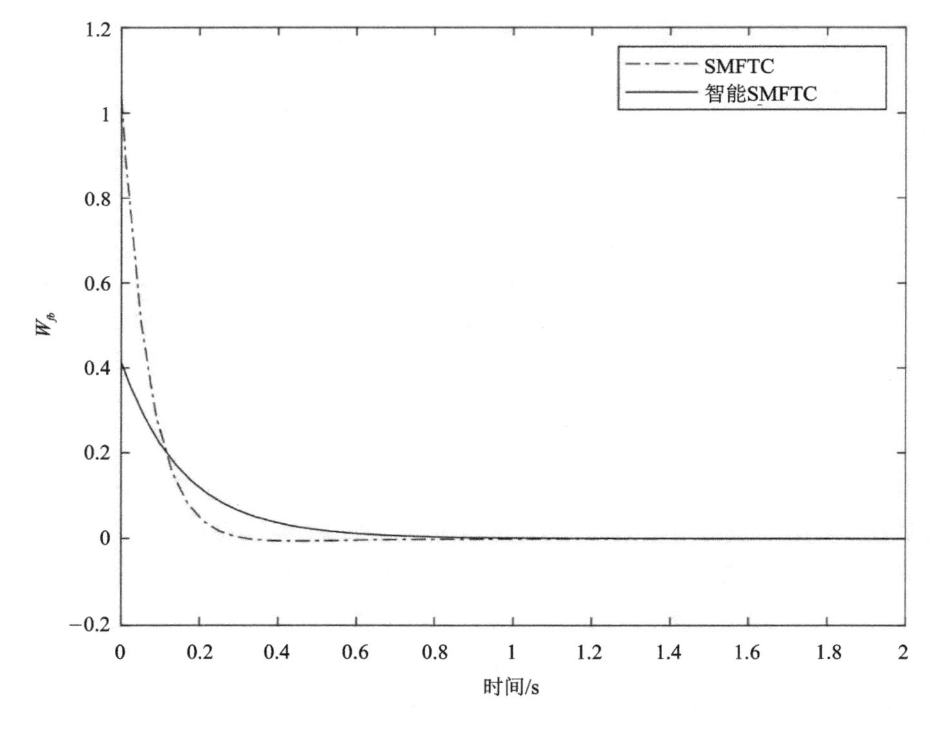

图 4.14 燃油流量标准化偏差

由表 4.2 和图 4.14～图 4.16 可以看出，在智能 SMFTC 方法下，W_{fb}、A_8 和 T_5 的最大绝对值显著降低。

图 4.17～图 4.18 显示，在两种控制方法下，n_{h} 和 n_1 的最大绝对值几乎相同，使用智能 SMFTC 时，n_1 的最大绝对值稍小。由于发电机由低压轴驱动，因此希望 n_1 的过冲较小。

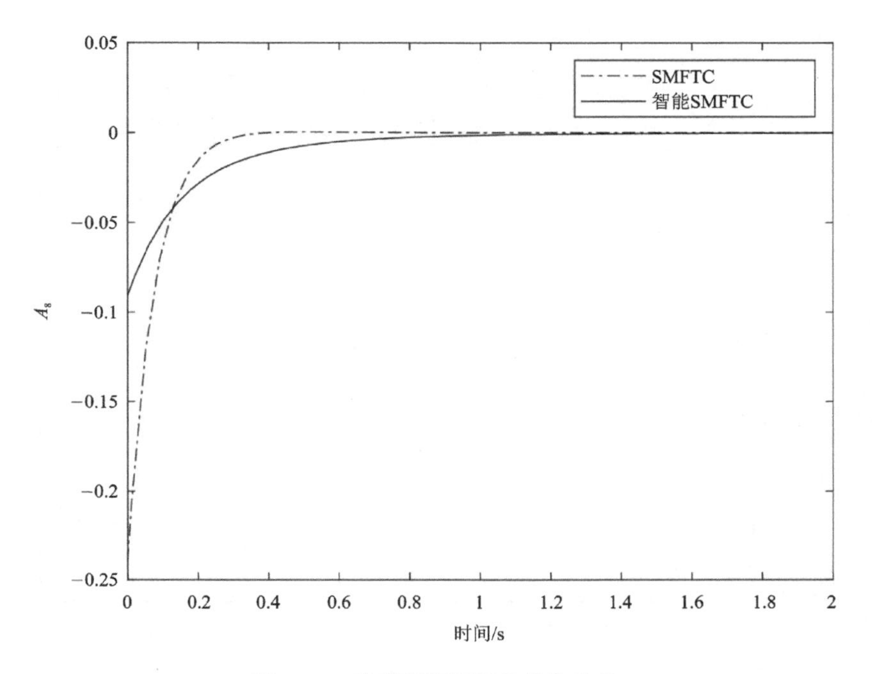

图 4.15　喷嘴喉部面积标准化偏差

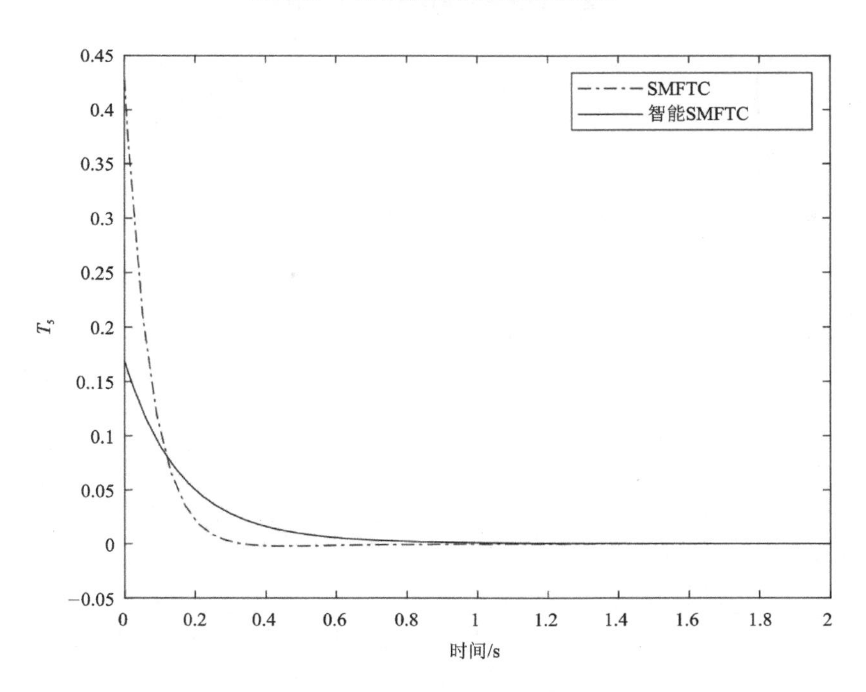

图 4.16　低压涡轮总温标准化偏差

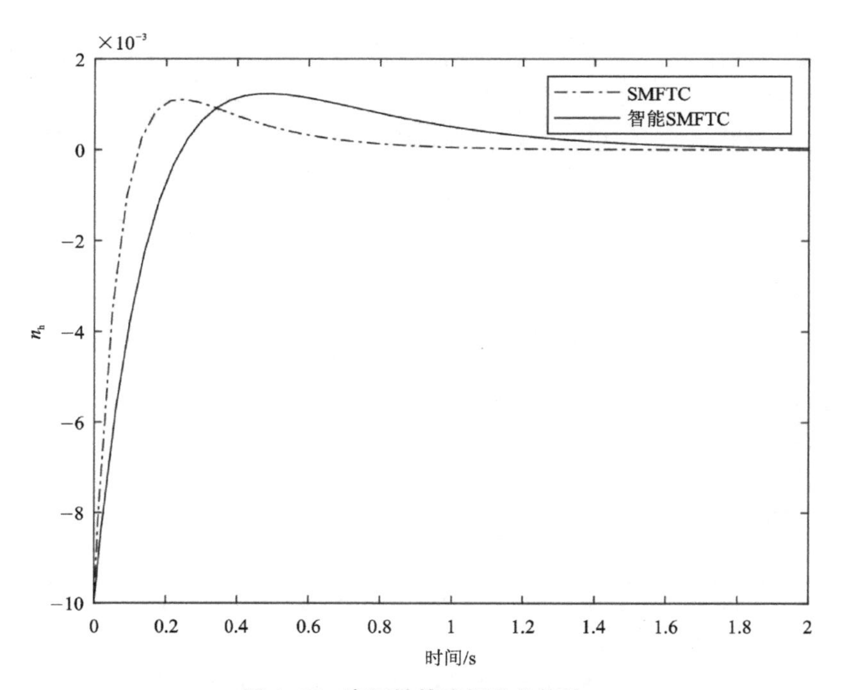

图 4.17　高压轴转速标准化偏差

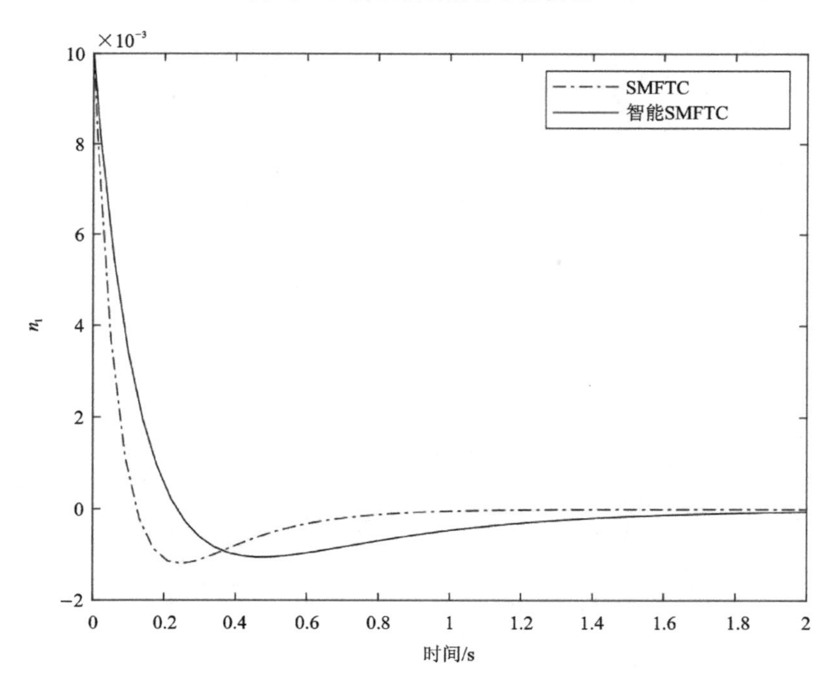

图 4.18　低压轴转速标准化偏差

如上所述，最大限度地减少投入消耗比偏差具有更多的关注。表 4.2 显示，在智

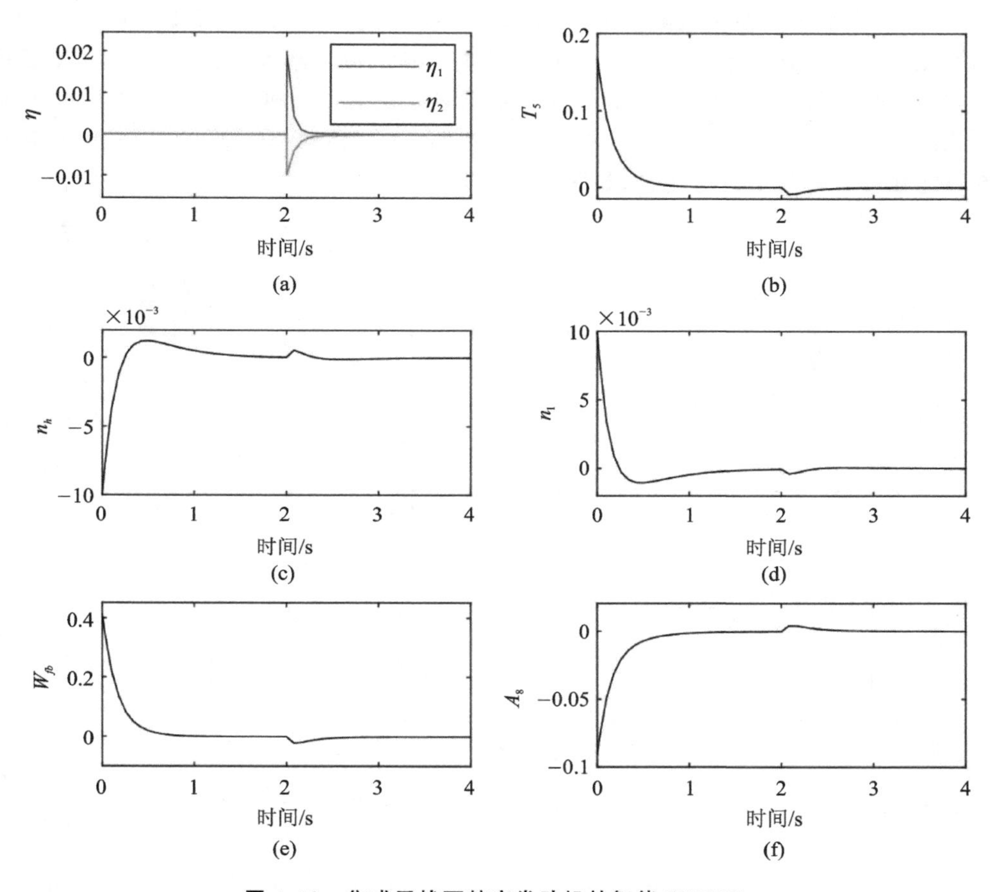

图 4.19　集成干扰下航空发动机的智能 SMFTC

能 SMFTC 方法下，平方输入的总和大幅下降，下降百分比为$\frac{2.3379-0.5354}{2.3379}\times 100\%=77.10\%$。而平方状态之和的偏差只增加了 0.8969×10^{-4}，增长率为$\frac{4.6818-3.7849}{3.7849}\times 100\%=23.70\%$。因此，GWO 的优化实现了性能需求。

如图 4.14～图 4.18 所示，优化后的动态速度较慢，因为考虑了最小输入消耗。然而，所有输入、输出和状态均可以在 2 s 内保持稳定，这也是发动机可接受的时间。

图 4.19 显示了自第 2 s 起针对航空发动机的集总干扰智能 SMFTC 的仿真结果。显然，W_{fb}、A_8、T_5、n_h、n_l 受集成扰动 $\boldsymbol{\eta}$ 的影响很小，并很快恢复到稳态。

4.4.2　整个多电航空发动机电力系统的智能控制

本小节主要是确定 APF－ATRU 电压外环中的优化设计 FOPI 参数，并展示整个多电航空发动机电力系统智能控制的仿真结果。

图 4.20 给出了在多电航空发动机电力系统中使用 APF - ATRU 时，PI、FOPI 和智能 FOPI 三个控制器在 0.7 s 内的直流电压和电流控制效果比较。同时，集成扰动如图 4.21 所示。图 4.22～图 4.25 显示了多电航空发动机电力系统中无 APF 和有 APF 3.8 s 的控制效果比较。考虑到交流母线上三相的相似动态，电压、电流和频率只能在一个相位上进行比较，如图 4.23～图 4.25 所示。

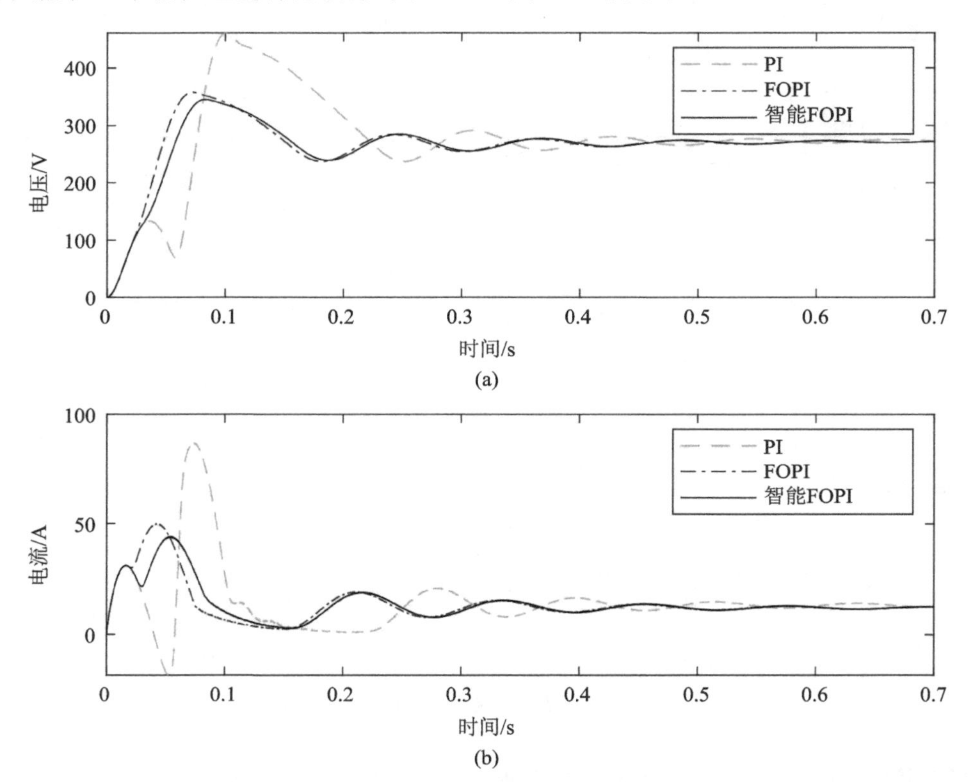

图 4.20　三种控制方法的直流电压和电流比较

为了说明多电航空发动机电力系统的鲁棒性，作如下假设：

① 交流负载增量在 0.7～0.8 s 加入电力系统。交流负载增量为有功功率 2 000 W 和感应无功功率 1 000 W(正无功)。在 0.7 s 之前，交流负载的有功功率为 4 000 W，感应无功功率为 2 000 W(正无功)，即增加 50%。

② 一个 DC/AC 逆变器故障发生在 1.4～1.5 s 内。在此期间，故障 DC/AC 逆变器断开，负载功率完全由另一个 DC/AC 逆变器承担。

③ 航空发动机的集成扰动出现在 1.8 s。

电气元件的主要参数见附录。

对于 MEA 电力系统中的两台发电机，PI 控制器参数选择为 $k_{p_G}=50$、$k_{i_G}=100$。对于 MEA 电力系统中的两个 APF - ATRU，电流内环的 PI 控制器参数选择

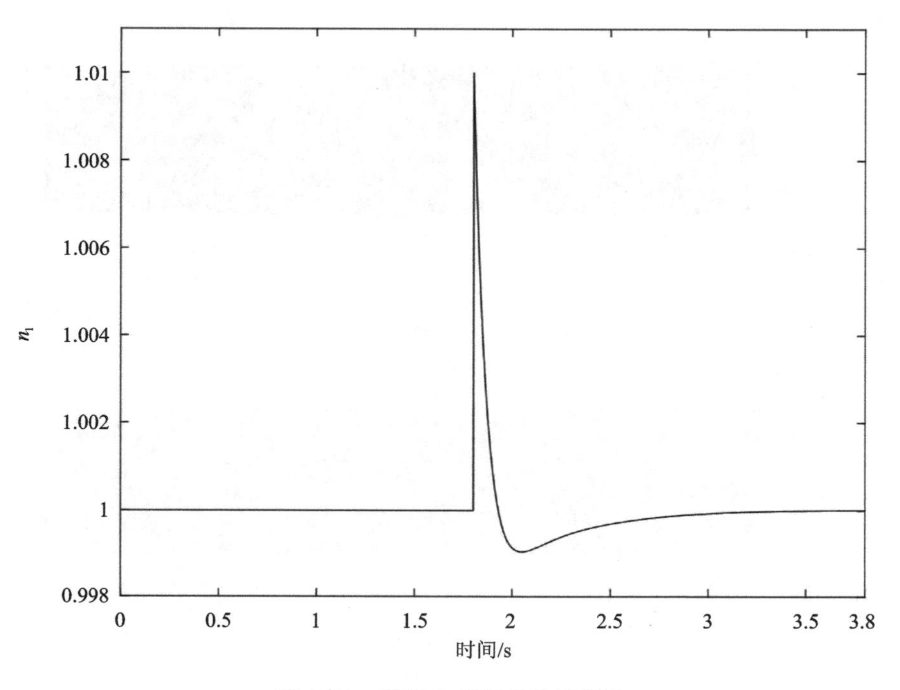

图 4.21　案例 2:低压轴波动情况

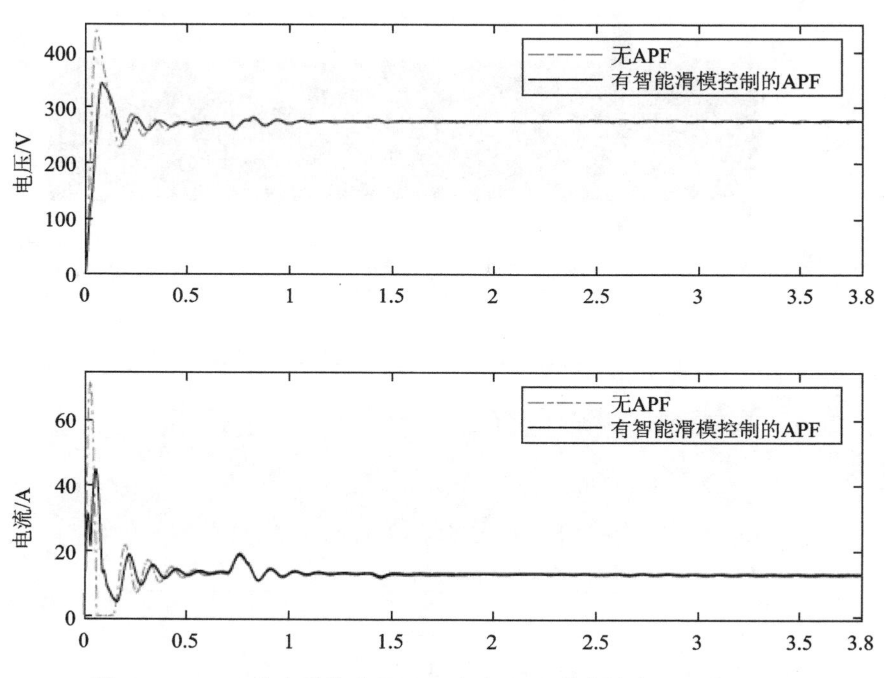

图 4.22　MEA 电力系统中无 APF 和有 APF 的直流电压和电流比较

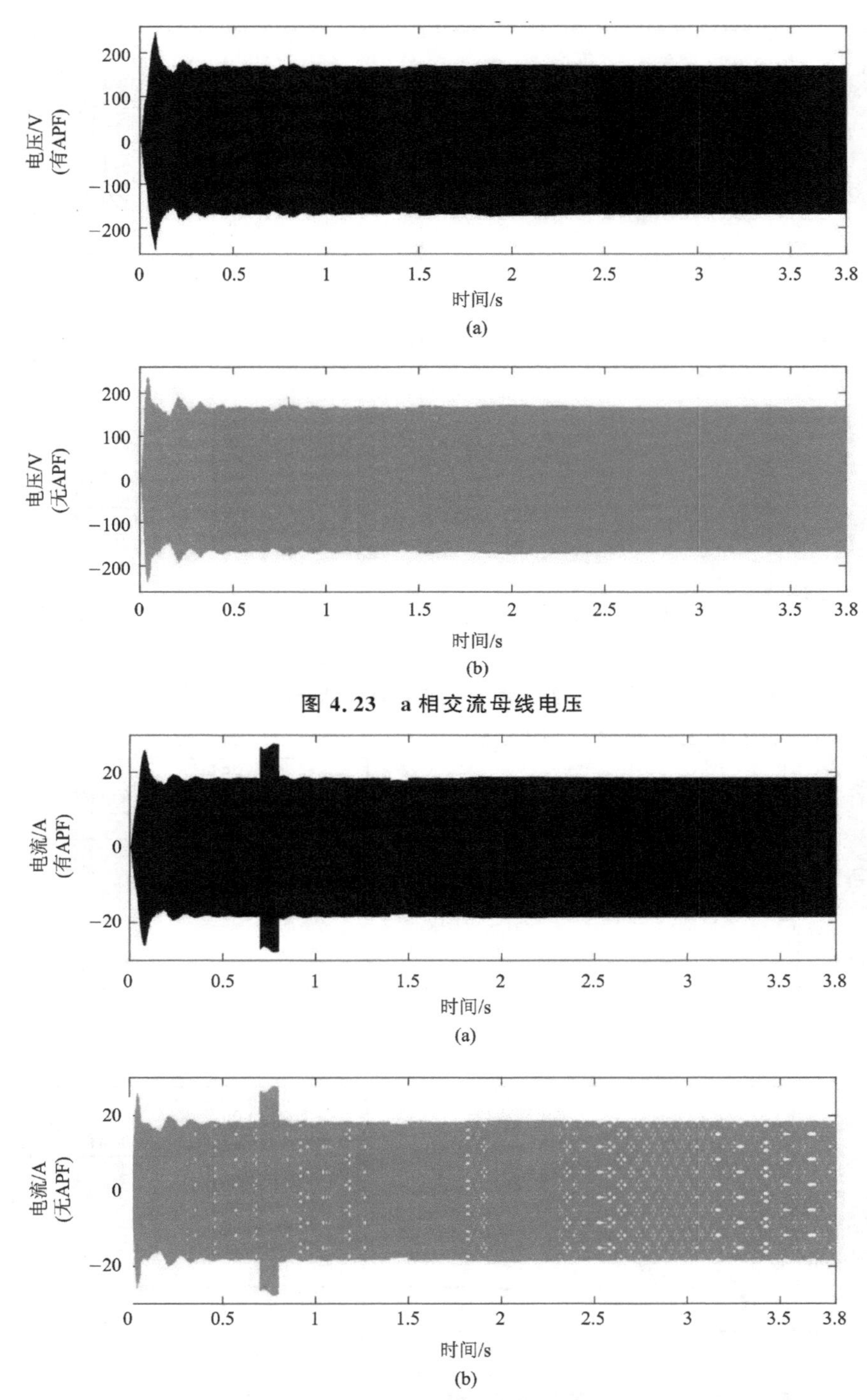

图 4.23　a 相交流母线电压

图 4.24　a 相交流母线电流

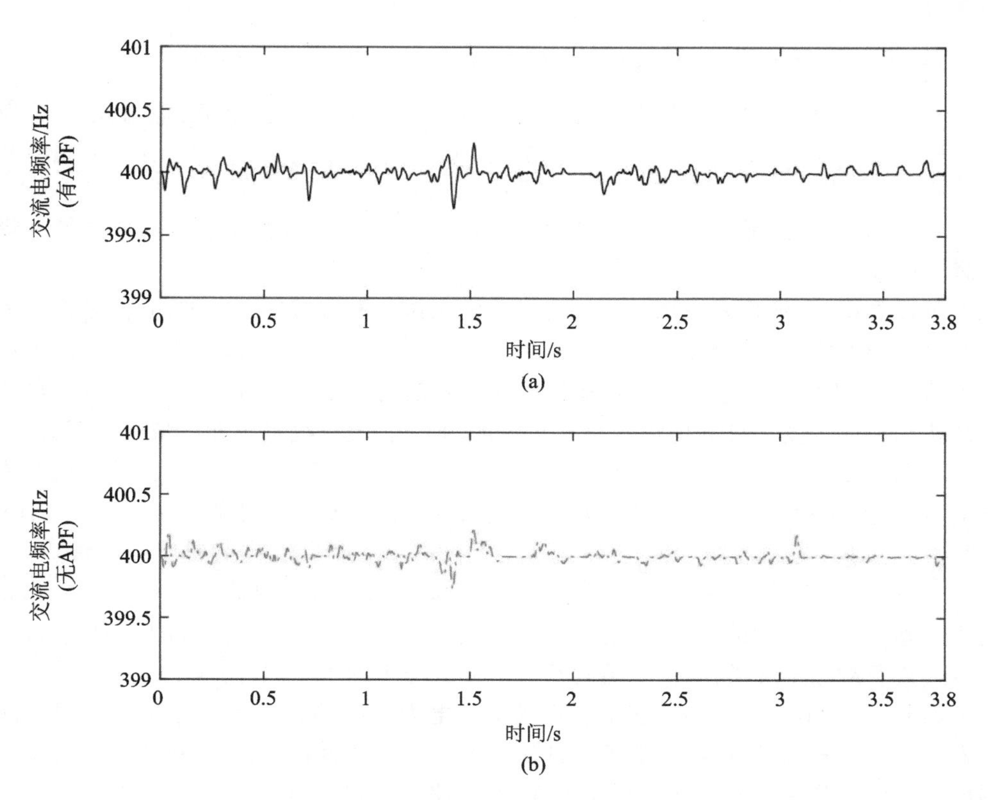

图 4.25　交流电频率

为 $k_{p_I}=3$、$k_{i_I}=0.1$。APF - ATRU 的电压外环设计了三个控制器，每个控制器的参数如表 4.3 所列。

表 4.3　航空发动机控制性能比较

方　法	参　数		
	k_{pu}	k_{iu}	$k_{\lambda u}$
PI	1	0.1	0
FOPI	1	0.1	−0.1
智能 FOPI	2.114 0	0.104 7	−0.234 0

图 4.20 显示，FOPI 和智能 FOPI 控制器都可以使直流母线中的电压和电流比 PI 控制器下的电压和电流具有更好的动态性能。在 FOPI 和智能 FOPI 控制器下，设定时间几乎相同。然而，在智能 FOPI 控制器的控制下，电压和电流的最大超调值最小。

图 4.22 显示了当 MEA 电力系统没有 APF 时，直流母线中的超调量远大于有智能控制 APF 时的超调量。直流母线中的电压和电流稳态值分别为 270 V 和 13 A。在没有有源滤波器的情况下，电压最大值为 437.2V，电流最大值为 72.11 A。

超调的百分比分别为 $\frac{437.2-270}{270}\times 100\%=75.26\%$，$\frac{72.11-13}{13}\times 100\%=454.69\%$。在有智能控制 APF 的情况下，电压最大值为 343.2 A，电流最大值为 44.85 A，超调的百分比分别为 $\frac{343.2-270}{270}\times 100\%=27.11\%$，$\frac{44.85-13}{13}\times 100\%=245.00\%$。显然，直流电压的最大值下降了近 50%，直流电流的最大值下降了近 200%。

可以看出，交流负载增加会给直流母线的电压和电流带来一些波动，但是在交流负载增加消除后，波动会在 0.6 s 内消失。由于 DC/AC 故障会改变直流母线的电压和电流，因此 DC/AC 电压源可以有效地保证直流母线电压和电流的稳定性。虽然集总扰动使航空发动机低压轴转速发生变化，但对直流母线电压和电流影响不大。

由图 4.23～图 4.25 可以看出，无论 APF 是否在多电航空发动机系统中，交流侧的电压、电流和频率曲线都是相似的。也就是说，交流侧的性能不受直流侧 APF 的影响。因此，交流侧的 VSG 对于确保电压、电流和频率达到预期性能非常重要。图 4.23 和图 4.25 显示了交流母线中的电压和频率受交流负载增加、DC/AC 故障和航空发动机集成干扰的影响。显然，交流母线中的电流随着交流负载的增加而增加，一旦交流负载的增加被消除，电流很快就会回到原来的水平，如图 4.24 所示。

因此，本小节提出的整个多电航空发动机电力系统的智能控制方法可以保证航空发动机具有较强的鲁棒性、能够保证执行器对故障的容错性；直流母线和交流母线的电压和电流具有良好的稳态和动态性能，对交流负载突变、DC/AC 故障和航空发动机集成扰动具有较强的鲁棒性；交流电流的频率保持在规定值附近。

4.5 本章小结

本章提出一种用于多电航空发动机的交直流混合电力系统设计及相应的智能容错控制方法，以保证发动机的安全运行，提高供电质量，并实现系统的多目标优化。这种智能容错控制方法的主要特点包括：

① 提出了一种考虑执行器故障的航空发动机多目标优化智能 SMFTC 方法，以保证航空发动机状态具有较强的鲁棒性和容错性能；

② 为了减小直流母线电压的波动，通过优化多个性能指标，为带 APF 的 12 脉冲 ATRU 交流/直流整流器设计了智能 FOPI 控制器；

③ DC/AC 逆变器采用 VSG 方法，以实现无论交流负载发生突变还是 DC/AC 故障，交流侧都有合适的电压、电流和频率。

仿真结果表明，所提出的智能 FTC 方法能够保证整个基于交直流混合电力系统的多电航空发动机具有良好的稳态和动态性能，以及较强的鲁棒性和容错性。

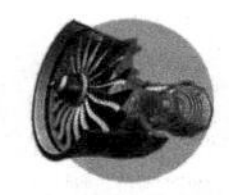

第 5 章
主动磁悬浮轴承系统滑模容错控制

5.0 引 言

美欧等国家在20世纪90年代先后实施了多电飞机的计划，而多电航空发动机是多电飞机的核心部件，其中又以支承航空发动机转子的非接触式磁性轴承为重要技术。多电航空发动机用磁悬浮轴承取代传统的接触式滚动轴承，可以减少振动，增大轴承公径DN值，改善可靠性和维修性，降低成本。磁悬浮轴承及其转子系统的鲁棒稳定、安全可靠运行，对保证多电航空发动机和多电飞机的总体性能非常关键。

滑模控制(Slidng Mode Cotrol, SMC)由于其强大的鲁棒性，已经在机械系统、电力系统、电子系统、化工系统中得到了广泛关注，十分适合于磁悬浮轴承及其转子系统的高性能控制。在传统的SMC中，干扰的界限通常需要是已知的，并且根据最坏情况原则来设计控制器。因此，控制精度受到限制。一般来说，精度的提高和鲁棒性的提高是矛盾的。尽管如此，许多研究人员已经研究了一些处理这类问题的方法。有的设计不同滑动面，有的改进控制器设计方法，还有的采用神经网络、模糊逻辑、干扰观测器等方法来逼近或估计系统中的干扰，从而提高控制系统的鲁棒性。

在本章中，首先，针对推力主动磁悬浮轴承，提出一种基于非线性扩展干扰估计器的二重积分滑模控制方法(Disturbance observer - Double integral Sliding Mode Control, DO - DISMC)。在提出的DO - DISMC控制作用下，二重积分滑动面可达，并实现全程滑模。干扰观测器可以实现对消退型和不消退型干扰的估计，且不需要已知干扰上界，干扰观测误差最终有界，控制系统具有良好的跟踪精度和鲁棒性。其次，针对五自由度磁悬浮轴承转子系统，研究一种微分滑模控制方法。该方法考虑系统状态不完全可测量和干扰上界不可知问题，设计了一种微分滑模面，并基于扩张干扰估计器，利用系统的输出变量，构造了新颖的带干扰估计的状态观测器，进而根据状态观测值和干扰估计值，基于滑模趋近律，获得磁悬浮转子系统微分滑模控制

器。该方法不需要磁悬浮转子系统高复杂度的数学模型，也不需要干扰的上界已知，而且干扰可以是持续的或非持续的，能够实现干扰估计误差和状态观测误差有界，并且收敛边界可以调节至很小，能够保证微分滑模面可达和磁悬浮转子闭环控制系统鲁棒稳定。最后，针对五自由度磁悬浮轴承转子系统中传感器故障问题，研究了基于滑模观测器的传感器故障容错控制策略，保证系统具有良好的容错性能，仿真结果验证了所提容错控制策略的有效性。

5.1　推力主动磁悬浮轴承系统二重积分滑模控制

5.1.1　推力主动磁悬浮轴承系统模型

推力主动磁悬浮轴承(Thrust active magnetic bearing, TAMB)控制系统的简化几何结构如图 5.1 所示，其中 z 是转子位置也是距标称气隙 z_0 的偏离，m 是转子的质量，F_z 是电磁力，f_{dz} 是干扰，i_0 是偏置电流，i_z 是控制电流。

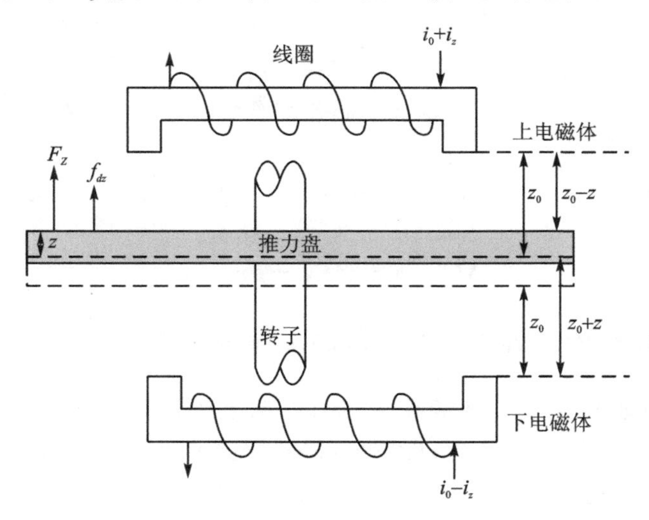

图 5.1　简化的 TAMB 控制系统几何结构

TAMB 控制系统的动态模型可以描述为

$$m\ddot{z}+c\dot{z}-f_{dz}=F_z \tag{5.1}$$

式中，c 是常数。

非线性电磁力可以描述为

$$F_z=k\left[\frac{(i_0+i_z)^2}{(z_0-z)^2}-\frac{(i_0-i_z)^2}{(z_0+z)^2}\right]$$

式中，k 是与 TAMB 结构、铁芯相关的电磁参数。

由于电磁力 F_z 具有很强的非线性，因此大量学者基于 F_z 的泰勒展开式开展研究工作。下面介绍 F_z 在它的标称工作点运行时的泰勒展开式。

非线性电磁力 F_z 可以表示为

$$F_z = K_z z + K_I i_z + o$$

式中，$K_z z + K_I i_z$ 是线性化的电磁力；o 是 F_z 的高阶无穷小；K_z 和 K_I 分别是位置和电流刚度系数；K_z 和 K_I 分别是位置和电流刚度系数。

于是式(5.1)可以改写为

$$m\ddot{z} + c\dot{z} - K_z z = K_I i_z + f_{dz} + o \tag{5.2}$$

在实际生活中，除磁悬浮轴承之外，有大量机械系统可以用类似于式(5.2)的数学模型形式来描述，例如工业台架、机械手、倒立摆等。不失去一般性，本节对式(5.2)进行推广，扩展为

$$\boldsymbol{M}\ddot{\boldsymbol{z}} + (\boldsymbol{C} + \Delta\boldsymbol{C})\dot{\boldsymbol{z}} + (\boldsymbol{K} + \Delta\boldsymbol{K})\boldsymbol{z} = (\boldsymbol{B} + \Delta\boldsymbol{B})\boldsymbol{u} + \boldsymbol{f} \tag{5.3}$$

式中，$\boldsymbol{z} = [z_1 \quad z_2 \quad \cdots \quad z_n]^{\mathrm{T}}$，$\dot{\boldsymbol{z}} = [\dot{z}_1 \quad \dot{z}_2 \quad \cdots \quad \dot{z}_n]^{\mathrm{T}}$，$\ddot{\boldsymbol{z}} = [\ddot{z}_1 \quad \ddot{z}_2 \quad \cdots \quad \ddot{z}_n]^{\mathrm{T}}$ 均是 $n \times 1$ 向量，分别表征系统的位置、速度和加速度变量，n 表示系统的自由度；$\boldsymbol{M} = \mathrm{diag}[M_1, M_2, \cdots, M_n]$，$\boldsymbol{C} = \mathrm{diag}[C_1, C_2, \cdots, C_n]$，$\boldsymbol{K} = \mathrm{diag}[K_1, K_2, \cdots, K_n]$，$\boldsymbol{B} = \mathrm{diag}[B_1, B_2, \cdots, B_n]$，分别是 $n \times n$ 的对角型惯性、阻尼、刚度和输入系数矩阵；$\boldsymbol{u} = [u_1 \quad u_2 \quad \cdots \quad u_n]^{\mathrm{T}}$，是 $n \times 1$ 的控制向量；$\boldsymbol{f} = [f_1 \quad f_2 \quad \cdots \quad f_n]^{\mathrm{T}}$，是 $n \times 1$ 向量，其包含外部干扰，未建模的非线性动态和被忽略的耦合项；$\Delta\boldsymbol{C}$、$\Delta\boldsymbol{K}$、$\Delta\boldsymbol{B}$ 分别表示 $\boldsymbol{C}$、$\boldsymbol{K}$、$\boldsymbol{B}$ 的参数摄动。

令 $\boldsymbol{d} = -\Delta\boldsymbol{C}\boldsymbol{z} - \Delta\boldsymbol{K}\boldsymbol{z} + \Delta\boldsymbol{B}\boldsymbol{u} + \boldsymbol{f} = [d_1, d_2, \cdots, d_n]^{\mathrm{T}}$ 为集成干扰，则式(5.3)可以改写成

$$\boldsymbol{M}\ddot{\boldsymbol{z}} + \boldsymbol{C}\dot{\boldsymbol{z}} + \boldsymbol{K}\boldsymbol{z} = \boldsymbol{B}\boldsymbol{u} + \boldsymbol{d} \tag{5.4}$$

5.1.2 基于非线性扩展干扰估计器的滑模控制方法

本小节针对如式(5.4)所述的系统，提出一种新型滑模控制器设计方法，以提高跟踪精度和系统鲁棒性。该方法可以避免提前知道干扰的上界，而且不论系统遭受的是消退型干扰还是非消退型的干扰，对于不同类型的跟踪参考，包括非周期性梯形指令、周期性正弦指令和可变频率正弦指令，均具有良好的跟踪性能。

将状态 $\boldsymbol{z}$ 的跟踪误差定义为 $\boldsymbol{e} = \boldsymbol{z}_m - \boldsymbol{z}$，其中 $\boldsymbol{z}_m$ 表示参考轨迹。跟踪误差相应的一阶和二阶导数分别为 $\dot{\boldsymbol{e}} = \dot{\boldsymbol{z}}_m - \dot{\boldsymbol{z}}$，$\ddot{\boldsymbol{e}} = \ddot{\boldsymbol{z}}_m - \ddot{\boldsymbol{z}}$。

假设 5.1.1 集成干扰 $\boldsymbol{d}$ 连续，并且满足零阶、一阶、二阶导数范数有界，但是界不需要已知，即

$$\left| \frac{d^j d_i}{dt^j} \right| \leqslant \mu_i, \quad j = 0, 1, 2 \tag{5.5}$$

其中，$\boldsymbol{\mu} = [\mu_1, \mu_2, \cdots, \mu_n]^{\mathrm{T}}$，$\mu_i (i = 1, 2, \cdots, n)$ 是正值常数。集成干扰 $\boldsymbol{d}$ 不要求满足

匹配条件，即 $\boldsymbol{d}$ 可能是不匹配干扰。

假设 5.1.2　z_m、$\dot{z}_m$、$\ddot{z}_m$ 是已知的，$\boldsymbol{z}$、$\dot{\boldsymbol{z}}$ 是可测量的，$B_i \neq 0$，$M_i > 0$，$(i=1,2,\cdots,n)$。

由系统式(5.3)可知，$\boldsymbol{M}$、$\boldsymbol{C}$、$\boldsymbol{K}$、$\boldsymbol{B}$ 均为对角阵，即在系统建模时把各子系统视为解耦的，它们之间的耦合作用体现在 $\boldsymbol{f}$ 中。因此，n 个子系统的控制设计方法可以是类似的。为了简洁描述本小节的控制系统设计方法，下面围绕系统的第 i 子系统进行设计。

第 i 个子系统模型为

$$M_i\ddot{z}_i + C_i\dot{z}_i + K_i z_i = B_i u_i + d_i \quad (i=1,2,\cdots,n) \tag{5.6}$$

1. 非线性扩展干扰估计器设计

令 $\boldsymbol{\xi}_i = [d_i, \dot{d}_i]^{\mathrm{T}}$，并为 $\boldsymbol{\xi}_i$ 设计扩展干扰观测器，如下：

$$\left.\begin{aligned}\hat{\boldsymbol{\xi}}_i &= \boldsymbol{p}_i + \boldsymbol{q}_i M_i \dot{z}_i \\ \dot{\boldsymbol{p}}_i &= -\boldsymbol{q}_i \phi_i + \boldsymbol{Q}_i \hat{\boldsymbol{\xi}}_i\end{aligned}\right\} \tag{5.7}$$

式中，$\hat{\boldsymbol{\xi}}_i = \begin{bmatrix}\hat{d}_i \\ \hat{\dot{d}}_i\end{bmatrix}$；$\boldsymbol{p}_i = \begin{bmatrix}p_{i_1} \\ p_{i_2}\end{bmatrix}$；$\boldsymbol{q}_i = \begin{bmatrix}q_{i_1} \\ q_{i_2}\end{bmatrix}$；$\boldsymbol{Q}_i = \begin{bmatrix}-q_{i_1} & 1 \\ -q_{i_2} & 0\end{bmatrix}$。$\hat{d}_i$ 和 $\hat{\dot{d}}_i$ 分别是 d_i 和 $\dot{d}_i$ 的估计值，$\boldsymbol{p}_i$ 是观测器的内部状态，$q_{i_1} > 0$ 和 $q_{i_2} > 0$ 是用户可设计的正值常数。

显然，$M_i\dot{z}_i$ 融入了观测器的设计，因此，该观测器考虑了系统的本身特性。

式(5.6)可以改写为

$$\begin{aligned}M_i\ddot{z}_i &= (-C_i\dot{z}_i - K_i z_i + B_i u_i) + d_i \\ &= \phi_i + d_i\end{aligned}$$

式中，$\phi_i = -C_i\dot{z}_i - K_i z_i + B_i u_i$。

根据式(5.7)可知，$\hat{\boldsymbol{\xi}}_i$ 的导数为

$$\begin{aligned}\dot{\hat{\boldsymbol{\xi}}}_i &= \dot{\boldsymbol{p}}_i + \boldsymbol{q}_i M_i \ddot{z} \\ &= \dot{\boldsymbol{p}}_i + \boldsymbol{q}_i(\phi_i + d_i) \\ &= \boldsymbol{Q}_i\hat{\boldsymbol{\xi}}_i + \boldsymbol{q}_i d_i\end{aligned}$$

定义观测误差为 $\tilde{\boldsymbol{\xi}}_i = \boldsymbol{\xi}_i - \hat{\boldsymbol{\xi}}_i$，并引入辅助参数 $\boldsymbol{\beta} = [0,1]^{\mathrm{T}}$，于是

$$\begin{aligned}\dot{\tilde{\boldsymbol{\xi}}}_i &= \dot{\boldsymbol{\xi}}_i - \dot{\hat{\boldsymbol{\xi}}}_i \\ &= \begin{bmatrix}\dot{d}_i \\ \ddot{d}_i\end{bmatrix} - (\boldsymbol{Q}_i\hat{\boldsymbol{\xi}} + \boldsymbol{q}_i d_i)\end{aligned}$$

$$=\left(\begin{bmatrix}0 & 1\\0 & 0\end{bmatrix}\boldsymbol{\xi}_i+\begin{bmatrix}0\\1\end{bmatrix}\ddot{d}_i\right)-\boldsymbol{Q}_i\hat{\boldsymbol{\xi}}-\begin{bmatrix}q_{i_1} & 0\\q_{i_2} & 0\end{bmatrix}\boldsymbol{\xi}_i$$

$$=\boldsymbol{Q}_i\tilde{\boldsymbol{\xi}}_i+\begin{bmatrix}0\\1\end{bmatrix}\ddot{d}_i$$

$$=\boldsymbol{Q}_i\tilde{\boldsymbol{\xi}}_i+\boldsymbol{\beta}_i\ddot{d}_i \tag{5.8}$$

2. 改进的二重积分滑模面设计

考虑跟踪误差 $e_i=z_{i_m}-z_i$，并设计一个改进的二重积分滑动面：

$$\left.\begin{aligned}s_i&=\bar{s}_i-\bar{s}_i(0)\mathrm{e}^{-\alpha_i t}\\\bar{s}_i&=\dot{e}_i+\sigma_{i_1}e_i+\sigma_{i_2}\int_0^t e_i(\tau)\mathrm{d}\tau+\sigma_{i_3}\int_0^t\int_0^t e_i(\tau)\mathrm{d}\tau\mathrm{d}\tau\end{aligned}\right\} \tag{5.9}$$

其中，$\sigma_{i_j}>0$，$(j=1,2,3)$且 $\alpha_i>0$ 是用户可选择的正值常数。

本小节所提出的改进的二重积分滑动面(5.9)可以实现滑模变量在初始时刻 $t=0$ 时就有 $s_i=0$。因此滑动面(5.9)是一类全程滑模面，消除了传统滑模控制中的趋近模态，提高了系统的鲁棒性。

显然，s_i 的导数是

$$\begin{aligned}\dot{s}_i&=\dot{\bar{s}}_i+\alpha_i\bar{s}_i(0)\mathrm{e}^{-\alpha_i t}\\&=\ddot{e}_i+\sigma_{i_1}\dot{e}_i+\sigma_{i_2}e_i+\sigma_{i_3}\int_0^t e_i(\tau)\mathrm{d}\tau+\alpha_i\bar{s}_i(0)\mathrm{e}^{-\alpha_i t}\end{aligned} \tag{5.10}$$

3. 二重积分滑模控制器设计

基于上述设计的扩展干扰观测器(5.7)和改进的二重积分滑动面(5.9)，创建以下控制器：

$$u_i=B_i^{-1}[(-\hat{d}_i+\varphi_i)+l_{i_1}s_i+l_{i_2}(s_i)s_i] \tag{5.11}$$

其中，$l_{i_1}>0$，是用户可选择的正值常数；$l_{i_2}(s_i)$ 是关于 s_i 的可设计的非负非线性函数；

$$\varphi_i=C_i\dot{z}_i+K_iz_i+M_i[\ddot{z}_{i_m}+\sigma_{i_1}\dot{\boldsymbol{e}}_i+\sigma_{i_2}e_i+\sigma_{i_3}\int_0^t e_i(\tau)\mathrm{d}\tau+\alpha_i\bar{s}_i(0)\mathrm{e}^{-\alpha_i t}] \tag{5.12}$$

在式(5.11)中，$l_{i1}s_i$ 发挥的是线性反馈作用，用于镇定没有干扰时的被控系统；$l_{i1}(s_i)s_i$ 发挥的是非线性反馈作用，用于保证系统在有干扰时具有鲁棒性。

基于 DO－DISMC 方法的结构框图见图 5.2。

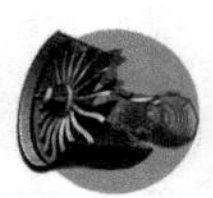

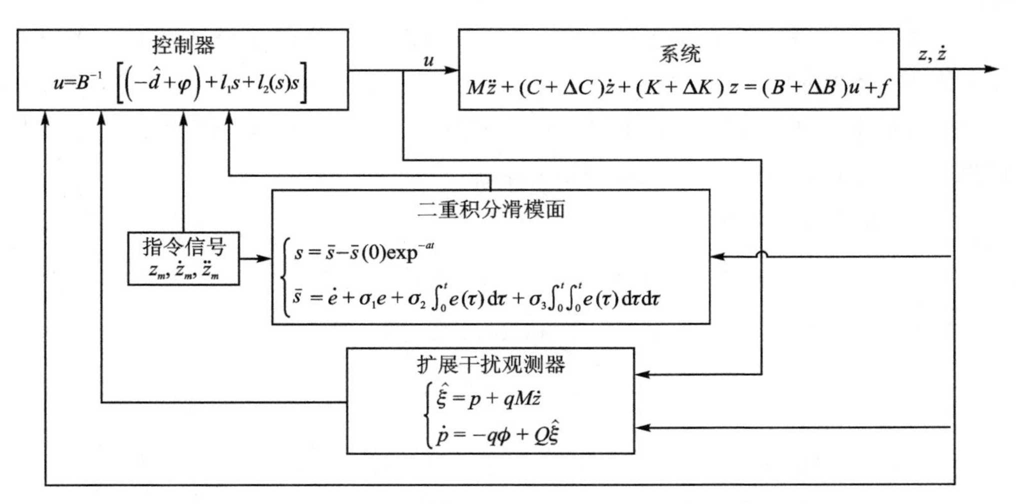

图 5.2　基于扩展干扰观测器的二重积分滑模控制(DO - DISMC)方法

4. 鲁棒稳定性分析

(1) 扩展干扰观测器稳定性分析

根据扩展干扰观测器(5.7),可以选择合适的 q_{i_1} 和 q_{i_2} 来使得 $\boldsymbol{Q}_i$ 特征值稳定,具有满意的性能。由式(5.8)可以发现,总是可以找到正定对称矩阵 $\boldsymbol{P}_i$,使得对于任意给定的正定矩阵 $\boldsymbol{N}_i$ 满足下式:

$$\boldsymbol{Q}_i^{\mathrm{T}}\boldsymbol{P}_i+\boldsymbol{P}_i\boldsymbol{Q}_i=-\boldsymbol{N}_i \tag{5.13}$$

因此,假设 $\lambda_{i_{\min}}$ 表示 $\boldsymbol{N}_i$ 的最小的特征值,并且选择 Lyapunov 函数为 $V_{\xi_i}=\tilde{\boldsymbol{\xi}}_i^{\mathrm{T}}\boldsymbol{P}_i\tilde{\boldsymbol{\xi}}_i$,于是有

$$\begin{aligned}
\dot{V}_{\xi_i}&=\dot{\tilde{\boldsymbol{\xi}}}_i^{\mathrm{T}}P_i\tilde{\boldsymbol{\xi}}_i+\tilde{\boldsymbol{\xi}}_i^{\mathrm{T}}\boldsymbol{P}_i\dot{\tilde{\boldsymbol{\xi}}}_i\\
&=(\boldsymbol{Q}_i\tilde{\boldsymbol{\xi}}_i+\boldsymbol{\beta}\ddot{d}_i)^{\mathrm{T}}\boldsymbol{P}_i\tilde{\boldsymbol{\xi}}_i+\tilde{\boldsymbol{\xi}}_i^{\mathrm{T}}\boldsymbol{P}_i(\boldsymbol{Q}_i\tilde{\boldsymbol{\xi}}_i+\boldsymbol{\beta}\ddot{d}_i)\\
&=(\tilde{\boldsymbol{\xi}}_i^{\mathrm{T}}\boldsymbol{Q}_i^{\mathrm{T}}\boldsymbol{P}_i\tilde{\boldsymbol{\xi}}_i+\tilde{\boldsymbol{\xi}}_i^{\mathrm{T}}\boldsymbol{P}_i\boldsymbol{Q}_i\tilde{\boldsymbol{\xi}}_i)+[(\boldsymbol{\beta}\ddot{d}_i)^{\mathrm{T}}\boldsymbol{P}_i\tilde{\boldsymbol{\xi}}_i+\tilde{\boldsymbol{\xi}}_i^{\mathrm{T}}\boldsymbol{P}_i(\boldsymbol{\beta}\ddot{d}_i)]\\
&=\tilde{\boldsymbol{\xi}}_i^{\mathrm{T}}(\boldsymbol{Q}_i^{\mathrm{T}}\boldsymbol{P}_i+\boldsymbol{P}_i\boldsymbol{Q}_i)\tilde{\boldsymbol{\xi}}_i+2\tilde{\boldsymbol{\xi}}_i^{\mathrm{T}}\boldsymbol{P}_i\boldsymbol{\beta}\ddot{d}_i
\end{aligned}$$

由假设(5.5)和式(5.13),可知

$$\begin{aligned}
\dot{V}_{\xi_i}&\leqslant-\tilde{\boldsymbol{\xi}}_i^{\mathrm{T}}\boldsymbol{N}_i\tilde{\boldsymbol{\xi}}_i+2\|\boldsymbol{P}_i\boldsymbol{\beta}\|\cdot\|\tilde{\boldsymbol{\xi}}_i\|\mu_i\\
&\leqslant-\|\tilde{\boldsymbol{\xi}}_i\|(\lambda_{i_{\min}}\|\tilde{\boldsymbol{\xi}}_i\|-2\|\boldsymbol{P}_i\boldsymbol{\beta}\|\mu_i)
\end{aligned}$$

因此,在足够长的时间后,观测误差的范数有界,即

$$\|\tilde{\boldsymbol{\xi}}_i\|\leqslant\gamma_i$$

式中,$\gamma_i=\lambda_{i_{\min}}^{-1}(2\|\boldsymbol{P}_i\boldsymbol{\beta}\|\mu_i)$。

因此，观测误差 $\tilde{\boldsymbol{\xi}}_i$ 是最终有界的，而且该界的大小可以通过选择合适的 q_{i_1}，q_{i_2}，$\boldsymbol{P}_i$，$\boldsymbol{N}_i$ 来降低。

值得指出的是，扩展干扰观测器(5.7)不需要干扰满足$\lim\limits_{t\to\infty}\dot{\boldsymbol{d}}=0$，因此扩展干扰观测器(5.7)可以处理消退的和非消退的干扰。

(2) 滑模可达性分析

选择 Lyapunov 函数 $V_{s_i}=\frac{1}{2}s_i^{\mathrm{T}}M_is_i$，因此有 $\dot{V}_{s_i}=s_i^{\mathrm{T}}M_i\dot{s}_i$。

根据式(5.6)、式(5.10)、式(5.11)和式(5.12)，有

$$
\begin{aligned}
M_i\dot{s}_i &= M_i\left[\ddot{e}_i+\sigma_{i_1}\dot{e}_i+\sigma_{i_2}e_i+\sigma_{i_3}\int_0^t e_i(\tau)\mathrm{d}\tau+\alpha_i\bar{s}_i(0)\mathrm{e}^{-\alpha_it}\right] \\
&= -M_i\ddot{z}_i+M_i\left[\ddot{z}_{i_m}+\sigma_{i_1}\dot{e}_i+\sigma_{i_2}e_i+\sigma_{i_3}\int_0^t e_i(\tau)\mathrm{d}\tau+\alpha_i\bar{s}_i(0)\mathrm{e}^{-\alpha_it}\right] \\
&= (C_i\dot{z}_i+K_iz_i-B_iu_i-d_i)+M_i\left[\ddot{z}_{i_m}+\sigma_{i_1}\dot{e}_i+\sigma_{i_2}e_i+\right. \\
&\quad \left.\sigma_{i_3}\int_0^t e_i(\tau)\mathrm{d}\tau+\alpha_i\bar{s}_i(0)\mathrm{e}^{-\alpha_it}\right] \\
&= (-B_iu_i-d_i)+\left\{C_i\dot{z}_i+K_iz_i+M_i\left[\ddot{z}_{i_m}+\sigma_{i_1}\dot{e}_i+\sigma_{i_2}e_i+\right.\right. \\
&\quad \left.\left.\sigma_{i_3}\int_0^t e_i(\tau)\mathrm{d}\tau+\alpha_i\bar{s}_i(0)\mathrm{e}^{-\alpha_it}\right]\right\} \\
&= -B_iu_i-d_i+\varphi_i
\end{aligned}
\tag{5.14}
$$

根据控制器式(5.11)和式(5.14)，可知 V_{s_i} 的导数为

$$
\begin{aligned}
\dot{V}_{s_i} &= s_i^{\mathrm{T}}(-B_iu_i-d_i+\varphi_i) \\
&= s_i^{\mathrm{T}}\left[-(-\hat{d}_i+\varphi_i+l_{i_1}s_i+l_{i_2}(s_i)s_i)-d_i+\varphi_i\right] \\
&= -s_i^{\mathrm{T}}(\tilde{d}_i+l_{i_1}s_i+l_{i_2}(s_i)s_i) \\
&= -s_i^{\mathrm{T}}l_{i_1}s_i-s_i^{\mathrm{T}}(\tilde{d}_i+l_{i_2}(s_i)s_i)
\end{aligned}
\tag{5.15}
$$

为了保证系统的稳定性，$l_{i_2}(s_i)$需要满足以下两个条件：

$$
\begin{cases}
-s_i^{\mathrm{T}}(\tilde{d}_i+l_{i_2}(s_i)s_i)\leqslant \dot{o}_i \\
-s_i^{\mathrm{T}}l_{i_2}(s_i)s_i\leqslant 0
\end{cases}
\tag{5.16}
$$

其中，$\dot{o}_i$是可设计参数，是可以任意小的。

把式(5.16)代入式(5.15)，有

$$
\dot{V}_{s_i}\leqslant -s_i^{\mathrm{T}}l_{i_1}s_i+\dot{o}_i
$$

显然，除了 $s_i=0$，由于 $\dot{o}_i$ 可以任意小，因此总是存在合适的 l_{i_1} 和 $l_{i_2}(s_i)$ 从而保证 $\dot{V}_{s_i}<0$，故滑模面是可达的。

根据滑模控制理论，跟踪误差状态在达到滑模面式(5.9)后，将在滑模控制器式

(5.11)的作用下保持在滑模面上，因此，闭环系统是鲁棒稳定的。

当 $\tilde{d}_i$ 有界时，总是存在连续的或充分光滑的 $l_{i_2}(s_i)s_i$ 函数，使得条件(5.16)对于任意 $\dot{o}_i$ 都成立。

对于系统(5.6)，一种可选的 $l_{i_2}(s_i)$是

$$\begin{cases} l_{i_2}(s_i) \geqslant \dfrac{\gamma_i^2}{\dot{o}_i}, & s_i \leqslant \dfrac{2\dot{o}_i}{\gamma_i} \\ l_{i_2}(s_i) \geqslant \dfrac{2\gamma_i}{|s_i|}, & s_i > \dfrac{2\dot{o}_i}{\gamma_i} \end{cases}$$

该 $l_{i_2}(s_i)s_i$ 对应的示意图见图 5.3。

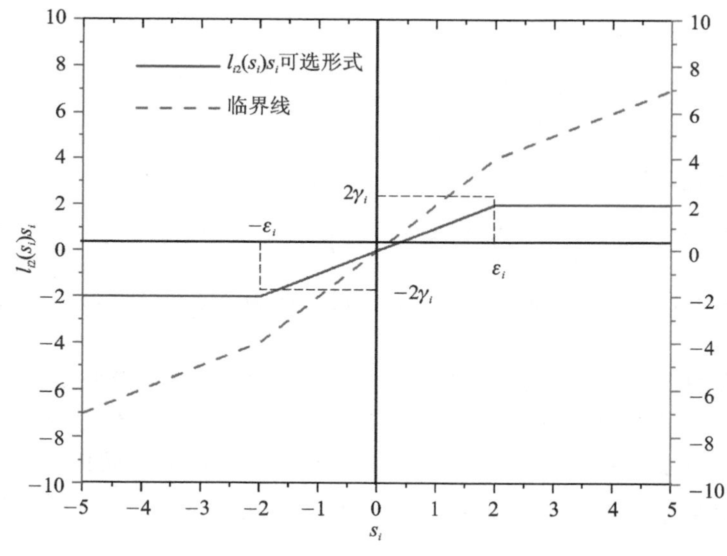

图 5.3　$l_{i_2}(s_i)s_i$ 示意图

图 5.3 中，虚线给出了 $l_{i_2}(s_i)s_i$ 的可选形式，实际上任何函数在第一象限中的实线临界线之上和第三象限中的红色临界线之下，都可以选择为 $l_{i_2}(s_i)s_i$ 函数。

5.1.3　仿真验证

考虑 c, K_z, K_I，可能存在的不确定性，对比式(5.2)和式(5.4)，有 $\boldsymbol{M}=m$，$\boldsymbol{C}=c$，$\boldsymbol{K}=-K_z$，$\boldsymbol{B}=K_I$，$\boldsymbol{u}=i_z$，$\boldsymbol{d}=f_{dz}+o+(-\Delta c\dot{z}+\Delta K_z z+\Delta K_I i_z)$。

本小节中对应的 TAMB 系统参数为 $m=2.565$ kg，$i_0=1.4\times0.5$ A，$K_z=25.2$ N/mm，$c=0.001K_I=40$ N/A，$c=0.001$。

假设不确定性为 $\Delta c=-0.3\times c$，$f_{dz}=0.03\times2\times0.38\times9.8$ N。注意到 o 是 F_z 的高阶无穷小，F_z 与 z 有关，当参考轨迹 z_m 是周期信号时，o 将有一些周期的特

性，因此这时的集成干扰 $\boldsymbol{d}$ 可能是一类周期的非消退的干扰。

考虑到不同速度的非周期的梯形指令信号可以验证瞬时跟踪响应的有效性，不同频率的变周期正弦指令信号可以检查跟踪响应的平滑性和鲁棒性，本小节设计的目的是提高系统(5.1)的跟踪精度和鲁棒性(不管系统遭受消退的或非消退的干扰，也无论跟踪轨迹的导数是否为零)。因此，下面将通过非周期的梯形信号、周期的正弦信号、变周期的正弦信号来检验本发明所提 DO－DISMC 方法的跟踪性能和鲁棒性。DO－DISMC 方法中涉及的可选参数选取如下值：

在扩展干扰观测器中，$\boldsymbol{q}=[1.9 \quad 1]^{\mathrm{T}}$ 和 $\gamma=0.05$；在改进的二重积分滑模中，$\sigma_1=55$，$\sigma_2=5$，$\sigma_3=1$ 和 $\alpha=10$；在控制器中，$l_1=9$ 和 $\dot{o}=0.01$。

为了做比较，这里同时设计了 PID 控制器和传统滑模控制器，PID 控制器形式如下：

$$u_{\mathrm{PID}}=k_{p_{\mathrm{PID}}}e+k_{i_{\mathrm{PID}}}\int_0^t e(\tau)\mathrm{d}\tau+k_{d_{\mathrm{PID}}}\dot{e}$$

式中，$k_{p_{\mathrm{PID}}}=15$，$k_{i_{\mathrm{PID}}}=10$，$k_{d_{\mathrm{PID}}}=0.05$。

传统滑模控制器如下：

$$u_{\mathrm{SMC}}=B^{-1}\left[\ddot{z}_m-\left(-\frac{c}{m}\right)\dot{z}-\left(\frac{K_z}{m}\right)z+\lambda_{\mathrm{SMC}}\dot{e}+\delta_{\mathrm{SMC}}\mathrm{sat}\left(\frac{s}{\psi_{\mathrm{SMC}}}\right)\right]$$

式中，滑模面函数为 $s=\dot{e}+\lambda_{\mathrm{SMC}}e$；相关参数取值为 $\lambda_{\mathrm{SMC}}=1.8$，$\delta_{\mathrm{SMC}}=2.5$，$\psi_{\mathrm{SMC}}=0.01$。

图 5.4 和图 5.9 分别给出了非周期性梯形指令和周期性正弦曲线指令。图 5.5～图 5.8 显示了系统在非周期性梯形指令下的响应。图 5.10～图 5.12 显示了系统在周期性正弦指令下的响应。图 5.13 展示了系统在不同频率正弦曲线下的响应。仿真结果的一些数值列于表 5.1 和表 5.2 中，其中 max、RMS、P2P 和 $\sum$ 代表最大值、均方根值、峰谷值和相应变量的和值。

表 5.1　具有非周期性梯形指令的三个控制器的性能比较

方　法	max＜(|e|)	RMS(e)	P2P(e)	max(|$\dot{e}$|)	RMS($\dot{e}$)	P2P($\dot{e}$)	RMS(u)	$\sum(u^2)$
PID	0.007 2	0.003 1	0.013 4	0.084 7	0.043 1	0.169 1	0.064 5	493.927 4
SMC	0.001 3	0.000 3	0.002 2	0.075 1	0.002 3	0.150 1	0.048 4	97.062 3
DO－DISMC	0.001 2	0.000 2	0.002 2	0.075 0	0.002 2	0.150 0	0.048 2	87.513 8

表 5.2　具有不变周期性正弦指令的三个控制器的性能比较

方　法	max＜(|e|)	RMS(e)	P2P(e)	max(|$\dot{e}$|)	RMS($\dot{e}$)	P2P($\dot{e}$)	RMS(u)	$\sum(u^2)$
PID	0.017 4	0.008 3	0.034 4	0.221 7	0.117 3	0.439 2	0.128 3	493.927 4
SMC	0.014 6	0.010 0	0.028 9	0.157 1	0.018 3	0.183 1	0.056 9	97.062 3
DO－DISMC	0.008 4	0.005 7	0.016 6	0.157 1	0.021 7	0.188 1	0.054 0	87.513 8

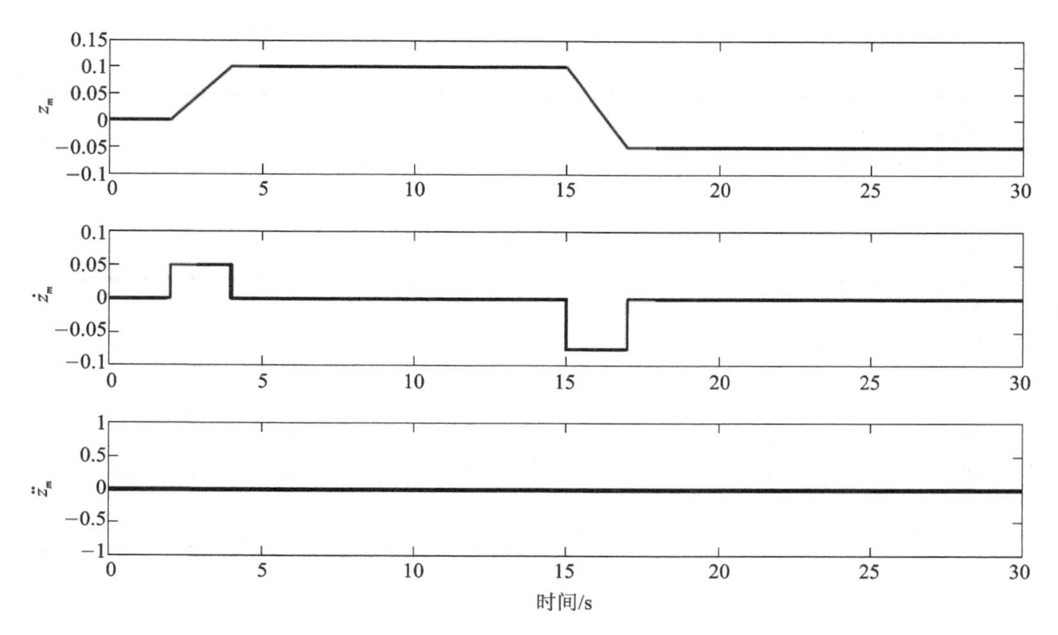

图 5.4　非周期性梯形指令

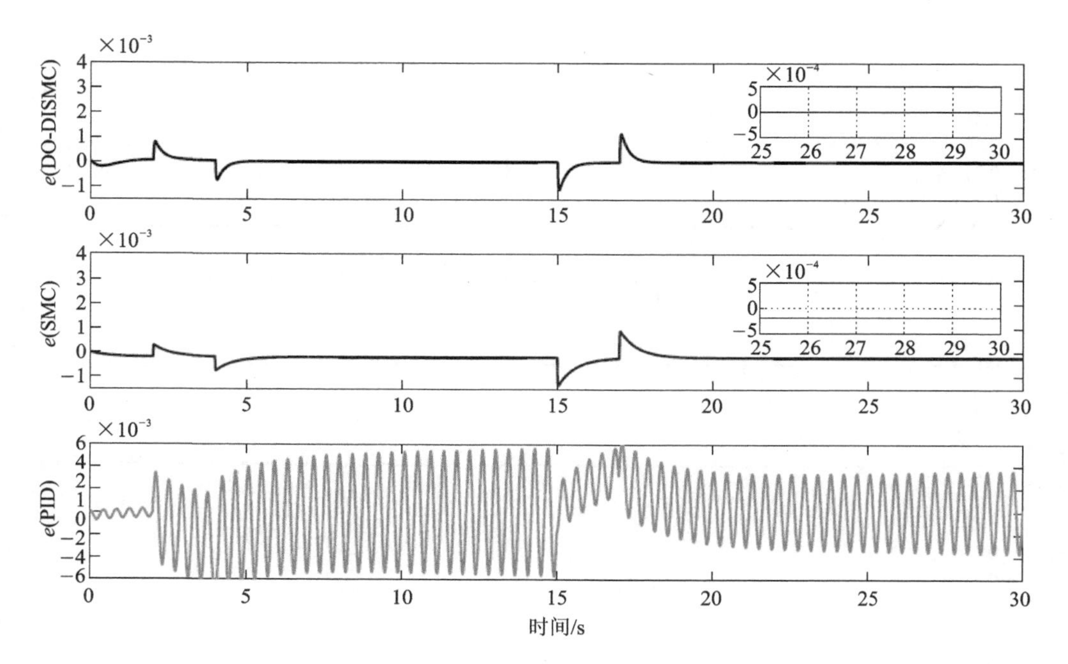

图 5.5　非周期性梯形指令下的跟踪误差 e

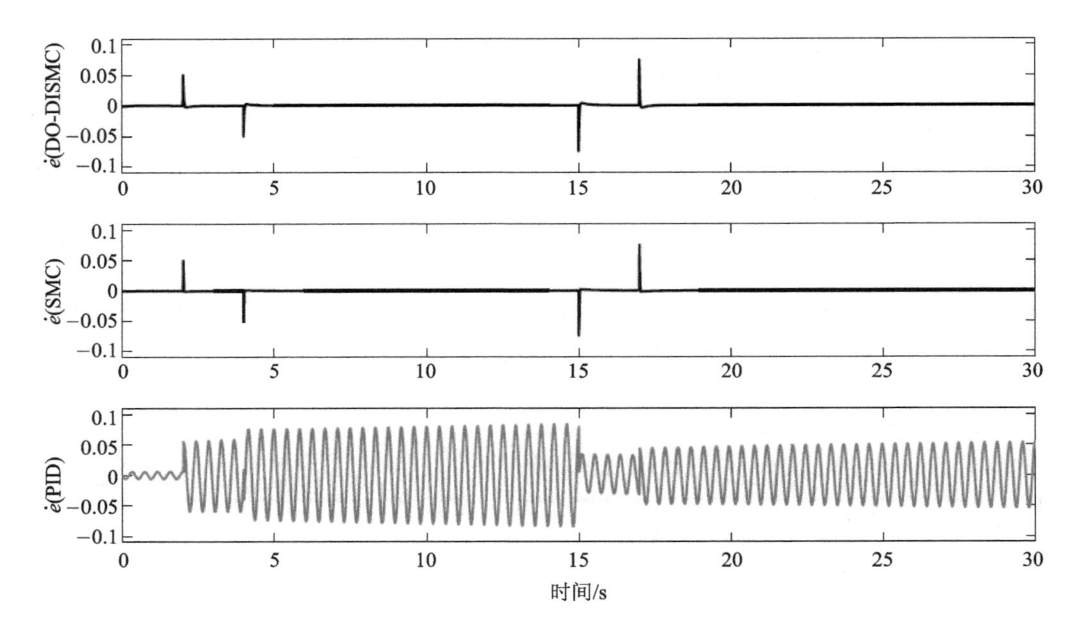

图 5.6 非周期梯形指令下跟踪误差的导数 $\dot{e}$

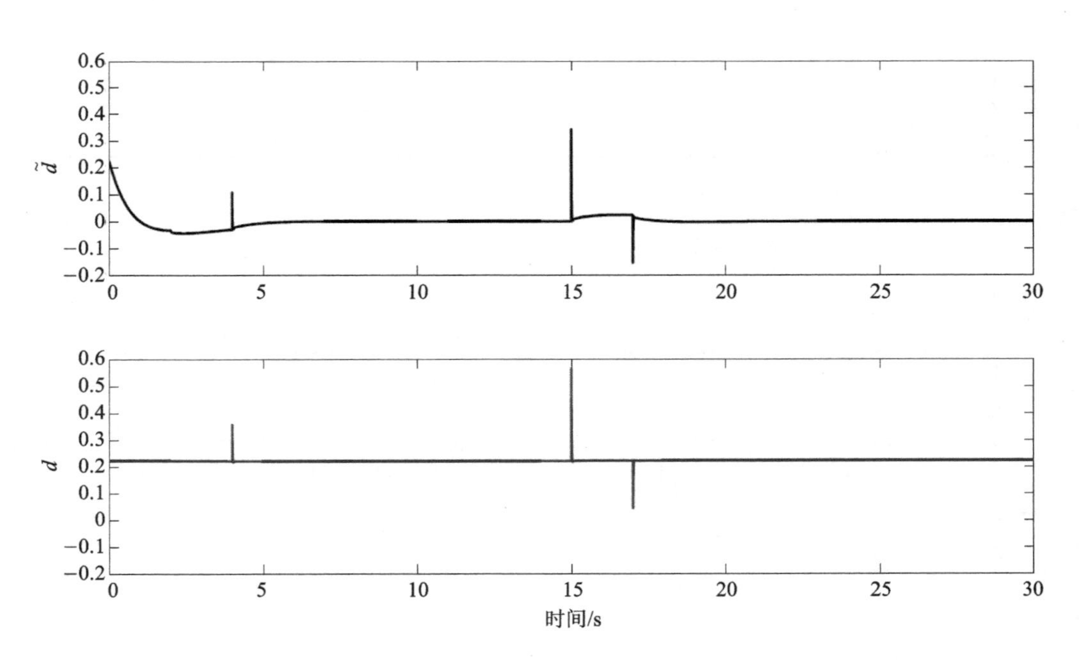

图 5.7 非周期梯形指令下的干扰估计误差 $\tilde{d}$ 和干扰 d

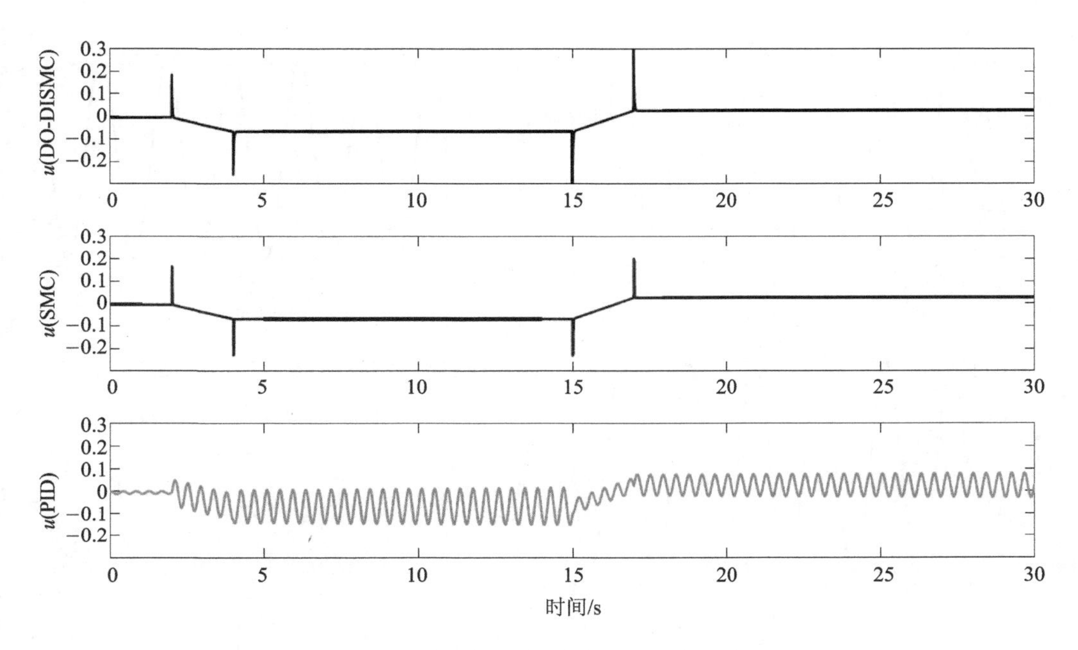

图 5.8　非周期性梯形指令下的输入电流 u

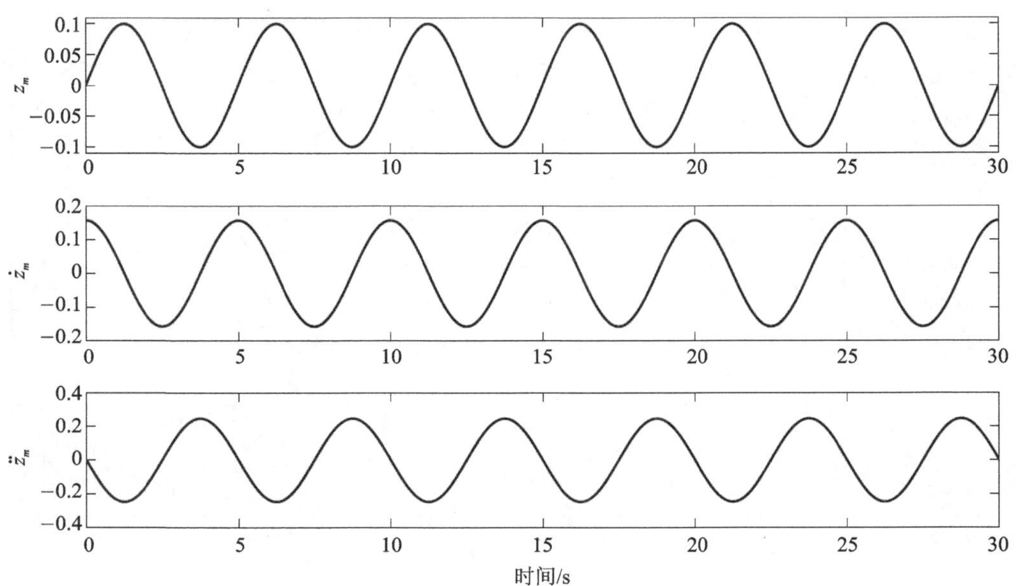

图 5.9　周期性正弦指令

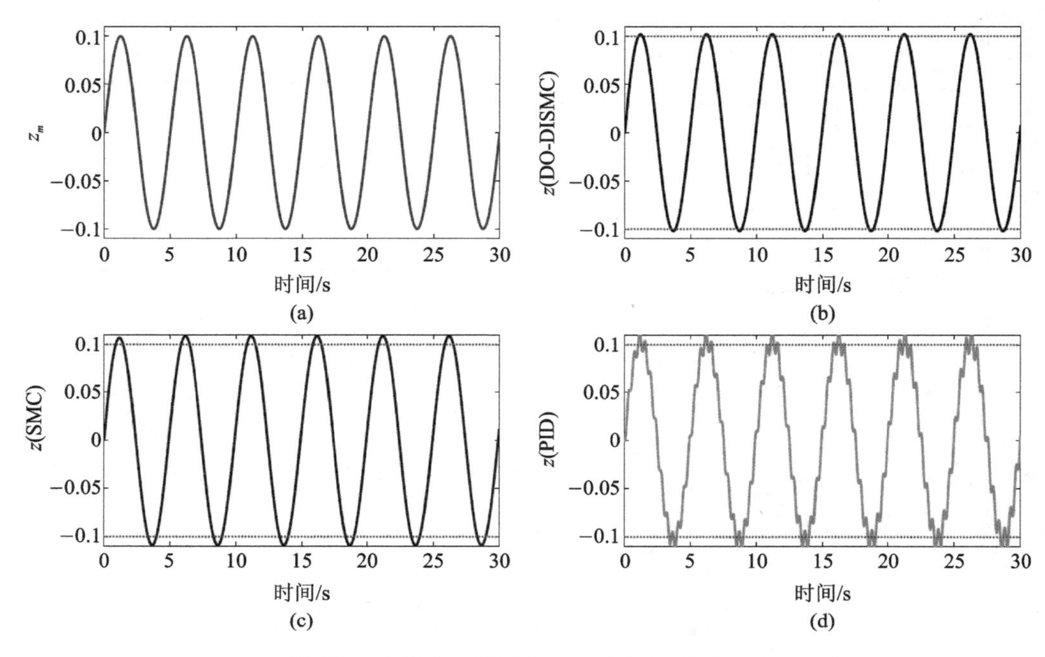

图 5.10　周期性正弦指令下的转子位置响应(虚线表示±0.1 边界)

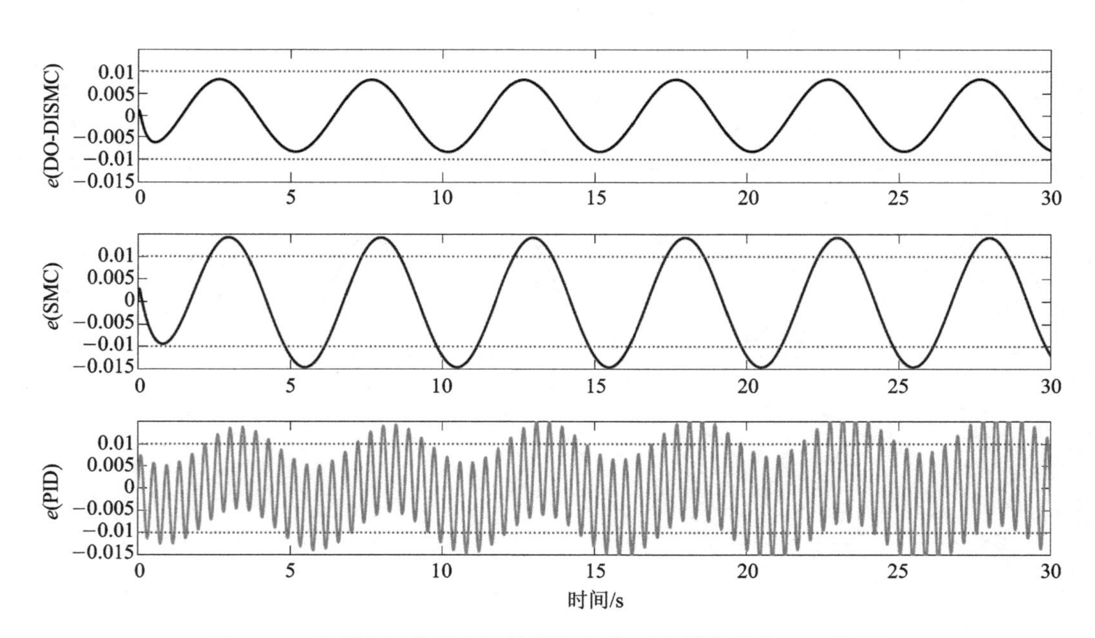

图 5.11　周期性正弦指令下的跟踪误差 e(虚线表示±0.01 边界)

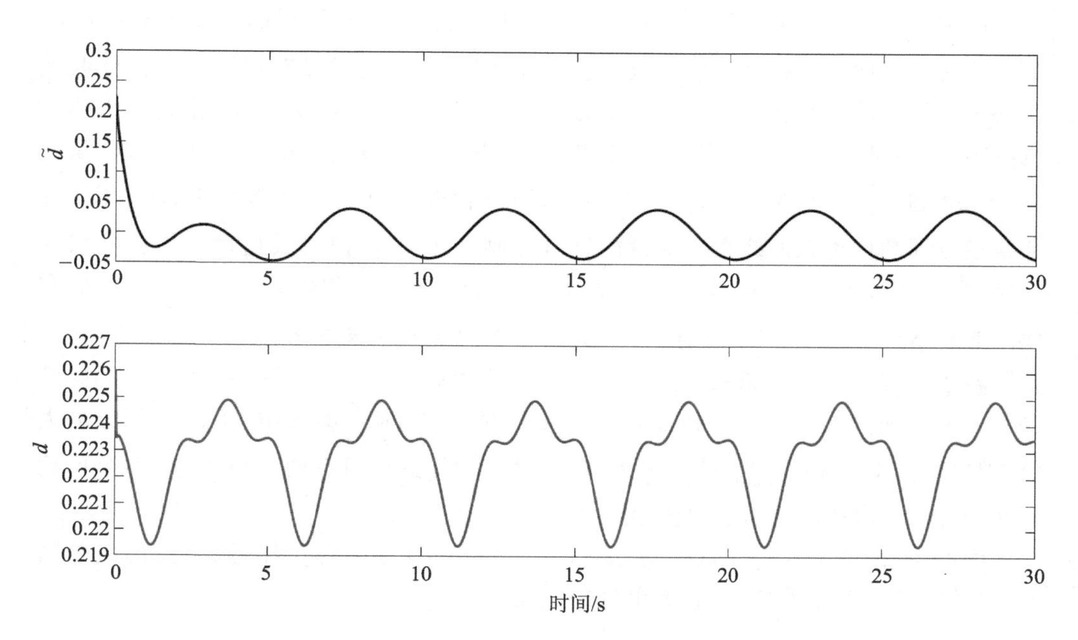

图 5.12　周期性正弦指令下的干扰观测误差 $\tilde{d}$ 和干扰 d

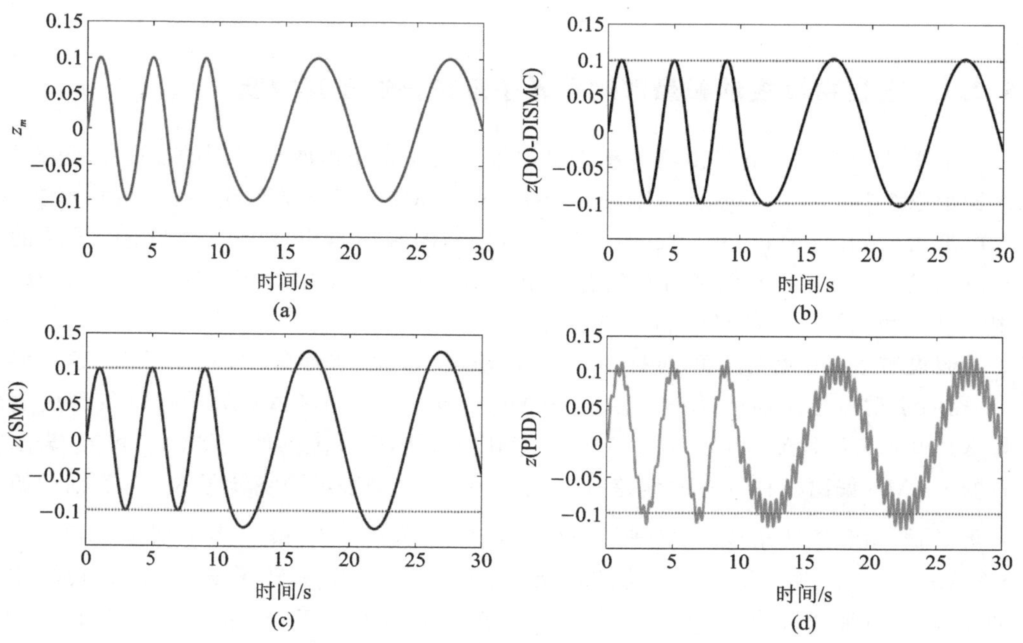

图 5.13　变频率正弦指令下的转子位置响应

由图 5.5 可以明显看出,所提出的 DO - DISMC 方法可以提高跟踪精度;图 5.6 显示了对非周期梯形指令导数的跟踪也很好;图 5.7 表明干扰观测误差 $\tilde{d}$ 最终收敛于一个非常小的零邻域内。图 5.8 显示,与 SMC 相比,DO - DISMC 中的最大输入电流稍大,但是由表 5.1 所列数据可知,与 SMC 相比,DO - DISMC 中输入电流的 RMS(u) 和 $\sum(u^2)$ 值都较小。由图 5.10 可以看出,在 DO - DISMC 下,转子位置 z 非常接近周期性正弦曲线指令 z_m;在 PID 控制下,z 的峰值大大超过 z_m 的峰值;在 SMC 下,z 不平滑。图 5.11 显示了在 DO - DISMC 下的跟踪误差 e 比在 SMC 和 PID 下的小得多。图 5.12 说明了干扰观测误差 $\tilde{d}$ 最终被限制在 0.05 之内。图 5.13 显示转子位置 z 仍然非常接近变化频率正弦曲线指令 z_m,但是 SMC 和 PID 的跟踪误差迅速增加。根据表 5.1 和表 5.2 所列数据可知,DO - DISMC 下的大部分最大值、RMS 值、P2P 值和 $\sum$ 值小于 SMC 和 PID 下的值,只有两个值相等,两个值比 SMC 下稍大,但这四个值仍然比 PID 下的小得多。

因此,提出的 DO - DISMC 方法可以使系统具有更强的鲁棒性,更高的跟踪精度,更低的输入电流消耗,即具有更好的性能。

5.2 五自由度主动磁悬浮轴承转子系统微分滑模控制

5.2.1 五自由度主动磁悬浮轴承转子系统描述及其模型

本小节中考虑的五自由度主动磁悬浮轴承转子系统由两个相同的径向主动磁悬浮轴承系统(Active Magnetic Bearing System,AMBs)控制的四个径向自由度和一个由推力(Active Magnetic Bearing,AMB)控制的轴向自由度组成。AMBs 系统的示意图见图 5.14,其左侧和右侧各有一个 AMB 和一个 TAMB 固定在平台上,分别用于悬浮和调节转子的径向和轴向自由度。

假设转子是一个刚性的对称体,位于或偏离 $X-Y$ 平面的中心。在 $X-Y$ 平面中,径向主动磁悬浮轴承(Radial Active Magnetic Bearing,RAMB)的标称气隙由变量 X_b 和 Y_b 表示,X_1 和 Y_1 表示左侧 RAMB 偏离标称气隙的偏差量,X_2 和 Y_2 表示右侧 RAMB 偏离标称气隙的偏差量;θ_X、θ_Y 和 θ_Z 分别表示围绕转子 X,Y,Z 轴的俯仰角、偏航角和滚转角位移;转子转速用 $\omega=\dot{\theta}_Z$ 表示;l_a, l_b 和 l_c 表示从重心到左侧 RAMB、右侧 RAMB 和外部扰动的距离,其中 $l=l_a+l_b$ 为转子长度;m 是转子质量;g 是重力加速度常数;f_{d_X},f_{d_Y} 和 f_{d_Z} 分别是转子在 X,Y,Z 轴方向上的外干扰力。

五自由度磁悬浮轴承系统的动态模型可以表示为

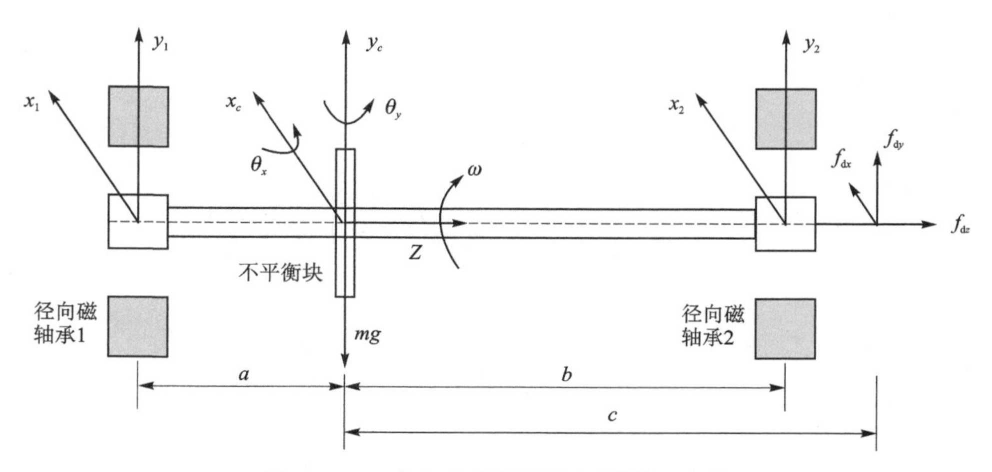

图 5.14　五自由度磁悬浮转子系统的示意图

$$\boldsymbol{M}\ddot{\boldsymbol{X}} + \boldsymbol{G}\dot{\boldsymbol{X}} = \boldsymbol{KF} + \boldsymbol{ED} + \boldsymbol{Cg} \tag{5.17}$$

式中，$\boldsymbol{X}=[X_1 \quad X_2 \quad Y_1 \quad Y_2 \quad Z]^{\mathrm{T}}$ 是状态向量；$\boldsymbol{F}=[F_{X_1} \quad F_{X_2} \quad F_{Y_1} \quad F_{Y_2} \quad F_Z]^{\mathrm{T}}$，是电磁力矢量；$\boldsymbol{D}=[f_{d_X} \quad f_{d_Y} \quad f_{d_Z}]^{\mathrm{T}}$ 是外扰动向量；且 $f_{d_X}=m\omega^2 r\sin(\omega t)$、$f_{d_Y}=m\omega^2 r\cos(\omega t)$；$\boldsymbol{M}=\mathrm{diag}[1,1,1,1,1]$，是质量矩阵；$\boldsymbol{C}=[0 \quad 0 \quad -1 \quad -1 \quad 0]^{\mathrm{T}}$，是重力矢量系数矩阵；$\boldsymbol{G}$，$\boldsymbol{K}$，和 $\boldsymbol{E}$ 分别是陀螺仪、电磁力和外部扰动矩阵；$\boldsymbol{F}$、$\boldsymbol{G}$、$\boldsymbol{K}$ 和 $\boldsymbol{E}$ 和一些参数定义为

$$\boldsymbol{F}=\begin{bmatrix} k_{X_1}\left[\dfrac{(i_b+i_{X_1})^2}{(X_b-X_1)^2}-\dfrac{(i_b-i_{X_1})^2}{(X_b+X_1)^2}\right] \\ k_{X_2}\left[\dfrac{(i_b+i_{X_2})^2}{(X_b-X_2)^2}-\dfrac{(i_b-i_{X_2})^2}{(X_b+X_2)^2}\right] \\ k_{Y_1}\left[\dfrac{(i_b+i_{Y_1})^2}{(Y_b-Y_1)^2}-\dfrac{(i_b-i_{Y_1})^2}{(Y_b+Y_1)^2}\right] \\ k_{Y_2}\left[\dfrac{(i_b+i_{Y_2})^2}{(Y_b-Y_2)^2}-\dfrac{(i_b-i_{Y_2})^2}{(Y_b+Y_2)^2}\right] \\ k_Z\left[\dfrac{(i_b+i_Z)^2}{(Z_b-Z)^2}-\dfrac{(i_b-i_Z)^2}{(Z_b+Z)^2}\right] \end{bmatrix}$$

其中，i_b 为偏置电流；k_{X_1}，k_{X_2}，k_{Y_1}，k_{Y_2}，k_Z 是与相应的 AMB 结构、铁芯相关的电磁参数。

$$\boldsymbol{K}=\begin{bmatrix} \beta_1 & \beta_2 & 0 & 0 & 0 \\ \beta_2 & \beta_3 & 0 & 0 & 0 \\ 0 & 0 & \beta_1 & \beta_2 & 0 \\ 0 & 0 & \beta_2 & \beta_3 & 0 \\ 0 & 0 & 0 & 0 & \beta_4 \end{bmatrix}$$

$$
\boldsymbol{E}=\begin{bmatrix}\gamma_1 & 0 & 0\\ \gamma_2 & 0 & 0\\ 0 & \gamma_1 & 0\\ 0 & \gamma_2 & 0\\ 0 & 0 & \gamma_3\end{bmatrix}
$$

$$
\boldsymbol{G}=\begin{bmatrix}0 & 0 & \alpha_1 & -\alpha_1 & 0\\ 0 & 0 & -\alpha_2 & \alpha_2 & 0\\ -\alpha_1 & \alpha_1 & 0 & 0 & 0\\ \alpha_2 & -\alpha_2 & 0 & 0 & 0\\ 0 & 0 & 0 & 0 & 0\end{bmatrix}
$$

$$
\boldsymbol{d}=\begin{bmatrix}-\alpha_1\dot{Y}_1+\alpha_1\dot{Y}_2+k_{rp}\beta_2X_2+k_{ri}\beta_2 i_{X_2}+o_{X_1}+\gamma_1 f_{d_X}\\ \alpha_2\dot{Y}_1-\alpha_2\dot{Y}_2+k_{rp}\beta_2X_1+k_{ri}\beta_2 i_{X_1}+o_{X_2}+\gamma_2 f_{d_X}\\ \alpha_1\dot{X}_1-\alpha_1\dot{X}_2+k_{rp}\beta_2Y_2+k_{ri}\beta_2 i_{Y_2}+o_{Y_1}+\gamma_1 f_{d_Y}-g\\ -\alpha_2\dot{X}_1+\alpha_2\dot{X}_2+k_{rp}\beta_2Y_1+k_{ri}\beta_2 i_{Y_1}+o_{Y_2}+\gamma_2 f_{d_Y}-g\\ \gamma_3 f_{d_Z}\end{bmatrix}
$$

其中，$\alpha_1=\dfrac{l_aJ_z\omega}{Jl}$；$\alpha_2=\dfrac{l_bJ_z\omega}{Jl}$；$\beta_1=\dfrac{1}{m}+\dfrac{a^2}{J}$；$\beta_2=\dfrac{1}{m}-\dfrac{l_al_b}{J}$；$\beta_3=\dfrac{1}{m}+\dfrac{l_b^2}{J}$；$\beta_4=\dfrac{1}{m}$；$\gamma_1=\dfrac{1}{m}-\dfrac{l_al_c}{J}$；$\gamma_2=\dfrac{1}{m}+\dfrac{l_bl_c}{J}$；$\gamma_3=\dfrac{1}{m}$。

根据 5.1 节所述，非线性电磁力 $F_{X_1}=k_{X_1}\left[\dfrac{(i_b+i_{X_1})^2}{(X_b-X_1)^2}-\dfrac{(i_b-i_{X_1})^2}{(X_b+X_1)^2}\right]$ 可以表示为

$$
F_{X_1}=k_{rp}X_1+k_{ri}i_{X_1}+o_{X_1} \tag{5.18}
$$

式中，o_{X_1} 是 F_{X_1} 的高阶无穷小；k_{rp} 和 k_{ri} 分别是 RAMB 的位置和电流刚度参数，且可以按照下式从 X 轴获得：

$$
\left.\begin{aligned}k_{rp}&=\left.\frac{\partial F_{X_1}(X_1,i_{X_1})}{\partial X_1}\right|_{X_1=0,i_{X_1}=0}=4k_{X_1}\frac{i_b^2}{X_b^3}\\ k_{ri}&=\left.\frac{\partial F_{X_1}(X_1,i_{X_1})}{\partial i_{X_1}}\right|_{X_1=0,i_{X_1}=0}=4k_{X_1}\frac{i_b}{X_b^2}\end{aligned}\right\} \tag{5.19}
$$

注意：因为 X 轴和 Y 轴上的线圈有相同的偏置电流 i_b，X 轴和 Y 轴上的标称气隙也相同，即 $X_b=Y_b$，所以从 Y 轴上获得的位置刚度参数 k_{rp} 和电流刚度参数 k_{ri} 与从 X 轴上获得的一致。但是，TAMB 不同于 RAMB，Z 轴上获得的位置刚度参数和

电流刚度参数分别由 k_{tp} 和 k_{ti} 表示。

因此，通过使用 F_{X_1} 的泰勒展开式(5.18)，并与式(5.17)进行比较，得出五自由度磁悬浮转子系统动态模型式(5.17)可以表示为

$$\ddot{\boldsymbol{y}}=a(\boldsymbol{y})+b(\boldsymbol{y})\boldsymbol{u}+\boldsymbol{d} \tag{5.20}$$

式中，$\boldsymbol{y}=\boldsymbol{X}=[X_1\quad X_2\quad Y_1\quad Y_2\quad Z]^{\mathrm{T}}=[y_1\quad y_2\quad y_3\quad y_4\quad y_5]^{\mathrm{T}}$，是可测的输出变量，$X_1$，$Y_1$ 是左边径向磁轴承在 $X-Y$ 坐标系中的位移量，X_2，Y_2 是右边径向磁轴承在 $X-Y$ 坐标系中的位移量，Z 是轴向推力磁轴承的水平位移量；$\boldsymbol{u}=[i_{X_1}\quad i_{X_2}\quad i_{Y_1}\quad i_{Y_2}\quad i_Z]^{\mathrm{T}}=[u_1\quad u_2\quad u_3\quad u_4\quad u_5]^{\mathrm{T}}$，是输入变量，$i_{X_1}$，$i_{Y_1}$ 是左边径向磁轴承的输入电流，i_{X_2}，i_{Y_2} 是右边径向磁轴承的输入电流，i_Z 是轴向推力磁轴承的输入电流；$a(\boldsymbol{y})=\begin{bmatrix}a_1(X_1)\\a_2(X_2)\\a_3(Y_1)\\a_4(Y_2)\\a_5(Z)\end{bmatrix}=\begin{bmatrix}k_{rp}\beta_1X_1\\k_{rp}\beta_3X_2\\k_{rp}\beta_1Y_1\\k_{rp}\beta_3Y_2\\k_{tp}\beta_4Z\end{bmatrix}$，$b(\boldsymbol{y})=\begin{bmatrix}b_1(X_1)\\b_2(X_2)\\b_3(Y_1)\\b_4(Y_2)\\b_5(Z)\end{bmatrix}=\begin{bmatrix}k_{ri}\beta_1\\k_{ri}\beta_3\\k_{ri}\beta_1\\k_{ri}\beta_3\\k_{ti}\beta_4\end{bmatrix}$ 是描述五自由度磁悬浮转子系统动态特性的非线性或线性已知向量函数，$a_i(\cdot)$，$b_i(\cdot)$，$(i=1,2,3,4,5)$ 都是标量函数，且 $b_i(\cdot)\neq0$；$\boldsymbol{d}=[d_1,d_2,d_3,d_4,d_5]^{\mathrm{T}}$，是未知的连续集成干扰项，包含系统的未建模动态、不确定参数摄动、内部耦合项和外部干扰等。

令 $\boldsymbol{\eta}_i=[\eta_{i_1}\quad \eta_{i_2}]^{\mathrm{T}}=[y_i\quad \dot{y}_i]^{\mathrm{T}}$ 是状态变量，$\boldsymbol{\psi}_i=\begin{bmatrix}\psi_{i_1}\\\psi_{i_2}\end{bmatrix}=\begin{bmatrix}\eta_{i_2}\\a_i+b_iu_i\end{bmatrix}$ 是包含系统特性和控制量的线性或非线性函数向量，$\boldsymbol{B}_d=[0\quad 1]^{\mathrm{T}}$ 是二维常数向量，其中 $(i=1,2,3,4,5)$，则系统动态模型式(5.20)可写成如下状态空间模型形式：

$$\dot{\boldsymbol{\eta}}_i=\boldsymbol{\psi}_i+\boldsymbol{B}_dd_i\quad(i=1,2,3,4,5) \tag{5.21}$$

假设 5.2.1　$\boldsymbol{d}$ 的零阶、一阶、二阶导数有界，但界限未知，即满足

$$\left|\frac{d^jd_i}{dt^j}\right|\leqslant\mu_i\quad(i=1,2,3,4,5;j=0,1,2) \tag{5.22}$$

式中，μ_i 是未知正实数。

5.2.2　基于干扰估计的输出反馈微分滑模控制方法

1. 微分滑模面设计

定义辅助滑模变量 $\boldsymbol{s}_{i_0}$ 由下列辅助滑模函数来描述：

$$\boldsymbol{s}_{i_0}=\boldsymbol{\sigma}_i\boldsymbol{\eta}_i \tag{5.23}$$

式中，$\boldsymbol{\sigma}_i=[\sigma_{i_1}\quad 1]\,(i=1,2,3,4,5)$，$\boldsymbol{\sigma}_i$ 取值满足 $\sigma_{i_1}>0$，保证状态向量 $\boldsymbol{\eta}_i$ 在辅助滑

模面 $S_{i_0}=\{\boldsymbol{\eta}_i \mid s_{i_0}(\boldsymbol{\eta}_i)=0\}$ 上具有满意的性能。

建立微分滑模面 $S_i=\{\boldsymbol{\eta}_i \mid s_i(\boldsymbol{\eta}_i)=0\}$，其滑模变量 s_i 由下列滑模函数来描述：

$$s_i=\boldsymbol{\sigma}_i\boldsymbol{\psi}_i+\sigma_{i_2}s_{i_0} \tag{5.24}$$

式中，σ_{i_2} 取正实数，用于实现微分滑模面 S_i 具有满意的性能。

把式(5.23)代入式(5.24)，可得

$$\begin{aligned}
s_i&=\boldsymbol{\sigma}_i\boldsymbol{\psi}_i+\sigma_{i_2}(\boldsymbol{\sigma}_i\boldsymbol{\eta}_i)\\
&=[\sigma_{i_1}\quad 1]\begin{bmatrix}\psi_{i_1}\\ \psi_{i_2}\end{bmatrix}+\sigma_{i_2}[\sigma_{i_1}\quad 1]\begin{bmatrix}\eta_{i_1}\\ \eta_{i_2}\end{bmatrix}\\
&=\psi_{i_2}+\sigma_{i_1}\psi_{i_1}+\sigma_{i_2}\eta_{i_2}+\sigma_{i_2}\sigma_{i_1}\eta_{i_1}
\end{aligned} \tag{5.25}$$

在滑模面 S_i 上，当系统(5.21)不存在干扰项时，考虑对应的标称模型：

$$\dot{\boldsymbol{\eta}}_i=\boldsymbol{\psi}_i\quad (i=1,2,3,4,5) \tag{5.26}$$

有 $\dot{\eta}_{i_1}=\eta_{i_2}$，$\ddot{\eta}_{i_1}=\dot{\eta}_{i_2}=\psi_{i_2}$，则微分滑模函数式(5.24)可表示为

$$s_i=\ddot{\eta}_{i_1}+(\sigma_{i_1}+\sigma_{i_2})\dot{\eta}_{i_1}+\sigma_{i_2}\sigma_{i_1}\eta_{i_1} \tag{5.27}$$

因此，可以通过选择合适的 σ_{i_2} 和 σ_{i_1}，使得 $\boldsymbol{\eta}_i$ 在滑模面 S_i 上具有良好动态。

因为与传统的积分滑模函数 $s_{i_{ISMC}}=\dot{\boldsymbol{\eta}}_{i_1}+c_1\boldsymbol{\eta}_{i_1}+c_2\int_0^t\boldsymbol{\eta}_{i_1}\mathrm{d}\tau$ 相比，微分滑模函数式(5.27)是当 $c_1=\sigma_{i_1}+\sigma_{i_2}$，$c_2=\sigma_{i_1}\sigma_{i_2}$ 时 $s_{i_{\mathrm{ISMC}}}$ 的导数，所以称滑模函数式(5.24)为微分滑模函数。

2. 含干扰估计的状态观测器设计

建立系统(5.21)的增广系统模型，即

$$\dot{\boldsymbol{z}}_i=A_i(\boldsymbol{z}_i)+\boldsymbol{B}v_i+\boldsymbol{B}_{d_a}d_i,(i=1,2,3,4,5) \tag{5.28}$$

式中，$\boldsymbol{z}_i=[y_i\quad \dot{y}_i\quad u]^{\mathrm{T}}$，是增广的状态变量；$v_i=\dot{u}_i$，是增广的控制变量；$A_i(\cdot)=[\psi_{i_1}\quad \psi_{i_2}\quad 0]^{\mathrm{T}}$，为增广系统的系统矩阵；$\boldsymbol{B}=[0\quad 0\quad 1]^{\mathrm{T}}$、$\boldsymbol{B}_{d_a}=[0\quad 1\quad 0]^{\mathrm{T}}$，为三维常数向量。

设计如下含干扰估计的状态观测器：

$$\dot{\hat{\boldsymbol{z}}}_i=f_i(\hat{\boldsymbol{z}}_i,v_i)+\boldsymbol{P}_{0_i}(y_i-\hat{y}_i)+\boldsymbol{B}_{d_a}\hat{d}_i,(i=1,2,3,4,5) \tag{5.29}$$

式中，$\boldsymbol{P}_{0_i}\in\mathbf{R}^{3\times 1}$，是常数可设计矩阵；$f_i(\cdot)=\boldsymbol{A}_i+\boldsymbol{B}v_i$ 是包含系统信息的向量函数；$\hat{\boldsymbol{z}}$，$\hat{\boldsymbol{y}}_i$ 和 $\hat{d}_i$ 分别是 $\boldsymbol{z}_i$，$\boldsymbol{y}_i$ 和 d_i 的估计值。

含干扰估计的状态观测器的干扰估计值 $\hat{d}_i$ 可由如下扩张干扰估计器获得：

$$\left.\begin{aligned}
\hat{\boldsymbol{\xi}}_i&=\boldsymbol{p}_i+\boldsymbol{q}_iM_i\dot{z}_i\\
\dot{\boldsymbol{p}}_i&=-\boldsymbol{q}_i\phi_i+\boldsymbol{Q}_i\hat{\boldsymbol{\xi}}_i
\end{aligned}\right\} \tag{5.30}$$

其中，

$$\hat{\boldsymbol{\xi}}_i=\begin{bmatrix}\hat{d}_i\\ \hat{\dot{d}}_i\end{bmatrix},\quad \boldsymbol{p}_i=\begin{bmatrix}p_{i_1}\\ p_{i_2}\end{bmatrix},\quad \boldsymbol{q}_i=\begin{bmatrix}q_{i_1}\\ q_{i_2}\end{bmatrix},\quad \boldsymbol{Q}_i=\begin{bmatrix}-q_{i_1} & 1\\ -q_{i_2} & 0\end{bmatrix}$$

$\hat{d}_i$ 和 $\hat{\dot{d}}_i$ 分别是 d_i 和 $\dot{d}_i$ 的估计值，$\boldsymbol{p}_i$ 是观测器的内部状态，$q_{i_1}>0$ 和 $q_{i_2}>0$ 是用户可设计的正值常数。该含扩张干扰估计器的状态观测器可以同时获得干扰的估计值和状态的观测值。

3. 输出反馈微分滑模控制器设计

式(5.25)可写为

$$\begin{aligned}s_i&=\sigma_{i_1}\eta_{i_2}+\left(a_i(y_i)+b_i(y_i)u_i\right)+\sigma_{i_2}\sigma_{i_1}\eta_{i_1}+\sigma_{i_2}\eta_{i_2}\\&=[\sigma_{i_2}\sigma_{i_1},\sigma_{i_2}+\sigma_{i_1},b_i(y_i)]\begin{bmatrix}y_i\\ \dot{y}_i\\ u_i\end{bmatrix}+a_i(y_i)\\&=l_i(y_i)z_i+a_i(y_i)\end{aligned}\tag{5.31}$$

令 $l_i(y_i)=[\sigma_{i_2}\sigma_{i_1},\sigma_{i_2}+\sigma_{i_1},b_i(y_i)]$，则由式(5.28)可得式(5.31)的导数为

$$\begin{aligned}\dot{s}_i&=l_i(y_i)'\boldsymbol{z}_i+l_i(y_i)\dot{\boldsymbol{z}}_i+a_i(y_i)'\\&=l_i(y_i)(A_i(\boldsymbol{z}_i)+\boldsymbol{B}_iv_i+\boldsymbol{B}_{d_a}d_i)+(l_i(y_i)'\boldsymbol{z}_i+a_i(y_i)')\\&=l_i(y_i)A_i(\boldsymbol{z}_i)+l_i(y_i)\boldsymbol{B}_iv_i+l_i(y_i)\boldsymbol{B}_{d_a}d_i+(l_i(y_i)'\boldsymbol{z}_i+a_i(y_i)')\end{aligned}\tag{5.32}$$

因为 $l_i(y_i)\boldsymbol{B}_i=b_i(y_i)$，$l_i(y_i)\boldsymbol{B}_{d_a}=\sigma_{i_1}+\sigma_{i_2}$，令 $\phi_i(z_i)=l_i(y_i)A_i(z_i)+l_i(y_i)'z_i+a_i(y_i)'$，则式(5.32)可以简写为

$$\dot{s}_i=b_i(y_i)v_i+(\sigma_{i_1}+\sigma_{i_2})d_i+\phi_i(z_i)\tag{5.33}$$

采用滑模趋近律 $\dot{s}_i=-q_{i_v}s_i-\delta_{i_v}\operatorname{sgn}(s_i)$，其中 q_{i_v} 和 δ_{i_v} 为正实数，可得输出反馈滑模控制器结构为

$$v_i(\boldsymbol{z}_i)=b_i^{-1}(y_i)\left[-q_{i_v}s_i-\delta_{i_v}\operatorname{sgn}(s_i)-\phi_i(\boldsymbol{z}_i)-(\sigma_{i_1}+\sigma_{i_2})d_i\right]\tag{5.34}$$

由于式中含有未知项 d_i 和 $\dot{y}_i$，为了保证控制器实际可行，需要采用 d_i 和 $\dot{y}_i$ 的估计值 $\hat{d}_i$ 和 $\hat{\dot{y}}_i$，即可执行的输出反馈滑模控制器为

$$v_i(\hat{\boldsymbol{z}}_i)=b_i^{-1}(\hat{y}_i)\left[-q_{i_v}s_i(\hat{\boldsymbol{z}}_i)-\delta_{i_v}\operatorname{sgn}(s_i(\hat{\boldsymbol{z}}_i))-\phi_i(\hat{\boldsymbol{z}}_i)-(\sigma_{i_1}+\sigma_{i_2})\hat{d}_i\right]\tag{5.35}$$

因此，控制输入量 u 为

$$u(\hat{\boldsymbol{z}}_i)=\int_0^t v_i(\hat{\boldsymbol{z}}_i)\,\mathrm{d}\tau\tag{5.36}$$

由式(5.36)可以看出，与使用诸如饱和函数 sat(·)等来近似逼近信号函数

sgn(•)的方法不一样，这里设计的控制器式(5.36)，其中信号函数 sgn(•)的影响已经被积分效应平滑处理掉，避免了使用饱和函数或相似的近似方法可能导致的系统鲁棒性降低问题。

4. 稳定性分析

在不产生混淆的情况下，本小节中各个符号中省略下标 $i(i=1,2,3,4,5)$。

(1) 扩张干扰估计器稳定性分析

扩张干扰稳定性分析在前面已经给出，此处不再重复叙述。

(2) 误差观测器稳定性分析

定义 $\tilde{z}=z-\hat{z}=[y-\hat{y} \quad \dot{y}-\hat{\dot{y}} \quad u-\hat{u}]^{\mathrm{T}}=[\tilde{y} \quad \tilde{\dot{y}} \quad \tilde{u}]^{\mathrm{T}}$ 是观测误差，选择 Lyapunov 函数为

$$V_o=\tilde{z}^{\mathrm{T}}\boldsymbol{N}_o\tilde{z}$$

式中，$\boldsymbol{N}_o\in\mathbf{R}^{3\times3}$，是对称正定阵，其特征值介于 $\lambda_{N_{o_{\min}}}$ 和 $\lambda_{N_{o_{\max}}}$ 之间，$\lambda_{N_{o_{\min}}}$ 和 $\lambda_{N_{o_{\max}}}$ 是已知的正常数，满足 $\lambda_{N_{o_{\min}}}\leqslant\lambda_{N_{o_{\max}}}$。

定理 5.2.1 系统(5.28)，在误差观测器(5.29)、扩张干扰估计器(5.30)和输出反馈滑模控制器(5.35)的作用下，如果存在一个正常数 κ 使得条件(5.37)成立，观测误差 $\tilde{z}$ 收敛到零点附近的一个有界域内。

$$\boldsymbol{N}_o(\boldsymbol{f}_z-\boldsymbol{P}_o\boldsymbol{h}_z)+[\boldsymbol{N}_o(\boldsymbol{f}_z-\boldsymbol{P}_o\boldsymbol{f}_z)]^{\mathrm{T}}\leqslant-2\kappa\boldsymbol{I} \tag{5.37}$$

其中，$\boldsymbol{I}\in\mathbf{R}^{3\times3}$ 是单位阵，$\boldsymbol{f}_z$ 和 $\boldsymbol{h}_z$ 根据$(\dot{o}_o(\zeta),v(\hat{z}))$求得，$\dot{o}_o(\zeta)=\zeta z+(1-\zeta)\hat{z}$。

证　明：

根据误差观测器和扩张干扰估计器，有

$$\begin{aligned}
\dot{V}_o&=(\tilde{z}^{\mathrm{T}}\boldsymbol{N}_o\tilde{z})'\\
&=2\tilde{z}^{\mathrm{T}}\boldsymbol{N}_o(\dot{z}-\dot{\hat{z}})\\
&=2\tilde{z}^{\mathrm{T}}\boldsymbol{N}_o[f(z,\ddot{y}_r,v(z))+\boldsymbol{B}_{d_a}d-(f(\hat{z},\ddot{y}_r,v(\hat{z}))+\boldsymbol{P}_o(y-h(\hat{z}))+\boldsymbol{B}_{d_a}\hat{d})]\\
&=2\tilde{z}^{\mathrm{T}}\boldsymbol{N}_o\{[f(z,\ddot{y}_r,v(z))-f(\hat{z},\ddot{y}_r,v(\hat{z}))]-\boldsymbol{P}_o(y-h(\hat{z}))\}+2\tilde{z}^{\mathrm{T}}\boldsymbol{N}_o\boldsymbol{B}_{d_a}\tilde{d}\\
&=2\tilde{z}^{\mathrm{T}}\boldsymbol{N}_o[\int_0^1(\boldsymbol{f}_z-\boldsymbol{P}_o\boldsymbol{h}_z)\mathrm{d}\zeta]\tilde{z}+2\tilde{z}^{\mathrm{T}}\boldsymbol{N}_o\boldsymbol{B}_{d_a}\tilde{d}\\
&=\int_0^1\tilde{z}^{\mathrm{T}}\boldsymbol{L}_o\tilde{z}\,\mathrm{d}\zeta+2\tilde{z}^{\mathrm{T}}\boldsymbol{N}_o\boldsymbol{B}_{d_a}\tilde{d}
\end{aligned}$$

其中，令 $\boldsymbol{L}_o=\boldsymbol{N}_o(\boldsymbol{f}_z-\boldsymbol{P}_o\boldsymbol{h}_z)+[\boldsymbol{N}_o(\boldsymbol{f}_z-\boldsymbol{P}_o\boldsymbol{h}_z)]^{\mathrm{T}}$。

由结论 $\|\tilde{\xi}_i\|\leqslant\gamma_i$，通过计算，可得

$$2\tilde{z}^{\mathrm{T}}\boldsymbol{N}_o\boldsymbol{B}_{d_a}\tilde{d}\leqslant\frac{\kappa}{\lambda_{N_{o\max}}}\tilde{z}^{\mathrm{T}}\boldsymbol{N}_o\tilde{z}+\frac{\lambda_{N_{o\max}}}{\kappa}(\boldsymbol{B}_{d_a}\tilde{d})^{\mathrm{T}}\boldsymbol{N}_o(\boldsymbol{B}_{d_a}\tilde{d})$$

$$\leqslant \frac{\kappa}{\lambda_{N_{o\max}}} V_o + \frac{\lambda_{N_{o\max}}^2}{\kappa} \gamma_i^2 \tag{5.38}$$

根据式(5.37)和式(5.38)，有

$$\begin{aligned}\dot{V}_o &\leqslant \frac{-2\kappa}{\lambda_{N_{o\max}}} V_o + \left(\frac{\kappa}{\lambda_{N_{o\max}}} V_o + \frac{\lambda_{N_{o\max}}^2}{\kappa} \gamma_i^2\right) \\ &= \frac{-\kappa}{\lambda_{N_{o\max}}} V_o + \frac{\lambda_{N_{o\max}}^2}{\kappa} \gamma_i^2\end{aligned}$$

显然，当 $\lambda_{N_{o\max}}$ 和 γ_ξ 很小，或者 κ 很大时，可以保证 $\dot{V}_o < 0$。

因为 $\lambda_{N_{o\max}}$ 是 $\boldsymbol{N}_o$ 的最大特征值，$\boldsymbol{N}_o$ 可以由用户来选择，同时 γ_i 能够通过选择合适的 q_1，q_2，P_i 和 N_i 来降低，所以不难实现观测误差 $\tilde{z}$ 收敛到零点附近的一个有界小邻域内。

定理 5.2.2　在输出反馈滑模控制器(5.35)的作用下，如果选择 $\boldsymbol{\delta}_v$ 满足

$$\delta_v = (\sigma_1 + \sigma_2)\gamma_i \tag{5.39}$$

则微分滑模面(5.24)可达，闭环系统(5.28)鲁棒稳定。

证　明：

根据滑模函数式(5.24)和输出反馈滑模控制器(5.35)，再基于式(5.33)可得

$$\begin{aligned}\dot{s} &= [-q_v s - \delta_v \operatorname{sgn}(s) - (\sigma_1 + \sigma_2)\hat{d} - \psi] + (\sigma_1 + \sigma_2) d + \psi \\ &= -q_v s - \delta_v \operatorname{sgn}(s) + (\sigma_1 + \sigma_2)\tilde{d}\end{aligned}$$

显然在满足式(5.39)的情况下，

当 $s > 0$ 时，有

$$\begin{aligned}\dot{s} &= -q_v s - (\sigma_1 + \sigma_2)\gamma_i + (\sigma_1 + \sigma_2)\tilde{d} \\ &= -q_v s + (\sigma_1 + \sigma_2)(-\gamma_i + \tilde{d}) \\ &\leqslant -q_v s + (\sigma_1 + \sigma_2)(-\gamma_i + \gamma_i) \\ &= -q_v s \\ &< 0\end{aligned} \tag{5.40}$$

当 $s < 0$ 时，有

$$\begin{aligned}\dot{s} &= -q_v s + (\sigma_1 + \sigma_2)\gamma_\xi + (\sigma_1 + \sigma_2)\tilde{d} \\ &= -q_v s + (\sigma_1 + \sigma_2)(\gamma_\xi + \tilde{d}) \\ &\geqslant -q_v s + (\sigma_1 + \sigma_2)(\gamma_\xi - \gamma_\xi) \\ &= -q_v s \\ &> 0\end{aligned} \tag{5.41}$$

选择 Lyapunov 函数 $V_c = \frac{1}{2} s^2$，则其导数为 $\dot{V}_c = s\dot{s}$。根据式(5.40)和

式(5.41),很明显有 $\dot{V}_c<0$ 成立。因此,滑模面 S 可达。

因为滑模面上的滑动运动由滑模函数(5.24)指定,根据滑模控制理,一旦滑模面 S 可达,那么闭环系统鲁棒稳定。

图 5.15 为本小节所设计的五自由度磁悬浮转子系统输出反馈微分滑模控制系统示意图。

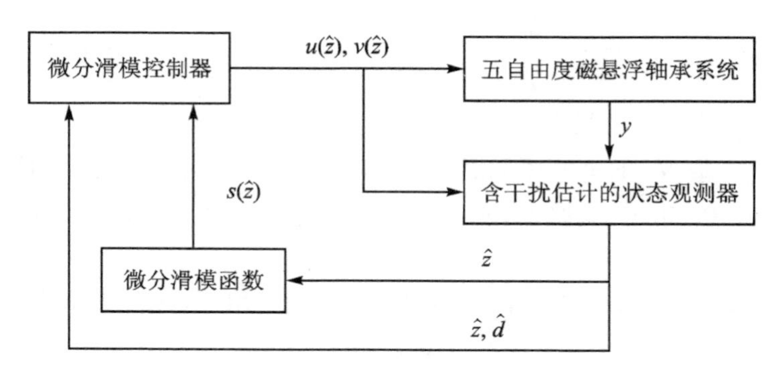

图 5.15　五自由度磁悬浮转子系统输出反馈微分滑模控制示意图

5.2.3　仿真验证

下面通过仿真验证上述滑模控制方法的有效性。

仿真参数如下:左右径向磁轴承具有相同的特性,空气间隙 $X_b=0.4\times10^{-3}$ m,轴向推力磁轴承空气间隙 $Z_b=0.5\times10^{-3}$ m,$X-Y$ 方向质量转子的转动惯量 $J=4.004\times10^{-2}$ kg·m²,Z 方向质量转子的转动惯量 $J_z=6.565\times10^{-4}$ kg·m²,转子质量不平衡 $r=1.0\times10^{-5}$ m,转子质量 $m=2.564\ 78$ kg,左磁轴承、右磁轴承、外干扰到转子重心的距离分别是 $l_a=0.16$ m, $l_b=0.19$ m, $l_c=0.263$ m,重量加速度 $g=9.81$ kg/m²。

仿真中考虑外干扰 $f_{d_Z}=0.05\times2\times0.38\times9.81$ N,转子初始位置 $\boldsymbol{y}(0)=[0.15\quad -0.15\quad 0.05\quad -0.05\quad 0.10]^{\mathrm{T}}$ mm,转子转速 $\omega=4\ 800$ r/m。X、Y、Z 方向上的允许位移范围分别为±0.4 mm,±0.4 mm,±0.5 mm,输入电流允许范围为±1.2 A。

选取滑模函数参数

$$\boldsymbol{\sigma}_1=[8\quad 50\quad 100\quad 180\quad 100]$$

$$\boldsymbol{\sigma}_2=[1\ 000\quad 1\ 000\quad 1\ 200\quad 1\ 200\quad 285]$$

控制器参数

$$\boldsymbol{\gamma}_i=[0.9\quad 0.9\quad 0.9\quad 0.9\quad 0.9]$$

$$\boldsymbol{q}_v=[50\quad 50\quad 30\quad 30\quad 50]$$

状态观测器参数

$$\boldsymbol{P}_o = \begin{bmatrix} 10^3 & 10^3 & 10^3 & 10^3 & 10^3 \\ 3\times10^6 & 3\times10^6 & 3\times10^6 & 3\times10^6 & 3\times10^6 \\ 0 & 0 & 0 & 0 & 0 \end{bmatrix}$$

扩张干扰估计器参数

$$\boldsymbol{q} = \begin{bmatrix} 600 & 600 & 650 & 650 & 500 \\ 1 & 1 & 1 & 1 & 1 \end{bmatrix}$$

如图 5.16～图 5.19 所示，转子是一类动平衡系统，在本小节所述的微分滑模控制方法作用下，磁悬浮转子系统具有良好的动态性能、优良的鲁棒性和抑制转子振动的能力。图 5.16 表明大约在 0.3 s 左右磁悬浮转子系统快速进入动态平衡；X、Y、Z 方向上的位移都很平稳，具有很好的精度，最大位移量在允许的位移范围之内。图 5.17 说明 $X-Y$ 轨迹迅速达到动态平衡，平衡后的轨迹很规则。由图 5.18 不难发现，X、Y、Z 方向上状态观测误差很小，比位移允许范围小一个数量级。由图 5.19 可知，输入电流的波动很小，最大电流量在允许的位移范围之内。

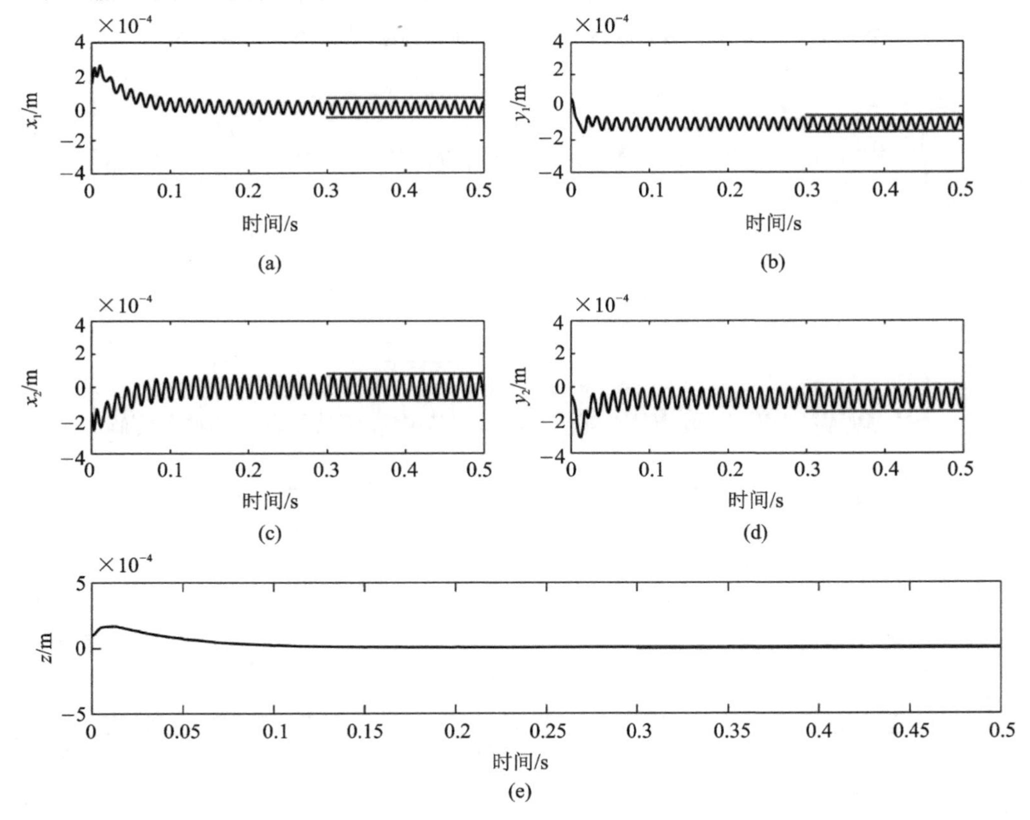

图 5.16　五自由度转子位置响应图(末端横线表示收敛边界)

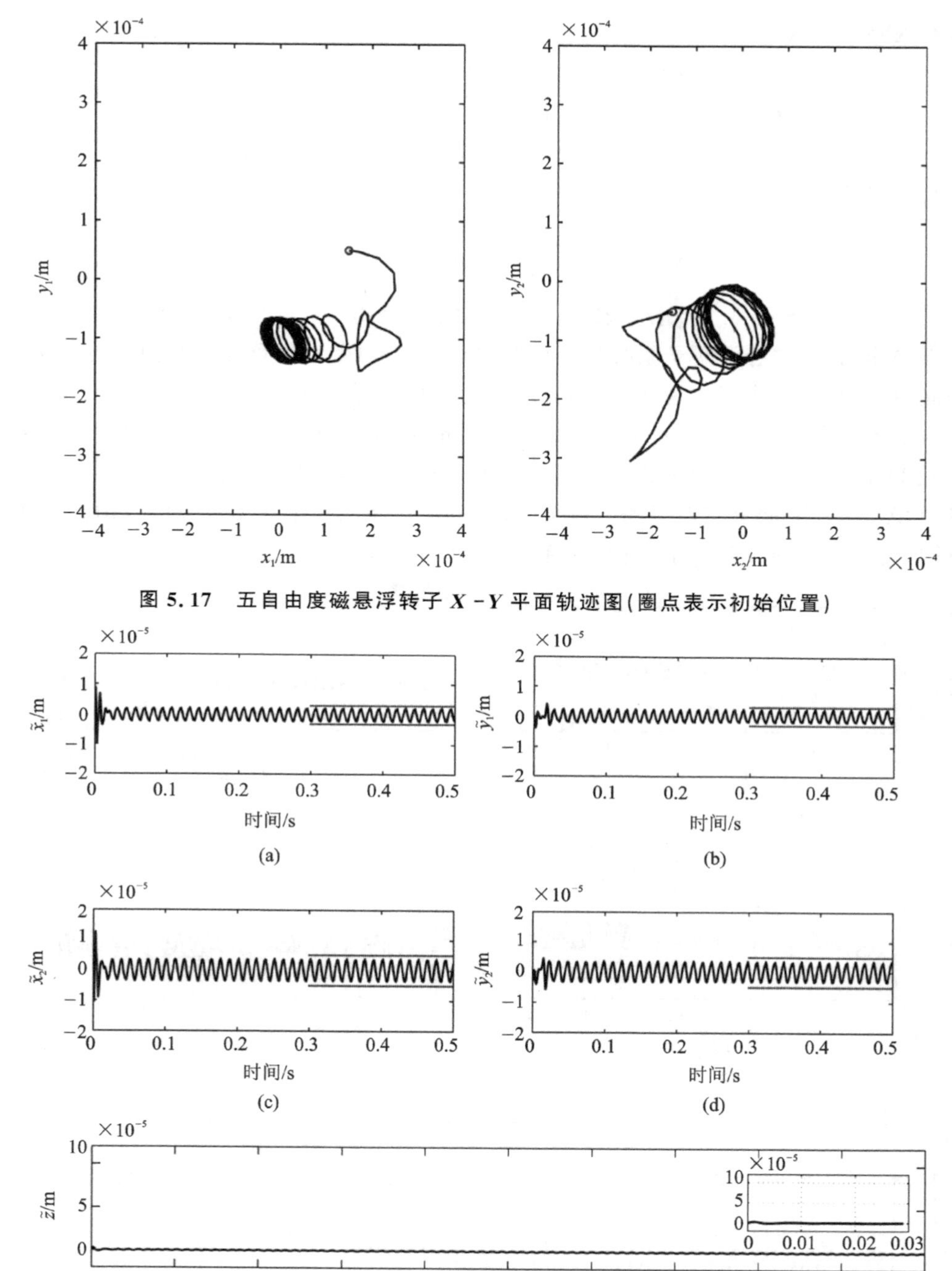

图 5.17 五自由度磁悬浮转子 $X-Y$ 平面轨迹图(圈点表示初始位置)

图 5.18 五自由度磁悬浮转子位置观测误差图

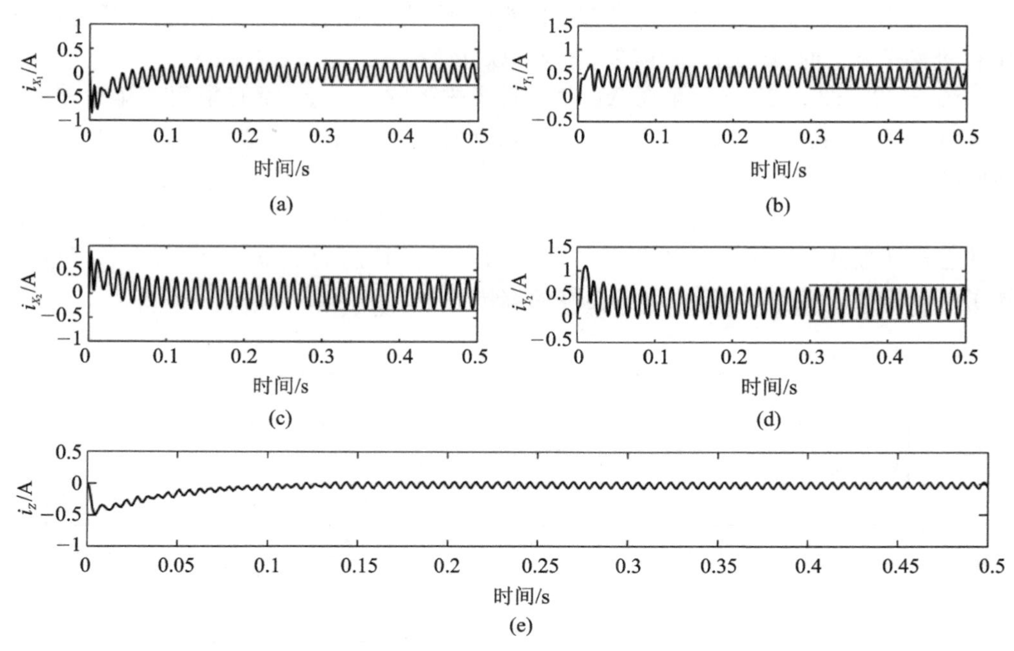

图 5.19　五自由度磁悬浮转子系统磁悬浮轴承电流输入图

5.3　磁悬浮轴承转子系统传感器故障滑模容错控制

磁悬浮轴承转子系统在使用过程中，其传感器可能发生故障。一旦传感器出现故障，极有可能对磁悬浮轴承转子系统造成迅速而巨大的不利影响。因此，为了保证磁悬浮轴承转子系统的安全运行和性能，非常有必要研究磁悬浮轴承转子系统在存在传感器故障的情况下的容错控制问题。

本节针对五自由度磁悬浮轴承对应的五个位移传感器，按照以下研究策略，开展传感器故障影响下的磁悬浮轴承转子系统容错控制设计：

① 将系统五个位移传感器输出值 y_i 与滑模观测器式(5.29)输出值 $\hat{y}_z$ 相减得出残差值 $e_{fz}=y-\hat{y}_z$，如果残差值 e_{fz} 超过了设定的阈值，就认为传感器发生了故障。

② 一旦系统判定传感器发生故障，就会根据滑模观测器式(5.29)，用 $\hat{y}_z$ 替代 y，对故障传感器进行故障隔离与状态重构，以避免故障值对系统控制产生不良影响。

③ 之后，基于状态估计值 $\hat{y}_z$，根据控制器式(5.36)，构成五自由度磁悬浮轴承转子容错控制系统。

图 5.20～图 5.22 展示了在没有故障情况下，没有采用观测器时，直接状态反馈控制的效果。此时，磁悬浮轴承转子系统稳定运行。

图 5.23～图 5.25 展示了在 X_1 发生断线故障的情况下，没有采用容错策略时，直接状态反馈控制的效果。显然，磁悬浮轴承转子系统不再能够稳定运行，Y_1 在瞬间发散。

图 5.26～图 5.28 展示了在 X_1 发生断线故障的情况下，采用了容错策略时，基于状态观测器式(5.29)对状态进行估计并用于反馈控制的效果。显然，磁悬浮轴承转子系统恢复了稳定运行，取得了良好的容错效果。

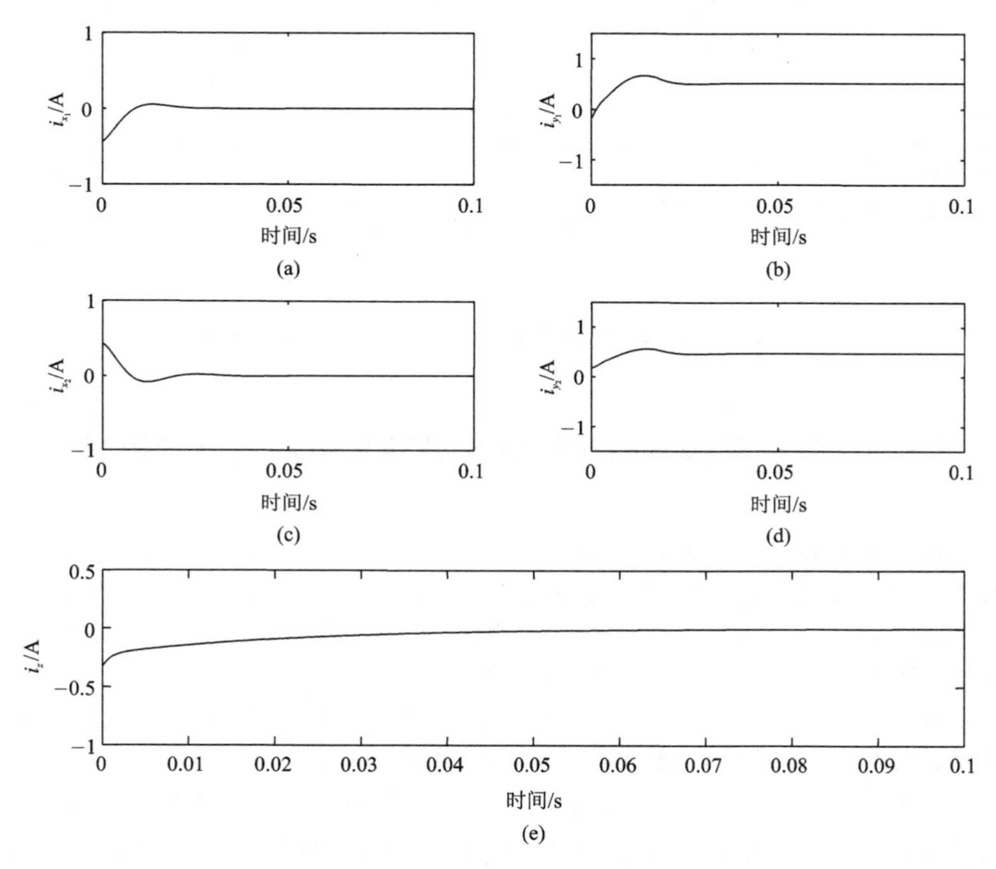

图 5.20 五自由度转子位置响应图<基于状态反馈的控制>[无故障]

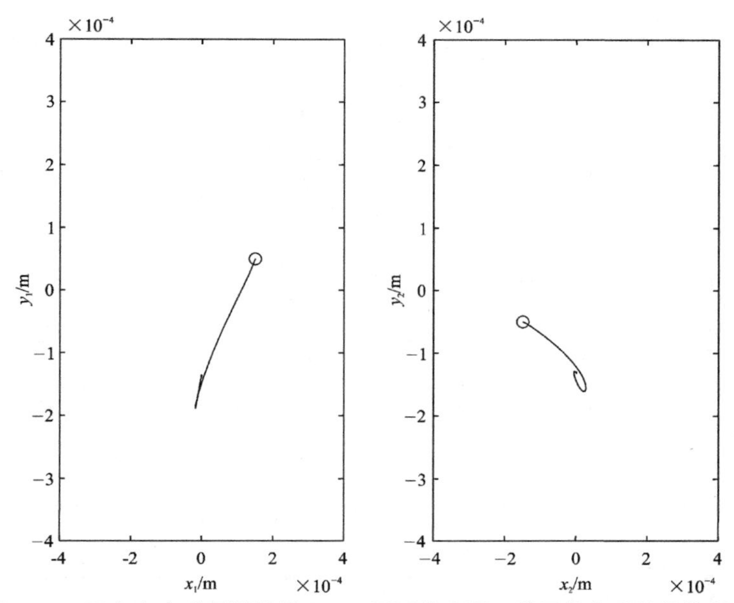

图 5.21　五自由度磁悬浮转子 $X-Y$ 平面轨迹图<基于状态反馈的控制>[无故障](圈点表示初始位置)

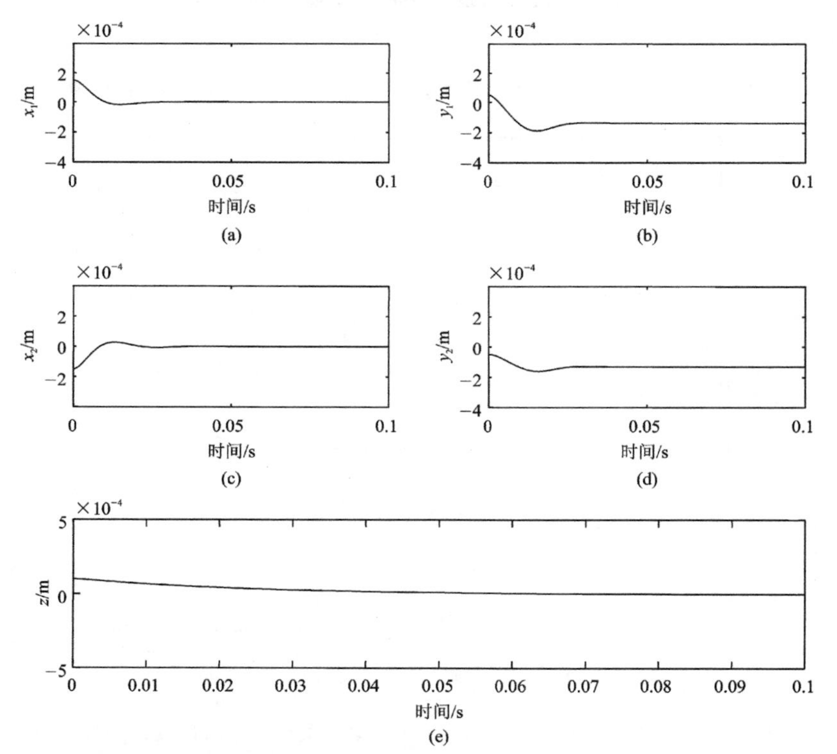

图 5.22　五自由度磁悬浮转子系统磁悬浮轴承电流输入图<基于状态反馈的控制>[无故障]

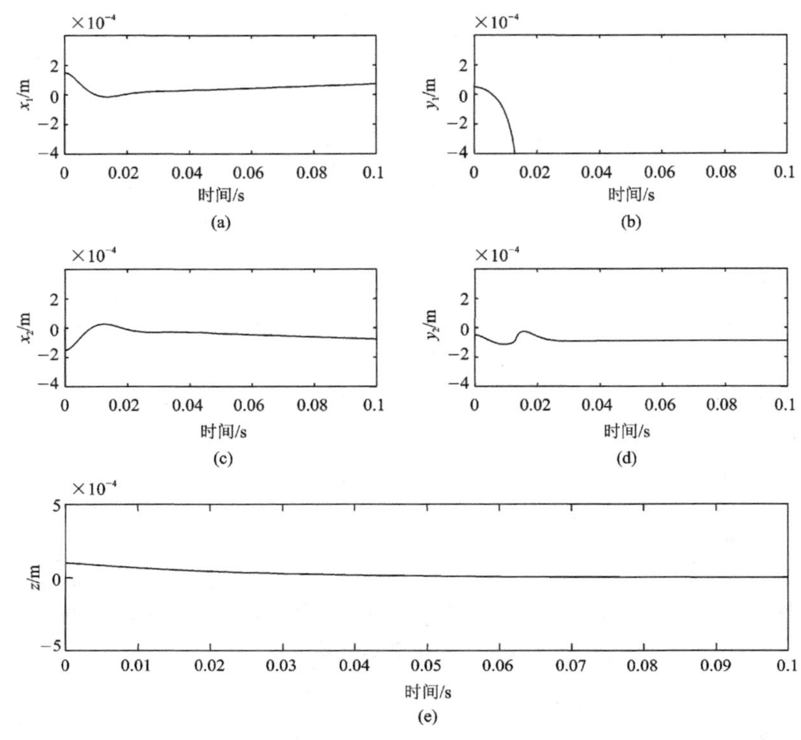

图 5.23　五自由度转子位置响应图<基于状态反馈的控制>[有故障]

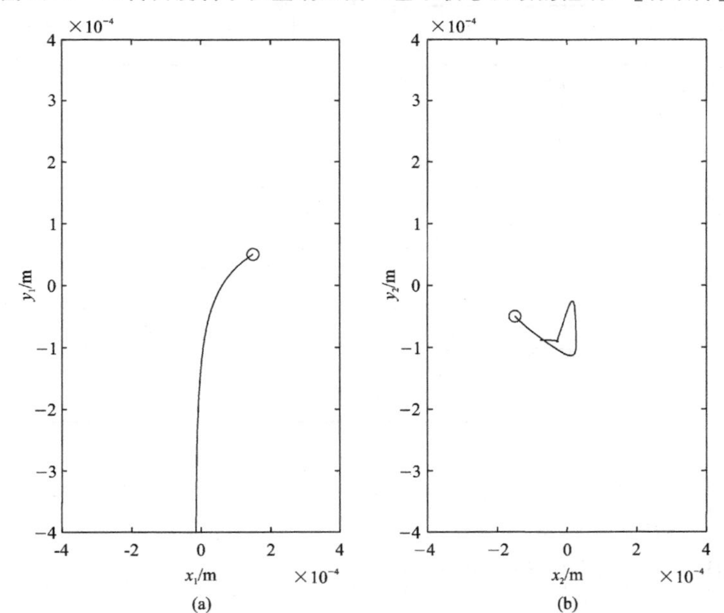

图 5.24　五自由度磁悬浮转子 $X-Y$ 平面轨迹图<基于状态反馈的控制>[有故障](圈点表示初始位置)

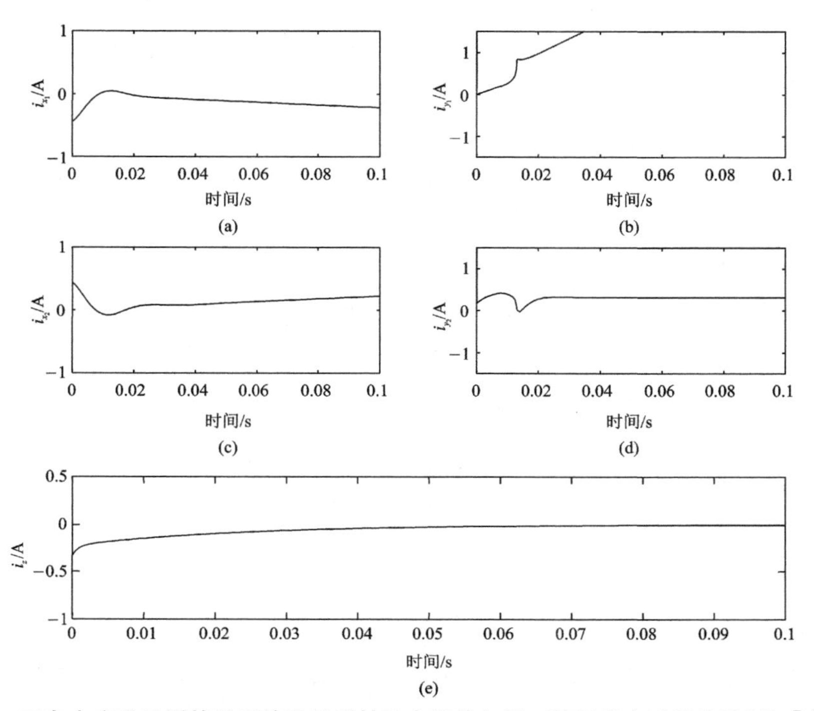

图 5.25 五自由度磁悬浮转子系统磁悬浮轴承电流输入图<基于状态反馈的控制>[有故障]

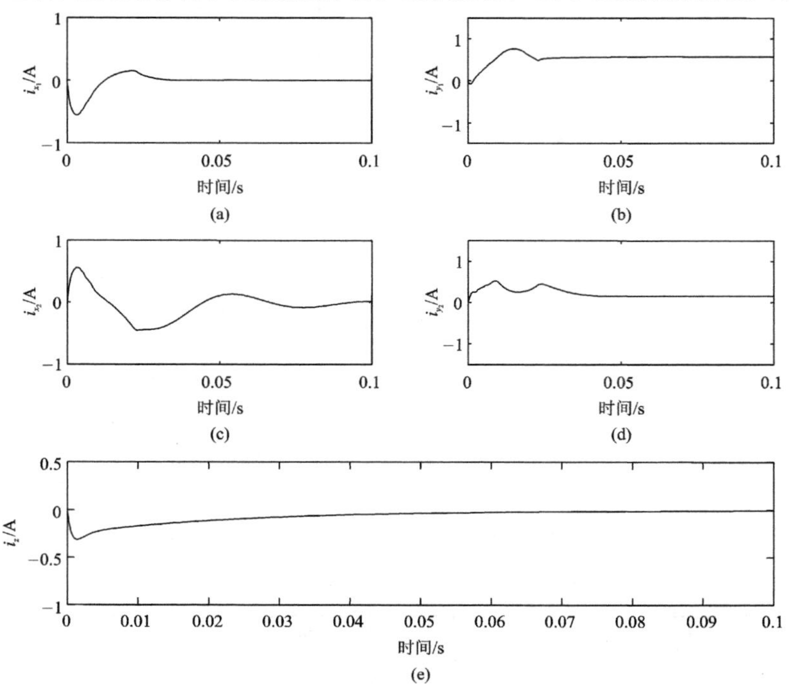

图 5.26 五自由度转子位置响应图<容错控制>[有故障]

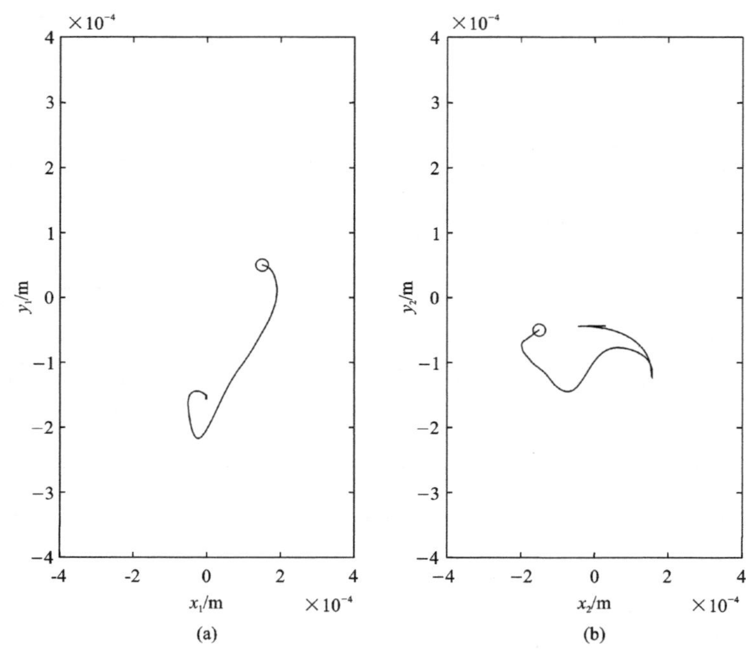

图 5.27　五自由度磁悬浮转子 $X-Y$ 平面轨迹图<容错>[有故障](圈点表示初始位置)

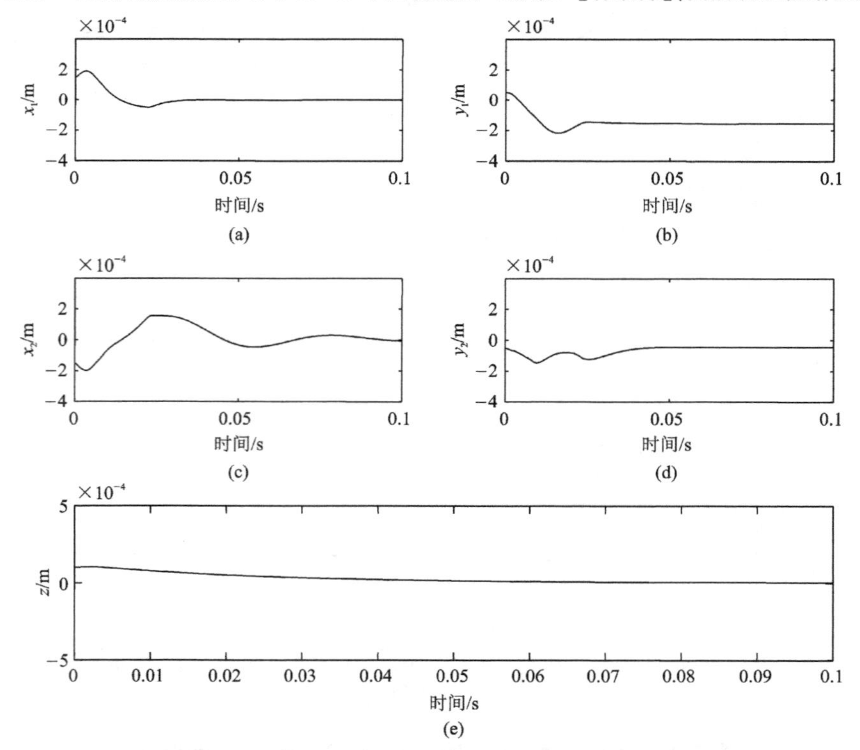

图 5.28　五自由度磁悬浮转子系统磁悬浮轴承电流输入图<容错控制>[有故障]

5.4　本章小结

本章在针对推力主动磁悬浮轴承提出一种基于非线性扩展干扰估计器的二重积分滑模控制方法的基础上，对五自由度磁悬浮轴承转子系统进行微分滑模控制方法研究，并进一步针对五自由度磁悬浮轴承转子系统中传感器故障问题，研究了基于滑模观测器的传感器故障容错控制策略。所设计的非线性扩展干扰估计器，在不需要已知干扰上界的情况下，不仅可以估计出消退型干扰，也可以实现对不消退型干扰的有效估计。通过改进二重积分滑模面，可以实现全程滑模，提高控制系统的鲁棒性。通过适当选择干扰估计器参数，可以降低干扰观测误差的界。仿真结果验证了所提二重积分滑模控制方法、微分滑模控制方法以及传感器故障容错控制策略的有效性。

第6章 三级式同步起动/发电机容错控制

6.0 引　言

多电/全电飞机是未来飞机发展的重要方向之一，给飞机供电系统尤其是航空电源系统的多功能化提出了更高的要求。变频交流起动/发电系统作为多电技术的主要技术核心，研究其起动到发电的过程，对实现一体化控制有着十分重要的意义。本章在分析现有起动/发电技术的基础上，针对采用三级式同步电机作为起动/发电机的变频交流起动/发电系统，结合变速变频供电体制要求，设计改进的控制策略来实现起动控制和发电控制，以及起动/发电的切换控制。具体研究内容如下：

首先，对起动过程的控制系统进行设计，主要包括主励磁机的励磁控制和主发电机的输出转矩控制，分别采用交直流切换的励磁控制和基于前馈补偿的 PID 矢量控制。为改善起动性能，设计了一种基于随机进化灰狼优化算法的分数阶自抗扰控制器，即利用自抗扰控制，增强起动过程中系统的抗扰动能力；结合分数阶控制，抑制由带宽上限引起的观测器估计误差，保证控制品质；设计基于随机进化灰狼优化算法，对分数阶控制器的控制参数进行在线自整定；用可变的进化速率描述种群更新过程，增加过程中的随机性，提高全局搜索能力和收敛速度。仿真结果表明，本章设计的起动控制系统的控制性能优于传统控制方法。

接着，对发电过程的稳态调压控制，传统双环 PI 的调压控制器在受到转速信号扰动和负载突加突卸时的控制性能变差，会引入自抗扰控制，设计基于串级自抗扰的调压控制器，能够很好地抑制内外扰动，实现稳态调压。同时引入滑模变结构，对自抗扰控制中的扩张状态观测器和非线性误差反馈律进行改进，得到了一种基于滑模变结构的串级自抗扰控制器。仿真结果表明，设计的控制器具有更加优越的抗扰动能力和稳态性能。

最后，对起动到发电切换的过程进行分析，提出了一种基于混合自动机理论的切

换策略来实现切换；考虑到开关管的通断动作引起电流和电压的瞬时变化，会对切换过程增加故障保护控制，故利用 Stateflow 仿真验证了其有效性。

6.1　三级式同步起动/发电系统原理与建模

起动/发电机作为变频交流起动/发电系统的核心，在航空发动机起动阶段作为起动电机，输出满足航空发动机负载特性的输出转矩，来实现快速平稳的起动。并且在完成起动后，需要作为发电机，将航空发动机的一次能源全部转化为多电飞机需要的电能，维持整个飞机的用电需求，实现高效的能源转换。为了后续研究，本节在分析三级式同步电机结构和原理的基础上，针对以其为核心的变频交流起动/发电系统，建立其数学模型，并在 MATLAB/Simulink 中搭建仿真模型，验证其有效性。

6.1.1　航空发动机对起动/发电机性能的要求

航空发动机的起动过程主要是指由起动机带动转子从零速到达稳定慢车转速的过程，一般分为以下三个阶段。第一个阶段，航空发动机的扭矩全部由起动机提供，转速从 0 开始经历 t_d 时长后到达点火转速 n_d；第二个阶段，燃烧室点火工作，通过控制油气比让燃油泵为燃烧室供油，涡轮开始产生功率，但是此时涡轮的功率不足以带动航空发动机起动，发动机的扭矩由起动机和涡轮共同提供，转速从点火转速经过 (t_t-t_d) 时长加速至自持转速 n_t，即此时涡轮能够自行带动发动机起动，起动机脱开；第三个阶段，发动机转子由涡轮提供功率加速至慢车状态，转速经过 $(t_{id}-t_t)$ 时长加速至慢车转速 n_{td}。具体过程如图 6.1 所示。

图 6.2 所示为航空发动机的阻转矩特性随转速变化的曲线。为了满足起动性能的要求，对于起动机而言，从零速起动，需要输出最大转矩；在顺利点火后一段时间，以恒功率起动，转矩随转速升高而降低，直至脱开。

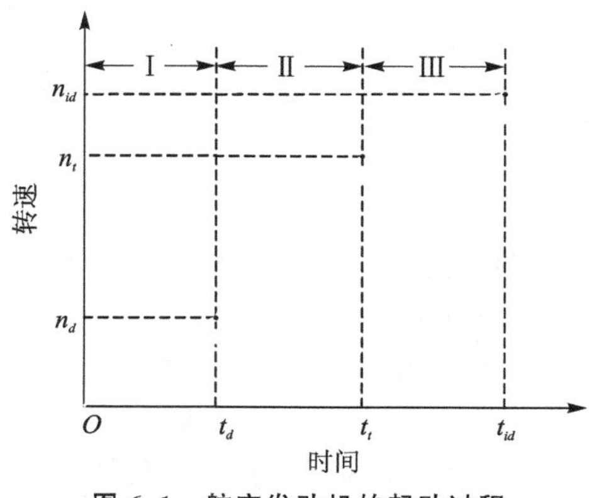

图 6.1　航空发动机的起动过程

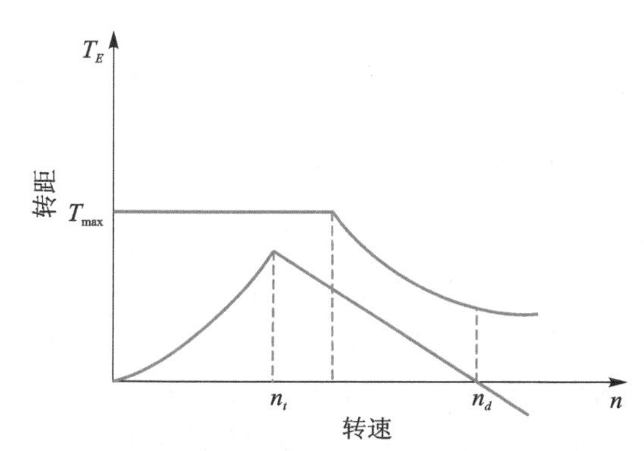

图 6.2　发动机的阻转矩特性曲线

起动/发电机除了需要满足对航空发动机起动的要求外，还要作为发电机为用电设备供电。对于变频交流起动/发电系统来说，在发电状态下的同步电机转速与航空发动机转速相同，即使处于慢车状态，转速也会存在一定程度上的变化，进而其输出电压的频率也会随转速的变化而变化，因此在发电时需要保证起动/发电机能够在最低发电转速下满足输出电功率的要求，还要对电能的品质提出要求，达到所要求的变频发电性能指标。

6.1.2 三级式同步电机的原理

三级式同步电机不光在现有的恒速恒频电源中被普遍使用，也被用于变速变频系统，在变速变频的供电体制中，由于取消恒速传动装置，易实现起动/发电双功能。三级式同步电机不同于其他的同步电机，典型的三级式同步电机结构见图 6.3(图中为直流励磁方式)，主要包括主发电机、主励磁机、副励磁机和旋转整流器等，其复杂的结构也决定了工作原理的复杂性。下面先对其在起动和发电两个阶段的工作原理展开分析。

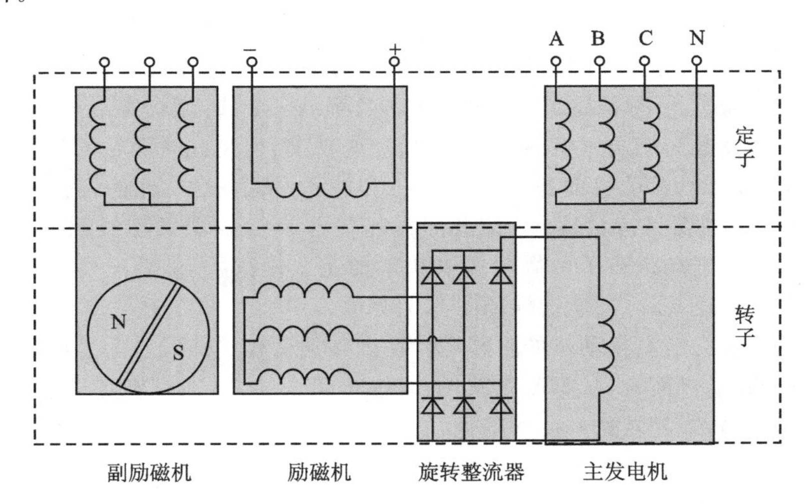

图 6.3 三级式同步电机结构

1. 励磁起动原理

航空发动机不能自行起动，需要外接电源，通过起动机带动到一定转速后才能自行工作，因此作为起动过程的核心装置，起动机的控制目标主要是要输出满足发动机负载特性的输出转矩，即输出转矩大于航空发动机的阻负载转矩，同时还要尽可能地减小转矩脉动。在起动阶段，三级式同步电机主要是主励磁机和主发电机在工作，主励磁机通过外接电源，利用合适的励磁方式产生励磁电流，而主发电机通过旋转整流器整流后的电流激励，提供起动过程的输出转矩。

主励磁机，作为三级式同步电机的重要组成部分，为电励磁同步电机。在带动航空发动机起动时，通过给它通以不同的励磁电流，并调节电流大小，得到三相交流电，经过旋转整流器整流后，作为主发电机的励磁电流。目前，三级式起动/发电机的励磁控制主要是为了实现两个目标：第一，产生三相交流电，经过旋转整流器整流后，作为主发电机的励磁电流；第二，当起动时系统的容量达到一定上限后，为了扩大电机的起动转速范围，通过对主发电机进行弱磁控制，保证在恒功率方式下，电机转矩下降而转速仍满足航空发动机起动需求。因此，要知道主励磁机如何为主发电机提供励磁电流，提供多大的励磁电流，就需要对主励磁机的励磁过程进行分析。

三级式同步电机在带动航空发动机起动时，从静止起动，副励磁机不工作，不能给主励磁机提供励磁，需要外接电源来提供励磁机的励磁电流，如果直接提供直流励磁，电机转速为零，主励磁机的电枢绕组无法形成感应电动势，则无法输出三相交流电提供给主发电机励磁，进而难以实现航空发动机起动。因此本章的励磁过程需要经历交流励磁和直流励磁两个阶段。

(1) 交流励磁阶段

在起动初期，给主励磁机定子绕组通以三相交流电，频率为 f_1，则电机气隙中形成旋转的圆形磁场，空间以同步转速为 $n_1=60f_1/n_p$。这个圆形磁场被转子切割后，产生感应的三相交流电，经过旋转整流器整流为直流励磁，提供给主发电机，形成励磁磁场，同时在通有三相交流电的定子绕组与其相互的作用下，实现电机起动，输出电磁转矩。三级式同步电机中三个电机均同轴安装，所以主励磁机和主发电机的电机转速相同，定子转速与转子磁力势差为 n_1-n，转子的感应电压频率为 $f_2=n_p(n_1-n)/60$。主励磁机相当于一个异步电机，可以等效为变压器，转差随转速升高而减小，输出电压也随之下降，励磁效果也将减弱，这就意味着在随着主发电机起动输出电磁转矩的过程中，主励磁机的励磁效果在降低。所以需要改变励磁方式。

(2) 直流励磁阶段

随着转速的上升，交流励磁的效果在不断降低，但是电机已经达到一定转速，所以如果改为直流励磁不但可以避免转速低起动不了的尴尬，还可以有效避免交流励磁效果降低的不足。在直流励磁下，主励磁机与主发电机同轴，靠主发电机拖动，可以输出三相交流电为主发电机提供励磁。通有直流励磁的定子绕组产生恒定磁场，转子磁动势相对于定子转速为同步转速，此时主励磁机的输出电压频率与电机转速成正比，定子绕组产生的磁场与转子磁场运行同步。另一方面，直流励磁的效果也是电机转速和直流励磁电压成正比，随着转速的上升，直流励磁电压恒定，励磁效果反而会不断增强，从而弥补交流励磁的不足。

上述两个励磁阶段均通过外接电源作为励磁电源，起动时副励磁机不工作。

下面对主发电机的工作原理进行介绍。航空发动机通过起动机输出满足负载特性的电磁转矩达到一定转速后才能自行工作，进而反过来输出功率给发电机发电为飞机供电。在转子励磁绕组通以励磁电流形成励磁磁势后，电机定子电枢磁势在空间角度上超前转子磁势时，定转子之间产生相互吸引的作用力，使得电机发生旋转。所以在励磁控制问题解决后，三级式同步电机的起动过程主要是靠主发电机输出电磁转矩，而此时主发电机控制可以看作是励磁同步电机的控制，而同步电机的控制方法主要有直接转矩控制、矢量控制、三相六拍控制等。通过综合比较后，本章选择矢量控制用于起动过程对主发电机进行转矩控制。

2. 发电及调压原理

(1) 发电原理

电励磁同步电机的输出电压大小通过励磁电流的大小来控制，便于调压。但是由于电刷和换向器的存在，同时换向电弧大大降低了他们的使用寿命，限制了在大容量、高密度的多电飞机上面使用。所以将电机有刷变为无刷，通过三级式的结构，能很好地实现多电飞机起动/发电一体化功能的同时，满足大功率的要求。

三级式同步电机在发电运行阶段，主要通过主发电机输出三相交流电给飞机供电，其发电原理和电励磁同步电机类似，控制方法在原有的基础上考虑来自主励磁机的励磁电流控制。运行时，由于与航空发动机同轴安装，副励磁机工作，从电枢绕组输出三相交流电，经过整流后，供给主励磁机的励磁绕组，之后主励磁机的转子电枢绕组与发动机同速旋转时，感应生成三相交流电，在经过旋转整流器整流后，供给主发电机旋转中的转子励磁绕组，其切割定子电枢绕组，产生三相交流电，并作为电源系统的输出，再经过功率变换器、配电等过程，为飞机负载供电。

(2) 调压原理

在以三级式同步电机为核心的变频交流发电系统中，为了实现输出电压的调节，需要对主发电机的励磁电流进行控制，但是由于三级式的特殊架构，主发电机的励磁电流是由主励磁机输出的三相交流电旋转整流后形成的，根据电励磁同步电机的发电原理，输出的三相交流电的大小主要与电机转速和直流励磁电流的幅值有关，实际过程中，电机转速和发动机转速相同，不方便测量和调节，因此主要是控制主励磁机的直流励磁电流的幅值来间接实现对主发电机的控制，从而实现主电机输出电压的调节。

与起动阶段不同，发电时主励磁机的励磁电流不是通过外接电源提供，而是副励磁机随航空发动机同轴旋转产生三相交流电整流成直流后提供的，因此在原有电压控制方法基础上需要再加上电流环，通过调节主励磁机的励磁电流大小，来控制主发电机励磁电流的大小，进而实现主发电机的调压控制。

6.1.3 三级式同步电机的数学模型

通过前面的介绍，三级式同步电机的结构可以等效为副励磁机、主励磁机和主发电机共同组成，均为同步电机，该系统具有强耦合、多变量和高阶次等特点，为了准确反映电机在稳态、故障、瞬态等情况下的模型，用以下电机状态方程来描述。

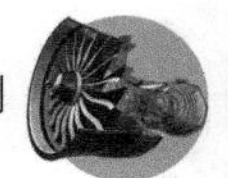

起动时，需要以电动机惯性进行建模，电压方程为

$$U=Ri+p\Psi,\quad \Psi=Li \tag{6.1}$$

发电时，以发电机惯性建模的电压方程为

$$p\Psi=Ri+U,\quad \Psi=Li \tag{6.2}$$

式中，p 为微分算子；L 为电感矩阵。电动机与发电机的表达式产生差异的原因是电压和电流的参考方向是否关联，当在规定参考方向时，电压方程可以统一表示，这也为起动/发电一体化建模提供了基础。

1. 主发电机数学模型

为了便于后续控制器设计，首先需要对主发电机进行建模。图 6.4 所示为三相静止 ABC 坐标系和两相静止 $\alpha\beta$ 坐标系的变换，即 Clark 变换和反 Clark 变换。在 $\alpha\beta$ 两相静止坐标系中，α 轴和 a 相绕组轴线重合，β 轴超前 α 轴 90°。

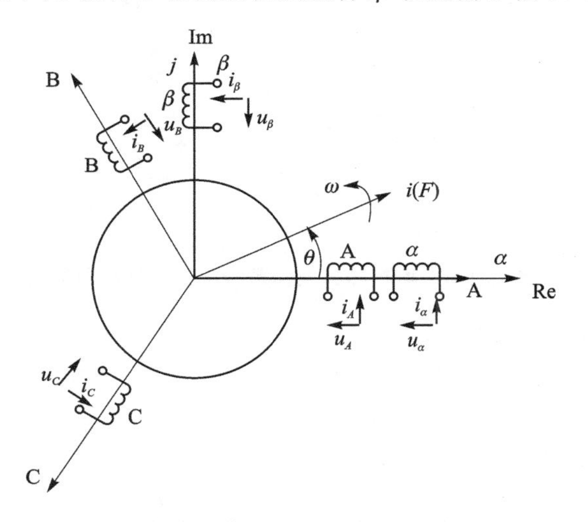

图 6.4　3s/2r 坐标变换的三相 ABC 坐标系和两相 $\alpha\beta$ 坐标系

根据坐标变换理论，合成磁动势守恒可表示为

$$F_\alpha+jF_\beta=F_a+a_1F_b+a_1^2F_c \tag{6.3}$$

式中，$a_1=1\angle 120°$，F_α、F_β、F_a、F_b、F_c 分别为两相坐标轴系、三相静止坐标系下的磁动势。

已知实虚部相等和功率不变原则，有

$$N_2i_\alpha=N_3i_a\cos 0°+N_3i_b\cos 120°+N_3i_c\cos 240°=N_3\left(i_a-\frac{1}{2}i_b-\frac{1}{2}i_c\right) \tag{6.4}$$

$$N_2i_\beta=0+N_3i_b\sin 120°+N_3i_c\sin 240°=N_3\left(\frac{\sqrt{3}}{2}i_b-\frac{\sqrt{3}}{2}i_c\right) \tag{6.5}$$

式中，N_3 为 ABC 坐标系的相绕组匝数；N_2' 为 $\alpha\beta$ 坐标系的相绕组匝数。

Clark 变换矩阵：

$$C_{3s/2s}=\sqrt{\frac{2}{3}}\begin{bmatrix}1 & -\frac{1}{2} & -\frac{1}{2}\\ 0 & \frac{\sqrt{3}}{2} & -\frac{\sqrt{3}}{2}\end{bmatrix} \tag{6.6}$$

为了对电机模型强耦合进行解耦，需要从两相静止 $\alpha\beta$ 坐标系变换为两相旋转 dq 坐标系，即 Park 变换，也叫 3s/2r 变换，向量关系如图 6.5 所示。

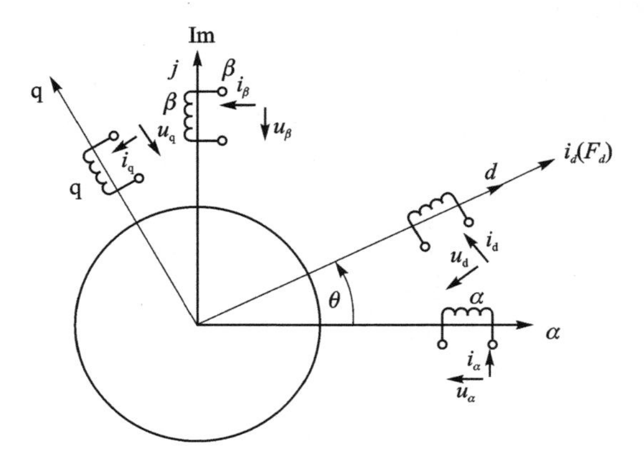

图 6.5　变换的两相静止坐标系和旋转坐标系向量关系

由图 6.5 可得如下关系：

$$\left.\begin{aligned}i_d&=i_\alpha\cos\theta+i_\beta\sin\theta\\ i_q&=-i_\alpha\sin\theta+i_\beta\cos\theta\end{aligned}\right\} \tag{6.7}$$

式中，θ 为 d 轴与定子 a 相绕组的夹角。于是有

$$C_{2s/2r}=\begin{bmatrix}\cos\theta & -\sin\theta\\ \sin\theta & \cos\theta\end{bmatrix} \tag{6.8}$$

结合式(6.6)和式(6.8)，从三相静止 ABC 坐标系到两相旋转 dq 坐标系的变换为

$$C_{3s/2r}=\frac{2}{3}\begin{bmatrix}\cos\theta & \cos\left(\theta-\frac{2\pi}{3}\right) & \cos\left(\theta+\frac{2\pi}{3}\right)\\ -\sin\theta & -\sin\left(\theta-\frac{2\pi}{3}\right) & -\sin\left(\theta+\frac{2\pi}{3}\right)\\ \frac{1}{2} & \frac{1}{2} & \frac{1}{2}\end{bmatrix} \tag{6.9}$$

同样得到逆变换从两相旋转 $\alpha\beta$ 坐标系到三相静止 ABC 坐标系的变换为

$$C_{2r/3s}=\begin{bmatrix}\cos\theta & -\sin\theta & 1\\ \cos\left(\theta-\frac{2\pi}{3}\right) & -\sin\left(\theta-\frac{2\pi}{3}\right) & 1\\ \cos\left(\theta+\frac{2\pi}{3}\right) & -\sin\left(\theta+\frac{2\pi}{3}\right) & 1\end{bmatrix} \tag{6.10}$$

在忽略电机饱和、磁滞等因素后，在 ABC 坐标系下，主发电机的电压方程表示为

$$\begin{bmatrix}u_A\\ u_B\\ u_C\\ u_f\end{bmatrix}=\begin{bmatrix}R_s & 0 & 0 & 0\\ 0 & R_s & 0 & 0\\ 0 & 0 & R_s & 0\\ 0 & 0 & 0 & R_f\end{bmatrix}\begin{bmatrix}-i_A\\ -i_B\\ -i_C\\ i_f\end{bmatrix}+p\begin{bmatrix}\psi_A\\ \psi_B\\ \psi_C\\ \psi_f\end{bmatrix} \tag{6.11}$$

式中，u_A、u_B、u_c 和 i_A、i_B、i_C 分别为 A、B、C 三相上的电压和电流；R_s、R_f 为等效电阻；u_f 为转子励磁电枢绕组相电压；ψ_f 为主发电机励磁绕组磁链。

磁链方程为

$$\begin{bmatrix}\psi_A\\ \psi_B\\ \psi_C\\ \psi_f\end{bmatrix}=\begin{bmatrix}L_{AA} & M_{AB} & M_{AC} & M_{Af}\\ M_{BA} & L_{BB} & M_{BC} & M_{Bf}\\ M_{CA} & M_{CB} & L_{CC} & M_{Cf}\\ M_{fA} & M_{fB} & M_{fC} & L_{ff}\end{bmatrix}\begin{bmatrix}i_A\\ i_B\\ i_C\\ i_f\end{bmatrix} \tag{6.12}$$

式中，L_{AA}、L_{BB}、L_{CC}、L_{ff} 分别为定子三相绕组和励磁绕组的自感；M_{AB}、M_{BA}、M_{BC}、M_{CB}、M_{AC}、M_{AC} 分别为定子三相绕组间的互感；M_{Af}、M_{fA}、M_{Bf}、M_{fB}、M_{Af}、M_{fC} 分别为定子三相绕组间与励磁绕组间的互感。

转矩方程为

$$T_e=T_L+J\frac{d\omega_m}{dt}+D\frac{\omega_m}{n_p} \tag{6.13}$$

式中，D 为系统的摩擦系数；J 为电机的转动惯量；ω_m 为转子的机械角速度；T_e 为电机的电磁转矩；T_L 为负载转矩。

根据前文推导的坐标变换矩阵，将电机的电压方程、磁链方程和转矩方程变换为 dq 坐标系下的方程，实现电机模型的解耦。数学模型如下：

① 电压方程：

$$\begin{bmatrix}u_d\\ u_q\\ u_f\end{bmatrix}=\begin{bmatrix}R_s & 0 & 0\\ 0 & R_s & 0\\ 0 & 0 & R_f\end{bmatrix}\begin{bmatrix}i_d\\ i_q\\ i_f\end{bmatrix}+\begin{bmatrix}p\psi_d\\ p\psi_q\\ p\psi_f\end{bmatrix}+\begin{bmatrix}-\omega_e\psi_q\\ \omega_e\psi_d\\ 0\end{bmatrix} \tag{6.14}$$

② 磁链方程：

$$\begin{bmatrix}\psi_d\\ \psi_q\\ \psi_f\end{bmatrix}=\begin{bmatrix}L_d & 0 & M_{sf}\\ 0 & L_q & 0\\ 1.5M_{fs} & 0 & L_f\end{bmatrix}\begin{bmatrix}i_d\\ i_q\\ i_f\end{bmatrix} \tag{6.15}$$

③ 电磁转矩方程：

$$T_{em}=\frac{3}{2}n_p(\psi_d i_q-\psi_q i_d) \tag{6.16}$$

④ 机械运动方程：

$$T_{em}-T_L=J\frac{d\omega_m}{dt}+D\frac{\omega_m}{n_p} \tag{6.17}$$

上述方程中 u_d、u_q、u_f 分别为定子直轴电压、定子交轴电压和转子励磁电压，R_{2s}、R_{2f} 分别为电枢绕组和励磁绕组的电阻值，i_d、i_q、i_f 分别为定子直轴电流、定子交轴电流和转子励磁电流，ψ_d、ψ_q、ψ_f 分别为定子直轴磁链、定子交轴磁链和转子励磁磁链，L_d、L_q、L_f 分别为定子直轴、交轴和转子绕组的电枢反应电感，M_{sf} 为定子绕组与转子励磁绕组之间的互感，ω_e、ω_m 分别为转子电角速度和机械角速度，n_p 为电机极对数。

2. 主励磁机数学模型

根据起动原理，主励磁机在运行中为主发电机提供励磁电流，故仅作为发电使用。作为异步电机结构，主励磁机的定子和转子的电感值是随转子位置角变化的，采用同步旋转坐标下的变化以降低特征方程的复杂程度，下面只给出表征其发电特性的磁链方程和电压方程。

① 磁链方程：

$$\begin{bmatrix}\psi_{dr}\\\psi_{qr}\\\psi_{ds}\\\psi_{qs}\\\psi_{0s}\end{bmatrix}=\begin{bmatrix}L_r&0&L_m&0&0\\0&L_r&0&L_m&0\\L_m&0&L_s&0&0\\0&L_m&0&L_s&0\\0&0&0&0&L_1\end{bmatrix}\begin{bmatrix}i_{dr}\\i_{qr}\\i_{ds}\\i_{qs}\\i_{0s}\end{bmatrix} \tag{6.18}$$

式中，ψ 为绕组磁链；i 为绕组电流；L 为电感值；下标字母 d、q、0 分别表示直轴、交轴和零序绕组，而 r、s 分别表示转子和定子；L_m 为定转子绕组间的互感；L_1 为定子绕组漏感。

② 电压方程：

$$\begin{bmatrix}u_{dr}\\u_{qr}\\u_{ds}\\u_{qs}\\u_{0s}\end{bmatrix}=\begin{bmatrix}R_r&0&0&0&0\\0&R_r&0&0&0\\0&0&R_s&0&0\\0&0&0&R_s&0\\0&0&0&0&R_s\end{bmatrix}\begin{bmatrix}i_{dr}\\i_{qr}\\i_{ds}\\i_{qs}\\i_{0s}\end{bmatrix}+p\begin{bmatrix}\psi_{dr}\\\psi_{qr}\\\psi_{ds}\\\psi_{qs}\\\psi_{0s}\end{bmatrix}+\begin{bmatrix}-(\omega_1-\omega_r)\psi_{qr}\\(\omega_1-\omega_r)\psi_{dr}\\-\omega_1\psi_{qs}\\\omega_1\psi_{ds}\\0\end{bmatrix} \tag{6.19}$$

式中，u 为电压值；R_r、R_s 分别为转子绕组、定子绕组内阻；ω_1 为励磁电角频率；ω_r 为转电角速度。

3. 励磁特性分析

三级式同步电机在起动/发电过程中，在不同转速阶段需要采用不同的励磁方

式。由于电励磁同步电机在交流励磁和直流励磁下的励磁效果大不相同，因此下面分别分析在交流励磁和直流励磁下，各转速阶段的励磁特性。

(1) 交流励磁特性

根据励磁原理，在三级式同步电机静止或者低速起动时，通过外接电源，给主励磁机通以频率为 f_1 的三相交流电，则励磁机的三相励磁电压方程为

$$\begin{cases} U_{AA}=U_{\mathrm{m}}\cos\omega_1 t \\ U_{BB}=U_{\mathrm{m}}\cos\left(\omega_1 t-\dfrac{2\pi}{3}\right) \\ U_{CC}=U_{\mathrm{m}}\cos\left(\omega_1 t+\dfrac{2\pi}{3}\right) \end{cases} \tag{6.20}$$

式中，U_{AA}、U_{BB}、U_{CC} 分别为定子 A、B、C 相绕组励磁电压；U_{m} 为励磁电压幅值。

三相励磁电压利用式(6.9)进行坐标变换，由于电机从静止起动且处在空载情况下，因此 $u_{\mathrm{ds}}=U_{\mathrm{m}}$，$u_{\mathrm{qs}}=u_{0\mathrm{s}}=0$，$i_{\mathrm{dr}}=i_{\mathrm{qs}}=0$。将式(6.18)代入式(6.19)，结合条件，可得

$$\begin{cases} U_{\mathrm{m}}=R_{\mathrm{s}}i_{\mathrm{ds}}-\omega_1 L_{\mathrm{s}}i_{\mathrm{qs}} \\ 0=R_{\mathrm{s}}i_{\mathrm{qs}}+\omega_1 L_{\mathrm{s}}i_{\mathrm{ds}} \\ u_{\mathrm{dr}}=-(\omega_1-\omega_{\mathrm{r}})L_{\mathrm{m}}i_{\mathrm{qs}} \\ u_{\mathrm{qr}}=(\omega_1-\omega_{\mathrm{r}})L_{\mathrm{m}}i_{\mathrm{ds}} \end{cases} \tag{6.21}$$

对式(6.21)进行简化，消去 i_{ds} 和 i_{qs} 得到 dq 轴的电压分量为

$$\begin{cases} u_{\mathrm{dr}}=K_{\mathrm{uac}}U_{\mathrm{m}}\sin(\varphi) \\ u_{\mathrm{qr}}=K_{\mathrm{uac}}U_{\mathrm{m}}\sin(\varphi) \end{cases} \tag{6.22}$$

式中，φ 为定子绕组阻抗角；K_{uac} 为定转子电压比，反映了交流励磁方式下的主励磁机的电压转换效率。

$$K_{\mathrm{uac}}=\frac{(\omega_1-\omega_{\mathrm{r}})L_{\mathrm{m}}}{\sqrt{R_{\mathrm{s}}^2+(\omega_1 L_{\mathrm{s}})^2}} \tag{6.23}$$

根据 dq 到 ABC 坐标变换公式可得

$$\begin{cases} U_{\mathrm{a}}=K_{\mathrm{uac}}U_{\mathrm{m}}\cos\left[(\theta-\theta_{\mathrm{r}})-\varphi-\dfrac{\pi}{2}\right] \\ U_b=K_{\mathrm{uac}}U_{\mathrm{m}}\cos\left[(\theta-\theta_{\mathrm{r}})-\varphi-\dfrac{7\pi}{6}\right] \\ U_c=K_{\mathrm{uac}}U_{\mathrm{m}}\cos\left[(\theta-\theta_{\mathrm{r}})-\varphi+\dfrac{7\pi}{6}\right] \end{cases} \tag{6.24}$$

式中，U_a、U_b、U_c 分别三相绕组电压；$\theta=\omega_1 t$，$\theta_{\mathrm{r}}=\omega_{\mathrm{r}}t$。

式(6.24)表示在交流励磁时，主励磁机输出的三相交流电，由此可见，电压的幅值为

$$K_{\mathrm{uac}}U_{\mathrm{m}}=\frac{(\omega_1-\omega_{\mathrm{r}})L_{\mathrm{m}}}{\sqrt{R_{\mathrm{s}}^2+(\omega_1 L_s)^2}}U_{\mathrm{m}} \tag{6.25}$$

当三级式同步电机从静止起动，即 $\omega_r=0$，随着电机起动，励磁频率开始增大，由于 $R_s \gg \omega_1 L_s$，忽略 $\omega_1 L_s$ 的影响，可得

$$\frac{U_{acm}}{U_m}=\frac{\omega_1 L_m}{R_s} \tag{6.26}$$

根据式(6.26)，转子输出电压和电压幅值之比和频率成正比。频率在增大过程中，$\omega_1 L_s$ 影响增强不可忽略，当远远大于 R_s 时，两个电压之比为

$$\frac{U_{acm}}{U_m}=\frac{L_m}{L_s} \tag{6.27}$$

电压比基本保持不变，主励磁机的转子输出电压，当励磁频率到一定频率后，与励磁电压比达到最大值。根据起动原理，航空发动从静止起动时需要三级式同步电机以最大输出转矩带动，为了主发电机能够输出足够大的电磁转矩，需要主励磁机的三相输出电压幅值最大，所以结合式(6.26)和式(6.27)，转子输出电压和励磁频率的关系呈现局部的正比例整体趋近饱和的非线性特征，因此一定存在一个转折点，选择该转折点的横坐标大小作为主励磁机转子电压和输出电压比值刚好达到最大时的频率作为外接交流电的频率。

根据上述分析，下面给出该转折点频率的具体计算过程。

由电机特性可知，规定在处于该转折点时，电机的定子绕组的电抗值在数值上一般取电阻值的六到十倍，本次选择十倍计算。

令 $2\pi f_1 L_s=10R_s$，得

$$f_1=\frac{5R_s}{\pi L_s} \tag{6.28}$$

根据式(6.28)计算得到的 f_1 为转折点频率，即从静止起动时，外接交流励磁电压的频率大小。当电机开始起动，随着转速的不断增加，根据式(6.28)可知，电压比值不断减小，这就意味着主励磁机的三相输出交流电压也在不断减弱，此时交流励磁效果开始减弱，此时需要改为直流励磁方式。

(2) 直流励磁特性

本小节对直流励磁特性进行分析。直流励磁就是外接直流电，将其通入主励磁机的励磁绕组中，产生固定的磁场，三相绕组根据连接方式不同共有八种电流状态，在合成磁场的作用下等效为六种，本小节以图 6.6(a)方式一所示的连接方式为例分析特性。

不同于交流励磁，直流励磁产生固定磁场，励磁角速度 ω_1 为零，d 轴与定子 A 相轴线重合，相对于转子以 $-\omega_r$ 的转速旋转。有

$$i_{ds}=\frac{4}{3}i_{dc},\quad i_{qs}=0,\quad i_{0s}=-\frac{1}{3}i_{dc} \tag{6.29}$$

将式(6.29)代入主励磁机的电压方程，有

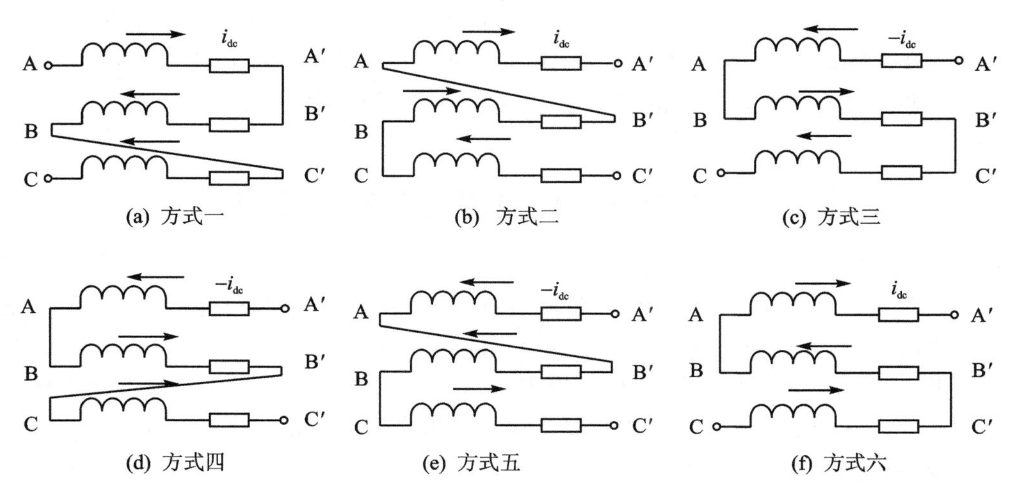

图 6.6　三相绕组的等效串联形式

$$\left.\begin{aligned} u_{dr} &= 0 \\ u_{qr} &= -\frac{4}{3}L_m\omega_r i_{dc} \end{aligned}\right\} \tag{6.30}$$

$$\begin{bmatrix} U_a \\ U_b \\ U_c \end{bmatrix} = \begin{bmatrix} \cos\theta_r & -\sin\theta_r \\ \cos\left(\theta_r - \frac{2\pi}{3}\right) & -\sin\left(\theta_r - \frac{2\pi}{3}\right) \\ \cos\left(\theta_r + \frac{2\pi}{3}\right) & -\sin\left(\theta_r + \frac{2\pi}{3}\right) \end{bmatrix} \begin{bmatrix} u_{dr} \\ u_{qr} \end{bmatrix} \tag{6.31}$$

主励磁机的三相输出电压由式(6.30)经过 Park 反变换(式(6.31))得到，即

$$\left.\begin{aligned} U_a &= K_{udc}U_{dc}\cos\left(\theta_r - \frac{\pi}{2}\right) \\ U_b &= K_{udc}U_{dc}\cos\left(\theta_r + \frac{7\pi}{6}\right) \\ U_c &= K_{udc}U_{dc}\cos\left(\theta_r - \frac{\pi}{6}\right) \end{aligned}\right\} \tag{6.32}$$

与交流励磁时一样，K_{udc} 表示直流励磁的电压转换效率。

$$K_{udc}U_{dc} = \frac{4}{3}L_m\omega_r i_{dc} \tag{6.33}$$

以三相串联形式连接时，式(6.33)中 i_{dc} 可以用下式表示：

$$i_{dc} = \frac{U_{dc}}{3(R_s + \omega_r L_s)} \tag{6.34}$$

将式(6.33)和(6.34)联立，可得

$$K_{udc} = \frac{4\omega_r L_m}{9(R_s + \omega_r L_s)} \tag{6.35}$$

由此可以看出，直流励磁时，主励磁机的三相输出电压和电机的转速有关，当零速和低速起动时，直流励磁不起作用，不能输出三相交流电。而在达到一定转速后，可以控制励磁电压实现输出电压恒定，进而保证主发电机的励磁电流恒定。

6.2 基于自抗扰控制的起动过程控制

以三级式同步电机作为起动/发电机的起动/发电系统在起动过程中的控制问题主要为两个方面：励磁起动问题和主发电机的起动问题。首先要解决励磁起动问题，主发电机为电励磁同步电机，励磁电流主要由主励磁机输出的三相交流电经旋转整流器整流成直流电提供。这样主励磁机能否输出合适的三相交流电就成了励磁起动的核心问题。本节在结合 6.1 节分析起动原理的基础上，设计具体的励磁控制方案和起动控制策略。

6.2.1 励磁控制方法

根据电机在直流和交流两种励磁方式下的特性分析可知，如果需要实现航空发动机零速起动直至点火完成后达到慢车转速，那么在静止状态下不能使用直流励磁方式起动，而是利用外接电源给励磁绕组通一个交流电，进行交流励磁。然而随着起动进程，转速上升的同时，交流励磁的效果不断减弱，在到达一定转速后，需要将励磁方式从开始的交流励磁换为直流励磁，直流励磁的励磁效果不随转速而变化。

1. 交流励磁控制方法

根据式(6.24)可知，主励磁机的三相输出交流电的幅值主要受电压转换系数和外接交流电幅值影响，实际起动过程中，外接交流电主要为航空电源，幅值一般为 270 V，频率可调，因此主要受电压转换系数 K_{uac} 大小控制，具体表达式见式(6.25)，其中 L_m、L_s 和 R_s 为电机本身参数，为定值；另一方面，根据交流励磁特性可知，电机在起动初期，由于转速较小，K_{uac} 主要受到$(\omega_1-\omega_r)$的影响，因此为了保证交流励磁阶段主励磁机的励磁效果，通过调节$(\omega_1-\omega_r)$为恒值实现，ω_1 和 ω_r 分别为外接交流电的角频率和转子电角速度。

因此本小节采用恒定转差实现交流励磁控制。根据交流励磁特性，主励磁机在交流励磁阶段可以等效为异步发电机，起变压器的作用。随着转速的上升，由于要求转差恒值，因此 ω_1 随着 ω_r 逐渐增大，导致了 K_{uac} 逐渐变小，进而主励磁机的三相输出交流电的幅值也变小，这意味着交流励磁的效果在逐渐减弱，故需要将主励磁机从交流励磁方式切换到直流励磁方式。

为了维持恒定转差，需要对励磁功率电路中的三相逆变器进行空间矢量脉宽调制(Space Vector Pulse Width Modulation, SVPWM)控制，基本思想是在开关周期

内，通过切换开关管的开断形成的两个基本电压矢量来合成参考电压矢量。在常规的电压源三相逆变电路中，每一个开关管具有两种状态，同一桥臂上的开关状态相反，因此可以形成八种基本电压矢量。其中，包含两个零矢量 U_0（000）和 U_7（111），六个非零矢量 U_1（001）、U_2（010）、U_3（011）、U_4（100）、U_5（101）、U_6（110）。他们将复平面分为六个扇区，每一个扇区对应角度为 60°，如图 6.7 所示。

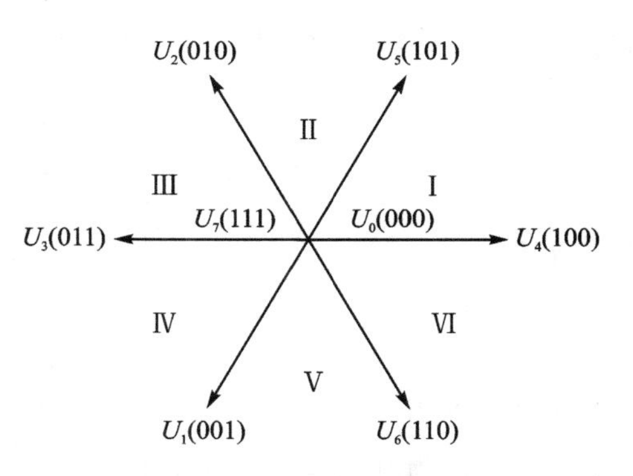

图 6.7　电压矢量和扇区图

2. 直流励磁控制方法

在采用恒定转差的交流励磁方式实现三级式同步电机起动后，随着转速的升高，主励磁机的三相输出交流电幅值逐渐变小。与之相比，直流励磁的优势不断显现出来，因此在起动过程达到一定转速后，需要将主励磁机的励磁方式由交流励磁变为直流励磁。

根据直流励磁特性分析知，当采用直流励磁进行励磁时，主励磁机的三相输出交流电的幅值主要由 K_{udc} 和 U_{dc} 的乘积决定。根据式(6.32)和式(6.35)可知，在其他电机参数不改变的情况下，随着电机转速的升高，主励磁机励磁绕组感抗对 K_{udc} 影响加大，但是绕组自感远远小于自阻，即 $R_s \gg \omega_r L_s$，因此可以近似认为 K_{udc} 与电机转速成正比，即

$$K_{udc} \approx \frac{4\omega_r L_m}{9R_s} \tag{6.36}$$

由式(6.36)可知，要想输出交流电的电压保持恒定，可以通过控制直流励磁电压 U_{dc} 和 ω_r 的乘积为定值。根据起动原理知，电机转速是随着起动进程不断变化的，无法直接控制，只能通过改变直流励磁的幅值来保证乘积为定值，即电压幅值和电机转速成反比。

$$U_{dc} \approx \frac{C_1}{\omega_r} \tag{6.37}$$

式(6.37)的这个反比例系数就是乘积的定值。这个定值初始通过试凑得到，随着转速的升高可以通过改变值的大小实现输出电压的进一步控制。

3. 交、直流切换控制

在上述交流励磁和直流励磁切换的主励磁机励磁方案中，何时进行励磁方式的切换，同时保证切换过程平稳、快速的进行是整个励磁过程的关键问题。两种励磁方式主要随着起动进程，电机转速的不断升高，励磁效果不断变化。根据励磁特性分

析，为了保证切换过程的稳定，本小节将交流励磁和直流励磁的励磁效果相同时的转速作为切换条件，选择在交直流切换时电压幅值相同作为求解定值的基本原则，有

$$\frac{(\omega_1-\omega_r)L_m}{\sqrt{R_s^2+(\omega_1 L_s)^2}}U_m=\frac{4\omega_r L_m}{9(R_s+\omega_r L_s)}U_{dc} \tag{6.38}$$

化简后得

$$\omega_r U_{udc}=\frac{9(R_s+\omega_1 L_s)(\omega_1-\omega_r)}{4\sqrt{R_s^2+(\omega_r L_s)^2}}U_{uac} \tag{6.39}$$

式(6.39)中，$\omega_1-\omega_r=\Delta\omega$ 为定值，随着外接交流励磁频率增加，$\omega_1 L_s$ 的影响不断增加，为了简化计算，取在切换点附近时，$\sqrt{R_s^2+(\omega_1 L_s)^2}\approx(R_s+\omega_r L_s)$，因此，式(6.38)可以化简为

$$\omega_r=\frac{9\Delta\omega U_{uac}}{4U_{udc}} \tag{6.40}$$

根据电机原理，可得到电机转速为

$$n_{switch}=\frac{10}{\pi}\omega_r=\frac{45\Delta\omega U_{uac}}{\pi U_{udc}} \tag{6.41}$$

式(6.41)为本章在交流和直流两种励磁方式进行切换时切换点转速的近似计算公式，切换转速主要与电压幅值的比值有关，转差为定值。

至此，关于起动过程中的主发电机的励磁控制问题在转化为主励磁机的励磁控制后，得到间接控制，并通过交直流励磁切换的方式进行励磁控制。主发电机励磁控制结构如图 6.8 所示。

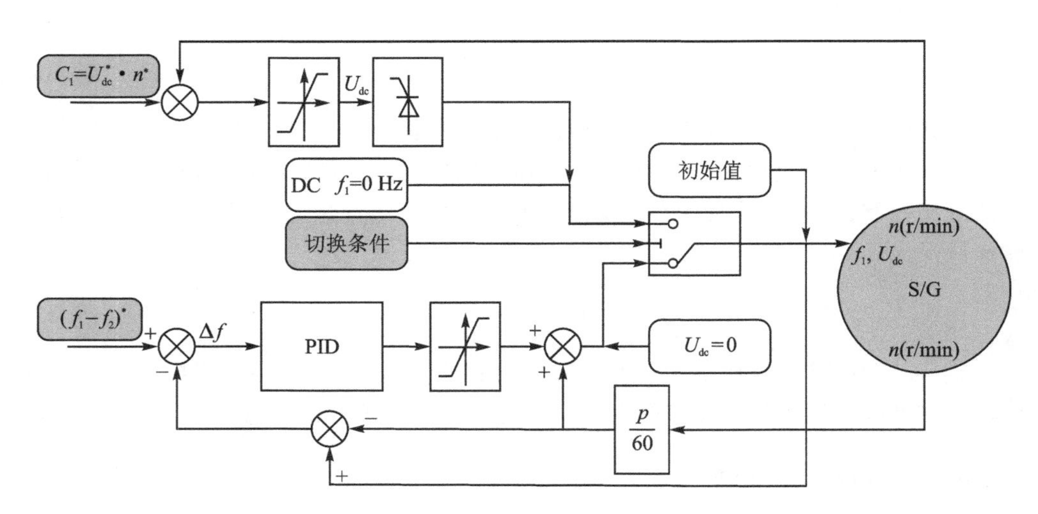

图 6.8　主发电机励磁控制结构

6.2.2　主发电机的起动控制系统设计

在确定起动过程的励磁方案后，另一个关键问题就是起动过程的主发电机的起动控制，即需要输出满足航空发动机负载特性的电磁转矩。主发电机在起动阶段主要以电动机形式工作。对于同步电机可以采用的控制方法主要包括三相六拍控制、直接转矩控制和矢量控制等方式。前述三种控制方法中，三相六拍控制简单，但是输出转矩脉动大，需要对控制方式进行优化；直接转矩虽然响应快，动态性能好，但是设计复杂，存在较大的转矩脉动。因此本章选择相较前面两者控制性能更加优越的矢量控制，针对矢量控制中电机参数改变时，控制性能降低的情况，设计改进控制器。

1. 矢量控制

矢量控制是德国 Blsachke 首次提出的，根据同步电机在旋转坐标系下得到的电流分量 i_{d} 和 i_{q} 分别进行电流内环的控制，通过对电流矢量的相位和幅值的控制，实现对输出转矩和电机转速的精准控制。矢量控制原理如图 6.9 所示。

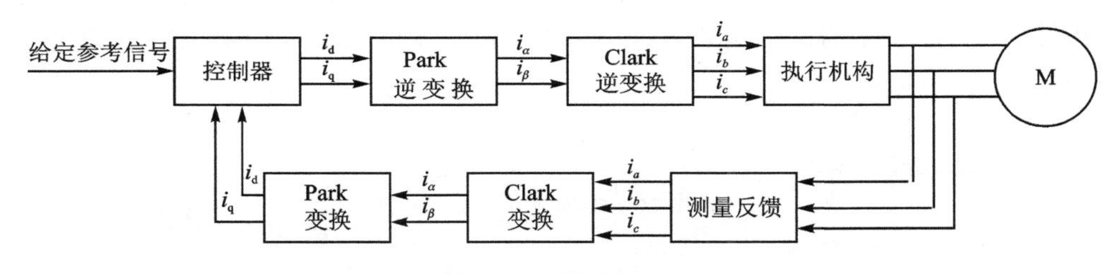

图 6.9　矢量控制原理

2. 基于前馈补偿的 $i_{\mathrm{d}}=0$ 控制策略

传统矢量控制通常有 $i_{\mathrm{d}}=0$ 控制和最大转矩控制。本小节选择 $i_{\mathrm{d}}=0$ 控制，外环为转速环，内环为电流环，采用传统 PID 并结合前馈解耦进行控制。

对于电流环，将式(6.14)与式(6.15)联立，得到主发电机关于 i_{d} 和 i_{q} 的电流方程，由于前面利用主励磁机的励磁控制间接调节了主发电机的励磁电流，因此这里对于主发电机而言，不再考虑 u_f，故只需要保留 dq 轴电流，写成方程的形式为

$$\left.\begin{aligned}\dot{i}_{\mathrm{d}}&=\frac{1}{L_{\mathrm{d}}}u_{\mathrm{d}}-\frac{R_{\mathrm{s}}}{L_{\mathrm{d}}}i_{\mathrm{d}}+\frac{L_{\mathrm{q}}}{L_{\mathrm{d}}}i_{\mathrm{q}}\omega_{\mathrm{e}}\\\dot{i}_{\mathrm{q}}&=\frac{1}{L_{\mathrm{q}}}u_{\mathrm{q}}-\frac{R_{\mathrm{s}}}{L_{\mathrm{q}}}i_{\mathrm{q}}-\frac{(L_{\mathrm{d}}i_{\mathrm{d}}+M_{sf}i_f)}{L_{\mathrm{q}}}\omega_{\mathrm{e}}\end{aligned}\right\}\tag{6.42}$$

由式(6.42)可以看到，电流在 d 轴和 q 轴上的分量均存在交叉项。下面进行解耦，首先假设 i_{d}、i_{q} 完全解耦，则式(6.42)可以改写为

$$\left.\begin{aligned} u_{d0} &= u_d + \omega_e L_q i_q = R_s i_d + L_d \dot{i}_d \\ u_{q0} &= u_q - \omega_e (L_q i_q + C_1) = R_s i_d + L_d \dot{i}_d \end{aligned}\right\} \tag{6.43}$$

式中，u_{d0} 和 u_{q0} 为完全解耦后的 d 轴和 q 轴的电压；$C_1 = M_{sf} i_f$。

进行拉氏变换，得

$$\boldsymbol{Y}(s) = \boldsymbol{G}(s)\boldsymbol{U}(s) \tag{6.44}$$

其中，

$$\boldsymbol{U}(s) = \begin{bmatrix} u_{d0}(s) \\ u_{q0}(s) \end{bmatrix}, \quad \boldsymbol{Y}(s) = \begin{bmatrix} i_d(s) \\ i_q(s) \end{bmatrix}, \quad \boldsymbol{G}(s) = \begin{bmatrix} R_s + sL_d & 0 \\ 0 & R_s + sL_q \end{bmatrix}^{-1}$$

所以在常规 PI 控制器的基础上，加入前馈补偿，得到输出的 dq 轴电压。

$$\begin{cases} u_d^* = \left(K_{pd} + \dfrac{K_{id}}{s}\right)(i_d^* - i_d) - \omega_e L_q i_q \\ u_q^* = \left(K_{pq} + \dfrac{K_{iq}}{s}\right)(i_q^* - i_q) + \omega_e (L_q i_q + C_1) \end{cases} \tag{6.45}$$

式中，K_{pd} 和 K_{pq} 为 PI 控制器的比例增益，K_{id} 和 K_{iq} 为 PI 控制器的积分增益。基于传统 PI 矢量控制和前馈解耦控制，可以得到主发电机矢量控制结构如图 6.10 所示。

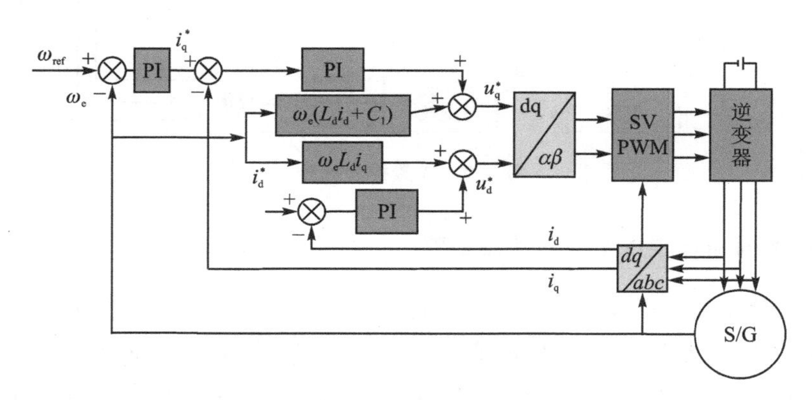

图 6.10 基于前馈补偿的 PI 矢量控制控制原理图

6.2.3 基于分数阶自抗扰控制的起动控制器设计

1. 自抗扰控制基本原理

自抗扰控制(Active Disturbance Rejection Control，ADRC)是由韩京清院士在分析经典 PID 控制的基础上，保留其不基于被控对象的精确数学模型的优点，同时解决其超调性和快速性的矛盾，将建模的不确定、内外部的扰动等视作“总扰动”，利用扩张状态观测器将其扩张成一个新的状态变量，将系统从 N 阶扩张为 N+1 阶，并

通过估计误差的非线性组合进行补偿。自抗扰控制具有很强的鲁棒性和广阔的工程应用。

经典自抗扰控制主要包括三个部分，分别为跟踪微分器（Tracking Differentiator，TD）、扩张状态观测器（Extended State Observer，ESO）、非线性状态误差反馈（Nonlinear States Error Feed - back，NLSEF）。

（1）跟踪微分器

经典 PID 根据参考信号 $v(t)$ 与输出信号 $y(t)$ 得到误差 $e(t)=v(t)-y(t)$，再利用线性组合实时消除误差，但是相较于输入信号而言，输出信号是缓慢变化的，不能很好地实时跟踪。因此提出一种非线性结构跟踪微分器进行过渡，将 $v(t)$ 变为一个跟踪信号及其微分。假设控制系统为

$$\begin{cases}\dot{x}_1=x_2\\ \dot{x}_2=u\end{cases}$$

一个快速最优控制综合系统为

$$\left.\begin{aligned}&\dot{x}_1=x_2\\ &\dot{x}_2=-r\,\mathrm{sgn}\left[x_1-v(t)+\frac{x_2|x_2|}{2r}\right]\end{aligned}\right\}\tag{6.46}$$

对此系统输入参考信号 v，得到的 x_1 为安排过渡过程后的跟踪信号，x_2 为微分信号。对式(6.46)离散化，有

$$\begin{cases}x_1(k+1)=x_1(k)+hx_2(k)\\ x_2(k+1)=x_2(k)+hu\end{cases}$$

快速控制最优综合函数为

$$u=\mathrm{fhan}(x_1,x_2,r,h)$$

$$\begin{cases}d=rh,d_0=hd\\ y=x_1+hx_2\\ a_0=\sqrt{d^2+8r|y|}\\ a=\begin{cases}x_2+\dfrac{(a_0-d)}{2}\mathrm{sgn}(y), & |y|>d_0\\ x_2+\dfrac{y}{h}, & |y|\leqslant d_0\end{cases}\\ \mathrm{fhan}=-\begin{cases}r\,\mathrm{sgn}(a), & |a|>d\\ r\dfrac{a}{d}, & |a|\leqslant d\end{cases}\end{cases}$$

式中，r 表示速度因子，决定着跟踪速度；h 表示滤波因子，起对噪声的滤波作用。

（2）状态扩张观测器

对总扰动进行估计补偿之前，需要对其进行扩张估计。因此 ESO 是整个 ADRC 中的核心，它不需要知道被控对象的数学模型，将各种未建模动态、模型不确定部分、

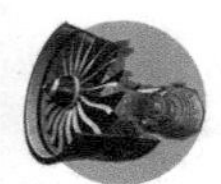

系统受到的扰动都用一个“总扰动”来表示，通过将其视作一个状态变量，得到估计值。因此系统对总扰动的估计补偿的效果取决于 ESO 得到的估计值的精度和速度，即 ESO 的品质好坏决定了整个控制器的控制性能。

对于一个 n 阶的单输入单输出系统而言，假设系统状态空间形式如下：

$$\left.\begin{aligned}&\dot{x}_1=x_2\\&\dot{x}_2=x_3\\&\vdots\\&\dot{x}_n=f_0(x_1,x_2,\cdots,x_{n-1},t)+w+bu\\&y=x_1\end{aligned}\right\}\tag{6.47}$$

式中，$f_0(x_1,x_2,\cdots x_{n-1},t)$为未知函数；$w$ 为未知扰动；$x_i(i=1,2,3\cdots n)$为状态变量；u 为控制量；b 为增益系数。

令式(6.47)中 $f=f_0(x_1,x_2,\cdots,x_{n-1},t)+w$，即为系统的总扰动，并将其扩张为第 $n+1$ 个状态变量，构造扩张观测器为

$$\left.\begin{aligned}&\dot{z}_1=z_2-g_1(z_1-y)\\&\cdots\\&\dot{z}_n=z_{n+1}-g_n(z_1-y)+bu\\&\dot{z}_{n+1}=-g_{n+1}(z_1-y)\end{aligned}\right\}\tag{6.48}$$

为了改善 ESO 的收敛速度，对 g 选择如下函数：

$$\begin{aligned}&g_i(z_1-y)=\beta_i\,\mathrm{fal}(z_1-y,\alpha_i,\delta)\\&\mathrm{fal}=\begin{cases}|\varepsilon|^{\alpha}\mathrm{sgn}(\varepsilon) & |\varepsilon|>\delta\\ \varepsilon/\delta^{1-\alpha} & |\varepsilon|>\delta\end{cases}\\&i=1,2,\cdots,n+1\end{aligned}\tag{6.49}$$

式(6.48)和式(6.49)即为 ESO 的状态空间方程，$z_1,\cdots,z_n$ 分别为 $x_1,\cdots,x_n$ 的估计值，z_{n+1} 是对 f 的估计，同时选择非线性反馈结构的快速收敛 fal 函数。同时也带来了诸多的可调参数，$\alpha_i\in[0,1]$，α_i 值越小，跟踪越快但是滤波效果会变差；δ 为滤波系数，一般取 0.01；β_i 为增益系数，是 ESO 的主要调节参数。

(3) 非线性状态误差反馈

利用非线性的组合对 TD 和 ESO 产生的估计误差进行补偿，首先得到误差值：

$$e_i=v_i-z_i$$

在 ADRC 中，对于非线性组合不作限制，可以根据非线性函数进行选择，有很大的灵活性，一般取非线性反馈函数如下：

$$\left.\begin{aligned}&u_0=k_1\mathrm{fal}(e_1,\alpha_1,\delta_1)+k_2\mathrm{fal}(e_2,\alpha_2,\delta_2)+\cdots+k_n\mathrm{fal}(e_n,\alpha_n,\delta_n)\\&u=u_o-\frac{z_{n+1}}{b}\end{aligned}\right\}$$

u 即为最终的补偿控制量，这种非线性反馈，相比于 PID 来说具有很强的优越

性，在提高收敛速度的同时，可减小误差值。自抗扰控制结构如图 6.11 所示。

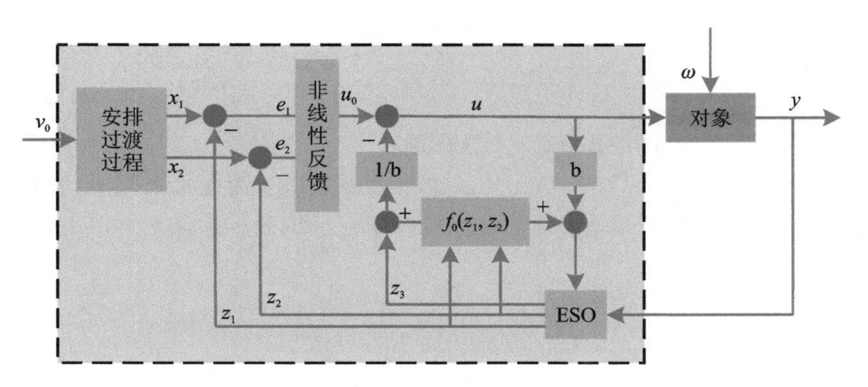

图 6.11　自抗扰控制结构

ADRC 在实际应用过程中，最突出的不足是参数整定困难。对此高志强教授在时间尺度的基础上，提出利用频率尺度来进行参数整定。面向实际工程应用，将可调参数调整为对带宽的调节，使调节过程大大简化，有广阔的工程应用前景。

以二阶系统为例，考虑不带滤波的 TD 环节，系统方程为

$$\ddot{x} = f_0(x, \dot{x}, t) + w + bu$$

令 $x_3 = f = f_0 + w, x_1 = x, x_2 = \dot{x}$。由 Luenberger 状态观测器原理，构建线性扩张观测器(Linear Extended State Observer, LESO)：

$$\begin{cases} \dot{z}_1 = \beta_1(y - z_1) + z_2 \\ \dot{z}_2 = \beta_2(y - z_1) + z_3 + bu \\ \dot{z}_3 = \beta_3(y - z_1) \end{cases}$$

式中，z_1, z_2, z_3 分别是对 x_1, x_2, x_3 的估计；$\beta_1, \beta_2, \beta_3$ 为观测器增益。

对 LESO 的方程进行拉氏变换，得

$$\begin{cases} z_1(s) = \dfrac{\beta_1^2 + \beta_2 s + \beta_3}{L^*(s)} Y(s) + \dfrac{bs}{L^*(s)} U(s) \\ z_2(s) = \dfrac{\beta_2 s^2 + \beta_3 s}{L^*(s)} Y(s) + \dfrac{bs(s + \beta_1)}{L^*(s)} U(s) \\ z_3(s) = \dfrac{\beta_3 s^2}{L^*(s)} Y(s) - \dfrac{b\beta_3}{L^*(s)} U(s) \end{cases}$$

可得特征方程为

$$L^*(s) = s^3 + \beta_1 s^2 + \beta_2 s + \beta_3$$

根据极点配置，将极点配置到复平面的左半平面，得

$$L^*(s) = (s + \omega_0)^3$$

两式相等，得到观测器增益关于 ω_0 的统一表示：

$$\beta_1 = 3\omega_0, \beta_2 = 3\omega_0^2, \beta_3 = \omega_0^3 \tag{6.50}$$

系统在经过 LESO 得到扰动的估计值后，可以等效为一个积分串联形式，控制器本质上为 PD 控制器，化简过程及 PD 控制器如下：

$$u=\frac{u_0-z_3}{b},\ddot{x}=(f-z_3)+u_0\approx u_0$$

$$u_0=K_p(v-z_1)-K_d z_2$$

v 为设定被跟踪的信号值，$e=v-z_1$ 为跟踪误差；u_0 为虚拟控制量，补偿后得到控制量 u，K_p 和 K_d 为可调增益。根据 PD 控制下系统的传递函数(式(6.50))，写出特征方程：

$$\frac{Y(s)}{U(s)}=\frac{K_p}{s^2+K_d s+K_p} \tag{6.51}$$

将极点配置到复平面的左半平面，得到增益系数和控制器带宽的关系为

$$C(s)=s^2+K_p s+K_d \tag{6.52}$$

式中，$K_p=2\omega_c$，$K_d=\omega^2$。

上述即为 ADRC 的线性化过程，一般二阶线性自抗扰控制(Line Active Disturbance Rejection Control, LADRC)的控制框图见图 6.12。

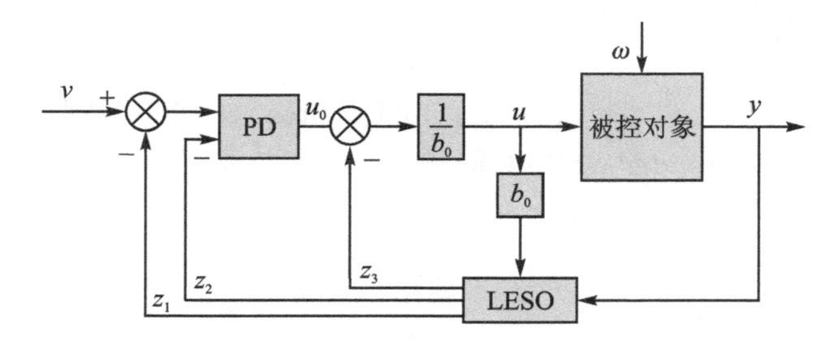

图 6.12 二阶 LADRC 控制框图

2. 分数阶自抗扰控制器设计

对本小节涉及的起动过程主发电机的起动控制器，传统 PI 控制在使用过程中存在抗扰能力不足、鲁棒性差，因此利用二阶线性自抗扰控制进行改进，并给出控制器设计过程。

对于转速环，将式(6.16)与式(6.17)联立，得到关于转速 ω_m 的一阶微分方程：

$$1.5n_p M_{fs} i_f i_q-T_L=J\frac{d\omega_m}{dt} \tag{6.53}$$

对式(6.53)进行微分，同时代入式(6.42)的电流方程，消去中间变量 i'_q，得到角速度 ω_m 的二阶微分方程：

$$\ddot{\omega}_m=-\frac{R_s}{L_q}\dot{\omega}_m-\frac{1.5(n_p M_{fs} i_f)^2}{JL_q}\omega_m-\frac{R_s}{JL_q}T_L-\frac{1}{J}\dot{T}_L+\frac{1.5n_p M_{fs} i_f}{JL_q}u_q$$

为了方便仿真，这里根据电机原理，将电机的角速度全部换为转速 n，得到转速

关于 q 轴电压 u_q 的二阶微分方程为

$$\ddot{n}=-\frac{R_s}{L_q}\dot{n}-\frac{1.5(n_pM_{fs}i_f)^2}{JL_q}n-\frac{9.55R_s}{JL_q}T_L-\frac{9.55}{J}\dot{T}_L+\frac{14.32n_pM_{fs}i_f}{JL_q}u_q \tag{6.54}$$

上述二阶微分方程，对于 q 轴而言，意味着取消了电流内环，直接得到控制量 u_q，而在传统的矢量控制中，电流内环的作用是控制一直由电机参数导致的过流等情况对电机输出的影响，而这里利用 ADRC 对控制器进行改进，对这一类由参数改变等引起的不确定性有着很好的抑制能力，因此这里取消电流内环。

将式(6.54)表示的二阶系统扩展为 ADRC 的标准形式，考虑存在电机参数变化、系统未建模动态、不确定部分以及变工况的外部扰动，有

$$\begin{aligned}\ddot{n}&=b_0u_q+\Delta bu_q+f_0+f_1+d\\&=b_0u_q+f\end{aligned} \tag{6.55}$$

$$b_0\approx\frac{14.32n_pM_{fs}i_f}{JL_q}$$

$$f=\Delta bu_q+f_0+f_1+d$$

$$\begin{aligned}f_0=&-\frac{R_s}{L_q}\dot{n}-\frac{1.5(n_pM_{fs}i_f)^2}{JL_q}n-\frac{9.55R_s}{JL_q}T_L-\frac{9.55}{J}\dot{T}_L\\&-\frac{R_s}{L_q}\dot{n}-\frac{1.5(n_pM_{fs}i_f)^2}{JL_q}n-\frac{9.55R_s}{JL_q}T_L-\frac{9.55}{J}\dot{T}_L\end{aligned}$$

式中，b_0 为补偿系数；Δbu_q 为电机参数改变时，模型的不确定部分；f_0 为模型已知部分；f_1 为系统未建模动态；d 为系统所受到的外部扰动(包括温度、压力等因素的改变)；f 为系统的总扰动，即内外扰动之和。

对于二阶系统来说，将其通过观测器扩张成第三个状态量，设 $x_1=n$，$x_2=\dot{n}$，$x_3=f$，$u=u_q$，则上式可以写成下面状态空间方程的形式：

$$\left.\begin{aligned}\dot{x}_1&=x_2\\\dot{x}_2&=x_3+b_0u\\\dot{x}_3&=f\\y&=x_1\end{aligned}\right\} \tag{6.56}$$

根据状态方程(6.56)设计 LESO，写成状态空间方程的形式：

$$\left.\begin{aligned}\dot{z}_1&=\beta_1(y-z_1)+z_2\\\dot{z}_2&=\beta_2(y-z_1)+z_3+b_0u\\\dot{z}_3&=\beta_3(y-z_1)\\y&=z_1\end{aligned}\right\} \tag{6.57}$$

式中，z_1 和 z_2 分别为 x_1 和 x_2 的估计值；z_3 为观测器得到的总扰动 x_3 的估计值；β_1、β_2 和 β_3 为反馈增益系数。

利用 ADRC 线性化过程，得到式(6.50)所示的关系，则补偿控制律为

$$u=\frac{u_0-z_3}{b_0} \tag{6.58}$$

由于系统变为一个积分串联的系统，因此对该系统进行误差反馈控制，控制器的控制性能受到 LESO 的估计精度和估计速度密切相关。对于具有较大扰动的系统而言，需要较高的控制带宽来及时跟踪扰动，但也使得系统的稳定性降低。当估计不及时时，对于采用整数阶的 PD^{μ} 控制器作为 LESO 的线性反馈律满足不了对估计误差的快速响应，因此提出将分数阶 PD^{μ} 的改进自抗扰控制器

本小节提出的分数阶自抗扰是在整数阶自抗扰控制技术的基本框架内，将反馈律用分数阶 PD^{μ} 反馈来代替。对于 ESO 而言，它的估计精度和估计速度影响着整个控制器的效果，而带宽参数由于有上限，因此对于起动系统要求快速响应和存在较大扰动的情况，难免会出现不能及时跟踪的情况，这也让 PD 反馈律由于不够准确的估计误差使控制性能降低。为了让控制器具有很强的鲁棒性，通过改进的分数阶控制器，使得参数的调节范围增大，减弱自抗扰控制器因为估计不及时产生的控制器性能的降低，增强控制器的抗干扰能力，并增强鲁棒性能。

分数阶微积分是相较于传统整数阶微积分的，是微积分的一般形式，具体数学表达如下：

$$ {}_{\alpha}D_t^{\alpha}=\begin{cases}\dfrac{d^{\alpha}}{dt^{\alpha}}, & \alpha>0\\ 1, & \alpha=0\\ \displaystyle\int_{\alpha}^{t}(\mathrm{d}\tau)^{\alpha}, & \alpha<0\end{cases}$$

${}_{\alpha}D_t^{\alpha}$ 为微积分算子，α 和 t 为上下限，一般为实数；当 $\alpha>0$ 时，${}_{\alpha}D_t^{\alpha}$ 表示微分算子；当 $\alpha<0$ 时，表示积分算子；当 $\alpha=0$ 时，${}_{\alpha}D_t^{\alpha}$ 表示整数阶。

通过添加两个微积分阶次 λ 和 μ，保留原有 PID 控制的三个参数 K_{p}、K_{d}、K_{i}，使得控制器具有更广泛的调节范围，下面给定 λ 和 μ 不同数值，分数阶 PID 控制器会有多种多样的形式，如表 6.1 所列。其中，FO 是分数阶的简写，IO 是整数阶的简写。

表 6.1 分数阶 PID 形式

序　号	λ，μ 的取值	控制器名称	描述形式
i	$\lambda=0,\mu=0$	P	$C'(s)=K_{\mathrm{p}}$
ii	$\lambda=1,\mu=0$	IOPI	$C'(s)=K_{\mathrm{p}}+K_{\mathrm{i}}S^{-1}$
iii	$\lambda>0,\lambda\neq1;\mu=0$	FOPI FO[PI]	$C'(s)=K_{\mathrm{p}}+K_{\mathrm{i}}S^{-\lambda}$ $C'(s)=(K_{\mathrm{p}}+K_{\mathrm{i}}S)^{-\lambda}$
iv	$\lambda=0,\mu=1$	IOPD	$C'(s)=K_{\mathrm{p}}+K_{\mathrm{d}}S$
v	$\lambda=0,\mu>0,\mu\neq1$	FOPD FO[PD]	$C'(s)=K_{\mathrm{p}}+K_{\mathrm{d}}S^{\mu}$ $C'(s)=(K_{\mathrm{p}}+K_{\mathrm{d}}S)^{\mu}$

续表 6.1

序　号	λ,μ 的取值	控制器名称	描述形式
vi	$\lambda=1,\mu=1$	IOPID	$C'(s)=K_p+K_iS^{-1}+K_dS$
vii	$\lambda,\mu>0,\lambda,\mu\neq1$;	FOPID	$C'(s)=K_p+K_iS^{-\lambda}+K_dS^{\mu}$

当 λ 与 μ 同时取 1 时，即为经典的 PID 控制。分数阶 PD^{μ} 控制器是分数阶 PID 控制器的一种形式，即 $\lambda=0,0<\mu<1$。分数阶 PD^{μ} 控制器结构如图 6.13 所示。

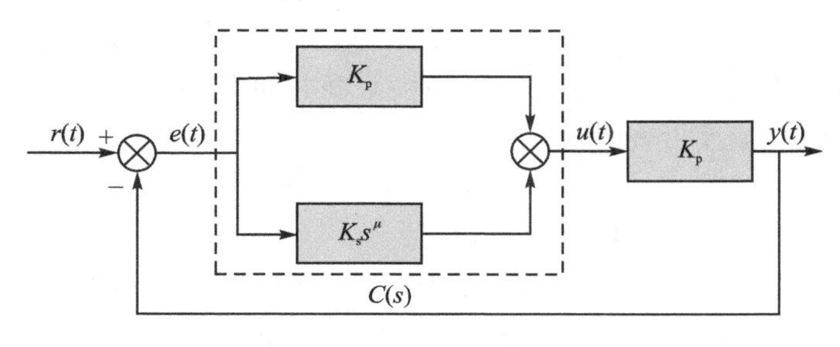

图 6.13　分数阶 PD^{μ} 控制器结构图

本小节结合分数阶 PD^{μ} 的优点，将其应用到前面设计的转速环自抗扰控制器，将原有的反馈律用分数阶 PD^{μ} 代替，得到控制量，控制量 u_0 的具体控制律如下：

$$u_0=K_pe(t)+K_dD^{\mu}e(t) \tag{6.59}$$

式中，$e(t)=v-z_1$。

分数阶自抗扰控制器的其余部分与上一小节设计一样，ADRC 的各个环节相互独立，其他部分不改变。

引入分数阶 PD^{μ} 反馈，虽然会改善控制器的鲁棒性，增强参数调节范围，但是同样也会使得参数的调节变得更加复杂。该控制器需要整定的参数总结起来可以分为两个部分（分数阶 PD^{μ} 反馈律、LESO），这两个部分独立完成各自的参数整定。LESO 的参数为 ω_0 和 b_0，ω_0 可以通过观测器的估计值判断，b_0 可通过试凑得到；对于分数阶参数通过设计寻优算法设计。对此本小节设计了基于随机进化的灰狼优化算法进行参数寻优。

3. 基于随机进化的灰狼优化算法

根据前面设计的分数阶 PD^{μ} 控制器，需要设计寻优算法对其进行参数寻优。目前应用比较广泛的优化算法有人工蜂群算法（Articial Bee Colony，ABC）、粒子群算法（Particle Swarm Optimization，PSO）、遗传算法（Genetic Algorithm，GA）和蚁群算法（Ant Clony Optimization，ACO）等。

灰狼优化算法（Grey Wolf Optimization，GWO）已在 4.2.1 小节做了介绍，但是，与其他寻优算法一样，GWO 同样存在收敛精度不足，会陷入局部最优中，尤其是在迭代进行中后期，收敛速度变慢，导致整体寻优的精度和速度变差等。本小节引入随机进化的概念对其进行改进，将底层灰狼追随支配狼们进行量化，用进化速率进行表示，增加随机权重系数，随机对三种头狼进行进化，增加随机性行为，很好地避免出现过早地陷入全局最优。

在灰狼种群进化后期，灰狼都已到达猎物附近并都朝着猎物的方向逼近，灰狼种群向猎物逐渐逼近的过程就是最底层灰狼向支配头狼进化的过程，每代种群中的三种支配头狼（每代最优解）作为最靠近猎物的个体，意味着它们掌握着绝大多数的猎物信息，而下一代种群的进化就是根据上代头狼们的遗留信息，得到种群的进化趋势，因此本小节在这里引入种群的可变的进化速率来描述这种进化趋势，假设上代遗留信息在种群内部完全共享，ω 狼向三种头狼随机进化，且进化速度各不相同，第 $i+1$ 代灰狼的进化速度可表示为

$$\boldsymbol{v}(i+1)=\omega_v\boldsymbol{v}(i)+c_1\cdot\text{rand}\cdot[\boldsymbol{X}_1-\boldsymbol{X}(i)]+c_2\cdot\text{rand}\cdot[\boldsymbol{X}_2-\boldsymbol{X}(i)]+c_3\cdot\text{rand}\cdot[\boldsymbol{X}_3-\boldsymbol{X}(i)] \tag{6.60}$$

当代种群进化速度包括上代的进化速度和向每种头狼进化的速度。式(6.60)中 c_1,c_2,c_3 为遗传因子，分别表示继承上代三种支配狼遗留信息的程度，考虑灰狼的个体差异性，用随机数 rand 表示灰狼个体随机进化为某种头狼的概率。

同时，根据速度惯性，上代的进化速度用惯性因子 ω_v 加以约束，一般情况下取 $\omega_v=1$，当种群规模较大时，为了提高收敛速度，避免出现反向进化趋势，本小节令惯性因子随迭代次数增加而减小，设关系式为

$$\omega_v(i+1)=\omega_v(i)-i_i\cdot 0.7\cdot\omega_v(i)/n$$

在完成当代种群进化后，得到历史优化值，即当前最优值。因此第 $i+1$ 代灰狼位置更新为

$$\boldsymbol{X}(i+1)=\boldsymbol{X}(i)+\boldsymbol{v}(i+1)\cdot\text{d}t$$

对于起动控制器转速环中的分数阶控制参数的优化，本小节选择 ITAE 作为误差性能指标，定义为

$$J=\int_0^{\infty}t\,|e(t)|\,\text{d}t \tag{6.61}$$

得到的基于随机进化的灰狼优化算法（Random Evolution Grey Wolf Optimization，REGWO）的具体算法流程如图 6.14 所示。

综上，本小节将分数阶、基于随机进化的灰狼优化算法和线性自抗扰控制进行有机结合，设计的起动控制器结构如图 6.15 所示，除了转速环以外，d 轴电流环也采用 ADRC 进行控制。

6.2.4 仿真结果分析

根据 6.1.2 小节给出的主发电机和主励磁机方程，给出三级式同步电机的主要电机参数，如表 6.2 和表 6.3 所列。在 MATLAB/Simulink 中，建立仿真模型，首先对基于前馈补偿的 $i_\text{d}=0$ 矢量控制策略进行仿真，将速度环、电流环控制其参数设置

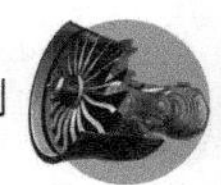

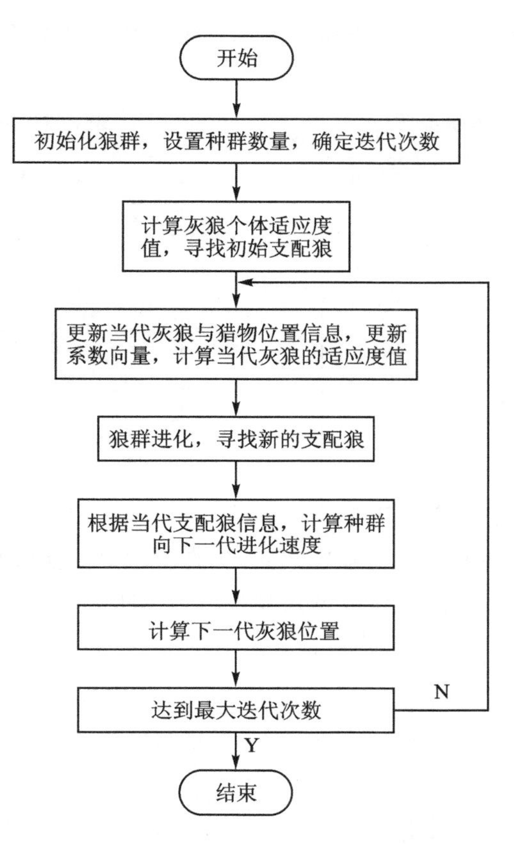

图 6.14　改进 GWO 算法的流程图

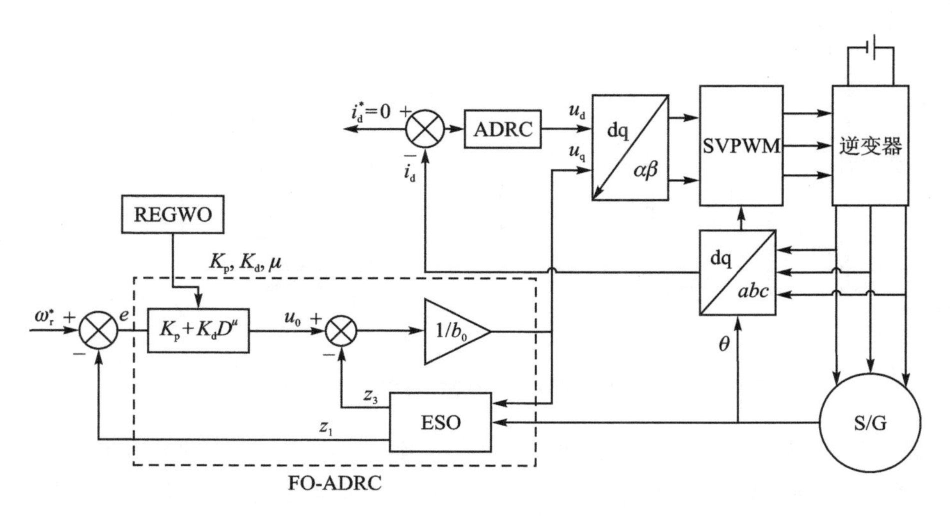

图 6.15　基于 REGWO－FO－ADRC 控制器的起动控制结构

为电流环比例系数 $k_{pi}=31$，系数 $\tau_i=0.042$；速度环比例系数为 $k_{ps}=0.1$，系数 $\tau_{ps}=0.0042$。

表 6.2　主发电机参数

参数名称	参数值
d 轴电感/mH	0.32
q 轴电感/mH	0.151
定子绕组电阻/mΩ	0.988 8
励磁和电枢互感/mH	2.44
转动惯量/(kg·m²)	0.1
极对数/对	3
额定励磁电流/A	8.314

表 6.3　主励磁机参数

参数名称	参数值
定子电感/mH	0.54
定子绕组电阻/Ω	3.82
定转子互感/mH	5.3
转子额定电压/V	21
定子额定电流/A	42

仿真图主要包括主励磁机的励磁部分(交流励磁和直流励磁)、旋转整流器、主发电机及其控制器部分等。起动阶段的仿真整体结构如图 6.16 所示。

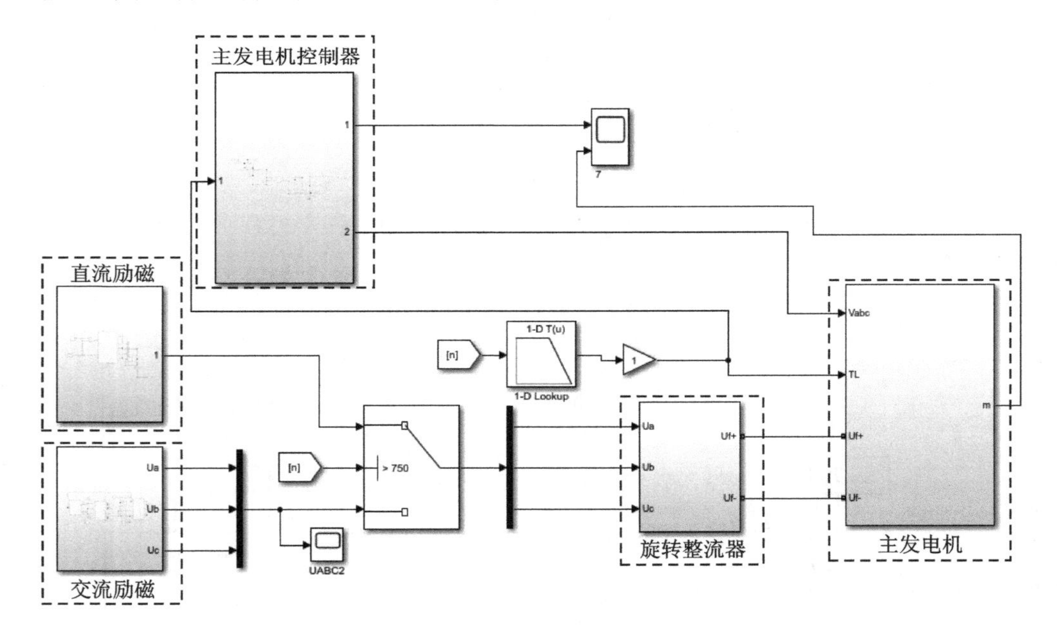

图 6.16　起动阶段的仿真整体结构图

首先对励磁控制方法进行验证，采用交直流切换控制方法，交流励磁时，$\Delta\omega=5$ Hz 恒定；切换点转速近似取 $n_{switch}\approx750$ r/min，模拟转速通过斜坡函数给出，斜率为 2 500，曲线如图 6.17 所示。直流励磁时，反比例系数为定值，通过试凑取 $C_1=4.2855\times10^4$，得到的主励磁机转子输出电压波形如图 6.18 所示，仿真时间为 1 s。

由图 6.17 可知，在采用前馈补偿的 PID 矢量控制方法下，电机实际转速在 0.179 5 s 后开始跟踪参考转速，即在 0.179 5 s 时实现零速起动；同时转速响应曲线性能较差，在参考转速到达额定转速后，实际转速在 0.197 s 后到达。由于主励磁机的励磁控制方法均是基于实际转速的恒定转差和恒定系数的，因此给出主励磁机从 0.179 5 s 后开始的输出，如图 6.18 所示。在 0.408 3 s 时，电机转速达到切换转速，由交流励磁变为直流励磁，切换后输出的电压幅值几乎不变。

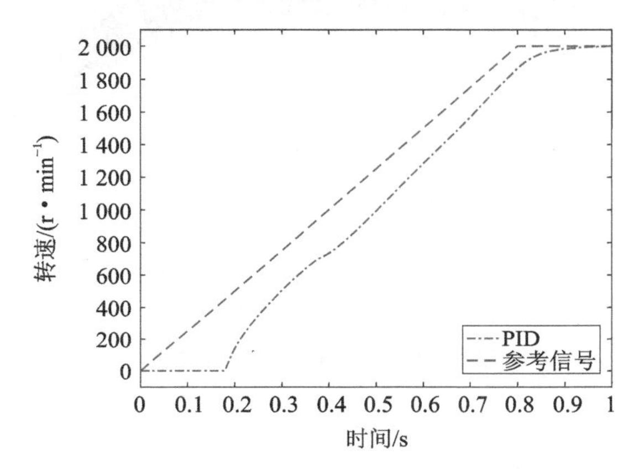

图 6.17　转速响应曲线

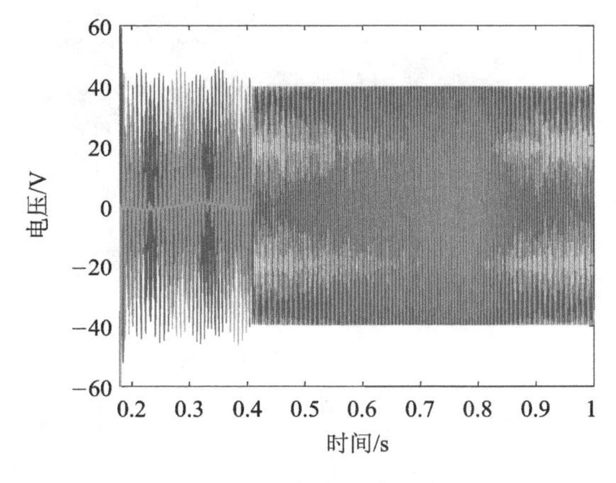

图 6.18　主发电机励磁电压

图 6.19 和图 6.20 分别给出在矢量控制下，主发电机的输出电磁转矩和 d 轴电流结果。根据航空发动机起动时的负载特性，对于起动系统的主发电机来说，负载转矩的要求比较复杂，本小节假设负载转矩按图 6.19 中的 TL 曲线变化，设点火转速为 1 500 r/min，转速到达点火转速后，负载转矩逐渐减小。d 轴电流采用 $i_d=0$ 的控制策略，在控制器作用下，基本在 0 附近波动，但是不管是转矩还是电流都存在较大的脉动。另一方面，转速环和电流均采用 PI 控制方法，对于对象参数不改变时，控制

简单、易实现，但是由于航空发动机起动环境差异性的需求，对控制器提出了更高的要求，因此对于起动控制中主发电机的起动控制器需要更快的响应速度、更小的转矩脉动和电流脉动。

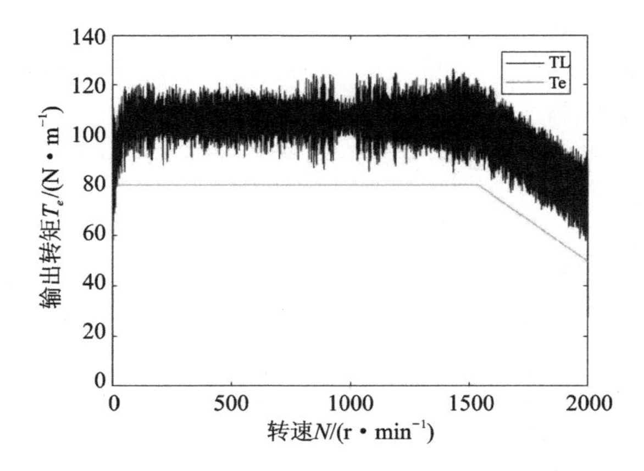

图 6.19　主发电机的输出转矩

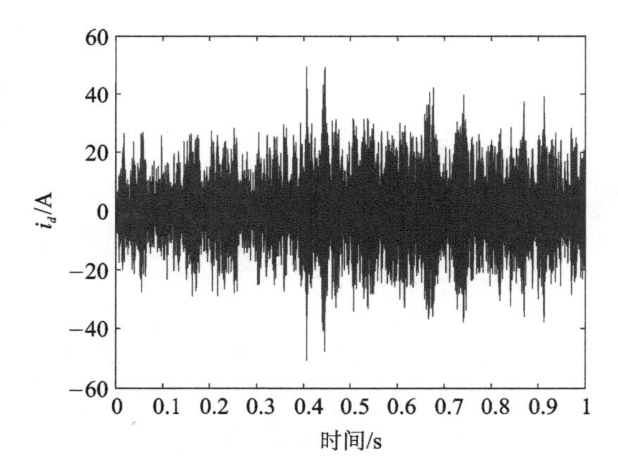

图 6.20　d 轴电流曲线

接着对 6.2.3 小节中设计的基于分数阶自抗扰控制器和基于随机进化的灰狼优化算法，结合之前搭建的对象模型进行仿真，并与传统起动控制器对比仿真结果。过程如下：

首先对分数阶 PD^{μ} 的三个可调参数 K_p、K_d、μ 进行参数寻优，利用设计的 REGWO 算法优化，选择 ITAE 作为适应度函数，见式(6.61)，种群数量为 30，迭代次数为 50 次，优化目标为三个参数(维数为 3 维)。对参数分别设定优化的上界和下界，为了验证设计改进优化算法的有效性，将实验结果与原 GWO 和 PSO 进行对比，得到三种算法的对比结果如图 6.21 所示。由图 6.21 可知，REGWO 算法的适应度值为 2.173 3，远远低于另外两种算法(均大于 2.9)，在收敛精度上提高了近 26%；其次

在收敛速度上，REGWO 算法在第 26 次迭代左右便达到最优值，而前两者容易陷入局部最优，后期收敛速度也均不如 REGWO。因此本小节设计的 REGWO 算法相比于 GWO 和 PSO 无论是在后期收敛速度和精度上均有优势，验证了寻优算法的有效性。最终得到的全局最优解为 $K_p=2.0938$，$K_d=981.48$，$\mu=0.8202$。

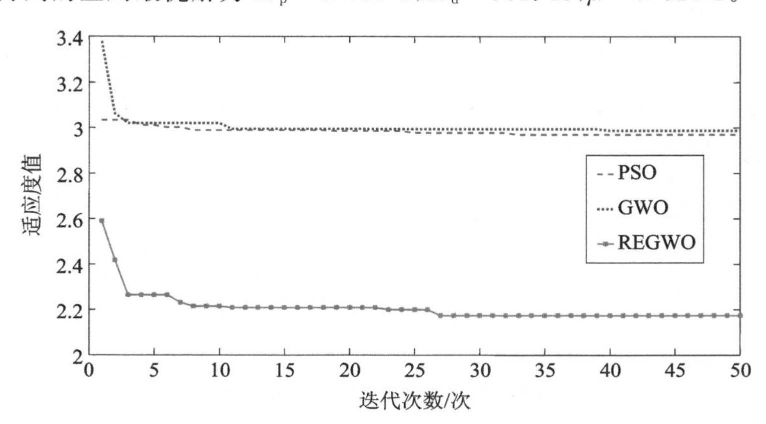

图 6.21　适应度函数寻优结果

仿真中除了分数阶三个参数外，还有自抗扰的参数 ω_0 和 b_0，其中 ω_0 为控制器带宽，取 $\omega_0=2\ 000$，b_0 为补偿系数，取 $b_0=10\ 000$。分数阶自抗扰控制模型如图 6.22 所示。

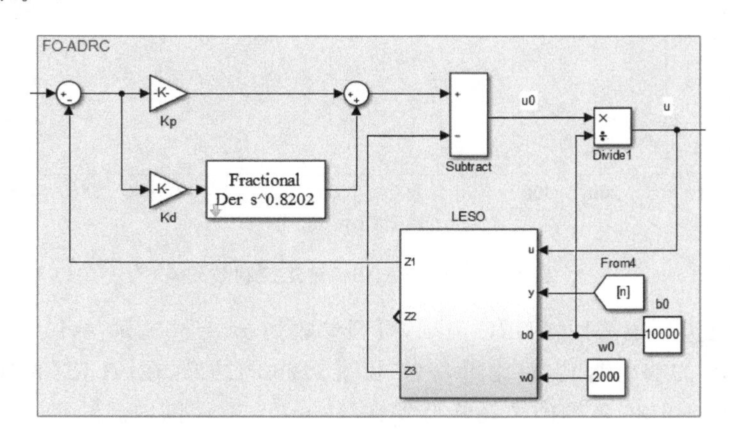

图 6.22　分数阶自抗扰控制模型

对主发电机的起动控制进行仿真分析，为了对比算法的有效性，将 PID、ADRC、FO－ADRC 三种算法进行对比，如图 6.23 所示。由图 6.23 左边的局部放大图可以看出，相比于传统 PID 控制的矢量控制，基于自抗扰的起动控制在 0.01 s 以内实现转速的跟踪，主发电机起动。到达额定转速的响应时间在 0.015 s 以内，超调量不超过 0.25%。其次由图 6.24 的输出转矩看出，随着转速的增加，满足转矩脉动也在增

加，ADRC 的转矩脉动在转速上升阶段在 4.76%以内，到达稳态后在 9.52%之后，远远低于传统矢量控制下的 6.67%和 17.07%。同时略大于负载转矩，满足起动的输出要求。设计的控制器在响应速度和动态性能方面均优于传统矢量控制。

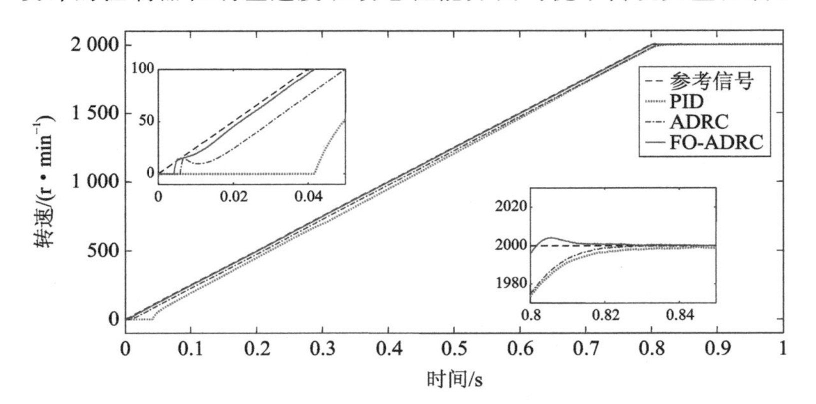

图 6.23 各控制器转速控制效果

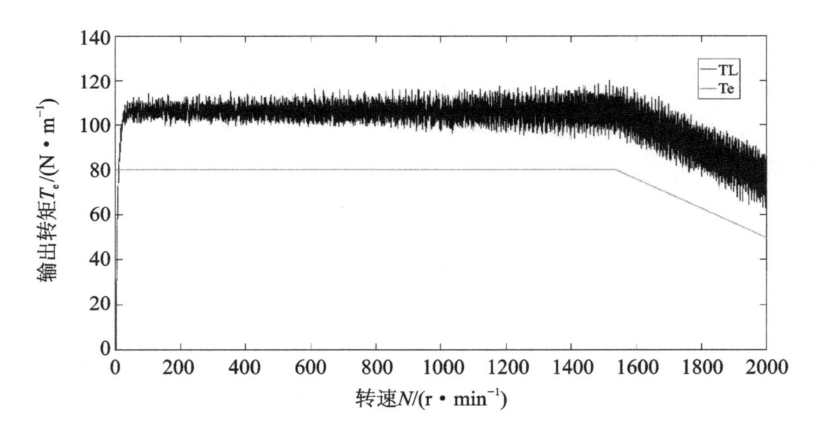

图 6.24 FO-ADRC 转矩控制效果

对 d 轴电流环也采用 ADRC 控制，可调参数为 $b_{0d}=500$，$\omega_{od}=100$，$\omega_{cd}=200$，得到 d 轴电流 i_d 的响应曲线，对比图 3.25 和图 3.26 的结果，在 ADRC 控制方法下，电流脉动从 −30～+30 范围内波动降低到在 −20～+20 范围内波动，波动幅度降低了 33%。同时图 3.26 也给了出 q 轴电流响应曲线，在 0.6 s 随负载转矩变化时，q 轴电流随之变化。电流响应曲线基本无突变，具有良好的鲁棒性。

分析完控制器动态响应性能之后，下面对参考信号发生较小阶跃扰动时控制器的抗干扰性能进行分析。为了方便，选择稳态进行比较。到达稳态时，取稳态转速为 2 000 r/min，在 0.9 s 后加入持续 0.05 s，幅值为 5 的干扰信号，转速的局部放大图见图 6.27，对比 PID、ADRC 和 FO - ADRC 三种控制器的控制效果可知，本小节设计的 FO - ADRC 控制器无论是在响应速度上，还是控制精度上都优于其他两种控

制器，并能够很好地对扰动进行干扰补偿，快速恢复稳定，同时具有很强的抗干扰能力。

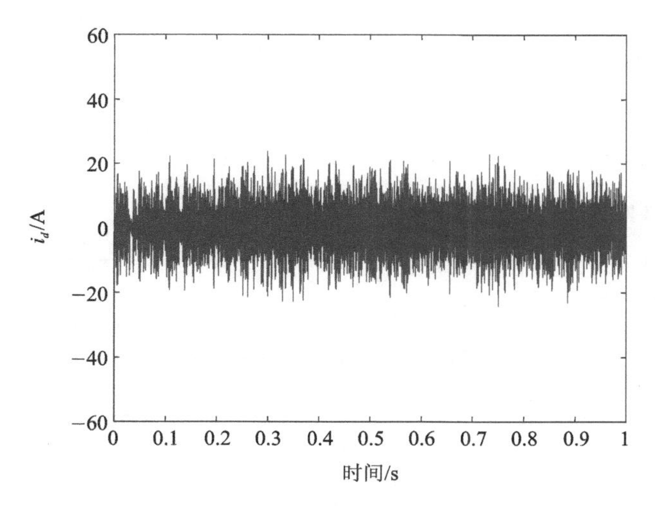

图 6.25　d 轴电流曲线

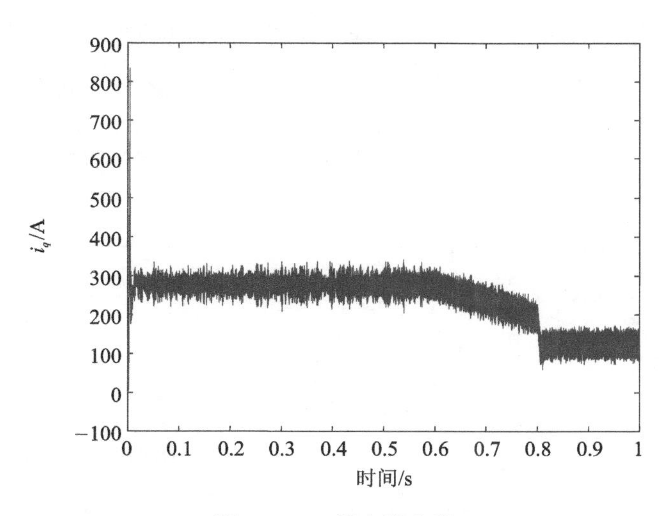

图 6.26　q 轴电流曲线

下面对控制器面对干扰时的抑制效果进行分析，由于在起动过程中，起动/发电机会受到包括航空发动机随转速升高而改变的负载特性、温度等外部扰动和电机参数改变等内部扰动，因此为了便于分析，选择将主发电机中定子绕组电阻 2 倍增益，其他参数不变。除此之外，考虑起动环境的差异性、负载特性变化等外部扰动，选择将负载转矩作为外扰，0.5 倍增益。仿真结果分别如图 6.28 和图 6.29 所示。

图 6.28 所示为负载转矩增大 50%情况下两种控制器的转速响应曲线，对比本小节设计的 FO - ADRC，PID 控制下的转速跟踪上指令转速需要花费更多的时间，

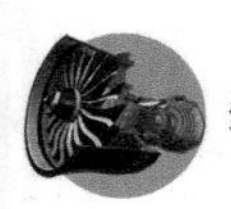

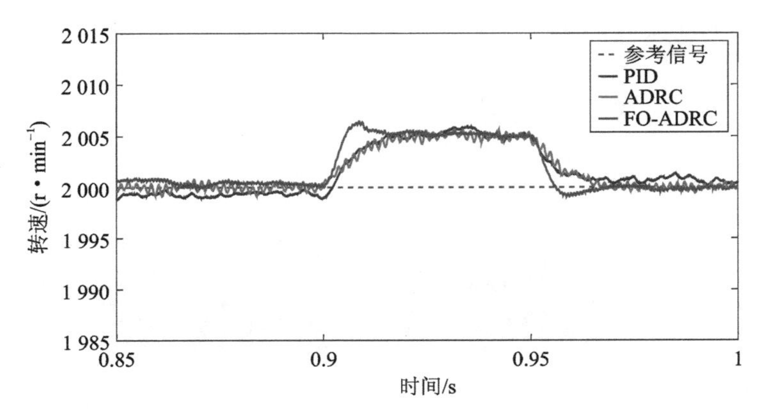

图 6.27 加干扰后的转速局部放大图

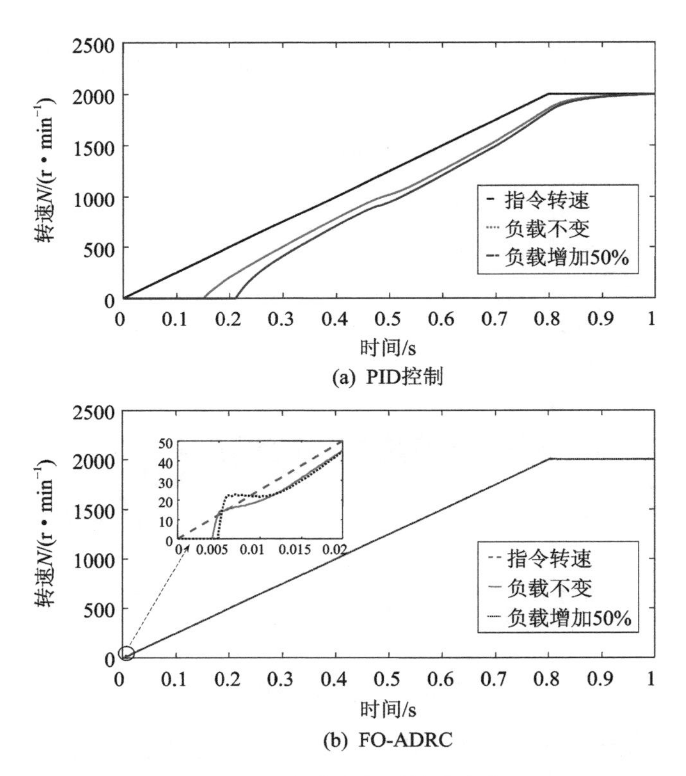

图 6.28 负载变化时转速响应

对外部扰动的变化反应比较敏感。相比之下，本小节设计的控制器对这一类外部扰动不敏感，即抗扰能力得到了很大的改善。对于内部扰动，从图 6.28 的仿真结果来看，起动过程中，电机参数会随着起动环境的改变而发生变化，当主发电机的定子绕组电阻变为原来的两倍后，PID 控制器的抗扰能力明显不如 REGWO - FO - ADRC

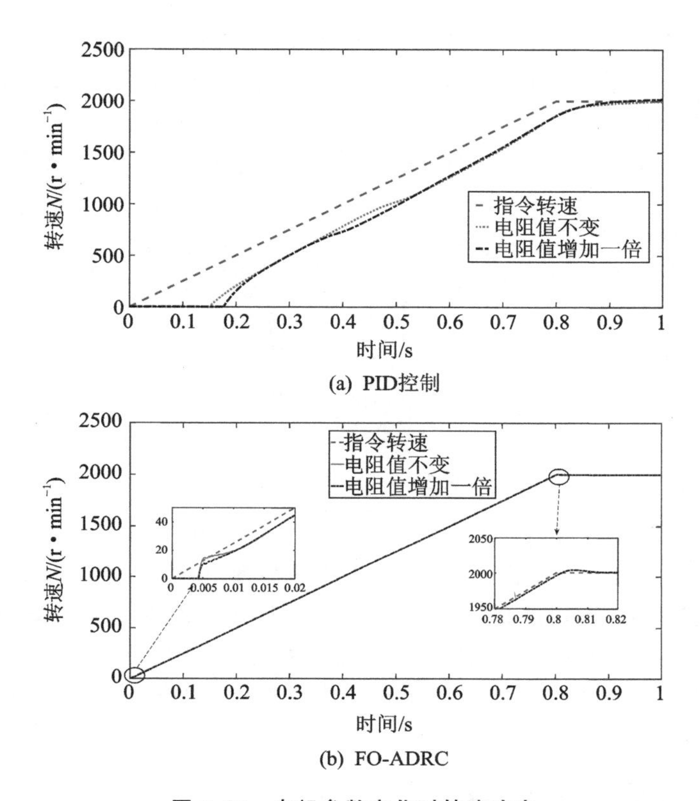

(a) PID控制

(b) FO-ADRC

图 6.29　电机参数变化时转速响应

控制器。因此,本小节设计的控制器对于内外扰动有着很好地抑制作用。

6.3　基于滑模串级自抗扰控制的发电过程稳态调压控制

在起动/发电系统顺利完成起动工作后,需要从原先的电动状态变为发电状态,为飞机供电。由于其与航空发动机同轴安装,因此在发电过程中的稳态调压问题不仅仅要考虑负载对发电机的影响,同时还要考虑原动机的影响,最直接的表现是随时间变化的转速信号。转速和负载变化,传统电压调节控制通过 PID 控制器尤其是这种变工况下,固定单一的 PID 参数不能满足系统的要求,故合理地考虑将 ADRC 引入控制器中。

6.3.1　发电调压控制结构

由 6.1 节发电原理可知,三级式同步电机在发电过程作为发电机使用,主发电机的输出交流电作为飞机变频交流电源的输出,供给负载使用,需要通过电压调节器来

维持电压稳定，基于电励磁同步发电机的原理，通过调节励磁电流来实现输出电压的稳定。但是，在三级式同步电机中，主发电机的励磁电流主要是通过主励磁机输出三相交流电经过旋转整流器整流之后提供的，故只能对主励磁机进行调节。故对于三级式同步电机需要采用双闭环的调压结构进行输出电压调节，调压结构如图 6.30 所示。

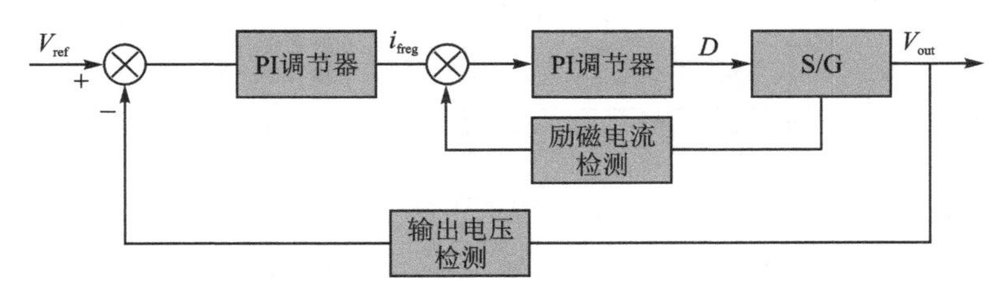

图 6.30　双环调压结构图

基于电压外环和电流内环的双闭环控制是目前应用最广泛的方法，变频交流电源系统的转速和负载变化范围大，随着发电机参数和负荷要求的不断提高，传统的电压调节技术通过 PID 进行控制时，在面对电机特性多工况下会不可避免地发生改变等情况，单一固定的 PID 参数不能满足系统性能的要求，因此将 ADRC 控制合理地引入控制过程中，通过将电压和励磁电流作为反馈量，形成多回路反馈，设计串级自抗扰控制器。

6.3.2　串级自抗扰控制设计

1. 串级控制系统

串级系统是将系统分为两个以上的子系统进行串联组成，前一级的系统输出作为后一级系统的输入；串级系统控制主要针对子系统分别进行控制器设计，分为内环和外环，外环控制器的控制量作为“参考输入”，将其输入内环控制器，经过内环控制器控制后得到最终控制量 u。典型的串级系统模型如下：

$$\left.\begin{aligned} \dot{s}_2 &= f_2(s_1, s_2, t) + ks_1 \\ \dot{s}_1 &= f_1(s_1, s_2, t) + bu \\ y &= s_2 \end{aligned}\right\} \tag{6.62}$$

得到的最终控制量 u 输入到内环对象，得到内环输出量 s_2，再由 s_2 作为控制量输入外环对象得到串级系统的输出 s_1。串级系统的示意图见图 6.31。

$u \rightarrow$ $\boxed{\dot{s}_2 = f_2(s_1, s_2, t) + bu}$ $\xrightarrow{s_2}$ $\boxed{\dot{s}_1 = f_1(s_1, s_2, t) + ks_2}$ $\xrightarrow{s_1}$

图 6.31　串级系统结构示意图

串级控制系统主要用于对象滞后和时间常数很大，干扰作用强而频繁、负荷变化大，对控制质量要求高的场合。通过设置副变量来提高对主变量的控制质量，因为副回路的存在，对于进入副回路的干扰进行超前控制，从而使干扰对主变量的影响降低，同时系统对负荷改变时的自适应能力得到增强。

对于有两个回路的串级系统来说，主回路是定值控制，设计过程可以按照简单控制系统设计原理进行。这里主要解决串级系统中的两个回路的系统工作，包括副回路的被控参数等。副回路是随动系统，对包含在内的二次扰动具有很强的抑制能力和自适应能力。

2. 串级自抗扰控制系统

本小节涉及的对象为三级式同步电机的变频交流发电系统，主要需要通过对主励磁机的励磁电流进行调节，间接实现对主发电机的输出电压调节。根据图 6.30 所示调压结构，整个发电机的模型可以等效为两个部分：一部分是励磁电压到励磁电流，内环电流调节；另一部分是励磁电流到输出电压，外环电压调节。由于传统电压调节器通过单一固定的控制器参数不能满足系统的要求，因此合理地考虑将 ADRC 控制引入控制过程中。故本小节提出一种串级自抗扰控制(Cascade Active Disturbance Rejection Control，CADRC)方法，通过将电压和励磁电流作为反馈量，形成多回路反馈，设计串级自抗扰控制器。

在参数已知的情况下，用一阶自抗扰控制生成状态变量 x_1、虚拟控制量 u_1，把 u_1 当作 x_2 要跟随的轨迹，在状态变量 x_2 和控制量 u 之间设计一阶自抗扰控制器，让 x_2 跟踪 u_1 来完成控制目标。设计的串级自抗扰控制系统结构如图 6.32 所示。

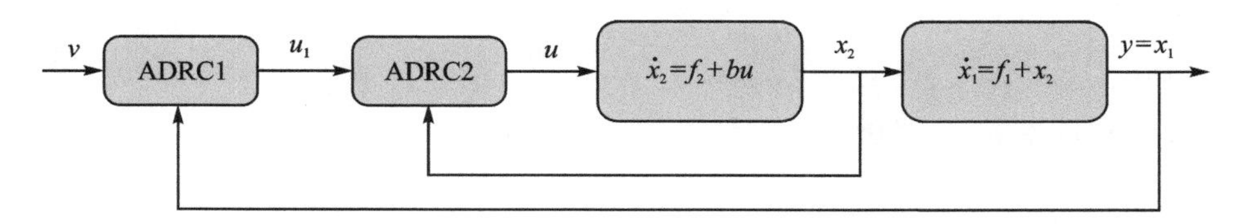

图 6.32　串级自抗扰控制系统结构

6.3.3　滑模自抗扰控制设计

将滑模控制(Sliding Model Control，SMC)(也叫滑模变结构控制)思想引入自抗扰控制框架内，简化了参数整定过程，对于系统参数变化和扰动不敏感，具有良好的跟随性和鲁棒性。下面首先设计一种基于滑模变结构的自抗扰控制器。

滑模控制本质上也是一种特殊化的非线性控制方法，非线性表现为控制的不连续性。与其他控制方法的区别在于控制系统的“结构”并不是固定的，可以根据系统的当前状态进行有目的的动态变化，迫使系统的运动轨迹按照预定的“滑动模态”的轨迹运动，在一定的范围内做小幅度、高频率的上下运动，即滑模控制具有开关特性。

这种滑动模态可以设计，且与系统的参数及扰动无关，因此具有良好的鲁棒性，无须系统在线辨识，物理实现简单。

从理论的角度来说，由于滑动模态可以按照具体需求进行设计，而且系统的滑模运动与控制对象的参数变化和系统的外界干扰无关，因此滑模变结构控制系统的鲁棒性要比一般的连续系统好。但是滑模控制在本质上还是一种具有开关特性的非线性控制，同时系统惯性的存在和这种特性共同作用下会导致在该控制器作用下的系统实际输出出现抖振。对于理想状态的滑模控制系统，假设切换的过程具有理想开关特性，不存在时滞开关和空间滞后，同时不存在状态测量误差，那么系统一定会稳定在滑模面上，不存在抖振。但是对于一个实际系统，这些情况都会存在，会使得系统在滑模面附近反复运动，即使在稳态情况下，仍然会形成一定锯齿状的轨迹。故在利用滑模控制的同时，需要考虑抖振的抑制问题。

通常通过对控制信号进行平滑滤波来处理抖振；利用观测器来消除外界干扰和不确定性；适当地降低切换增益等。在 ADRC 的思想中，通过 TD 环节提取微分信号，将不连续信号进行平滑过渡；通过 ESO 环节来对内外总扰动进行实时估计；利用误差反馈律对扰动进行补偿，这些都能够很好地抑制滑模控制中出现的抖振现象，同时保留其很高的效率，所以将 ADRC 与滑模结合起来，既能够有效地利用滑模控制的高性能，也能避免抖振，对扰动进行抑制。当受控系统的轨迹远离平衡点时，突出滑模控制的优点；当轨迹接近平衡点时，突出 ADRC 抑制小扰动、精度高的优点。

根据第 6.3.2 小节对自抗扰相关原理的介绍，下面结合滑模控制的思想，对原有非线性自抗扰控制进行改进，这里以一阶系统为例。

假定对象为一阶系统，如下：

$$\left.\begin{aligned}\dot{x}&=f(x,w,t)+bu\\y&=x\end{aligned}\right\}\tag{6.63}$$

ADRC 的 ESO 数学模型设计如下：

$$\left.\begin{aligned}e_1&=z_{21}-x\\\dot{z}_{21}&=z_{22}-k_{21}\mathrm{fal}(e_1,a_1,\delta_1)+bu(t)\\\dot{z}_{22}&=-k_{22}\mathrm{fal}(e_1,a_1,\delta_1)\end{aligned}\right\}\tag{6.64}$$

式(6.63)和式(6.64)中，z_{11} 为参考输入 v 的跟踪值，z_{22} 为总扰动 $f(\cdot)$的观测值；z_{21} 为 x 的跟踪值；e_1 为跟踪误差；k_{21} 和 k_{22} 为跟踪速度因子；a_1、δ_1 分别为非线性因子和滤波因子。

将滑模控制方法引入自抗扰控制器的设计中，先对上述 ESO 适当简化：

$$\left.\begin{aligned}e_1&=z_{21}-x\\\dot{z}_{21}&=z_{22}-g_1(e_1)+bu(t)\\\dot{z}_{22}&=-g_2(e_1)\end{aligned}\right\}\tag{6.65}$$

令 $z_{22}=z_{22}-g_1(e_1)$，得到它的等效形式：

$$\left.\begin{aligned}&e_1=z_{21}-x\\&\dot{z}_{21}=z_{22}+bu(t)\\&\dot{z}_{22}=-g_2(e_1)-\dot{g}_1(e_1)\end{aligned}\right\}\tag{6.66}$$

重新定义系统参数，令 $g(e)=-g_2(e_1)-\dot{g}_1(e_1)$，$x=x_1$，$\dot{x}_2=\dot{f}(t)=f_0(t)$，设 $f_0(t)\leqslant A$ 有界，即系统内扰动有界。同时 $e_1=z_{21}-x_1$，$e_2=z_{22}-x_2$，与式(6.66)联立得

$$\left.\begin{aligned}&\dot{e}_1=e_2\\&\dot{e}_2=g(e)-f_0(t)\end{aligned}\right\}\tag{6.67}$$

式(6.67)即为二阶滑模变结构 ESO 的简化形式，只需要通过选择合适的最优控制函数 $g(e)$，就能保证滑模变结构 ESO 系统趋于稳定。

对于滑模变结构 ESO 系统，选取切换面为

$$s=c_1e_1+e_2,c_1>0\tag{6.68}$$

选取合适的 c_1，使得特征方程 $s^2+c_1s=0$ 所有的特征根具有负实部，使系统滑模稳定。保证滑模状态观测器可以快速趋于稳定，设计控制函数为

$$g(e)=-c_1e_2-k_1\mathrm{sgn}(s),k_1>0\tag{6.69}$$

下面进行稳定性分析，选择 Lyapunov 函数 $V=\frac{1}{2}s^2$，控制系统稳定满足条件 $s\dot{s}\leqslant 0$。

$$\begin{aligned}s\dot{s}&=s\cdot(c_1e_2+\dot{e}_2)\\&=s\cdot(c_1e_2+f(e)-a_0(t))\\&=-k_1\mathrm{sgn}(s)-a_0(t)\\&\leqslant A|s|-k_1|s|\end{aligned}\tag{6.70}$$

选择合适的 $k_1(k_1\geqslant A)$，即 $s\dot{s}\leqslant 0$，满足稳定性判断条件，系统在有限时间内逐渐稳定到达平衡点。

综上所述，得到基于滑模变结构的二阶状态扩张观测器(Sliding Mode Variable Structure - ESO, VS - ESO)的数学模型为

$$\left.\begin{aligned}&e_1=z_{21}-x_1\\&\dot{z}_{21}=z_{22}+bu(t)\\&\dot{z}_{22}=-c_1\dot{e}_1-k_1\mathrm{sgn}(s)\end{aligned}\right\}\tag{6.71}$$

式中，c_1 为切换面参数为常值；k_1 为可调参数，$k_1\geqslant A$。

接着对非线性反馈设计，一阶数学模型如下：

$$\left.\begin{aligned}&e_0=z_{11}-z_{21}\\&u_0(t)=k_2fal(e_0,a_2,\delta_2)\\&u(t)=u_0(t)-z_{22}/b\end{aligned}\right\}\tag{6.72}$$

设计恰当的函数 $g(e_3)$ 来代替非线性函数 fal,并进行适当变形:

$$\left.\begin{aligned} e_0 &= z_{11} - z_{21} \\ \dot{e}_0 &= u_0 \\ u_0(t) &= g(e_3) \\ u(t) &= u_0(t) - z_{22}/b \end{aligned}\right\} \tag{6.73}$$

式中,z_{11} 为参考电压的跟踪信号,z_{21} 为实际电压跟踪信号,输入信号为 z_{11} 和 z_{21} 的状态偏差。

与前面设计二阶滑模变结构 ESO 类似,用误差的线性特性来实现控制器的设计。选择切换面 $s=e_3$ 为同时选择合适的控制函数

$$g(e_3) = -k_2 \mathrm{sgn}(s) \tag{6.74}$$

由 Lyapunov 稳定性判据可知,该系统的稳定性需满足以下条件:

$$\begin{aligned} s\dot{s} &= s \cdot (-k_2 \mathrm{sgn}(s)) \\ &= -k_2 |s| \\ &\leqslant 0 \end{aligned} \tag{6.75}$$

选择合适的 k_2 值,使得 $k_2 \geqslant 0$,可以保证系统稳定。

由上述推导得出一阶滑模变结构非线性状态误差反馈(Sliding Mode Variable Structure - NLSEF, VS—NLSEF)的数学模型为

$$\left.\begin{aligned} e_3 &= z_{11} - z_{21} \\ u_0(t) &= -k_2 \mathrm{sgn}(s) \\ u(t) &= u_0(t) - z_{22}/b \end{aligned}\right\} \tag{6.76}$$

改进后的自抗扰控制器中 VS - ESO 和 VS - NLSEF 可调参数各含有一个,与原 ADRC 相比,参数明显减少。TD 环节不改变,得到改进后的一阶基于滑模变结构的自抗扰控制(Sliding Mode Variable Structure - ADRC, VS - ADRC)的控制结构如图 6.33 所示。

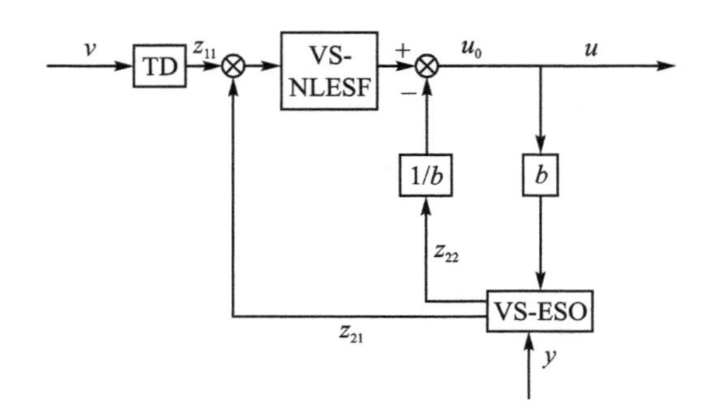

图 6.33　一阶 VS - ADRC 控制结构图

6.3.4　滑模串级自抗扰控制设计

(1) 电流内环控制器设计

设计内环励磁电流环的控制器。根据前面的分析，对于励磁电压到励磁电流的环节，其传递函数为

$$G_f(s)=\frac{I_f(s)}{U_f(s)}=\frac{1}{r_s+L_f s} \tag{6.77}$$

其可以等效为一个一阶惯性环节。规定内环为一级系统，外环为二级系统。二级系统的控制量作为一级系统的参考输入，即 $i_{\text{ref}}=u_2$，将式(6.77)的控制系统变形为状态空间方程的形式：

$$\dot{i}_f=-\frac{r_s}{L_f}i_f+\frac{1}{L_f}u_f$$

$$\dot{i}_f=f_1(\cdot)+b_1u_f \tag{6.78}$$

根据 ADRC 不需要知道被控对象的精确模型，只须将给出的系统化为标准型即可，总扰动 $f_1(\cdot)$为未知函数，包含模型已知部分、未建模动态、外部干扰等。内环的滑模自抗扰控制器，设计过程如 6.3.3 小节所述。这里为了避免混淆，将控制各参数的下标重新规定，下标中的第 1 个数字“1”和“2”表示一级和二级系统，其余位置的下标根据物理意义分别定义。下面给出内环一阶滑模自抗扰控制器的数学模型。

一阶跟踪微分器 TD 的数学模型：

$$\left.\begin{aligned}&e_{10}=z_{10}-i_{\text{fref}}\\&\dot{z}_{10}=-k_{10}\text{fal}(e_{10},\alpha_{10},\delta_{10})\end{aligned}\right\} \tag{6.79}$$

二阶 VS - ESO 的数学模型：

$$\left.\begin{aligned}&e_{11}=z_{11}-x_1\\&\dot{z}_{11}=z_{12}+b_1u_1(t)\\&\dot{z}_{12}=-c_1\dot{e}_{11}-k_{11}\text{sgn}(s)\end{aligned}\right\} \tag{6.80}$$

一阶 VS - NLSEF 的数学模型：

$$\left.\begin{aligned}&e_{12}=z_{10}-z_{11}\\&u_{10}(t)=-k_{12}\text{sgn}(s)\\&u_1(t)=u_{10}(t)-z_{12}/b_1\end{aligned}\right\} \tag{6.81}$$

式(6.79)～式(6.81)中，$x_1=i_f$，z_{11} 是对 x_1 的估计，e_{11} 是 z_{11} 与 x_1 的估计误差；z_{12} 是对总扰动 f_1 的估计；k_{10}、k_{11}、k_{12}、b_1 为内环控制器的可调参数，影响着控制器的控制效果。

(2) 电压外环控制器设计

对于串级控制中的电压外环进行设计，规定外环为二级系统，用励磁电流到输出电压的方程表示：

$$\dot{u}_{out}=-\frac{1}{T_g}u_{out}+\frac{K_g}{T_g}i_f \tag{6.82}$$

与设计内环控制器一样，将其写成 ADRC 的标准形式：

$$\dot{u}_{out}=f_2(\cdot)+b_2 i_f \tag{6.83}$$

一阶跟踪微分器 TD 的数学模型：

$$\left.\begin{aligned}&e_{20}=z_{20}-u_{fref}\\&\dot{z}_{20}=-k_{20}\mathrm{fal}(e_{20},\alpha_{20},\delta_{20})\end{aligned}\right\} \tag{6.84}$$

二阶 VS－ESO 的数学模型：

$$\left.\begin{aligned}&e_{21}=z_{21}-x_2\\&\dot{z}_{21}=z_{22}+b_2u_2(t)\\&\dot{z}_{22}=-c_2\dot{e}_{21}-k_{21}\mathrm{sgn}(s)\end{aligned}\right\} \tag{6.85}$$

一阶 VS－NLSEF 的数学模型：

$$\left.\begin{aligned}&e_{22}=z_{20}-z_{21}\\&u_{20}(t)=-k_{22}\mathrm{sgn}(s)\\&u_2(t)=u_{20}(t)-z_{22}/b_2\end{aligned}\right\} \tag{6.86}$$

式中，$x_2=u_{out}$，z_{21} 是对 x_2 的估计，e_{21} 是 z_{11} 与 x_2 的估计误差；z_{22} 是对总扰动 f_2 的估计。k_{20}、k_{21}、k_{22}、b_2 为外环控制器的可调参数；外环控制器的输出量 u_2 作为内环控制器参考输入，即 $u_2=i_{fref}$。

上述过程即为发电过程基于滑模变结构的串级自抗扰控制的稳态调压控制系统的设计过程，在内环电流环，外环电压环的双环结构中，采用串级自抗扰结构，并针对传统自抗扰可调参数众多等不足，引入滑模变结构思想，对 ESO 和 NLSEF 环节分别改进，大大减少了可调参数，简化了参数整定的过程；同时利用滑模控制的优点，在出现较大扰动时，能够快速回到滑模面，提高控制器的响应速度，提高控制器的鲁棒性。与线性化方法的 ADRC 相比，其保留了非线性 ADRC 对初始状态的不敏感的优点，机制高效。控制系统结构如图 6.34 所示。

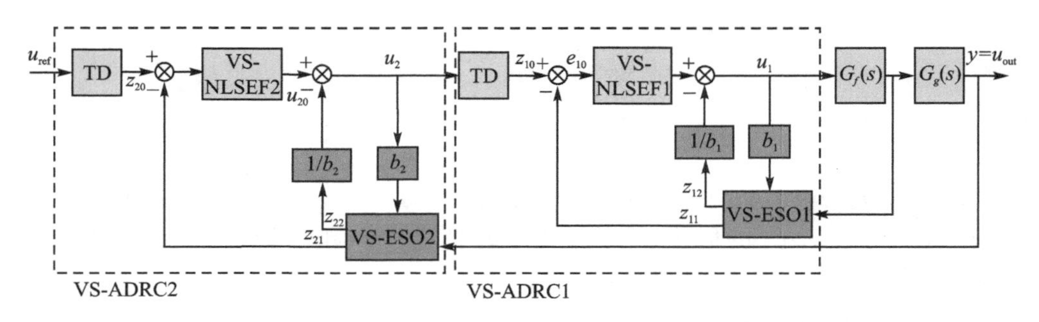

图 6.34　基于滑模变结构的 CADRC 控制系统

6.3.5　仿真结果分析

在 MATLAB/simulink 中验证上述设计的 CADRC 控制方法针对发电过程的调压控制的有效性。发电过程的仿真模型与起动过程相近，主要参数不变，将主发电机由原来以电动机惯例建模变为以发电机惯例建模。下面为仿真结果分析。

首先，对设计的基于滑模变结构的 ADRC 控制器进行验证，控制器可调参数主要包括 TD 环节的 α_0 和 δ_0，以及可调参数 k_0、k_1、b 和 k_2。取 $\alpha_0=0.5$，$\delta_0=0.01$，$b=10$，对其余可调参数对控制性能的影响进行分析。仿真结果如图 6.35～图 6.37 所示。

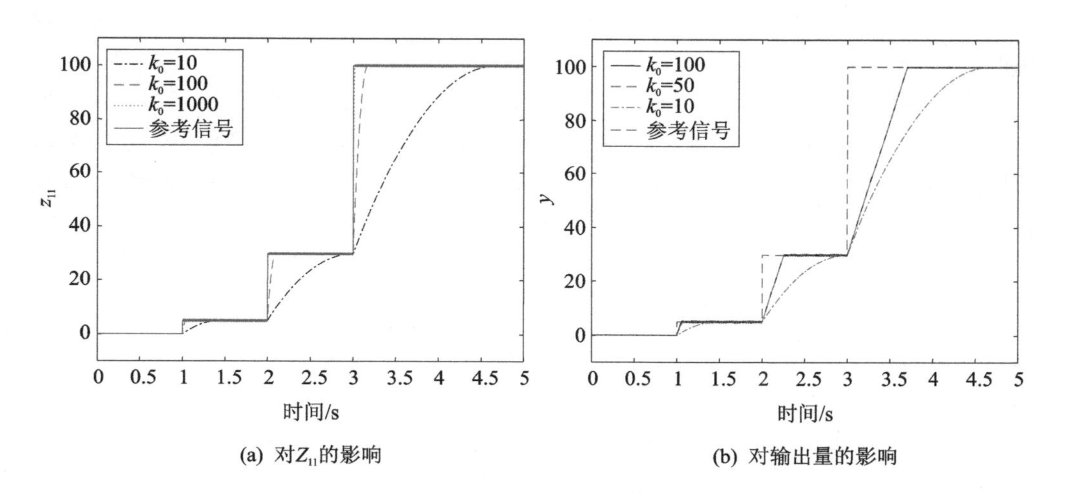

(a) 对Z_{11}的影响　　(b) 对输出量的影响

图 6.35　k_0 对控制性能的影响

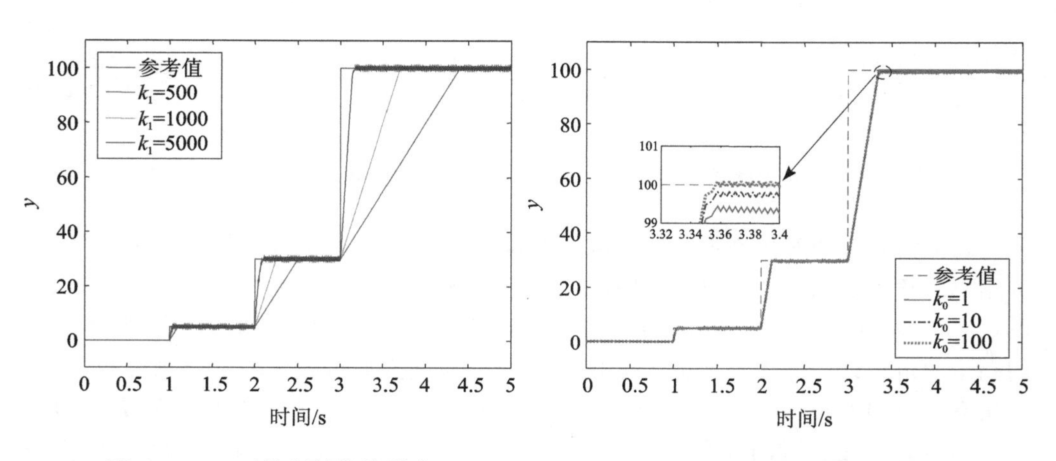

图 6.36　k_1 对控制性能的影响　　**图 6.37　k_2 对控制性能的影响**

从图 6.35 可以看出，不同的 k_0 对于跟踪微分器的输出量 z_{11} 影响不同，k_0 越大，曲线越好。但是过大会发生抖振。k_0 它对输出量 y 的影响，在一定范围内影响着响应速度，但是超过一定范围之后，对输出的响应速度不起作用，反而会出现稳态误差。这时候控制器的响应速度主要是依靠参数 k_1 的大小。由图 6.36 可以明显看出，对于 k_1 值来说，其值越大，响应速度越快，越能够很好地跟踪上经过过渡过程后的曲线，$k_1=5\ 000$ 时的曲线，很好地跟踪上了图 6.35 中 $k_0=100$ 时 z_{11} 的曲线。k_2 对控制性能的影响如图 6.37 所示，k_2 的大小主要是对稳态误差的影响，为了对比，给另外两个参数取定值，即 $k_0=100$，$k_1=2\ 000$。对于阶跃信号而言，当突变较小时，稳态误差几乎没有；但是当突变很大时，就会出现稳态误差（对于大扰动而言，ESO 的估计性能变差）。随着 k_2 增大，稳态误差减小，但是达到稳态的响应速度并没有发生改变，几乎同时到达。

在可调参数不变的情况下，将输入信号改成幅值为 1 的正弦信号，结果如图 6.39 所示，虽然能够跟踪上，但是波形曲线不理想，抖振很大。通过改变参数 k_1（其他参数均不变）的值，得到如图 6.40 所示的结果，由此可知参数 k_1 不宜过大，存在一定的上下限。

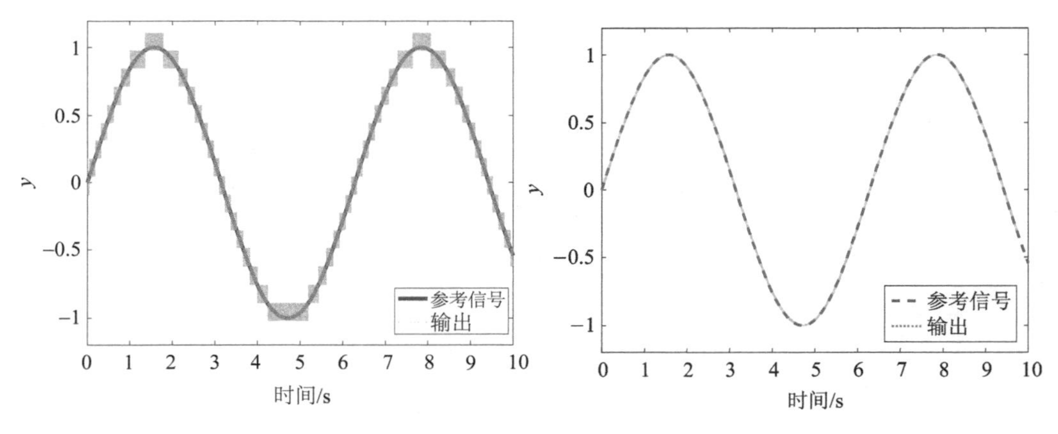

图 6.38　k_1 不变的正弦响应　　图 6.39　k_1 改变的正弦响应

在分析各参数对控制器性能影响的基础上，根据图 6.34 所示的双环调压结构，采用 CADRC 控制方法对发电过程的稳态调压过程进行仿真分析。仿真结果如图 6.41 所示，CADRC 控制下的响应曲线相比串级 PI 控制来说，能够更快速无超调的到达额定负载。考虑突加突卸负载，在 0.1 s 时刻突加负载，0.3 s 时刻突卸负载。从仿真结果中发现，在突加负载和突卸负载时，电压的有效值存在瞬间的降低和升高，在 CADRC 的控制下，输出电压能够在 0.025 s 左右恢复额定电压，而串级 PI 需要 0.05 s，比 CADRC 响应慢了将近一倍多。故本小节设计的 CADRC 控制方法控制下的调压控制器的稳态性能更好。

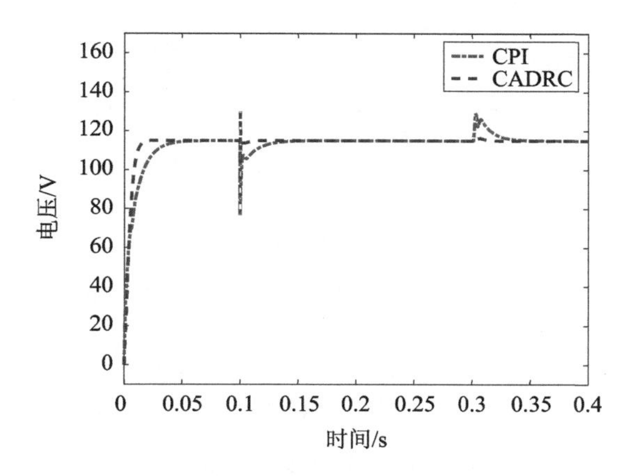

图 6.40　PID 和 CADRC 控制下电压有效值仿真曲线

由于发电机与航空发动机同轴安装，发电机的转速信号和航空发动机保持一致，而在慢车时的转速并不是一直保持不变，因此需要考虑转速变化时调压控制器的控制性能。

给定的电机转速信号为 3 000 r/min，模拟在慢车状态下，实际转速信号在慢车转速存在上下波动，得到如图 6.41 所示结果。在串级 PI 和 CADRC 控制下，电压有效值仿真曲线如图 6.42 所示。可以看出，稳态时的转速波扰动会使输出电压产生振动，但是相比于串级 PI 控制器，基于 CADRC 的调压控制器在面对转速扰动时表现出良好的控制性能，且具有很强的抗扰能力。

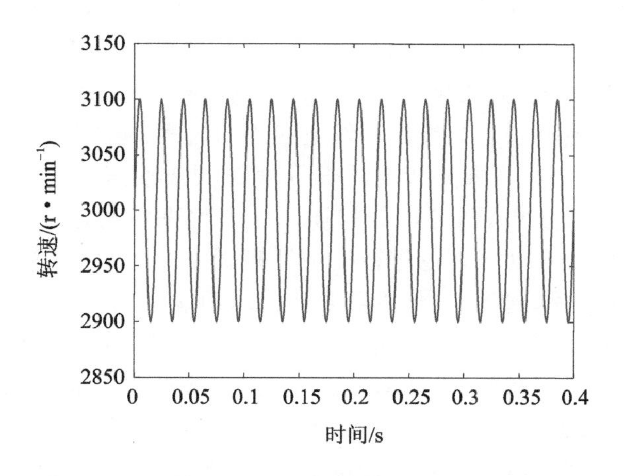

图 6.41　转速信号波形

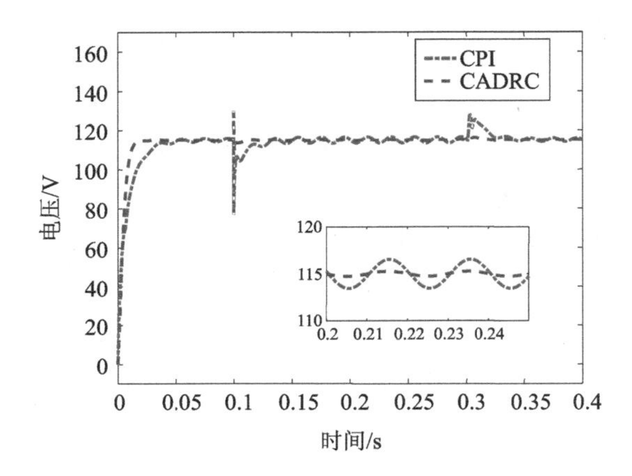

图 6.42　电压有效值仿真曲线

6.4　起动/发电切换保护容错控制策略

在起动过程中，当航空发动机到达点火转速后，起动/发电机还需要工作一段时间，直到自持转速后断开，此时起动/发电机需要退出电动状态，改为发电状态，由航空发动机拖动，作为电源输出交流电经过整流器整流后提供给飞机用电设备。但是在电机退出电动状态到进入发电状态是一个复杂的过渡过程，如何实现起动/发电的切换控制问题就尤为关键。本节就起动/发电的切换过程进行分析研究。

起动/发电的切换过程是一个复杂的过渡过程，由航空发动机的起动原理可知，航空发动机在达到自持转速后成功起动，与起动机脱离，由负载变为原动机，为起动/发电系统提供功率。为了实现起动和发电状态的切换，通过控制开关管的开关状态，使起动/发电机完成电动状态的退出和发电建压的过程，实现能量的双向流动。由于在起动阶段，起动/发电机需要外接电源进行励磁，因此还需要通过继电器开关将外接电源断开，接到汇流条中，即与负载相连。为了解决切换过程各状态情况下的切换，本节采用基于混合自动机理论进行控制策略研究。

在起动顺利完成后，起动/发电机需要从起动功能切换为发电功能。本节针对切换过程提出了一种基于混合自动机理论的切换控制策略，分别给出混合自动机模型中的两大元素："状态"表和"状态迁移"表。由于切换过程中通过控制功率变换器和继电器来实现切换过程的能量双向传输，而考虑各种开关管的开关瞬间容易造成电流的突变，进而产生感应电动势导致设备故障，因此提出一种故障保护控制策略，并利用 Simulink 和 Stateflow 进行联合仿真。以电流突变故障为例，验证了提出策略的有效性。

6.4.1 混合自动机理论

混合自动机(Hybrid Automata,HA)是在有限状态自动机的基础之上发展而来的一种处理混合系统的控制方法。有限状态自动机主要用于处理计算有限内存下,利用有向图和形式化的语言实现有限状态的迁移,通过设立边界条件执行状态迁移。与之相比,混合自动机可以看作一个泛化的时间自动机,由“状态”和“状态迁移”两种基本元素组成,更多地考虑各状态的内部连续状态,用一组微分方程表示内部变量,并随时间变化。当变量变化满足状态迁移条件时,即从一个连续状态迁移到另一个连续状态,变量由另一组微分方程表示。有限状态自动机更多地是对离散系统的动态行为进行描述,而混合自动机还能够对系统的连续动态进行描述,“状态”为系统连续变化;“状态迁移”为离散事件的驱动。

用一个连续时间内带输入输出的十元模型来表示混合自动机的一般形式:

$$H=(Q,X,V,Y,Init,f,Inv,E,R,\varphi) \tag{6.87}$$

式中,Q 为离散状态变量;X 为连续状态变量;V 为输入变量集合,分为连续的控制变量、离散的控制变量以及连续参考变量;Y 为输出变量集合,包括连续输出和离散输出;$Init$ 为系统初始状态;f 为状态量和输入变量的微分和差分方程,满足 Lipschit 条件且连续,描述连续变化动态;Inv 为每个离散状态下的不变条件集;E 为离散状态之间的迁移条件集(包括控制迁移、自治迁移和故障迁移),$E=\{e_1,e_2,e_3\cdots e_n\}$,当且仅当条件为真时,迁移行为才发生;$R$ 为状态迁移 e_i 发生后系统重置的连续状态;φ 为给每一个状态指定的一个约束域。

以电力电子电路的混合自动机模型为例,模型结构如图 6.43 所示,有 $S_1,S_2,\cdots,S_i i$ 个状态,还有状态之间的迁移条件 $e_1,e_2,\cdots,e_i$,$f_i(\cdot)$为描述连续动态的微分和差分方程,x 为状态变量,t 为时间变量。

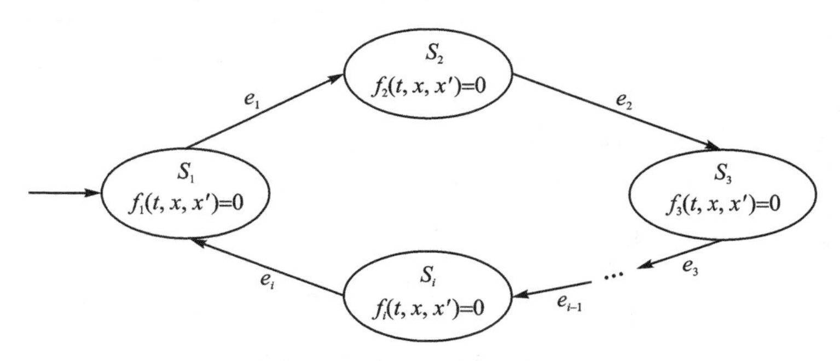

图 6.43 混合自动机模型结构示意图

6.4.2 切换过程混合自动机模型

利用混合自动机模型对切换过程进行建模,结合混合自动机的控制特点,给出状态和状态迁移两方面的模型。由起动到发电切换的原理可知，整个过程包括起动状态、电动退出状态、空载建压状态和负载调压状态。根据实时测得的转速值，起动/发电机从零速起动，系统运行在起动状态下，当检测到转速达到点火转速时，发动机成功点火后，此时还未能自行起动，需要经过一段时间到达自持转速，此时发动机输出的转矩与自身转动所需要的转矩基本相等，发动机能够自行工作；起动/发电机进入电动退出阶段，通过控制功率变换器将电机电流降为零。由于起动/发电机与航空发动机同轴安装，被航空发动机拖动转速继续上升，转速到达脱开转速，同时断开起动电源，电动退出状态完成。

电动退出状态完成后进入发电状态，控制功率变换器开关管，起动/发电机开始发电，由于电机刚从电动机状态转变为发电机状态，此时输出的交流电不能满足机载设备的要求，因此需要经历一个建压过程，相比于直接连接负载建压，空载建压的速度更快，闭环阻尼更小。当空载建压的输出电压快接近额定输出电压时，切入负载和滤波电容，进入额定负载调压阶段，此时转速到达慢车转速，随时可以接入汇流条给机载供电。切换过程原理如图 6.44 所示。

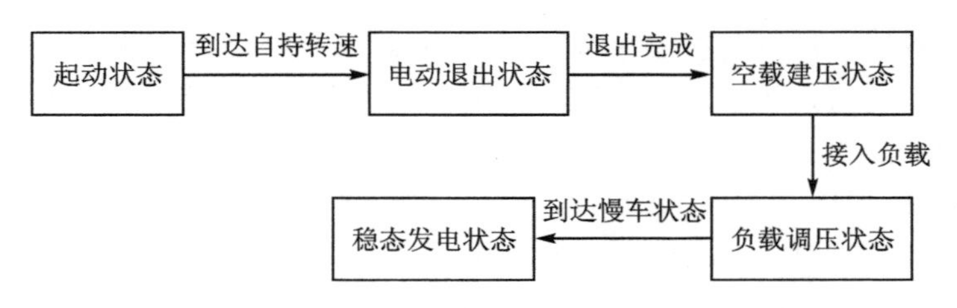

图 6.44　切换过程原理图

进一步给出切换过程的状态表和状态迁移表，见表 6.4 和表 6.5。

表 6.4　切换过程状态表

状　态	状态分析
起动状态	起动/发电机在起动控制下顺利带动航空发动机起动
电动退出状态	起动/发电机退出电动状态，电机电流开始降低
空载建压状态	航空发动机拖动起动/发电机运行，开始发电建压
负载调压状态	开始接入电容和负载
稳态发电状态	到达慢车转速，为机载供电，进行扰动下的稳压控制

表 6.5　切换过程状态迁移表

状态迁移	状态迁移分析
到达自持转速	航空发动机自行工作，系统状态从起动状态迁移至电动退出状态

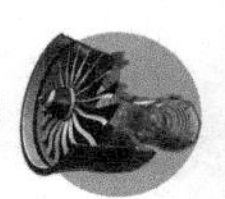

续表 6.5

状态迁移	状态迁移分析
退出完成	电机电流降为 0,且电机转速到达脱开转速,系统状态从电动退出状态迁移至空载建压状态
接入负载	输出电压接近额定电压,系统状态从空载建压状态迁移至负载调压状态
到达慢车转速	输出电压稳定至额定电压,到达慢车转速,系统状态从负载调压状态迁移到稳态发电状态

6.4.3　基于混合自动机的故障保护容错策略

利用混合自动机对功率变换器和继电器进行开断状态切换时,切换的瞬间,电机仍处于工作状态,但是电机电流无法通过功率变换器,反电动势电压小于外电电源电压,无法形成电流流通回路,导致电机电流发生突变,在绕组上产生电压尖峰,对系统造成影响,导致设备故障。因此需要在设定的时限下进行过电压和过电流保护,使断路器切除故障,保障设备和线路的安全。故在 6.4.1 小节设计的基础上添加故障保护模型,当故障电流增大,超过设定的阈值时,进入故障保护,并判断是否切除。建立包含过流过压保护切换的混合自动机模型,图 6.45 所示为故障保护的原理。

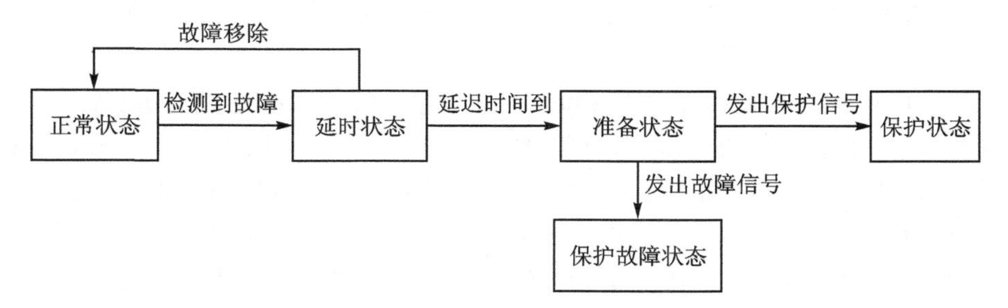

图 6.45　故障保护原理示意图

同样地,给出状态表和状态迁移表,见表 6.6 和表 6.7。

表 6.6　切换过程状态表

状　态	状态分析
正常状态	起动/发电系统正常运行
延时状态	对故障信号延时,计时器开始计时
准备状态	为发出故障信号前的准备状态
保护故障状态	保护装置故障,未能正常进入保护的故障状态
保护状态	断开起动/发电系统的保护状态

表 6.7 切换过程状态迁移表

状态迁移	状态迁移分析
检测到故障	当检测到电流值或电压值超过设定阈值时，系统状态从正常状态迁移至延迟状态
故障移除	延迟时间未到达，故障信号值小于设定阈值，系统状态从延迟状态迁移至正常状态
延迟时间到	延迟时间到达，故障未移除，系统状态从延迟状态迁移至准备状态
发出故障信号	保护装置发生故障，未能正常进入保护状态，系统状态从准备状态迁移到保护故障状态
发出保护信号	发出保护信号，保护装置工作，系统状态从准备状态迁移至保护状态

以上即为基于混合自动机模型的起动/发电切换过程的控制策略，其主要实现两个功能：一是将起动/发电机由电动机运行状态切换为发电机运行状态；二是对切换过程中的系统回路可能会发生电流突变进行故障保护，及时发出故障信号，以免造成更多设备损坏的连锁反应。

6.4.4 仿真结果分析

本节提出了基于混合自动机模型的切换控制和故障保护策略，针对状态和状态迁移两个部分，利用 MATLAB/Simulink 中的 Stateflow 部分进行混合自动机的建模与仿真，验证控制策略的有效性。

Stateflow 主要是基于动态逻辑和自然语言进行控制系统建模和仿真的，针对事件响应系统提供事件驱动建模，以有限状态机理论为基础，可以与 Simulink 中对动态变换系统的建模结合直接进行仿真。主要是通过状态流程图对事件驱动系统进行建模。针对 6.4.1 小节和 6.4.2 小节的混合自动机模型进行模型创建，本小节的仿真分析只针对切换控制和故障保护，对起动/发电系统进行了适当的简化和替代。

起动切换发电的切换过程仿真如图 6.46 所示，故障保护控制和切换过程的 Stateflow 仿真模型如图 6.47 所示。图中 Idle 表示正常状态，Delay 表示延时状态，Ready 表示准备状态，Stuck 表示保护故障状态，Guard 表示保护状态，Start 表示起动状态，Mquit 表示电动退出状态，Build 表示建压状态，Generation 表示发电状态，各状态之间连接部分为状态迁移条件。

仿真中以电流突变故障为例，依据给出的故障信号进行故障仿真。假设，利用三相故障模块进行故障模拟，在第 1 s 时故障发生，持续 0.06 s 之后故障消失，系统正常工作。为了说明延迟时间状态的情况，在第 2 s 时，模拟故障再次出现，且一直存在。故障下的混合自动机各状态如图 6.47 所示，0 表示离开该状态，1 表示处于该状态。实际电流值通过傅里叶模块得到。

由图 6.48 可以看出，图 6.48(f)所示为模拟故障信号，在第 1 s 和第 2 s 时出现故障信号，通过三相故障模块模拟 A 相短路故障，使得回路中电流突变，超过设定的

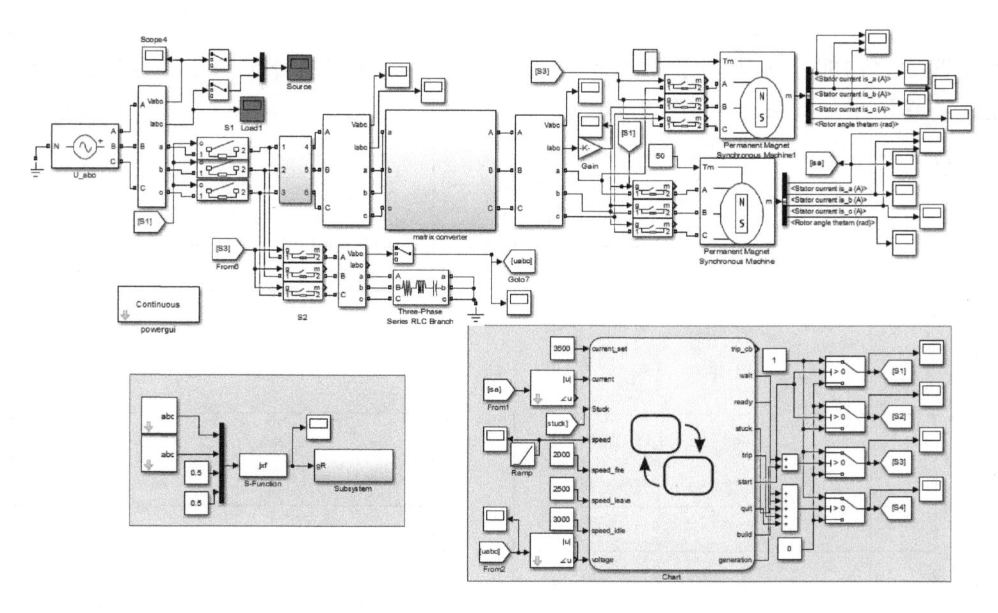

图 6.46　切换过程仿真图

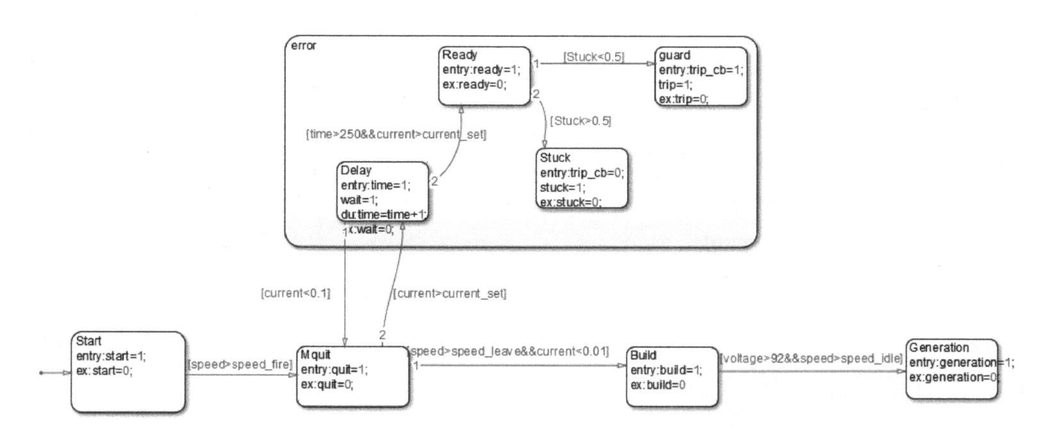

图 6.47　切换过程 Stateflow 仿真模型

电流阈值。在第一次出现故障信号时，在延迟时间内故障消失，回路电流恢复正常，系统状态重新回到正常状态，由于故障模块本身延迟，导致本来设定在第 1 s 时发生的故障在 1.013 2 s 时实际测量的电流值才发生突变，因此在 1.013 2 s 时系统状态从正常状态切换迁移至延时状态，经过 0.058 4 s 后故障消失，未达到设定的延时时间上限（设定 250 个仿真步长为延迟时间上限，仿真中采用变步长，因此该上限在仿真中是变化的），故在 1.071 6 s 时，系统状态又再一次迁移为正常状态。在第 2s 时，故障再次出现并持续存在，系统在 2.013 2 s 从正常状态迁移至延时状态，到达设定的延迟时间上限，电流值仍超过设定阈值；在 2.112 9 s 时从延时状态迁移至准备状

态，在经过一个仿真步长的时间后，保护装置工作，从准备状态迁移至保护状态，通过断路器将故障部分断开，至此实现故障保护和隔离。三相故障模块中 A 相电压和电流的仿真结果如图 6.49 和图 6.50 所示。

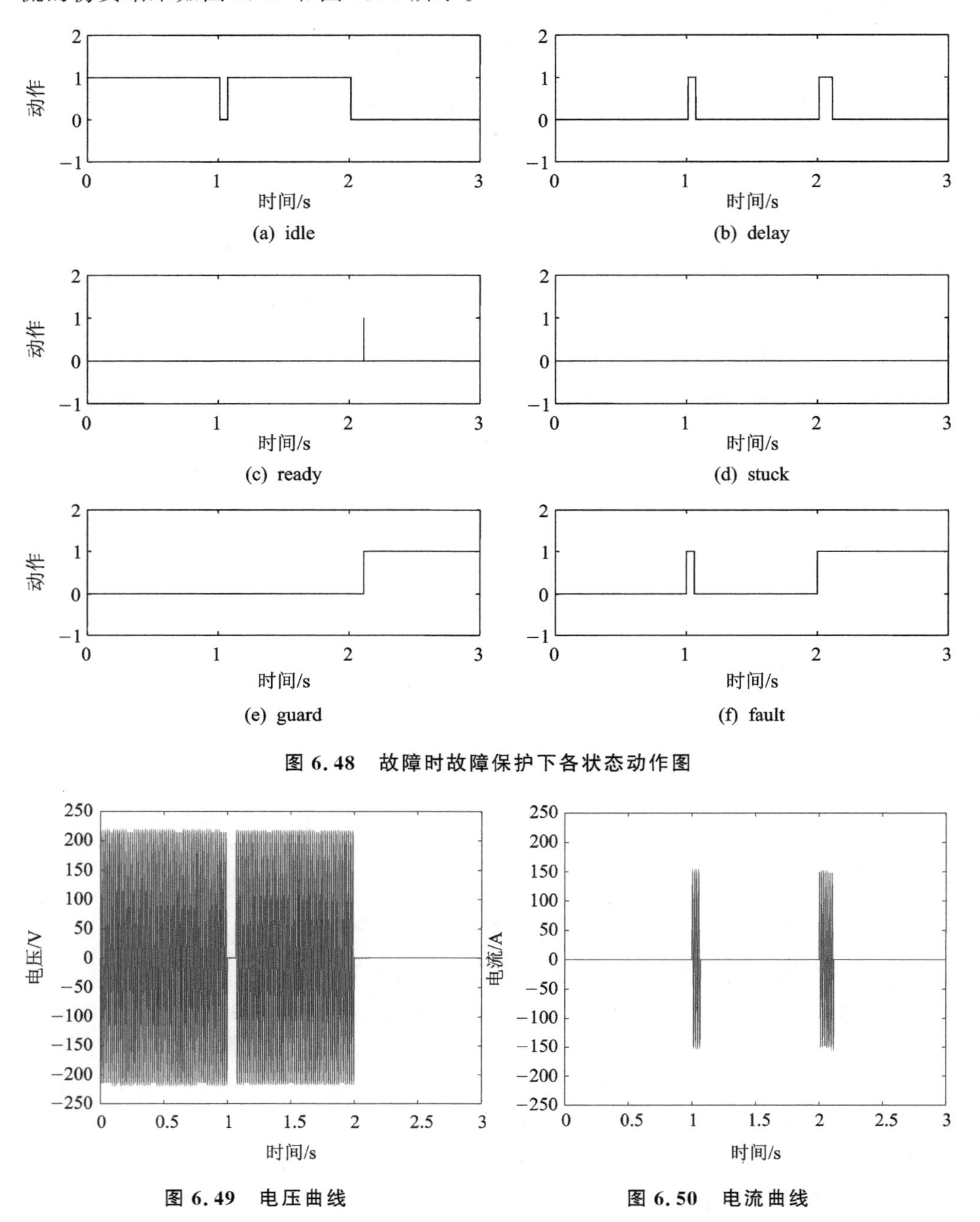

(a) idle (b) delay (c) ready (d) stuck (e) guard (f) fault

图 6.48　故障时故障保护下各状态动作图

图 6.49　电压曲线

图 6.50　电流曲线

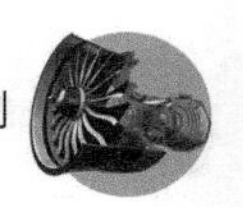

对故障保护控制策略分析后，再对切换过程的混合自动机模型进行仿真结果分析，各状态动作图见图 6.51。0.1 s 到达自持转速，进入电动退出阶段，给出开关信号，关闭功率变换器的各开关管，电流降为零；随后进入建压状态，达到额定电压后，进入发电状态，此时转速到达慢车转速。同时给出了切换过程的电流曲线。

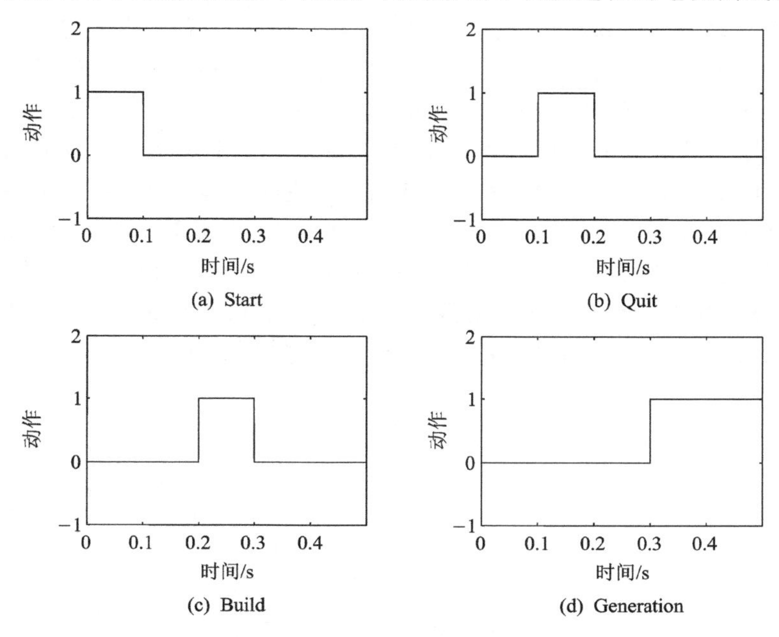

图 6.51　切换过程各状态动作图

根据图 6.52 给出的电流曲线看出，在开关管断开后，由于延时作用，经过一段时间后，电流降为零。在 0.2 s 开始进入建压状态，达到额定电压后，进入发电状态。

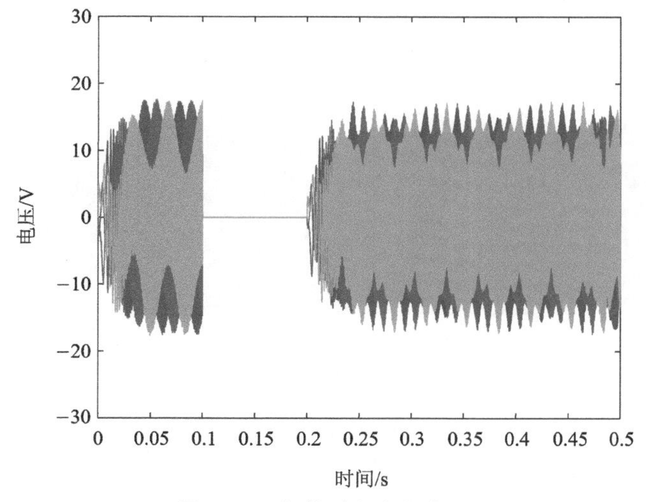

图 6.52　切换过程电机电压

6.5 本章小结

本章针对多电飞机起动/发电系统控制策略进行设计研究,内容主要包括起动阶段的主励磁机的励磁控制和主发电机的起动控制策略、发电阶段稳态调压控制器设计、起动/发电切换控制策略。围绕三级式同步电机的起动过程,设计了一种基于随机进化的灰狼优化算法的分数阶自抗扰起动控制系统。针对发电过程的稳态调压问题,对于采用双环调压的调压器,将滑模变结构理论应用到自抗扰控制中,对ESO和误差反馈律进行改进,设计了一种基于滑模变结构的自抗扰控制器。针对起动/发电的切换问题,基于混合自动机理论,对切换过程进行建模,结合混合自动机的控制特点,给出状态和状态迁移两方面的模型。开断状态切换时,增加故障保护模型;当故障电流增大,超过设定的阈值时,进入故障保护,并判断是否切除故障。

第 7 章
航空电动燃油泵滑模容错控制

7.0 引 言

航空电动燃油泵系统作为多电航空发动机的核心部件，日益受到关注。稳定可靠的航空电动燃油泵性能对确保飞行安全，提高飞行系统经济性，降低排放具有重要意义。本章针对航空电动燃油泵系统，开展了鲁棒容错控制研究，确保航空电动燃油泵在具有不确定性及执行机构故障的情况下能够可靠稳定运行。

首先，建立了电动燃油泵的数学模型。针对一类由外啮合齿轮泵及无刷直流电机直连的电动泵系统，完成了整个系统的数学描述，并对齿轮泵中端面泄漏及径向泄漏进行分析和建模，将其影响等效为系统的不确定性及干扰，令航空电动燃油泵控制问题转化为一类含有不匹配不确定性的系统鲁棒控制问题。

其次，研究了电动燃油泵滑模控制问题。设计了基于混合幂次指数趋近律的滑模控制器，实现了对匹配不确定的鲁棒控制。之后，基于带抑制矩阵的积分滑模面设计了鲁棒控制器，该控制器对匹配和不匹配的不确定性均具有鲁棒性，且系统从任意初始状态均处于滑模面上，消除了趋近阶段，进一步增强了系统的鲁棒性。在此基础上，提出了一种组合滑模控制方法，该方法减小了积分滑模控制的保守性，在保留滑模控制的鲁棒性、易于实现等优点的基础上，增强了系统对不匹配不确定性的鲁棒性，保证了系统的可靠性。

随后，设计了电动燃油泵容错控制系统。针对系统存在的执行机构故障，设计了Walcott－Zak 观测器，实现了对故障的在线估计和控制律的重构。进一步提出了一种基于混合非奇异快速终端滑模观测器的容错控制方法，该方法能够无抖振的在线估计执行机构故障，无需滤波处理，避免了观测结果的相位滞后。这一特点使得该容错控制系统在处理执行机构故障，尤其是时变型故障时，能够取得更好的容错控制效果。

最后，对电动泵系统的硬件实现展开研究。基于 Raspberry Pi 及 STM32，搭建了航空电动燃油泵实验平台，实现了电动燃油泵的开环控制、数据采集、人机交互等功能。Raspberry Pi 能够提供更强的计算能力，并精简了通信系统。该工作为理论成果的硬件验证提供了基础。

7.1　航空电动燃油泵数学模型

7.1.1　航空电动燃油泵系统

多电发动机包括多个多电系统，如电动燃油系统(Electric Fuel System & Metering Unit，and Controller)、电力作动器(Actuators)、起动/发电机(Starter/Generator)、主动磁悬浮轴承(Active Magnetic Bearing)等，见图 7.1。本小节的研究对象为其中的电动燃油系统。

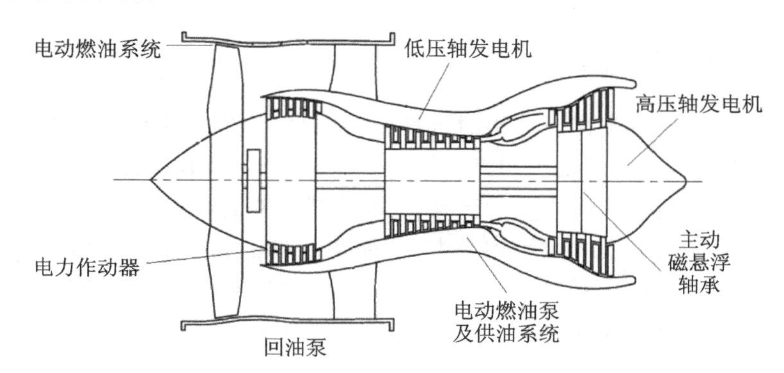

图 7.1　多电发动机中的多电系统

电动燃油系统的最主要部分是电机驱动的电动燃油泵系统，如图 7.2 所示。

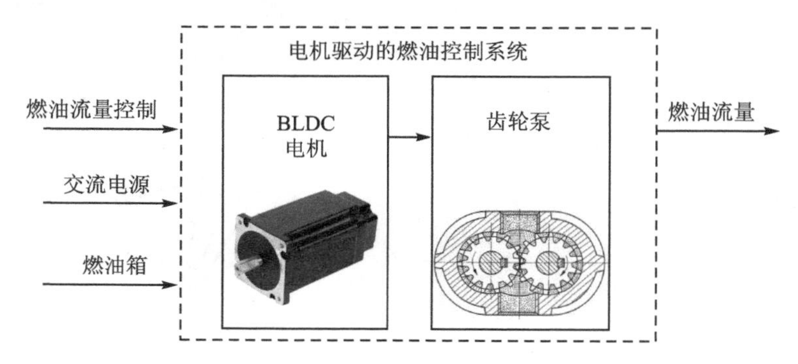

图 7.2　电动燃油泵系统

对于采用电动燃油泵的多电发动机燃油控制采用图 7.3 所示的结构，由于取消了燃油计量装置，故燃油流量完全由电机转速决定。将燃油流量的控制转为对电机转速的控制，实现闭环控制。

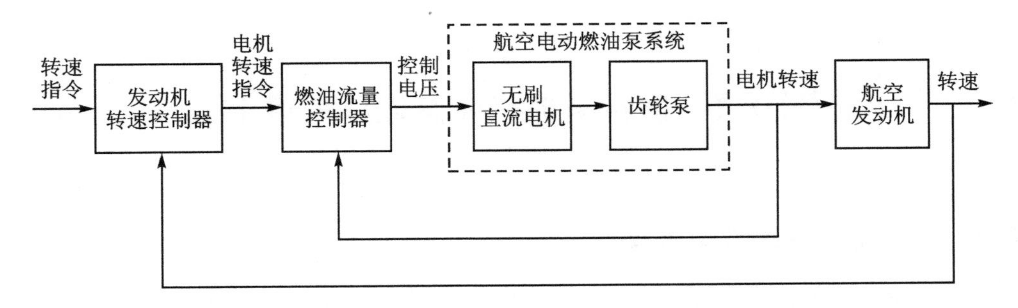

图 7.3 航空电动燃油系统控制结构图

本小节研究的航空电动燃油泵系统为一类无刷直流电机与外啮合齿轮泵直接相连的电动泵系统，通过无刷直流电机带动齿轮泵转动，输出燃油。

7.1.2 外啮合齿轮泵系统

外啮合齿轮泵是一类广泛应用的定量泵，主要由齿轮泵壳体和一对外啮合齿轮构成，如图 7.4 所示。与驱动机构直接相连的齿轮称为主动轮，另一个自由齿轮称为从动轮。通过驱动机构驱动主动轮转动，在轮齿进入啮合与脱离啮合时，分别在高压腔与低压腔形成瞬时容积的减小和增大，从而实现排油和吸油。外啮合齿轮泵具有体积小、质量轻、结构简单紧凑、工作可靠、自吸性能好等优点，在航空航天、农业、机械液压等领域受到极大关注。

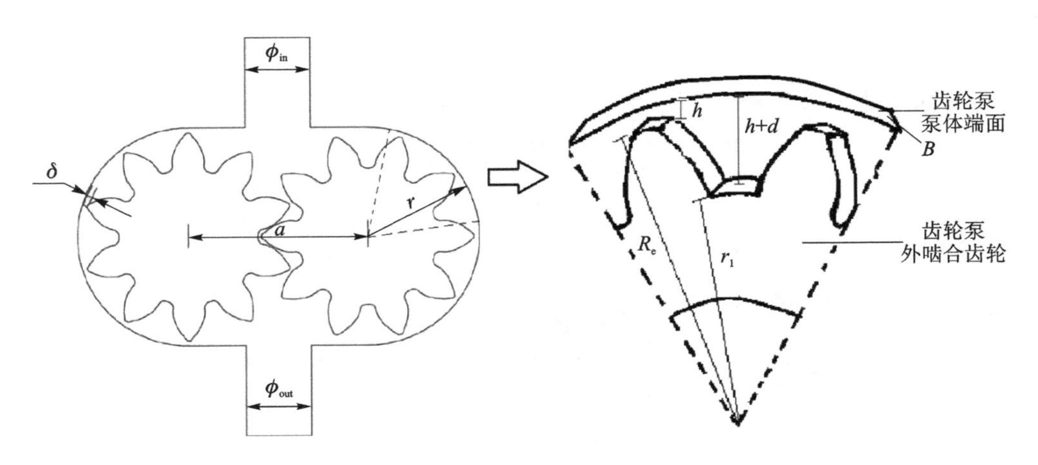

图 7.4 外啮合齿轮泵结构图

图7.4中，m 为齿轮模数，z 为齿轮齿数，α 为齿轮压力角，a 为外啮合齿轮中心距，ϕ_{in} 为齿轮泵入口直径，ϕ_{out} 为齿轮泵出口直径，r 为外壁半径，ε 为啮合系数，r_1 为齿轮节圆半径，R_e 为齿顶圆半径，h 为齿顶圆与壁面间隙，B 为齿厚，d 为齿顶高。

1. 瞬时流量及平均流量

如不考虑任何损失，通过微元法进行分析，当主动齿轮转过一个微小角度 $d\theta_1$ 时，从动轮相应地转过一个微小角度 $d\theta_2$。依照齿轮啮合基本定律，节圆上的速度相等，则

$$\omega_1 r_1 = \omega_2 r_2 \tag{7.1}$$

式中，ω_1 为主动轮角速度；ω_2 为从动轮角速度；r_1 为主动轮节圆半径；r_2 为从动轮节圆半径。

由式(7.1)可得

$$\omega_1 r_1 dt = \omega_2 r_2 dt$$

且 $\omega_1 dt = d\theta_1$，$\omega_2 dt = d\theta_2$，故 $d\theta_2 = \frac{r_1}{r_2} d\theta_1$。

在微小角度 $d\theta_1$ 的条件下，主动轮齿面扫过容积为

$$\begin{aligned} dV_1 &= B\left(\frac{R_{e1}^2}{2} d\theta_1 - \frac{R_{c1}^2}{2} d\theta_1\right) \\ &= \frac{B}{2}(R_{e1}^2 - R_{c1}^2)\, d\theta_1 \end{aligned} \tag{7.2}$$

式中，R_{e1} 为主动轮顶圆半径，R_{c1} 为主动轮啮合半径。

在微小角度 $d\theta_2$ 的条件下，主动轮齿面扫过容积为

$$\begin{aligned} dV_2 &= B\left(\frac{R_{e2}^2}{2} d\theta_2 - \frac{R_{c2}^2}{2} d\theta_2\right) \\ &= \frac{B}{2}(R_{e2}^2 - R_{c2}^2)\, d\theta_2 \end{aligned} \tag{7.3}$$

式中，R_{e2} 为从动轮顶圆半径，R_{c2} 为从动轮啮合半径。

总排出流量应等于在转过微小角度时主动轮与从动轮齿面扫过的容积之和，即

$$\begin{aligned} dV &= dV_1 + dV_2 \\ &= \frac{B}{2}\left[(R_{e1}^2 - R_{c1}^2) + \frac{r_1}{r_2}(R_{e2}^2 - R_{c2}^2)\right] d\theta_1 \end{aligned} \tag{7.4}$$

将式(7.4)对时间求微分，即可求得齿轮泵瞬时排出流量 q_v：

$$q_v = \frac{dV}{dt} = \frac{B\omega_1}{2}\left[(R_{e1}^2 - R_{c1}^2) + \frac{r_1}{r_2}(R_{e2}^2 - R_{c2}^2)\right] \tag{7.5}$$

依照啮合点与齿轮中心点的几何关系，公式(7.5)可简化为

$$q_v = \frac{1}{2}\omega_1 B\left[2r_1(h_1 + h_2) + h_1^2 + h_2^2 \frac{r_1}{r_2} - \left(1 + \frac{r_1}{r_2}\right) f^2\right] \tag{7.6}$$

式中，h_1、h_2 分别为主动轮和从动轮的齿顶高；f 为啮合点与节点的距离。

本小章研究对象为一对具有相同参数的渐开线齿轮，即 $r_1=r_2=r$，$h_1=h_2=h$，$R_{e1}=R_{e2}=R_e$，$R_{c1}=R_{c2}=R_c$，$R_e^2=(r+h)^2$。将这些关系代入式(7.6)中，则齿轮泵瞬时流量为

$$q_v=B\omega_1(R_e^2-r^2-f^2) \tag{7.7}$$

泵在单位时间(每分钟)内排出液体的体积(升)称为泵的平均流量(或理论流量)。在没有发生泄漏的情况下，可按下式进行计算：

$$Q_v(\mathrm{L\cdot min^{-1}})=q_v\frac{2\pi}{60}=\omega B\left(R_e^2-R^2-\frac{kt_0^2}{12}\right) \tag{7.8}$$

式中，t_0 为齿轮基节；$k=4-6\varepsilon+3\varepsilon^2$，$\varepsilon=\dfrac{f_0}{t_0}$；$f_0$ 为实际啮合线的长度。

2. 齿轮泵运动方程

齿轮泵内部为一对外啮合的渐开线齿轮，其运动为典型的双质量系统。由于齿轮传动的效率一般在 0.95～0.99，因此在分析的过程中忽略齿轮传动效率的影响。一对外啮合齿轮可由以下方程描述：

$$\left.\begin{aligned}
&\frac{\mathrm{d}\theta_1}{\mathrm{d}t}=\omega_1\\
&J_1\frac{\mathrm{d}\omega_1}{\mathrm{d}t}=T-R_ek_1(\omega_1-\omega_2)-R_ek_2(\theta_1-\theta_2)-M_1\\
&\frac{\mathrm{d}\theta_2}{\mathrm{d}t}=\omega_2\\
&J_2\frac{\mathrm{d}\omega_2}{\mathrm{d}t}=R_ek_1(\omega_1-\omega_2)+R_ek_2(\theta_1-\theta_2)-M_2
\end{aligned}\right\} \tag{7.9}$$

$$M_1=\frac{1}{2}B\Delta p(R_e^2-r^2)+\Delta M_1 \tag{7.10}$$

$$M_2=\frac{1}{2}B\Delta p(R_e^2-r^2)+\Delta M_2 \tag{7.11}$$

式中，J_1 为主动轮转动惯量；J_2 为从动轮转动惯量；M_1 为主动轮所受等效液体力力矩；M_2 为从动轮所受等效液体力力矩；k_1 为等效阻尼系数；k_2 为等效刚度系数；ΔM_1 与 ΔM_2 为液体黏性力力矩，在液体黏度不大时可忽略。

3. 流量脉动系数和流量脉动频率

流量脉动系数 δ_q 是描述流量品质的重要系数之一，可将其定义为

$$\delta_q=\frac{q_{v\max}-q_{v\min}}{Q_v} \tag{7.12}$$

式中，$q_{v\max}$ 与 $q_{v\min}$ 分别为瞬态流量最大、最小值；Q_v 为理论流量。将流量脉动系数

简化为

$$\delta_q = \frac{\pi^2 \cos^2 \alpha}{12(z+1) - \pi^2 \cos^2 \alpha} \tag{7.13}$$

式中，α 为外啮合齿轮压力角。

齿轮泵的流量脉动频率是指齿轮泵在单位时间内的流量脉动次数。齿轮泵每转过一个齿时流量脉动一次，则有

$$f_q = \frac{zn}{60} \tag{7.14}$$

式中，n 为齿轮泵转速；z 为齿数。

4. 动态扭矩模型

齿轮泵作为航空电动燃油泵系统中的排油部件，其主动轮与驱动电机转速轴直连，因此其产生的扭矩作为驱动电机负载。将负载转矩表示为

$$M = \frac{Br_b(P - P_d)}{2}\left(\frac{\gamma_a^2 - \gamma_{k2}^2}{\eta_{m1}} + \frac{\gamma_a^2 - \gamma_{k1}^2}{\eta_{m1}\eta_{m2}}\right) \tag{7.15}$$

式中，γ_α 为与齿顶圆对应压力角的圆心角；γ_{k1} 和 γ_{k2} 分别为主、从动轮齿廓上啮合点对应的圆心角；η_{m1} 和 η_{m2} 分别为主、从动轮机械效率，取值大小均为 0.85。

为了简化上述扭矩模型，假设啮合点对应圆心角的变化速率和角速度变化一致，可得齿顶圆压力角与啮合齿廓最小半径处压力角对应的圆心角为

$$\left.\begin{aligned} \gamma_a &= \tan\alpha_a = \tan\left[\cos^{-1}(R_b/R_a)\right] \\ \gamma_m &= \tan\alpha_m \end{aligned}\right\} \tag{7.16}$$

在简化情况下，齿轮泵的转速一定时，主、从动轮啮合点对应的圆心角均匀变化，与齿轮转动角度相同，则扭矩可表达为

$$M = \frac{Br_b(P - P_d)}{2}\left[\frac{\gamma_a^2 - (0.339\pi - \varphi)^2}{\eta_{m1}} + \frac{\gamma_a^2 - (0.078\pi + \varphi)^2}{\eta_{m1}\eta_{m2}}\right] \tag{7.17}$$

5. 泄漏模型

齿轮泵存在不可避免的内泄漏，其泄漏方式可主要分为端面泄漏和径向泄漏。

(1) 端面泄漏

端面泄漏主要是指齿轮两端面与前后盖直接的端面间隙，高压油经端面间隙泄漏至低压油腔。端面泄漏可用以下公式近似描述：

$$Q_l = B\left(\frac{\Delta p}{6\mu S z_0}h^3 - 2\pi\omega_1 h\right) \tag{7.18}$$

式中，z_0 为过渡区齿数，S 为齿顶厚。

(2) 径向泄漏

由于齿顶与壳体的径向间隙也会导致泄漏。径向泄漏可用下式近似描述：

$$Q_s = \frac{2\pi h^3 \Delta p}{6\mu \ln \dfrac{R_f}{R_z}} \tag{7.19}$$

式中，R_z 为齿轮轴半径；R_f 为齿根圆半径。

7.1.3 无刷直流电机系统

无刷直流电机为一类体积小、结构简单、运行维护方便、重量轻的电机系统，其转子采用永磁材料制成，具有运行可靠，易于控制等优点。相比传统直流电机，其电子换向器取代了机械电刷和机械换向器，并保留了传统电机优良的机械特性。本小节所用无刷直流电机满足以下假设：

① 不计磁路饱和、涡流和磁滞损耗，忽略定子电流的电枢反应。

② 三相绕组完全对称，定子绕组采用 Y 形接法。

③ 气隙磁场分布均匀。

④ 换相平稳无波动。

1. 电压平衡方程

设每相定子电压为 U_a、U_b、U_c，每相定子绕组电阻为 R_a、R_b、R_c，每相定子绕组自感为 L_a、L_a、L_c，每相反电动势为 e_a、e_b、e_c，两两绕组互感为 L_{ab}、L_{ac}、L_{ba}、L_{bc}、L_{ca}、L_{cb}，故一种三相绕组完全对称的直流无刷电机等效电路如图 7.5 所示。

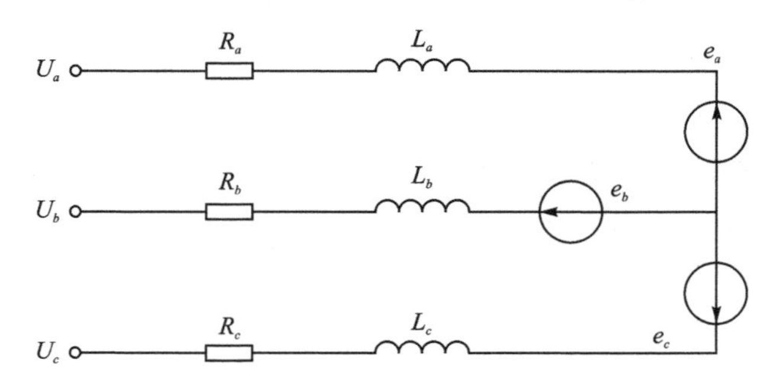

图 7.5 无刷直流电机等效电路

直流无刷电机定子电压平衡方程为

$$\begin{bmatrix} U_a \\ U_b \\ U_c \end{bmatrix} = \begin{bmatrix} R_a & 0 & 0 \\ 0 & R_b & 0 \\ 0 & 0 & R_c \end{bmatrix} \begin{bmatrix} i_a \\ i_b \\ i_c \end{bmatrix} + \begin{bmatrix} L_a & L_{ab} & L_{ac} \\ L_{ab} & L_b & L_{bc} \\ L_{ac} & L_{bc} & L_c \end{bmatrix} \frac{\mathrm{d}}{\mathrm{d}t} \begin{bmatrix} i_a \\ i_b \\ i_c \end{bmatrix} + \begin{bmatrix} e_a \\ e_b \\ e_c \end{bmatrix} \tag{7.20}$$

由于电机三相定子绕组对称，则 $R_a = R_b = R_c = R$，$L_a = L_b = L_c = L_a$，$L_{ac} = L_{bc} = L_{ab} = M$。又因电机绕组为星形连接，则有 $i_a + i_b + i_c = 0$，$Mi_a + Mi_b + Mi_c = 0$。故电压平衡方程可进一步简化为

$$\begin{bmatrix} U_a \\ U_b \\ U_c \end{bmatrix} = \begin{bmatrix} R & 0 & 0 \\ 0 & R & 0 \\ 0 & 0 & R \end{bmatrix} \begin{bmatrix} i_a \\ i_b \\ i_c \end{bmatrix} + \begin{bmatrix} L-M & 0 & 0 \\ 0 & L-M & 0 \\ 0 & 0 & L-M \end{bmatrix} \frac{\mathrm{d}}{\mathrm{d}t} \begin{bmatrix} i_a \\ i_b \\ i_c \end{bmatrix} + \begin{bmatrix} e_a \\ e_b \\ e_c \end{bmatrix} \tag{7.21}$$

令 $L'=L-M$，则

$$\frac{\mathrm{d}}{\mathrm{d}t} \begin{bmatrix} i_a \\ i_b \\ i_c \end{bmatrix} = \begin{bmatrix} L' & 0 & 0 \\ 0 & L' & 0 \\ 0 & 0 & L' \end{bmatrix}^{-1} \left[\begin{bmatrix} -R & 0 & 0 \\ 0 & -R & 0 \\ 0 & 0 & -R \end{bmatrix} \begin{bmatrix} i_a \\ i_b \\ i_c \end{bmatrix} + \begin{bmatrix} U_a \\ U_b \\ U_c \end{bmatrix} - \begin{bmatrix} e_a \\ e_b \\ e_c \end{bmatrix} \right] \tag{7.22}$$

由于换相过程稳定无波动，以 $A-B$ 连通的稳态过程为例，系统可以表示为

$$\begin{cases} L'\dot{i}_a + Ri_a = U_a - e_a \\ L'\dot{i}_b + Ri_b = U_b - e_b \end{cases} \tag{7.23}$$

在 $A-B$ 连通稳态时，有 $i_a=-i_b$，$i_c=0$，$e_a=-e_b$，则系统可表示为

$$2L'\dot{i}_a + 2Ri_a = u_a - u_b - 2e_a \tag{7.24}$$

即

$$\dot{i}_a = \frac{-R}{L} i_a - \frac{K_e}{L} + \frac{1}{2L}(u_a - u_b) \tag{7.25}$$

式中，e_a 满足 $e_a=K_e\omega_3$，K_e 为每相电机反电动势系数，ω_3 为电机转子转速。

2. 电磁力矩方程

电机满足如下电磁力矩方程：

$$T_e = \frac{e_a i_a + e_b i_b + e_c i_c}{\omega_3} \tag{7.26}$$

在 $A-B$ 连通稳态时，有 $i_a=-i_b$，$i_c=0$，$e_a=-e_b$，则电磁力矩可表示为

$$T_e = 2K_e i_a \tag{7.27}$$

3. 电机运动方程

电机满足如下运动方程：

$$J_3 \frac{\mathrm{d}\omega_3}{\mathrm{d}t} = T_e - T_L \tag{7.28}$$

式中，T_L 为电机负载；J_3 为电机转子转动惯量。

7.1.4　小　结

电动燃油泵是电压驱动板带动无刷直流电机，采用直连的方式带动外啮合齿轮泵转动，从而由低压向高压输出燃油流量。根据前面所得结果，电动燃油泵的运动可

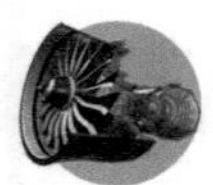

由下式进行描述：

$$
\left.\begin{aligned}
&\frac{\mathrm{d}\theta_1}{\mathrm{d}t}=\omega_1\\
&J_1\frac{\mathrm{d}\omega_1}{\mathrm{d}t}=T-R_e k_1(\omega_1-\omega_2)-R_e k_2(\theta_1-\theta_2)-M_1\\
&\frac{\mathrm{d}\theta_2}{\mathrm{d}t}=\omega_2\\
&J_2\frac{\mathrm{d}\omega_2}{\mathrm{d}t}=R_e k_1(\omega_1-\omega_2)+R_e k_2(\theta_1-\theta_2)-M_2\\
&J_3\frac{\mathrm{d}\omega_3}{\mathrm{d}t}=T_\mathrm{e}-T_\mathrm{L}\\
&T_\mathrm{e}=2K_e i_a\\
&\dot{i}_a=\frac{-R}{L}i_a-\frac{K_\mathrm{e}}{L}+\frac{1}{2L}(u_a-u_b)\\
&\omega_1=\omega_3
\end{aligned}\right\}\tag{7.29}
$$

将公式(7.29)进行简化，可得

$$
\left.\begin{aligned}
&\frac{\mathrm{d}\theta_1}{\mathrm{d}t}=\omega_1\\
&(J_1+J_3)\frac{\mathrm{d}\omega_1}{\mathrm{d}t}=2K_e i_a-R_e k_1(\omega_1-\omega_2)-R_e k_2(\theta_1-\theta_2)-M_1\\
&\frac{\mathrm{d}\theta_2}{\mathrm{d}t}=\omega_2\\
&J_2\frac{\mathrm{d}\omega_2}{\mathrm{d}t}=R_e k_1(\omega_1-\omega_2)+R_e k_2(\theta_1-\theta_2)-M_2\\
&\frac{\mathrm{d}i_a}{\mathrm{d}t}=\frac{-R}{L}i_a-\frac{K_\mathrm{e}}{L}+\frac{1}{2L}(u_a-u_b)
\end{aligned}\right\}\tag{7.30}
$$

由式(7.8)，定义 $K_Q=B\left(R_e^2-R^2-\frac{kt_0^2}{12}\right)$，则 $Q_v=K_Q\omega_1$。

因此，齿轮泵实际流量 $Q_r=Q_v-Q_l-Q_s$。

综上所述，选择状态变量 $\boldsymbol{x}_\mathrm{EFP}=[x_1\quad x_2\quad x_3\quad x_4\quad x_5]^\mathrm{T}=[\theta_1\quad \theta_2\quad \omega_1\quad \omega_2\quad i_a]^\mathrm{T}$，控制量 $u=u_a-u_b$，则电动燃油泵模型可写为

$$
\left.\begin{aligned}
&\dot{\boldsymbol{x}}_\mathrm{EFP}=f(\boldsymbol{x}_\mathrm{EFP})+g(\boldsymbol{x}_\mathrm{EFP})u+\boldsymbol{M}\\
&\boldsymbol{y}=\boldsymbol{C}\boldsymbol{x}_\mathrm{EFP}-\boldsymbol{D}
\end{aligned}\right\}\tag{7.31}
$$

其中，

$$f(\boldsymbol{x}_{\mathrm{EFP}})=\begin{bmatrix} 0 & 0 & 1 & 0 & 0 \\ 0 & 0 & 0 & 1 & 0 \\ \dfrac{-R_e k_2}{(J_1+J_3)} & \dfrac{R_e k_2}{(J_1+J_3)} & \dfrac{-R_e k_1}{(J_1+J_3)} & \dfrac{R_e k_1}{(J_1+J_3)} & \dfrac{2K_{\mathrm{e}}}{(J_1+J_3)} \\ \dfrac{R_e k_2}{J_2} & \dfrac{-R_e k_2}{J_2} & \dfrac{R_e k_1}{J_2} & \dfrac{-R_e k_2}{J_2} & 0 \\ 0 & 0 & \dfrac{-K_{\mathrm{e}}}{L} & 0 & \dfrac{-R}{L} \end{bmatrix}\begin{bmatrix} x_1 \\ x_2 \\ x_3 \\ x_4 \\ x_5 \end{bmatrix}$$

$$\boldsymbol{M}=\begin{bmatrix} 0 \\ 0 \\ -M_1 \\ -M_2 \\ 0 \end{bmatrix} \quad \Delta g(x_{\mathrm{EFP}})=\begin{bmatrix} 0 \\ 0 \\ 0 \\ 0 \\ \dfrac{1}{2L} \end{bmatrix}$$

$$\boldsymbol{C}=\begin{bmatrix} 0 \\ 0 \\ K \\ 0 \\ 0 \end{bmatrix}^{\mathrm{T}} \quad K=K_Q-2\pi Bh$$

$$D=\frac{Bp}{6\mu S z_0}h^3+\frac{2\pi h^3 p}{6\mu\ln\left(\dfrac{R_f}{R_z}\right)}$$

航空电动泵系统长期工作在复杂工况下，且存在不可避免的性能退化及装配误差，因此不确定性在建模过程中应充分考虑。虽然不确定性一般是未知不可测的，但在大部分针对不确定性的研究中，均假设其是有界的。这在实际工程以及研究中均是可接受的，且成果表明该假设是合理的。由式(7.10)和式(7.11)可知，$\boldsymbol{M}$ 为一有界负载。

不妨将 $\boldsymbol{M}$ 和不确定性综合考虑，研究其对系统的等效作用。即系统不确定性可用未知不可测的系统模型参数摄动 $\Delta f(\boldsymbol{x}_{\mathrm{EFP}})$ 和控制增益不确定性 $\Delta g(\boldsymbol{x}_{\mathrm{EFP}})$ 进行描述。故航空电动燃油泵系统可写为

$$\left.\begin{aligned} \dot{\boldsymbol{x}}_{\mathrm{EFP}} &= f(\boldsymbol{x}_{\mathrm{EFP}})+\Delta f(\boldsymbol{x}_{\mathrm{EFP}})+g(\boldsymbol{x}_{\mathrm{EFP}})u+\Delta g(\boldsymbol{x}_{\mathrm{EFP}})u \\ y &= \boldsymbol{C}\boldsymbol{x}_{\mathrm{EFP}}+\boldsymbol{D} \end{aligned}\right\} \tag{7.32}$$

综上所述，本节研究的航空电动燃油泵系统为一类含有系统参数摄动和控制增益不确定性的机械系统。其中控制增益的不确定性即有满足匹配条件的控制通道不确定性，也存在不满足匹配条件的非控制通道不确定性。

7.2 节将对该系统进行鲁棒控制研究，以设计出能够对不确定性具有强鲁棒性

的控制器，来满足系统性能要求。

7.2 基于二次型积分滑模面的组合滑模控制

本节提出一种组合滑模控制方法(Combined Sliding Mode Control，CSMC)。在标称控制 u_0 的设计中采用基于混合幂次指数趋近律的控制器设计方法，并基于二次型积分滑模面(Quadratic Integral Sliding Mode Surface，QISMS)设计非线性控制 u_1。组合滑模控制不仅具有滑模控制易于实现、匹配干扰鲁棒性好等优势，还对不匹配干扰具有鲁棒性。同时，该控制方法抖振小、适应性强，其结构如图 7.6 所示。

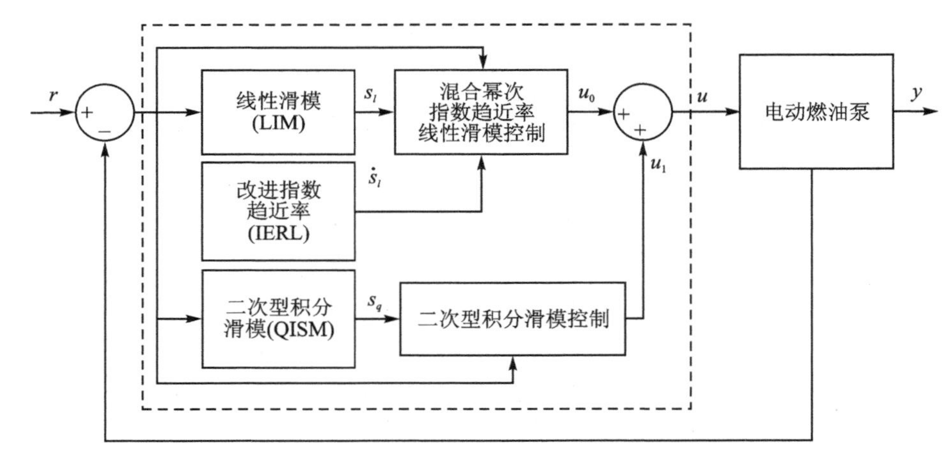

图 7.6 组合滑模控制结构图

通过混合幂次指数趋近律及线性滑模面设计标称控制 u_0，并叠加上基于二次型积分滑模面设计的非线性控制 u_1，将控制量 u_0+u_1 输入电动燃油泵系统(Electric Fuel Pump)中，可起鲁棒控制的作用。组合滑模控制设计步骤如下。

7.2.1 滑模面设计

1. 线性滑模面设计

对于一类含有不确定性系统

$$\dot{\boldsymbol{x}}(t)=f(\boldsymbol{x})+\Delta f(\boldsymbol{x})+[g(\boldsymbol{x})+\Delta g(\boldsymbol{x})]u \tag{7.33}$$

其中，$\boldsymbol{x}\in\mathbf{R}^n$ 为状态量；$u\in\mathbf{R}$，为控制量；$f(\boldsymbol{x})=[f_1(\boldsymbol{x})\quad f_2(\boldsymbol{x})\quad\cdots\quad f_n(\boldsymbol{x})]^{\mathrm{T}}$，为光滑系统方程；$g(\boldsymbol{x})=[g_1(\boldsymbol{x})\quad g_2(\boldsymbol{x})\quad\cdots\quad g_n(\boldsymbol{x})]^{\mathrm{T}}$，为控制量增益；$\Delta f(\boldsymbol{x})=[\Delta f_1(\boldsymbol{x})\quad \Delta f_2(\boldsymbol{x})\quad\cdots\quad \Delta f_n(\boldsymbol{x})]^{\mathrm{T}}$ 与 $\Delta g(\boldsymbol{x})u=[\Delta g_1(\boldsymbol{x})\quad \Delta g_2(\boldsymbol{x})\quad\cdots\quad \Delta g_n(\boldsymbol{x})]^{\mathrm{T}}u$，分别为系统所受参数摄动及外部干扰。

当系统不受外界扰动影响时，其标称系统为

$$\dot{\boldsymbol{x}}=f(\boldsymbol{x})+g(\boldsymbol{x})u_0 \tag{7.34}$$

针对该系统，设计线性滑模面为

$$s_l=\boldsymbol{C}_l\boldsymbol{x}(t) \tag{7.35}$$

其设计要求和方法同 3.1.4 小节一致。

2. 二次型积分滑模面设计

在设计二次型积分滑模之前，首先引入所需假设：

假设 7.2.1：$\|\Delta f(\boldsymbol{x})\|\leqslant\xi_1\|\boldsymbol{x}\|+\xi_0\leqslant\|f(\boldsymbol{x})\|$，其中，$\xi_0>0,\xi_1>0$，$\|\cdot\|$ 表示欧式范数，下同。

假设 7.2.2：$\|\Delta g(\boldsymbol{x})\|\leqslant\zeta_1\|\boldsymbol{x}\|+\zeta_0\leqslant\|g(\boldsymbol{x})\|$，其中，$\zeta_0>0,\zeta_1>0$。

假设 7.2.3：标称控制 u_0 满足 $u_0\leqslant\beta_0+\beta_1\|\boldsymbol{x}\|$，其中，$\beta_0>0,\beta_1>0$。

由于系统的不确定性一般是未知且不可测的，这在研究中带来很大困难。但是系统的不确定性来自系统模型的参数摄动和由于工况等原因带来的幅值有限的扰动。故有理由相信，不确定性是有界的。在很多针对不确定性的研究中，通常以一个充分大的函数作为其上界，形式为 $a\|\boldsymbol{x}\|+b,a>0,b>0$。尽管这个假设会在研究的结果中带来保守性，但是这个假设在大部分工程实践中都是可行的，可在研究和求解中带来便利。假设 7.2.1 并非是对标称控制的约束，而是要求标称控制 u_0 是有界的，这在实际中是合理的。

基于以上假设，设计二次型积分滑模面为

$$s_q=\frac{1}{2}[\boldsymbol{x}^{\mathrm{T}}(t)\boldsymbol{x}(t)-\boldsymbol{x}(t_0)^{\mathrm{T}}\boldsymbol{x}(t_0)]-\int_{t_0}^{t}\{\boldsymbol{x}^{\mathrm{T}}(t)[f(\boldsymbol{x})+g(\boldsymbol{x})u]-b(\boldsymbol{x})u_1\}\mathrm{d}t \tag{7.36}$$

式中，t_0 为系统初始时刻；$\boldsymbol{x}(t_0)$为系统初始状态，$b(\boldsymbol{x})\in\mathbf{R}$，定义如下：

$$b(\boldsymbol{x})=\sigma+\zeta_0\|\boldsymbol{x}\|+\zeta_1\|\boldsymbol{x}\|^2+\|\boldsymbol{x}^{\mathrm{T}}(t)g(\boldsymbol{x})\| \tag{7.37}$$

式中，$\sigma>0$。

3. 滑模动态分析

不妨假设 $\boldsymbol{s}_q$ 可达，则有 $\boldsymbol{s}_q=0$。

$$\frac{1}{2}[\boldsymbol{x}^{\mathrm{T}}(t)\boldsymbol{x}(t)-\boldsymbol{x}(t_0)^{\mathrm{T}}\boldsymbol{x}(t_0)]-\int_{t_0}^{t}\{\boldsymbol{x}^{\mathrm{T}}(t)[f(\boldsymbol{x})+g(\boldsymbol{x})u]-b(\boldsymbol{x})u_1\}\mathrm{d}t=0 \tag{7.38}$$

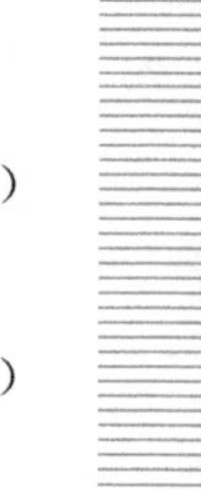

显然，式(7.38)可写为

$$s_q=\int_{t_0}^{t}\{\boldsymbol{x}^{\mathrm{T}}(t)[\Delta f(\boldsymbol{x})+\Delta g(\boldsymbol{x})u]+b(\boldsymbol{x})u_1\}\mathrm{d}t=0 \tag{7.39}$$

当二次型积分滑模面可达，并保持在其上时，$\dot{s}_q=0$，即

$$\dot{s}_q = \boldsymbol{x}^{\mathrm{T}}(t)[\Delta f(\boldsymbol{x}) + \Delta g(\boldsymbol{x})u] + b(\boldsymbol{x})u_1 = 0 \tag{7.40}$$

由等效控制的内容可知，非线性控制 u_1 的等效控制为

$$u_{1\mathrm{eq}} = -\frac{\boldsymbol{x}^{\mathrm{T}}(t)[\Delta f(\boldsymbol{x}) + \Delta g(\boldsymbol{x})u_0]}{\boldsymbol{x}^{\mathrm{T}}(t)\Delta g(\boldsymbol{x}) + b(\boldsymbol{x})} \tag{7.41}$$

将等效控制 $u_{1\mathrm{eq}}$ 代入系统中，可得处在滑模动态下的系统为

$$\dot{\boldsymbol{x}} = f(\boldsymbol{x}) + g(\boldsymbol{x})u_0 + \Delta f(\boldsymbol{x})\boldsymbol{I}_n\Gamma + \Delta g(\boldsymbol{x})u_0\boldsymbol{I}_n\Gamma \tag{7.42}$$

式中，$\boldsymbol{I}_n$ 为单位矩阵；$\Gamma = 1 - \dfrac{\boldsymbol{x}^{\mathrm{T}}(t)[g(\boldsymbol{x}) + \Delta g(\boldsymbol{x})]}{\boldsymbol{x}^{\mathrm{T}}(t)\Delta g(\boldsymbol{x}) + b(\boldsymbol{x})}$。

由假设 7.2.2，考虑以下不等式：

$$-\| \boldsymbol{x}^{\mathrm{T}}(t)g(\boldsymbol{x}) \| \leqslant -\boldsymbol{x}^{\mathrm{T}}(\boldsymbol{x})g(\boldsymbol{x}) \leqslant \| \boldsymbol{x}^{\mathrm{T}}(t)g(\boldsymbol{x}) \| \tag{7.43}$$

$$-\zeta_1 \| \boldsymbol{x} \|^2 - \zeta_0 \| \boldsymbol{x} \| \leqslant \boldsymbol{x}^{\mathrm{T}}(t)\Delta g(\boldsymbol{x}) \leqslant \zeta_1 \| \boldsymbol{x} \|^2 + \zeta_0 \| \boldsymbol{x} \| \tag{7.44}$$

则有

$$b(\boldsymbol{x}) - x^{\mathrm{T}}(t)g(\boldsymbol{x}) \leqslant \sigma + \zeta_1 \| \boldsymbol{x} \|^2 + \zeta_0 \| \boldsymbol{x} \| \tag{7.45}$$

$$\sigma + \| \boldsymbol{x}^{\mathrm{T}}(t)g(x) \| \leqslant \boldsymbol{x}^{\mathrm{T}}(t)\Delta g(\boldsymbol{x}) + b(\boldsymbol{x}) \tag{7.46}$$

因此

$$\Gamma \leqslant \frac{\sigma + \zeta_1 \| \boldsymbol{x} \|^2 + \zeta_0 \| \boldsymbol{x} \|}{\sigma + \| \boldsymbol{x}^{\mathrm{T}}(t)g(\boldsymbol{x}) \|} \leqslant 1$$

且

$$0 < \sigma \leqslant b(\boldsymbol{x}) - \boldsymbol{x}^{\mathrm{T}}(t)g(\boldsymbol{x}) \tag{7.47}$$

$$0 < \sigma \leqslant b(\boldsymbol{x}) - \boldsymbol{x}^{\mathrm{T}}(t)\Delta g(\boldsymbol{x}) \tag{7.48}$$

则结果可进一步约束为

$$0 < \Gamma \leqslant 1 \tag{7.49}$$

由此可知，当系统处于滑动模态下时，非线性控制 u_1 能够对不匹配的不确定性进行抑制。虽不能完全消除其影响，但是最差的结果也是不让其影响扩大。因此，采用二次型积分滑模面来设计非线性控制 u_1 能够极大地减小控制系统的保守性，增强系统鲁棒性。

7.2.2 组合滑模控制器设计

组合滑模控制器为

$$u = u_0 + u_1 \tag{7.50}$$

式中，u_0 为标称系统控制；u_1 为非线性控制。

定义线性滑模面 s_1 的趋近律为混合幂次指数趋近律 $\dot{s}_1$，即

$$\left.\begin{aligned} s_1 &= \boldsymbol{C}_l\boldsymbol{x}(t) \\ \dot{s}_1 &= -\kappa_1 s_1 - \frac{\kappa_2 |s_1|^{\alpha}}{N(s_1)}\mathrm{sgn}(s_1) \\ N(s_1) &= \delta_0 + (1-\delta_0)\mathrm{e}^{-\gamma |s_1|^P} \end{aligned}\right\} \tag{7.51}$$

其中，$\boldsymbol{C}_l \in \mathbf{R}^{1\times n}$；$\kappa_1,\kappa_2\in\mathbf{R}$，为正定趋近参数，$\alpha$、$\delta_0$、$\gamma$ 为严格正定参数，且 $0<\alpha$、$\delta_0<1$，P 为严格正定整数。

由

$$\boldsymbol{C}_l\dot{\boldsymbol{x}}(t)=\boldsymbol{C}_l[f(\boldsymbol{x})+g(\dot{\boldsymbol{x}})u_0]=-\kappa_1 s_l-\frac{\kappa_2|s_1|^{\alpha}}{N(s_1)}\mathrm{sgn}(s_1) \tag{7.52}$$

可求得标称控制 u_0 为

$$u_0=[\boldsymbol{C}_l g(\boldsymbol{x})]^{-1}[-\boldsymbol{C}_l f(\boldsymbol{x})+\dot{s}_1] \tag{7.53}$$

非线性控制设计

设计 u_1 为

$$u_1=-b^{-1}(\boldsymbol{x})[(\lambda_0+\lambda_1\|\boldsymbol{x}\|)s_{\mathrm{q}}+(\eta_0+\eta_1\|\boldsymbol{x}\|)\mathrm{sgn}(s_{\mathrm{q}})] \tag{7.54}$$

其中，$\lambda_0,\lambda_1,\eta_0,\eta_1\in\mathbf{R}$，并满足

$$\lambda_0\geqslant\frac{\varepsilon_1(\zeta_1\|\boldsymbol{x}\|^2+\zeta_0\|\boldsymbol{x}\|+\sigma)}{\sigma} \tag{7.55}$$

$$\lambda_1\geqslant 0 \tag{7.56}$$

$$\eta_0\geqslant\frac{\varepsilon_2(\zeta_1\|\boldsymbol{x}\|^2+\zeta_0\|\boldsymbol{x}\|+\sigma)}{\sigma} \tag{7.57}$$

$$\eta_1\geqslant(\sigma\delta)^{-1}[\xi_0+\zeta_0\beta_0+(\xi_1+\zeta_0\beta_1+\zeta_1\beta_0)\|\boldsymbol{x}\|+\zeta_1\beta_1\|\boldsymbol{x}\|^2] \tag{7.58}$$

其中，$\varepsilon_1,\varepsilon_2$ 为正定趋近参数；$\delta=(\sigma+\zeta_0\|\boldsymbol{x}\|+\zeta_1\|\boldsymbol{x}\|^2)^{-1}$。

7.2.3　滑模面可达性及稳定性证明

1. 滑模面可达性证明

(1) 线性滑模面可达性

由式(7.51)，容易得到 $s_1\dot{s}_1<0$，即滑模面可达。

(2) 二次型积分滑模面可达性

将二次型积分滑模面 s_{q} 沿时间 t 求导，并将系统(7.33)代入，则有

$$\dot{s}_{\mathrm{q}}=\boldsymbol{x}^{\mathrm{T}}(t)[\Delta f(\boldsymbol{x})+\Delta g(\boldsymbol{x})u]+b(\boldsymbol{x})u_1$$

由非线性控制 u_1 可得

$$\begin{aligned}s_{\mathrm{q}}\dot{s}_{\mathrm{q}}&=\boldsymbol{x}^{\mathrm{T}}(t)\Delta f(\boldsymbol{x})s_{\mathrm{q}}+s_{\mathrm{q}}\boldsymbol{x}^{\mathrm{T}}(t)\Delta g(\boldsymbol{x})u+\\&\quad s_{\mathrm{q}}b(\boldsymbol{x})\{-b^{-1}(\boldsymbol{x})[(\lambda_0+\lambda_1\|\boldsymbol{x}\|)s_{\mathrm{q}}+(\eta_0+\eta_1\|\boldsymbol{x}\|)\mathrm{sgn}(s_{\mathrm{q}})]\}\\&=\boldsymbol{x}^{\mathrm{T}}(t)\Delta f(\boldsymbol{x})s_{\mathrm{q}}+s_{\mathrm{q}}\boldsymbol{x}^{\mathrm{T}}(t)\Delta g(\boldsymbol{x})u-(\lambda_0+\lambda_1\|\boldsymbol{x}\|)s_{\mathrm{q}}^2-(\eta_0+\eta_1\|\boldsymbol{x}\|)|s_{\mathrm{q}}|\end{aligned}$$

且

$$\begin{aligned}&s_{\mathrm{q}}\boldsymbol{x}^{\mathrm{T}}(t)\Delta g(\boldsymbol{x})u\\&=s_{\mathrm{q}}\boldsymbol{x}^{\mathrm{T}}(t)\Delta g(\boldsymbol{x})\{u_0-b^{-1}(\boldsymbol{x})[(\lambda_0+\lambda_1\|\boldsymbol{x}\|)s_{\mathrm{q}}+(\eta_0+\eta_1\|\boldsymbol{x}\|)\mathrm{sgn}(s_{\mathrm{q}})]\}\\&=s_{\mathrm{q}}\boldsymbol{x}^{\mathrm{T}}(t)\Delta g(\boldsymbol{x})u_0-\boldsymbol{x}^{\mathrm{T}}(t)\Delta g(\boldsymbol{x})b^{-1}(\boldsymbol{x})((\lambda_0+\lambda_1\|\boldsymbol{x}\|)s_{\mathrm{q}}^2+(\eta_0+\eta_1\|\boldsymbol{x}\|)|s_{\mathrm{q}}|)\end{aligned}$$

则

$$
\begin{aligned}
s_q\dot{s}_q =& \boldsymbol{x}^{\mathrm{T}}(t)\Delta f(\boldsymbol{x})s_q + s_q\boldsymbol{x}^{\mathrm{T}}(t)\Delta g(\boldsymbol{x})u_0 - \\
& \boldsymbol{x}^{\mathrm{T}}(t)\Delta g(\boldsymbol{x})b^{-1}(\boldsymbol{x})\left[(\lambda_0+\lambda_1\|\boldsymbol{x}\|)s_q^2+(\eta_0+\eta_1\|\boldsymbol{x}\|)|s_q|\right] - \\
& \left[(\lambda_0+\lambda_1\|\boldsymbol{x}\|)s_q^2+(\eta_0+\eta_1\|\boldsymbol{x}\|)|s_q|\right] \\
=& \boldsymbol{x}^{\mathrm{T}}(t)\Delta f(\boldsymbol{x})s_q + s_q\boldsymbol{x}^{\mathrm{T}}(t)\Delta g(\boldsymbol{x})u_0 - \\
& \left[1+\boldsymbol{x}^{\mathrm{T}}(t)\Delta g(\boldsymbol{x})b^{-1}(\boldsymbol{x})\right]\left[(\lambda_0+\lambda_1\|\boldsymbol{x}\|)s_q^2+(\eta_0+\eta_1\|\boldsymbol{x}\|)|s_q|\right]
\end{aligned}
$$

由假设7.2.1、假设7.2.2、假设7.2.3可得

$$
\begin{aligned}
s_q\dot{s}_q \leqslant & \left[(\xi_1\|\boldsymbol{x}\|+\xi_0)+(\zeta_1\|\boldsymbol{x}\|+\zeta_0)(\beta_0+\beta_1\|\boldsymbol{x}\|)\right]\|\boldsymbol{x}\|\,|s_q| + \\
& \left[\boldsymbol{x}^{\mathrm{T}}(t)\Delta g(\boldsymbol{x})b^{-1}(\boldsymbol{x})\right]\left[(\lambda_0+\lambda_1\|\boldsymbol{x}\|)s_q^2+(\eta_0+\eta_1\|\boldsymbol{x}\|)|s_q|\right] - \\
& \left[(\lambda_0+\lambda_1\|\boldsymbol{x}\|)s_q^2+(\eta_0+\eta_1\|\boldsymbol{x}\|)|s_q|\right] \\
\leqslant & \left[(\xi_1\|\boldsymbol{x}\|+\xi_0)+(\zeta_1\|\boldsymbol{x}\|+\zeta_0)(\beta_0+\beta_1\|\boldsymbol{x}\|)\right]\|\boldsymbol{x}\|\,|s_q| + \\
& \left[\|\boldsymbol{x}\|(\zeta_1\|\boldsymbol{x}\|+\zeta_0)b^{-1}(\boldsymbol{x})-1\right]\left[(\lambda_0+\lambda_1\|\boldsymbol{x}\|)s_q^2+(\eta_0+\eta_1\|\boldsymbol{x}\|)|s_q|\right]
\end{aligned}
$$

化简后可得

$$
\begin{aligned}
s_q\dot{s}_q \leqslant & \left[\xi_0+\zeta_0\beta_0+(\xi_1+\zeta_0\beta_1+\zeta_1\beta_0)\|\boldsymbol{x}\|+\zeta_1\beta_1\|\boldsymbol{x}\|^2\right]\|\boldsymbol{x}\|\cdot|s_q| - \\
& \frac{\sigma+\|\boldsymbol{x}^{\mathrm{T}}(t)g(\boldsymbol{x})\|}{b(\boldsymbol{x})}(\lambda_0+\lambda_1\|\boldsymbol{x}\|)s_q^2 - \\
& \frac{\sigma+\|\boldsymbol{x}^{\mathrm{T}}(t)g(\boldsymbol{x})\|}{b(\boldsymbol{x})}(\eta_0+\eta_1\|\boldsymbol{x}\|)|s_q|
\end{aligned}
$$

由式(7.55)～式(7.58)可知

$$
s_q\dot{s}_q \leqslant -\varepsilon_1 s_q^2 - \varepsilon_2|s_q| \tag{7.59}
$$

因此，二次型积分滑模面满足可达性条件。

证明完毕。

2. 闭环稳定性证明

针对标称系统按照7.2.1小节进行设计线性滑模面 s_l 后，通过极点配置的方法将闭环系统极点配置在S平面的左半平面，此时闭环系统渐近稳定。当系统为线性定常系统时，有 $f(\boldsymbol{x})=\boldsymbol{A}\boldsymbol{x}$，$g(\boldsymbol{x})=\boldsymbol{B}$。此时标称控制量 $u_0=[\boldsymbol{C}_1\boldsymbol{B}]^{-1}[-\boldsymbol{C}_1\boldsymbol{A}\boldsymbol{x}+\dot{s}_1]$。由于前面已经证明线性滑模面是可达的，当系统处于并保持在线性滑模面上时，有

$$
u_0=[\boldsymbol{C}_1\boldsymbol{B}]^{-1}[-\boldsymbol{C}_1\boldsymbol{A}\boldsymbol{x}+\dot{s}_1] \tag{7.60}
$$

此时标称闭环系统可写为

$$
\begin{aligned}
\dot{\boldsymbol{x}} &= \boldsymbol{A}\boldsymbol{x}+\boldsymbol{B}[\boldsymbol{C}_1\boldsymbol{B}]^{-1}[-\boldsymbol{C}_1\boldsymbol{A}\boldsymbol{x}] \\
&= (\boldsymbol{A}-\boldsymbol{C}_1\boldsymbol{A}\boldsymbol{B}[\boldsymbol{C}_1\boldsymbol{B}]^{-1})\boldsymbol{x}
\end{aligned} \tag{7.61}
$$

由于闭环系统是渐近稳定的，矩阵 $\boldsymbol{A}-\boldsymbol{C}_1\boldsymbol{A}\boldsymbol{B}[\boldsymbol{C}_1\boldsymbol{B}]^{-1}$ 的特征根均为负值，则 $\boldsymbol{A}-\boldsymbol{C}_1\boldsymbol{A}\boldsymbol{B}[\boldsymbol{C}_1\boldsymbol{B}]^{-1}$ 为一负定矩阵。

针对实际系统式(7.33),选取 Lyapunov 方程为

$$V(\boldsymbol{x})=\frac{1}{2}\boldsymbol{x}^{\mathrm{T}}(t)\boldsymbol{x}(t) \tag{7.62}$$

$$\begin{aligned}\dot{V}(\boldsymbol{x})&=\boldsymbol{x}^{\mathrm{T}}(t)\dot{\boldsymbol{x}}(t)\\&=\boldsymbol{x}^{\mathrm{T}}(t)\left[f(\boldsymbol{x})+\Delta f(\boldsymbol{x})+g(\boldsymbol{x})u+\Delta g(\boldsymbol{x})u\right]\end{aligned} \tag{7.63}$$

当系统达到二次型积分滑模面,并保持在滑模面时,$\dot{s}_{\mathrm{q}}=0$,则

$$\boldsymbol{x}^{\mathrm{T}}(t)\left[\Delta f(\boldsymbol{x})+\Delta g(\boldsymbol{x})u\right]-b(\boldsymbol{x})u_1=0 \tag{7.64}$$

将式(7.64)代入式(7.63)中,有

$$\dot{V}(x)=\boldsymbol{x}^{\mathrm{T}}(t)\left[f(\boldsymbol{x})+g(\boldsymbol{x})u_0-b(\boldsymbol{x})u_1\right] \tag{7.65}$$

由于到达二次型积分滑模面后,$u_1=0$,因此

$$\begin{aligned}\dot{V}(\boldsymbol{x})&=\boldsymbol{x}^{\mathrm{T}}(t)\left[f(\boldsymbol{x})+g(\boldsymbol{x})u_0\right]\\&=\boldsymbol{x}^{\mathrm{T}}(t)\left[\boldsymbol{Ax}+\boldsymbol{B}\left[\boldsymbol{C}_1\boldsymbol{B}\right]^{-1}\left[-\boldsymbol{C}_1\boldsymbol{Ax}\right]\right]\\&=\boldsymbol{x}^{\mathrm{T}}(t)\left(\boldsymbol{A}-\boldsymbol{C}_1\boldsymbol{AB}\left[\boldsymbol{C}_1\boldsymbol{B}\right]^{-1}\right)\boldsymbol{x}(t)\end{aligned} \tag{7.66}$$

由于 $\boldsymbol{A}-\boldsymbol{C}_1\boldsymbol{AB}\left[\boldsymbol{C}_1\boldsymbol{B}\right]^{-1}$ 为一负定矩阵,其二次型 $\boldsymbol{x}^{\mathrm{T}}(t)\left(\boldsymbol{A}-\boldsymbol{C}_1\boldsymbol{AB}\left[\boldsymbol{C}_1\boldsymbol{B}\right]^{-1}\right)\boldsymbol{x}(t)$ 小于零,因此 $\dot{V}(\boldsymbol{x})<0$。一个正定的 Lyapunov 方程具有负定的导数,则具有不确定性的实际系统在混合滑模控制下是渐近稳定的。

证明完毕。

7.2.4 仿真验证

1. 航空电动燃油泵系统仿真

航空电动燃油泵数学模型为针对标称系统为线性定常系统时,其满足 $f(\boldsymbol{x},t)=\boldsymbol{Ax}$,$g(\boldsymbol{x},t)=\boldsymbol{B}$,其中 $\boldsymbol{A}$ 为系统状态矩阵,$\boldsymbol{B}$ 为控制增益矩阵。

本节研究的电动燃油泵参数如表 7.1 所列。

表 7.1　航空电动燃油泵参数表

参　数	单　位	值
ε	—	1.37
R_1	mm	16.5
R_c	mm	19.5
h	mm	1
ρ	kg/m^3	960
μ	Pa · s	0.048
K_c	V/rad	0.048 2
B	mm	10
Δp	MPa	1

续表 7.1

参　数	单　位	值
R	Ω	0.488
L	mH	1.19
J_1	kg·m^2	1.89×10^{-6}
J_2	kg·m^2	0.362×10^{-3}

将表 7.1 中的参数代入式(7.31)中,可得系统为

$$\begin{bmatrix}\dot{x}_1\\\dot{x}_2\\\dot{x}_3\\\dot{x}_4\\\dot{x}_5\end{bmatrix}=\begin{bmatrix}x_3\\x_4\\-43.548\,9x_1+43.548\,9x_2-0.043\,5x_3+0.043\,5x_4+132.437\,4x_5-15.27\\43.776\,2x_1-43.776\,2x_2+0.043\,8x_3-0.043\,8x_4-15.27\\-40.502\,0x_3-410.08x_5+420.168\,1u\end{bmatrix}+$$

$$\Delta f(\boldsymbol{x},t)+\Delta g(\boldsymbol{x},t)u \tag{7.67}$$

由于参数摄动和不确定性一般是在常规点附近摄动,因此在仿真实验中选择 $\Delta f(\boldsymbol{x})=10\%f(\boldsymbol{x})$,$\Delta g(\boldsymbol{x})=-10\%g(\boldsymbol{x})$。

针对上述系统,设计控制器

$$u_0=(420.168\,1)^{-1}(\boldsymbol{C}\boldsymbol{x}+\mathrm{slaw})$$

其中,$\boldsymbol{C}=[-15.097\,8\quad 15.097\,8\quad 35.219\,0\quad 2.323\,1\quad 364.167\,3]$,$\mathrm{slaw}=-1\times[0.1+(1-0.1)\mathrm{e}^{-|s|^2}]^{-1}|s|^{0.1}\mathrm{sgn}(s)$。

选择初始状态为 $\boldsymbol{x}_0=[0\quad 0\quad 1\quad 0\quad 0]^{\mathrm{T}}$。在仿真时间为 2 s 时加入三类不确定性,以验证其有效性。

(1) 匹配干扰

在 2 s 时加入匹配干扰 $\boldsymbol{d}_1=[0\quad 0\quad 0\quad 0\quad 5]^{\mathrm{T}}$,系统响应如图 7.7 和图 7.8 所示,其中 SMC 为基于趋近律的滑模控制器。

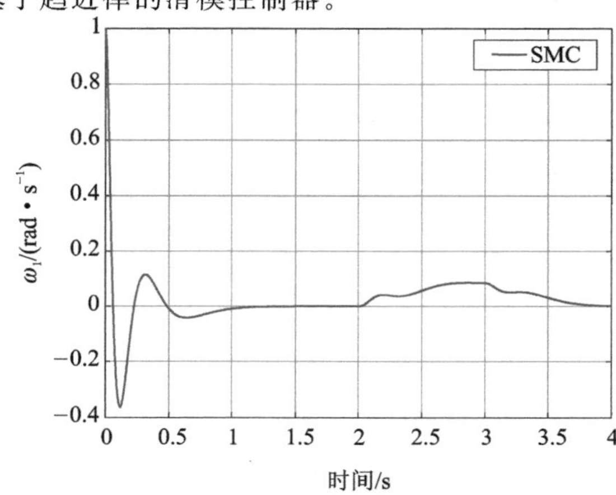

图 7.7　SMC 控制下主动轮转速(匹配干扰)

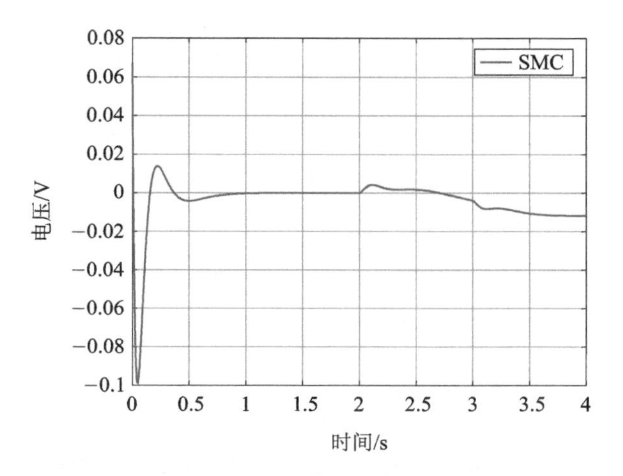

图 7.8　SMC 控制下控制电压(匹配干扰)

(2) 不匹配时不变干扰

在 2 s 时加入不匹配时不变干扰 $\boldsymbol{d}_2=[0\quad 0\quad 1\quad 1\quad 0]^{\mathrm{T}}$,系统响应如图 7.9 和图 7.10 所示。

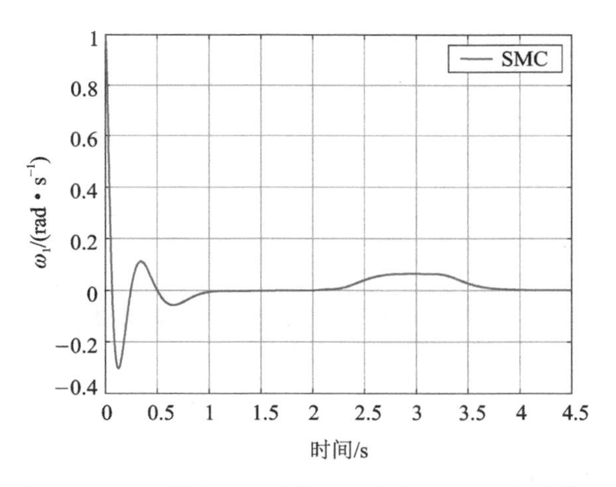

图 7.9　SMC 控制下主动轮转速(不匹配时不变干扰)

(3) 不匹配时变干扰

在 2 s 时加入不匹配时变干扰 $\boldsymbol{d}_3=[0\quad 0\quad 1.5\sin t\quad 1.5\sin t\quad 0]^{\mathrm{T}}$,系统响应如图 7.11 和图 7.12 所示。

由仿真结果可以看出,采用混合幂次指数趋近律的线性滑模控制器性能可靠,避免了抖振对系统的影响。通过对滑模面进行设计,将极点配置到合适位置,保障了闭环系统的动态响应。结果显示,其对外干扰具有鲁棒性,对定常非匹配干扰也表现出鲁棒性。但是,系统出现时变不匹配干扰时,系统性能下降较为严重,不能满足航空电动燃油泵的使用要求。

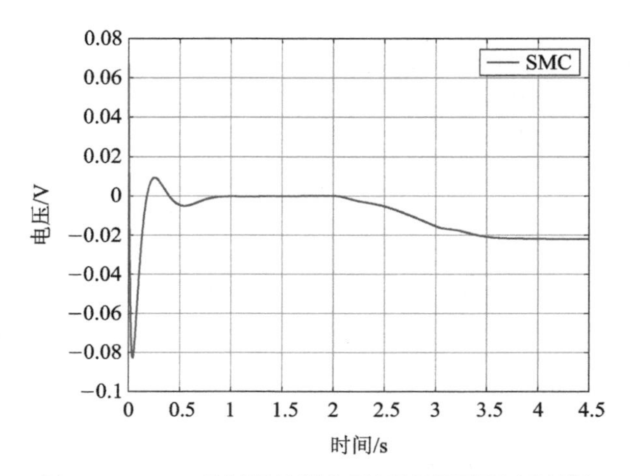

图 7.10　SMC 控制下控制电压(不匹配时不变干扰)

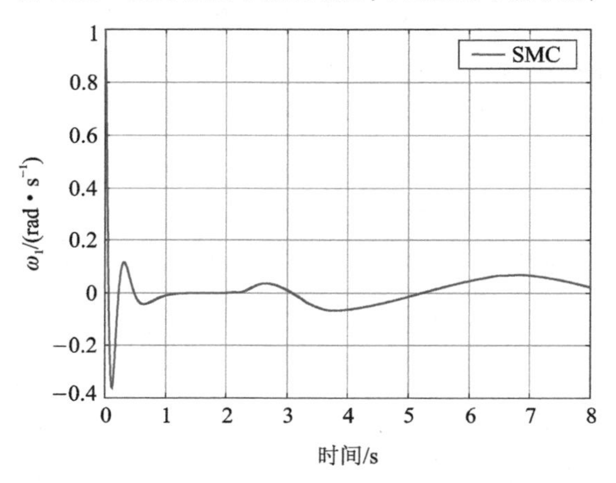

图 7.11　SMC 控制下主动轮转速(不匹配时变干扰)

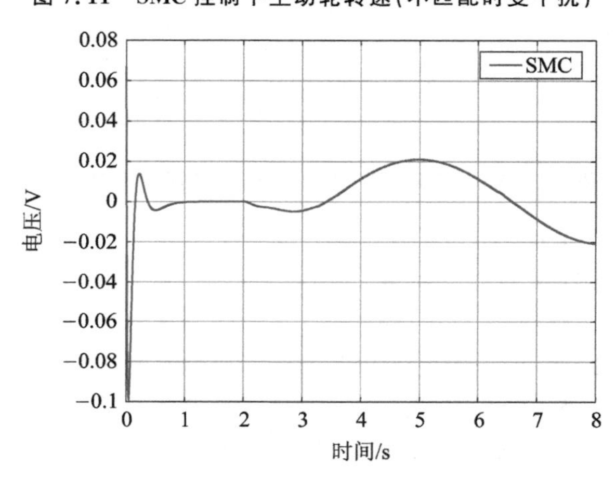

图 7.12　SMC 控制下控制电压(不匹配时变干扰)

对上述系统采用组合滑模控制的方法进行仿真试验，控制器设计如下：

对系统，设计控制器为

$$u = u_0 + u_1$$

u_0 设计为

$$u_0 = (420.1681)^{-1}(\boldsymbol{C}_1\boldsymbol{x} + \text{slaw})$$

其中，$s_1 = \boldsymbol{C}_1\boldsymbol{x}$，$C_1 = [-15.0978 \quad 15.0978 \quad 35.2190 \quad 2.3231 \quad 364.1673]$，slaw 满足

$$\text{slaw} = -1 \times [0.1 + (1 - 0.1)\mathrm{e}^{-|s_1|^2}]^{-1}|s_1|^{0.1}\mathrm{sgn}(s_1)$$

u_1 设计为

$$u_1 = -b^{-1}(\boldsymbol{x})[(\lambda_0 + \lambda_1 \|\boldsymbol{x}\|)s_q + (\eta_0 + \eta_1 \|\boldsymbol{x}\|)\mathrm{sgn}(s_q)]$$

其中，$b(\boldsymbol{x}) = \sigma + \zeta_0 \|\boldsymbol{x}\| + \zeta_1 \|\boldsymbol{x}\|^2 + \|\boldsymbol{x}^{\mathrm{T}}(t)g(\boldsymbol{x})\|$，$\sigma = 1$，$\zeta_0 = 1$，$\zeta_1 = 1$，$\lambda_0 = 60$，$\lambda_1 = 0$，$\eta_0 = 1$，$\eta_1 = 4$，$s_q$ 满足

$$s_q = \frac{1}{2}[\boldsymbol{x}^{\mathrm{T}}(t)\boldsymbol{x}(t) - \boldsymbol{x}(t_0)^{\mathrm{T}}\boldsymbol{x}(t_0)] - \int_{t_0}^{t}\{\boldsymbol{x}^{\mathrm{T}}(t)[f(\boldsymbol{x}) + g(\boldsymbol{x})u] - b(\boldsymbol{x})u_1\}\mathrm{d}t$$

设定组合滑模控制器下的闭环系统的初始条件同线性滑模控制器下的系统一致，在相同干扰的情况下，进行对比试验，其结果如下：

① 匹配干扰。在 2 s 时加入匹配干扰 $\boldsymbol{d}_1 = [0 \quad 0 \quad 0 \quad 0 \quad 5]^{\mathrm{T}}$，系统响应如图 7.13 和图 7.14 所示，其中 SMC 为基于趋近律的滑模控制器，CSMC 为组合滑模控制器。

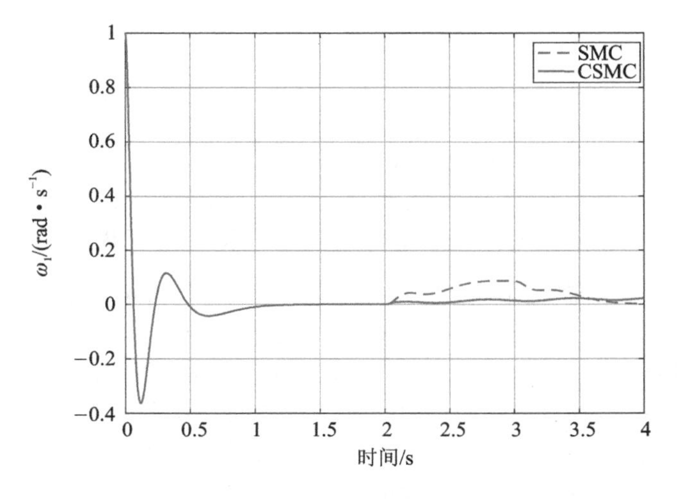

图 7.13　主动轮转速对比图(匹配干扰)

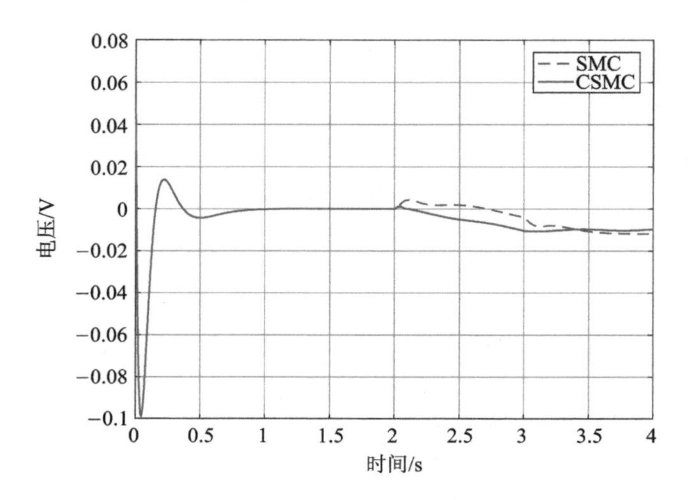

图 7.14　控制电压对比图(匹配干扰)

② 不匹配时不变干扰。在 2 s 时加入不匹配时不变干扰 $\boldsymbol{d}_2=[0\quad 0\quad 1\quad 1\quad 0]^{\mathrm{T}}$，系统响应如图 7.15 和图 7.16 所示。

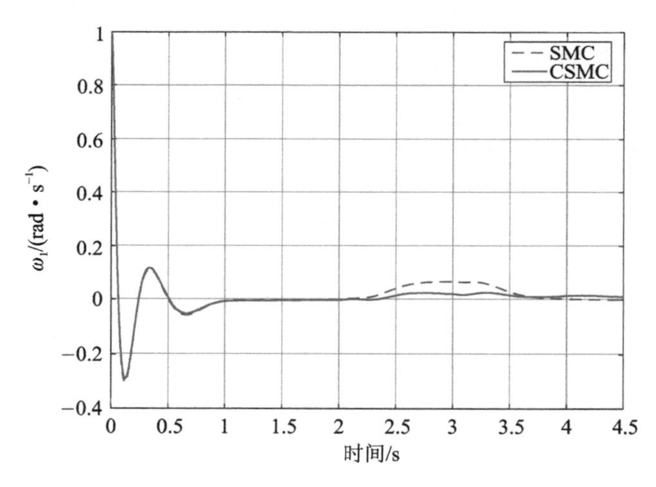

图 7.15　主动轮转速对比图(不匹配时不变干扰)

③ 不匹配时变干扰。在 2 s 时加入不匹配时变干扰 $\boldsymbol{d}_3=[0\quad 0\quad 1.5\sin t\quad 1.5\sin t\quad 0]^{\mathrm{T}}$,系统响应如图 7.17 和图 7.18 所示。

可见,在非线性控制 u_1 的作用下,组合滑模控制具有更强的鲁棒性,系统状态波动小、能够迅速稳定,具有更好的控制效果。当系统不存在干扰时,$u_1=0$,组合滑模控制同线性滑模控制具有相同的响应。一旦出现不确定性时,$u_1\neq 0$,该非线性控制量将抑制和补偿不确定性对系统的影响,起增强系统稳定性的作用。这种增强作用对于不具有非匹配干扰鲁棒性的线性滑模控制,是一种极大的补充。组合滑模控制既可以保持线性滑模控制的优点,又可以增强非匹配干扰的鲁棒性。

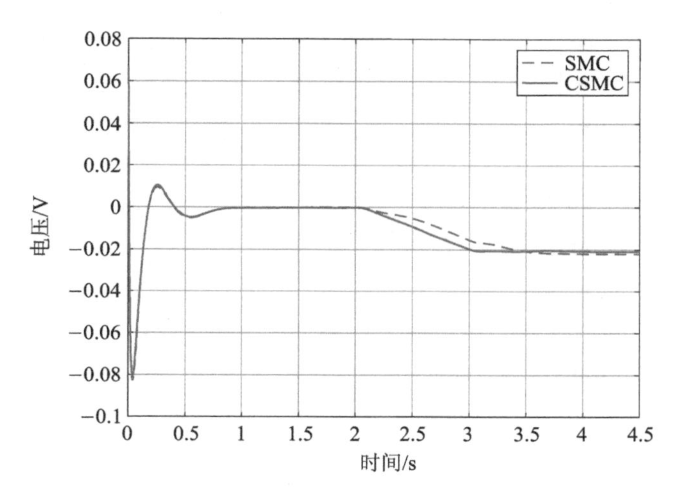

图 7.16　控制电压对比图(不匹配时不变干扰)

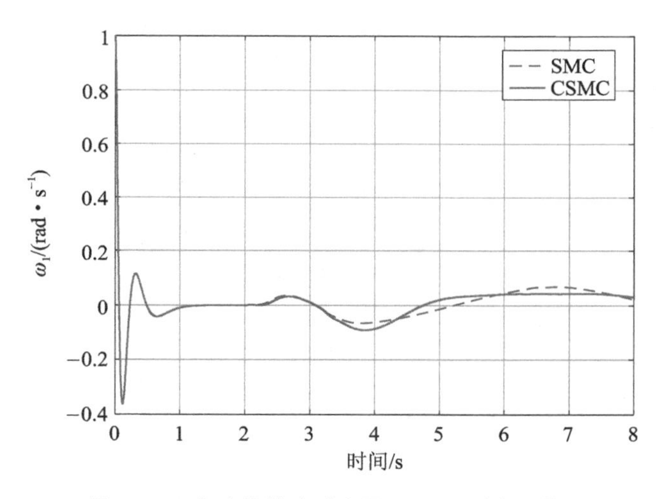

图 7.17　主动轮转速对比图(不匹配时变干扰)

2. 谐波齿轮传动系统仿真

除对航空电动燃油泵系统进行了仿真实验，这里还对一类含有不确定性的谐波齿轮系统进行了仿真实验，以对比线性滑模控制、积分滑模控制和二次型积分滑模控制对不确定性的鲁棒性。

谐波齿轮系统模型为

$$\dot{x} = \boldsymbol{A}x + \boldsymbol{B}u(t) + \Delta\boldsymbol{A}\boldsymbol{x} + \Delta\boldsymbol{B}u(t) + T_u(\boldsymbol{x}) \tag{7.68}$$

其中，

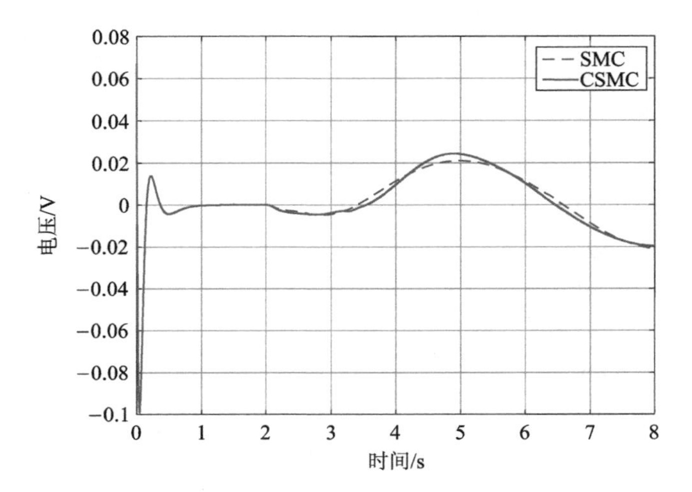

图 7.18　控制电压对比图(不匹配时变干扰)

$$\boldsymbol{A}=\begin{bmatrix}0 & 1 & 0 & 0\\ -9.897\times10^{6} & -69.985\,5 & 7.918\times10^{8} & 0\\ 0 & 0 & 0 & 1\\ 2.872\,3\times10^{5} & 0 & -2.297\times10^{7} & 0\end{bmatrix}$$

$$\boldsymbol{B}=\begin{bmatrix}0\\ 0\\ 148.188\\ 0\end{bmatrix}$$

$$\Delta\boldsymbol{B}=\begin{bmatrix}0\\ 7.409\,4\\ 0\\ 0\end{bmatrix}$$

$$\Delta\boldsymbol{A}\boldsymbol{x}=\begin{bmatrix}0.1x_2\\ -9.897\times10^{5}x_1-6.998\,55x_2+7.918\times10^{7}x_3\\ 0.1x_4\\ 2.872\,3\times10^{4}x_1-2.297\times10^{6}x_3\end{bmatrix}$$

$$T_u(\boldsymbol{x})=\begin{bmatrix}0\\ T_m(\boldsymbol{x})-T_{ul}(\boldsymbol{x})\\ 0\\ T_l(\boldsymbol{x})+T_{ul}(\boldsymbol{x})\end{bmatrix}$$

$$T_m(\boldsymbol{x})=\frac{1}{6.82\times10^{-4}}\begin{cases}-\psi_m, & \dot{x}_1=0,\ |\psi_m|\leqslant f_{sm}\\ -\mathrm{sgn}(\psi_m)f_{sm}, & \dot{x}_1=0,\ |\psi_m|>f_{sm}\\ -\mathrm{sgn}(q_m)f_{cm}, & |\dot{x}_1|>0\end{cases}$$

$$\psi_m=-5.4\times10^5\left(\frac{x_1}{80}-x_3\right)+0.092u(t)$$

$$f_{cm}=1.573\,8\times10^{-6}x_1^2-3.790\,1\times10^{-4}x_1+0.072\,0$$

$$f_{sm}=1.038\,8\times f_{cm}$$

$$T_l(\boldsymbol{x})=\frac{1}{2.35\times10^{-2}}\begin{cases}-\psi_l, & \dot{x}_3=0,\ |\psi_l|\leqslant f_{sl}\\ -\mathrm{sgn}(\psi_l)f_{sl}, & \dot{x}_3=0,\ |\psi_l|>f_{sl},\\ -\mathrm{sgn}(q_l)f_{cl}, & |\dot{x}_3|>0\end{cases}$$

$$\psi_l=6.75\times10^3\left(\frac{x_1}{80}-x_3\right)$$

$$f_{sl}=1.038\,8\times f_{cl}$$

$$f_{cl}=1.573\,8\times10^{-6}x_3^2-3.790\,1\times10^{-4}x_3+0.072\,0$$

$$T_{ul}(\boldsymbol{x})=5.4\times10^5\Delta e(t)$$

$$\Delta e(t)=\begin{cases}-\Delta\varphi-j, & \dfrac{x_1}{80}-x_3-\Delta\varphi>j\\ 0, & \left|\dfrac{x_1}{80}-x_3-\Delta\varphi\right|<j\ ,\ j=0.5\ \mathrm{mm}\\ -\Delta\varphi+j, & \dfrac{x_1}{80}-x_3-\Delta\varphi<-j\end{cases}$$

选择初始系统状态 $\boldsymbol{x}_0=[0\quad 0\quad 0.05\quad 0]^{\mathrm{T}}$，SMC 为基于趋近律的滑模控制器，ISMC 为积分滑模控制器，QISMC 为基于二次型积分滑模面的组合滑模控制器。在干扰 $\Delta\boldsymbol{A}$ 与 $\Delta\boldsymbol{B}$ 的作用下，系统的响应见图 7.19～图 7.24、表 7.2、表 7.3。

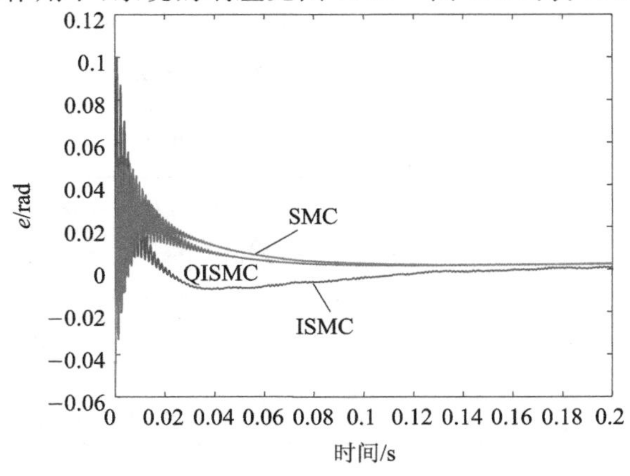

图 7.19　主从动轮角速度误差(有干扰)

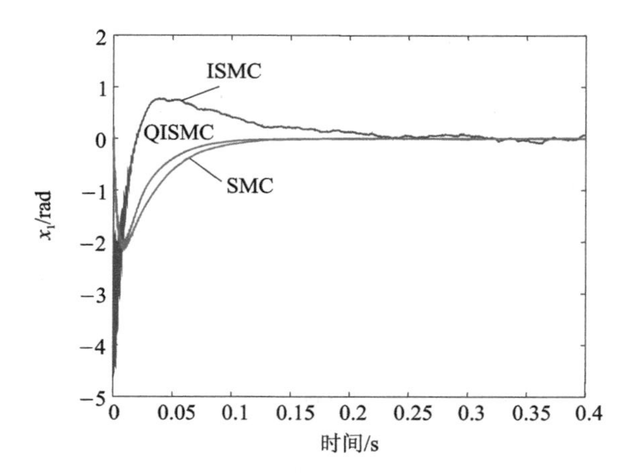

图 7.20 主动轮角位移(有干扰)

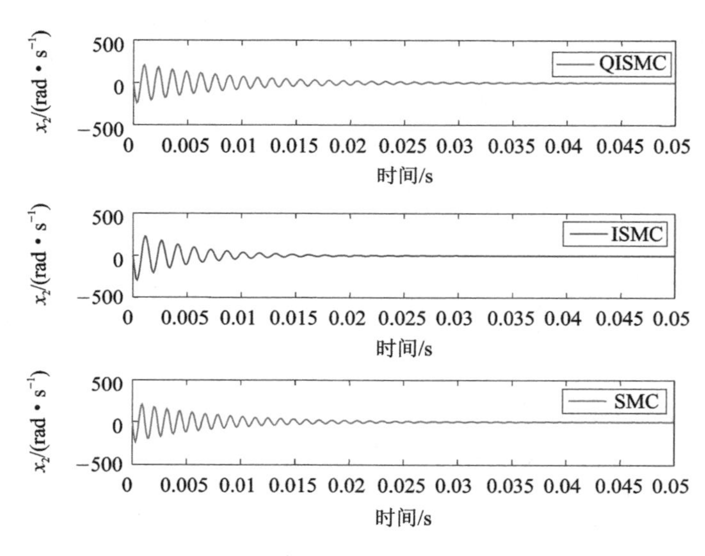

图 7.21 主动轮角加速度(有干扰)

表 7.2 谐波齿轮传动系统响应

控制器	稳态误差 /rad	最大超调 /rad	稳定时间 /s	控制指令平方和 $\sum u_i^2/\mathrm{V}^2$	误差平方和 $\sum e_i^2/\mathrm{rad}^2$	控制指令绝对值的最大值 $\max\lvert u_i\rvert/\mathrm{V}$
QISMC	0.004 6	0.053 8	0.060 8	$1.620\ 6\times10^{12}$	0.160 9	$2.642\ 8\times10^{5}$
ISMC	0.003 3	0.097 2	0.084 6	$2.227\ 9\times10^{12}$	0.240 8	$4.774\ 6\times10^{5}$
SMC	0.008 7	0.063 4	0.090 1	$1.618\ 3\times10^{12}$	0.219 2	$2.678\ 3\times10^{5}$

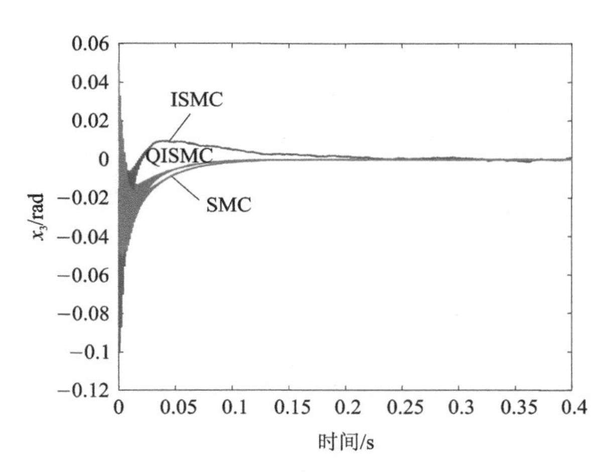

图 7.22　从动轮角位移(有干扰)

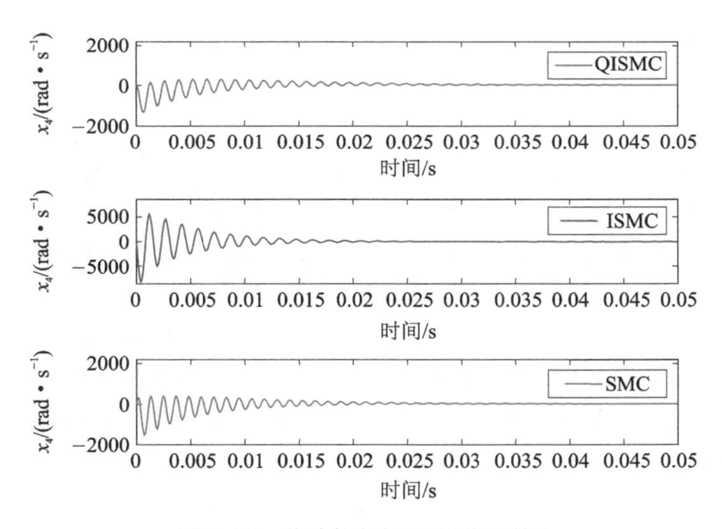

图 7.23　从动轮角加速度(有干扰)

表 7.3　谐波齿轮传动系统性能退化

控制器	稳态误差	最大超调	稳定时间	相对误差
QISMC	9.52%	13.98%	6.29%	3.78%
ISMC	37.50%	20.14%	11.42%	6.8%
SMC	12.42%	13.66%	8.94%	10.8%

可以看出,SMC 对干扰的鲁棒能力较弱,出现不确定性时系统性能退化较为明显;ISMC 能够对不确定性具有一定鲁棒性,但是积分滑模控制的保守性也显而易见,其控制作用对于不匹配的干扰会使得系统波动过大,性能下降。QISMC 极大地

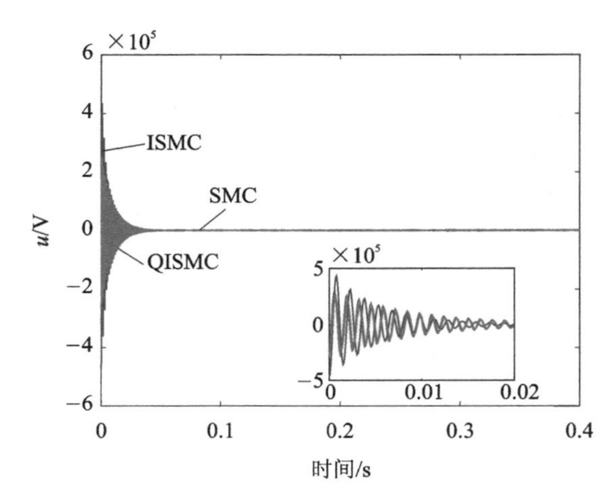

图 7.24　控制电压(有干扰)

改善了这一情况，对于匹配和不匹配不确定性均具有较好的鲁棒效果。

7.2.5　小　结

本节针对电动泵系统的滑模控制展开研究。首先介绍了滑模控制的预备知识，包括滑模面、可达性、趋近律、等效控制等概念。然后，提出了一种基于趋近律的线性滑模控制方法，该方法采用的幂次指数趋近律能够自适应地改变趋近速率，实现抑制抖振的作用。随后，又提出了一种带有抑制矩阵的积分滑模控制，该方法能够消除趋近阶段，增强系统对不匹配不确定性的鲁棒性。在此基础上，提出了一种组合滑模的控制思路。此控制方法不但能够具有易实现等优点，还能够对非匹配的不确定性具有很强的鲁棒性。最后，对上述方法在航空电动泵系统和具有类似运动方式的谐波齿轮传动系统中进行了仿真实验，验证了本节所提方法的有效性。

7.3　航空电动燃油泵执行机构滑模容错控制

航空发动机长期工作在高压高转速的工况下，存在执行机构出现故障的可能性。伴随着多电发动机的控制任务日益多样化，电动燃油泵执行机构需要不断地执行控制指令，一旦出现故障，不能及时进行容错处理，极有可能导致严重后果。本节针对航空电动燃油泵的执行机构故障，设计了基于滑模故障观测器的容错控制系统，实现了对执行机构故障的在线估计，并重构控制律，达到容错控制的目的。容错控制系统设计如图 7.25 所示。

图中，$u(t)$为控制量，$f(t)$为执行机构故障，$\hat{f}(t)$为执行机构故障估计值，$y(t)$为输出值。

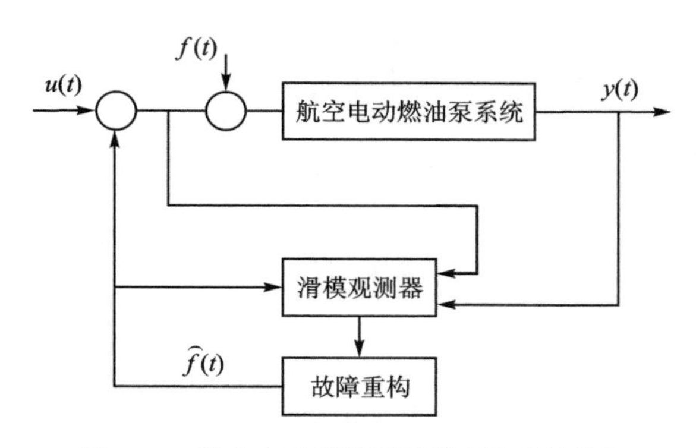

图 7.25　航空电动燃油泵滑模容错系统结构

7.3.1　基于 Walcott－Zak 观测器的容错控制器

1. 容错控制系统设计

基于 Lyapunov 方法，Walcott 和 Zak 提出了一种带有不连续项的 Walcott－Zak 滑模观测器，其观测器误差能够渐近收敛。将此方法应用于航空电动燃油泵系统，容错控制系统设计如下：

对于系统，当其为线性定常系统，不考虑不确定性时，有 $f(\boldsymbol{x})=\boldsymbol{Ax}$，$g(\boldsymbol{x})=\boldsymbol{B}$，即状态空间方程为

$$\left.\begin{aligned}\dot{\boldsymbol{x}}(t)&=\boldsymbol{Ax}+\boldsymbol{B}u+\boldsymbol{D}f\\ \boldsymbol{y}(t)&=\boldsymbol{Cx}\end{aligned}\right\}\tag{7.69}$$

式中，$\boldsymbol{A}\in\mathbf{R}^{n\times n}$，$B\in\mathbf{R}^{n\times m}$，$\boldsymbol{D}\in\mathbf{R}^{p\times n}$；$f$ 为执行机构故障，并满足如下假设：

假设 7.3.1： $\|f\|<\rho$，ρ 为已知大于零的函数。

在 Walcott－Zak 滑模观测器的设计中，引入如下假设：

假设 7.3.2： 存在矩阵 $\boldsymbol{L}\in\mathbf{R}^{n\times p}$，使得 $\boldsymbol{A}_0=\boldsymbol{A}-\boldsymbol{LC}$ 具有稳定的特征值。

假设 7.3.3： 存在正定对称矩阵 $\boldsymbol{P}$、$\boldsymbol{Q}$ 和适维矩阵 $\boldsymbol{F}$，满足：

$$\left.\begin{aligned}&(\boldsymbol{A}-\boldsymbol{LC})^{\mathrm{T}}\boldsymbol{P}+\boldsymbol{P}(\boldsymbol{A}-\boldsymbol{LC})=-\boldsymbol{Q}\\ &\boldsymbol{PB}=(\boldsymbol{FC})^{\mathrm{T}}\end{aligned}\right\}\tag{7.70}$$

当上述假设成立时，设计 Walcott－Zak 观测器为 $\hat{\boldsymbol{x}}$，定义观测误差为 $\boldsymbol{e}=\hat{\boldsymbol{x}}-\boldsymbol{x}$，并有

$$\left.\begin{aligned}\dot{\hat{\boldsymbol{x}}}&=\boldsymbol{A}\hat{\boldsymbol{x}}+\boldsymbol{B}u+\boldsymbol{L}(\hat{\boldsymbol{y}}-\boldsymbol{y})+\boldsymbol{v}\\ \hat{\boldsymbol{y}}&=\boldsymbol{C}\hat{\boldsymbol{x}}\end{aligned}\right\}\tag{7.71}$$

$$\dot{\boldsymbol{e}}=(\boldsymbol{A}-\boldsymbol{LC})\boldsymbol{e}+\boldsymbol{B}(v-f)\tag{7.72}$$

其中，

$$v=\begin{cases}-\rho\dfrac{\boldsymbol{FCe}}{\|\boldsymbol{FCe}\|}, & \boldsymbol{FCe}\neq 0\\ 0, & \boldsymbol{FCe}=0\end{cases} \tag{7.73}$$

Walcott - Zak 观测器的设计目标是利用可测的输出 $\boldsymbol{y}(t)$和可测的输入 $u(t)$，使观测器偏差

$$\lim_{t\to\infty}\boldsymbol{e}=0 \tag{7.74}$$

其偏差收敛的证明如下：

选取 Lyapunov 方程为

$$V=\boldsymbol{e}^{\mathrm{T}}\boldsymbol{Pe} \tag{7.75}$$

其中，$\boldsymbol{P}$ 为一正定对称矩阵，则有

$$\begin{aligned}\dot{V}&=\dot{\boldsymbol{e}}^{\mathrm{T}}\boldsymbol{Pe}+\boldsymbol{e}^{\mathrm{T}}\boldsymbol{P}\dot{\boldsymbol{e}}\\&=\boldsymbol{e}^{\mathrm{T}}[\boldsymbol{P}(\boldsymbol{A}-\boldsymbol{LC})+(\boldsymbol{A}-\boldsymbol{LC})\boldsymbol{P}]+2\boldsymbol{e}^{\mathrm{T}}\boldsymbol{PB}(v-f)\end{aligned} \tag{7.76}$$

由假设可得

$$\begin{aligned}\dot{V}&=-\boldsymbol{e}^{\mathrm{T}}\boldsymbol{Qe}-2\boldsymbol{e}^{\mathrm{T}}\boldsymbol{PBf}+2\boldsymbol{e}^{\mathrm{T}}\boldsymbol{PB}v\\&\leqslant-\boldsymbol{e}^{\mathrm{T}}\boldsymbol{Qe}-2\rho\|\boldsymbol{e}^{\mathrm{T}}\boldsymbol{PB}\|+2\|\boldsymbol{e}^{\mathrm{T}}\boldsymbol{PB}\|\|v\|\\&\leqslant-\boldsymbol{e}^{\mathrm{T}}\boldsymbol{Qe}-2\|\boldsymbol{e}^{\mathrm{T}}\boldsymbol{PB}\|(\rho-\|v\|)\\&\leqslant-\boldsymbol{e}^{\mathrm{T}}\boldsymbol{Qe}\\&\leqslant 0\end{aligned}$$

故根据 Lyapunov 原理可知，系统为渐近收敛。

由系统可知，当系统渐近收敛时，有

$$\lim_{t\to\infty}\boldsymbol{e}=0 \tag{7.77}$$

$$\lim_{t\to\infty}v=f \tag{7.78}$$

即执行机构故障 f 可由高频切换项 v 进行估计，其估计值 $\bar{f}=-\rho\dfrac{\boldsymbol{B}^{\mathrm{T}}\boldsymbol{Pe}}{\|\boldsymbol{B}^{\mathrm{T}}\boldsymbol{Pe}\|}$。

将估计值 $\bar{f}$ 补偿进控制通道，实现重构控制律 $u-\bar{f}$，则容错后的系统为

$$\dot{\boldsymbol{x}}_t=\boldsymbol{Ax}_t+\boldsymbol{B}u+\boldsymbol{Df}-\boldsymbol{B}\bar{f} \tag{7.79}$$

其中，x_t 为容错后的系统状态，则容错后的观测器为

$$\dot{\hat{\boldsymbol{x}}}_t=\boldsymbol{A}\hat{\boldsymbol{x}}_t+\boldsymbol{B}u+\boldsymbol{L}(\hat{y}-y)+\boldsymbol{B}(v-\bar{f}) \tag{7.80}$$

此时容错后的观测误差 $\boldsymbol{e}_t$ 满足

$$\dot{\boldsymbol{e}}_t=(\boldsymbol{A}-\boldsymbol{LC})\dot{\boldsymbol{e}}_t+\boldsymbol{B}(v-f) \tag{7.81}$$

其中，$\boldsymbol{e}_t=\bar{\boldsymbol{x}}_t-\boldsymbol{x}_t$。

可见，重构后的系统不影响观测器的观测效果。

2. 仿真验证

按上述方法设计 Walcott - Zak 滑模观测器，并构建容错控制系统，其中 $\rho=1$。

燃油泵系统在输入电压为 1 V 时，对主动轮转速和电机电流进行观测，其观测结果如图 7.26～图 7.28 所示。

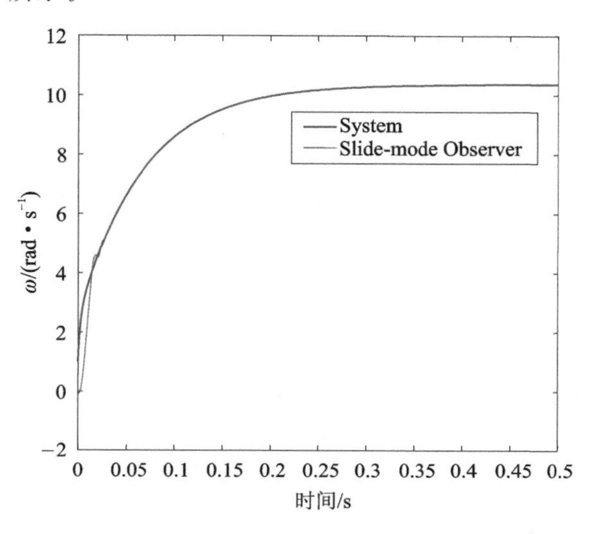

图 7.26　Walcott－Zak 观测器估计效果（主动轮转速）

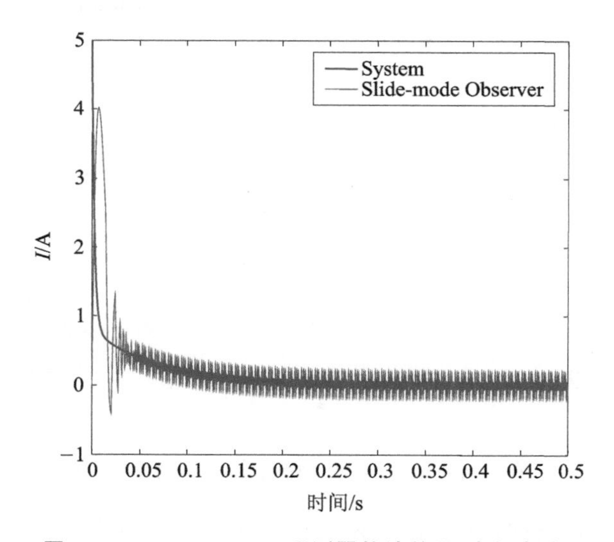

图 7.27　Walcott－Zak 观测器估计效果（电机电流）

可见，观测器能够迅速收敛，观测到系统状态。然而，由于高频切换项的存在，观测值存在抖振，故需要做滤波处理。

当系统在 1.5 s 时，执行机构出现掉电压的故障，即常值型故障 $f=-0.3$ V 时，进行仿真实验，验证容错控制效果，见图 7.29。

可见，故障观测值能够很快地收敛至故障真值的一个邻域内。由于高频切换项的存在，观测器在真值附近快速抖振，其值包含在高频切换项中，因此对该观测值做

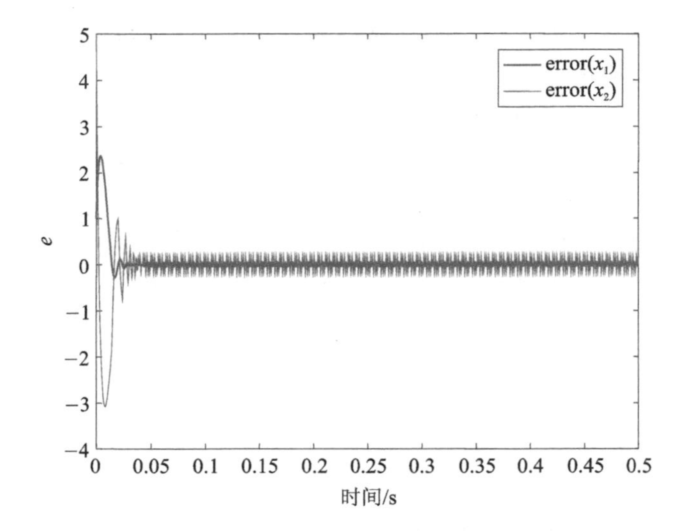

图 7.28　Walcott - Zak 观测器估计误差

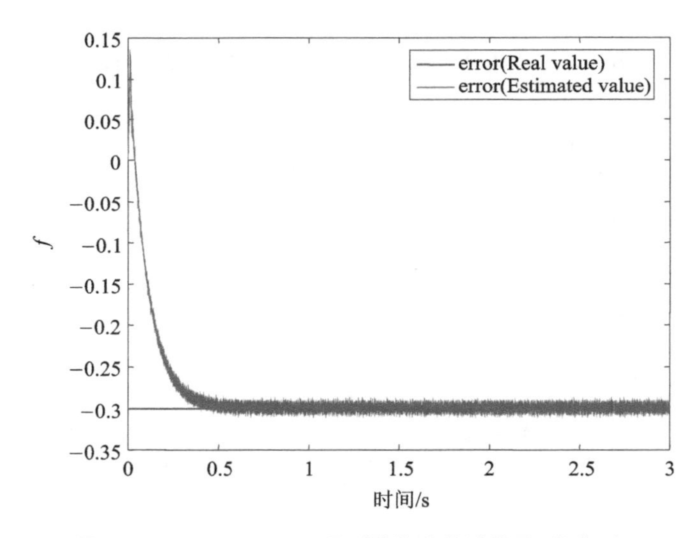

图 7.29　Walcott - Zak 观测器故障估计效果(常值型)

一阶滞后滤波,将滤波后的值作为故障观测值,输入系统中进行容错控制,其效果如图 7.30 所示。

当系统在 1.5 s 发生电压波动时,即时变型故障 $f=\sin 0.3t$,进行仿真验证。观测器故障估计效果和容错效果分别如图 7.31 和图 7.32 所示。

由图可知,对于时变型故障,该观测器存在抖振,同时也存在相位滞后的问题。如果对该观测值进行较大的滞后滤波,能够明显抑制抖振。但同时也增大了相位滞后,对容错效果有不利影响。

总结以上结果,采用 Walcott - Zak 观测器设计的容错控制系统,观测误差能够

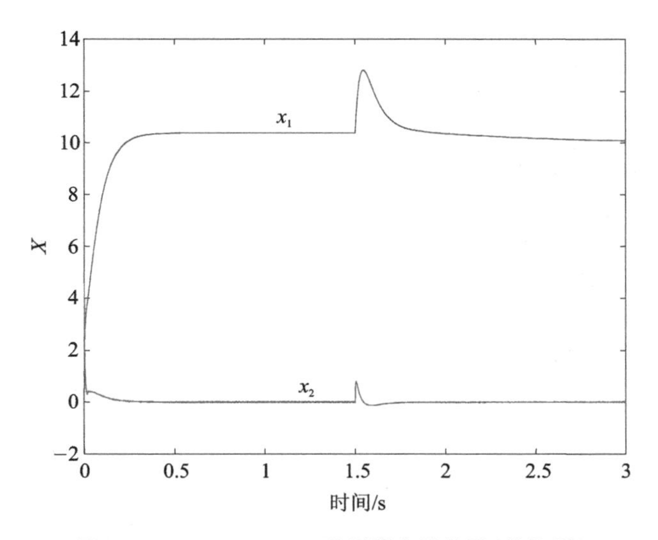

图 7.30　Walcott - Zak 观测器容错效果(常值型)

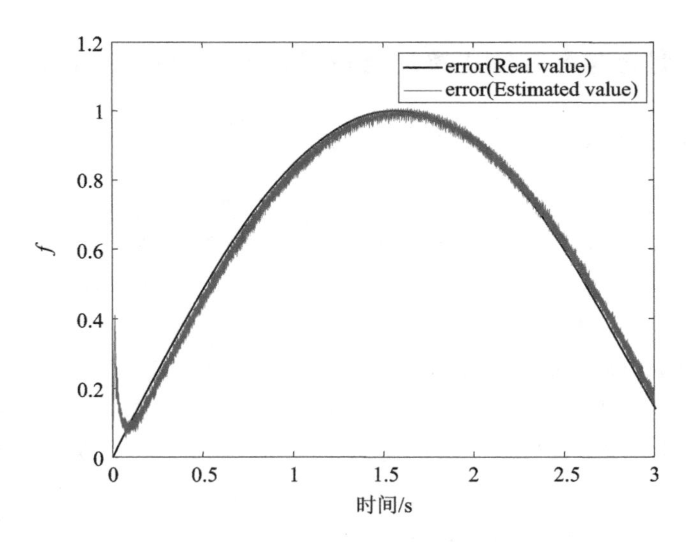

图 7.31　Walcott - Zak 观测器故障估计效果(时变型)

迅速收敛,其估值观测值包含在高频切换项中。通过对观测值进行滤波处理,能够得到较为平滑的观测值。通过估值观测值,对系统进行控制律的重构,实现对故障的容错控制。然而,该方法抖振较为严重,进行滤波处理后存在较大相位滞后,影响系统容错控制效果。

下面将提出一种基于混合非奇异快速终端滑模面的容错控制方法,该方法对抖振抑制效果好,无须经过滤波处理,极大地改善了容错控制效果。

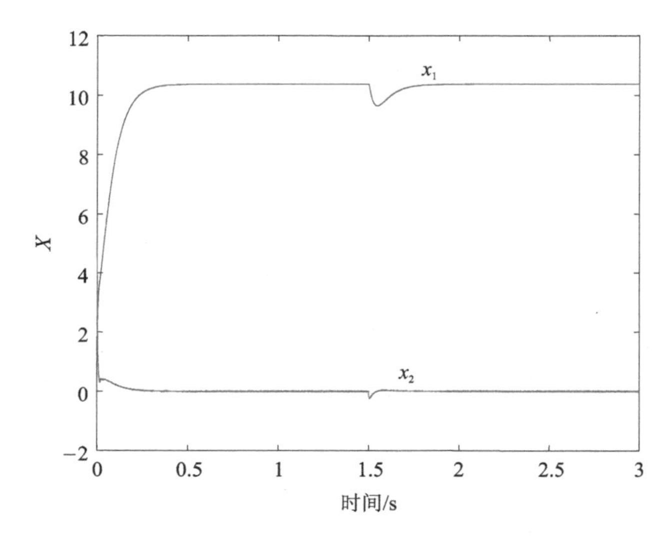

图 7.32 Walcott－Zak 观测器容错效果(时变型)

7.3.2 基于混合非奇异快速终端滑模观测器的容错控制器

1. 容错控制系统设计

在本小节中,容错控制系统的思路同 7.3.1 小节中一致,即采用观测器的方法,在线实时观测执行机构故障。一旦出现故障,通过故障的观测值重构控制律,实现容错控制。

在前文的研究中,滑模观测器只能实现误差的渐近稳定,对于稳定和收敛的时间并没有理论性的保障。多电发动机这类系统,一旦出现故障,需要在有限的时间内快速完成响应。因此,滑模观测器的快速有限时间稳定问题具有极大的现实意义。

由于终端滑模能够很好地解决快速稳定问题,故越来越多地被选择用在滑模观测器的设计中。在混合非奇异终端滑模的基础上,提出了一种混合非奇异快速终端滑模观测器,实现对系统的容错控制。

对于系统,对其状态量 x_5 设计混合非奇异快速终端滑模观测器,实现对执行机构故障的观测。具体设计步骤如下:

对系统有

$$\dot{x}_5=\frac{-K_e}{L}x_3-\frac{R}{L}x_5+\frac{1}{2L}u \tag{7.82}$$

设计混合非奇异快速终端滑模观测器为

$$\dot{\hat{x}}_5=\frac{-K_e}{L}x_3-\frac{R}{L}\hat{x}_5+\frac{1}{2L}u+\frac{1}{2L}v \tag{7.83}$$

式中,x_3 为主动轮转速;$\hat{x}_5$ 为电流观测值;v 为滑模控制律。

值得说明的是，式(7.83)中 x_3 与 x_5 均可由传感器方便地测量，即该观测器的思路为通过可测的电机电流、主动轮转速、控制器电压，对电机执行机构故障进行观测。

定义观测误差为 $e=x_5-\hat{x}_5$，即

$$\dot{e}=-\frac{R}{L}e+\frac{1}{2L}(f-v) \tag{7.84}$$

定义混合非奇异快速终端滑模面为

$$s=e+\mu e^{\frac{r}{d}}+c\dot{e}+\varphi\dot{e}^{\frac{p}{q}} \tag{7.85}$$

式中，$c>0$，$\varphi>0$，$\frac{p}{q}>1$，$\frac{r}{d}>1$；p、q、r、d 均为奇数。

$$v=-2Re+\int_0^t\left[\frac{Q}{F}\dot{e}+(l_g+\eta)\mathrm{sgn}(s)+us\right]\mathrm{d}t \tag{7.86}$$

式中，$F=c+\varphi\frac{p}{q}\dot{e}^{\frac{p}{q}-1}$；$Q=1+\mu\frac{r}{d}e^{\frac{r}{d}-1}$；$l_g>0$，$\eta>0$。

执行机构故障一般为有界故障，不妨假设 $l_g>|\dot{f}|$，$\|\cdot\|$ 表示欧氏范数，便可得到定理 7.1。

定理 7.1： 对于系统，当滑模控制律满足时，滑模观测器可在有限时间内到达滑模面，并保持在滑模面上，系统故障可由控制律重构。

证　明：

选取 Lyapunov 函数为

$$V(x)=\frac{1}{2}s^2 \tag{7.87}$$

$$\begin{aligned}\dot{V}(x)&=s\dot{s}\\&=s\left(\dot{e}+\mu\frac{r}{d}e^{\frac{r}{d}-1}\dot{e}+c\ddot{e}+\gamma\frac{p}{q}\dot{e}^{\frac{p}{q}-1}\ddot{e}\right)\\&=s\left[\left(1+\mu\frac{r}{d}e^{\frac{r}{d}-1}\right)\dot{e}+\left(c+\gamma\frac{p}{q}\dot{e}^{\frac{p}{q}-1}\right)\ddot{e}\right]\\&=s\left(c+\gamma\frac{p}{q}\dot{e}^{\frac{p}{q}-1}\right)\left[\ddot{e}+\frac{\left(1+\mu\frac{r}{d}e^{\frac{r}{d}-1}\right)\dot{e}}{c+\gamma\frac{p}{q}\dot{e}^{\frac{p}{q}-1}}\right]\\&=sF\left(\ddot{e}+\frac{Q\dot{e}}{F}\right)\end{aligned}$$

由此可得

$$\ddot{e}=-\frac{R}{L}\dot{e}+\frac{1}{2L}(\dot{f}-\dot{v}) \tag{7.88}$$

将式(7.88)代入 $sF\left(\ddot{e}+\frac{Q\dot{e}}{F}\right)$可得

$$sF\left(\ddot{e}+\frac{Q\dot{e}}{F}\right)=sF\left[-\frac{R}{L}\dot{e}+\frac{1}{2L}(\dot{f}-\dot{v})+\frac{Q\dot{e}}{F}\right] \tag{7.89}$$

对其求导，有

$$\dot{v}=-\frac{R}{L}\dot{e}+\frac{Q}{F}\dot{e}+(l_g+\eta)\operatorname{sgn}(s)+us \tag{7.90}$$

将式(7.90)代入式(7.89)中，有

$$\begin{aligned}&sF\left[-\frac{R}{L}\dot{e}+\frac{1}{2L}(\dot{f}-\dot{v})+\frac{Q\dot{e}}{F}\right]\\&=sF\,\frac{1}{2L}\left[-2R\dot{e}+(\dot{f}+2R\dot{e}-\frac{Q}{F}\dot{e}-(l_g+\eta)\operatorname{sgn}(s)-us)+\frac{Q\dot{e}}{F}\right]\\&=\frac{sF}{2L}[\dot{f}-(l_g+\eta)\operatorname{sgn}(s)-us]\end{aligned} \tag{7.91}$$

根据假设 $l_g>\|\dot{f}\|$，有

$$\begin{aligned}\frac{sF}{2L}[\dot{f}-(l_g+\eta)\operatorname{sgn}(s)-us]&=\frac{-sF}{2L}[(l_g+\eta)|s|+u|s|^2-\dot{f}s]\\&\leqslant\frac{-sF}{2L}(\eta|s|+u|s|^2)\leqslant 0\end{aligned}$$

即 $\dot{V}(x)\leqslant 0$。因此观测误差可在有限时间内快速到达滑模面并保持在滑模面上，此时重构的故障信息包含在滑模控制律 v 中，即 $v=\bar{f}$。此时

$$\|f-\bar{f}\|<\tau \tag{7.92}$$

式中，$\tau>0$。

证明完毕。

将重构的故障作为补偿控制，同时将重构的故障作为补偿项添加到观测器中，即

$$\dot{x}_{t5}=\frac{-K_e}{L}x_{t3}-\frac{R}{L}x_{t5}+\frac{1}{2L}(u-\bar{f}) \tag{7.93}$$

$$\dot{\hat{x}}_{t5}=\frac{-K_e}{L}x_{t3}-\frac{R}{L}\hat{x}_{t5}+\frac{1}{2L}(u-\bar{f})+\frac{1}{2L}v \tag{7.94}$$

式中，x_{t3}、x_{t5} 为容错后的系统状态，则

$$\dot{e}_t=-\frac{R}{L}e_t+\frac{1}{2L}(f-v) \tag{7.95}$$

式中，e_t 为容错后的系统观测误差。

由此可见，容错后的系统不影响观测器效果。

2. 仿真验证

针对系统，选择 $\mu=0.1$，$c=0.1$，$\varphi=0.01$，$p=7$，$q=5$，$r=7$，$d=7$，$l_g=1$，$\eta=1$，

设计混合非奇异快速终端滑模观测器。

当系统出现常值型故障 $f=1$ V 时，对比 Walcott - Zak 滑模观测器(Walcott - Zak Sliding Mode Observer，SOBS)及混合非奇异快速终端滑模观测器(Terminal Sliding Mode Observer，TOBS)的观测效果。仿真效果如图 7.33 所示。

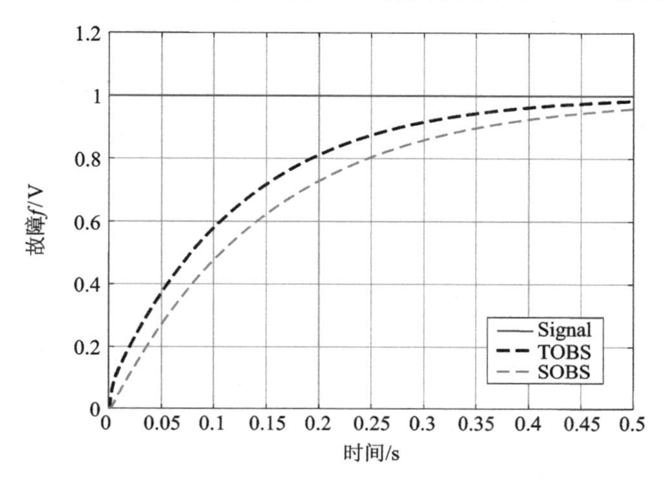

图 7.33　观测效果对比(常值型)

当系统出现常值型故障 $f=0.2\sin t$ V 时，对比 SOBS 和 TOBS 的观测效果，如图 7.34 所示。

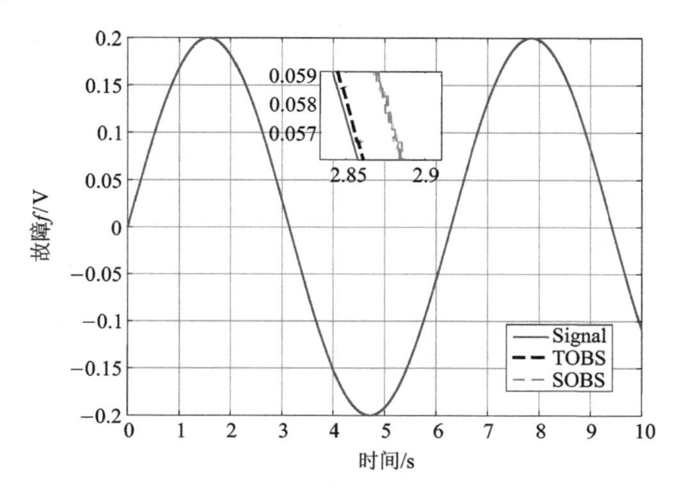

图 7.34　观测效果对比(时变型)

由图可知，TOBS 能够迅速地观测故障值，并且从本质上抑制了抖振，无须滤波处理。因此，TOBS 能够抑制抖振，避免相位滞后，提高了观测精度和观测速度，更适用于航空电动燃油泵容错控制。

采用基于趋近律的滑模控制 SMC，带抑制矩阵的积分滑模控制 ISMC，基于二

次型积分滑模面的组合滑模控制 QSMC,在航空电动燃油泵系统稳定后,$t=15$ s 时加入常值突变故障 $f=0.05$ V,对比 TOBS 和 SOBS 两种观测器下的容错效果。仿真结果如图 7.35~图 7.37 所示,图中 A 为基于二次型积分滑模面的组合滑模控制 QSMC,B 为基于趋近律的滑模控制 SMC,C 为带抑制矩阵的积分滑模控制 ISMC。

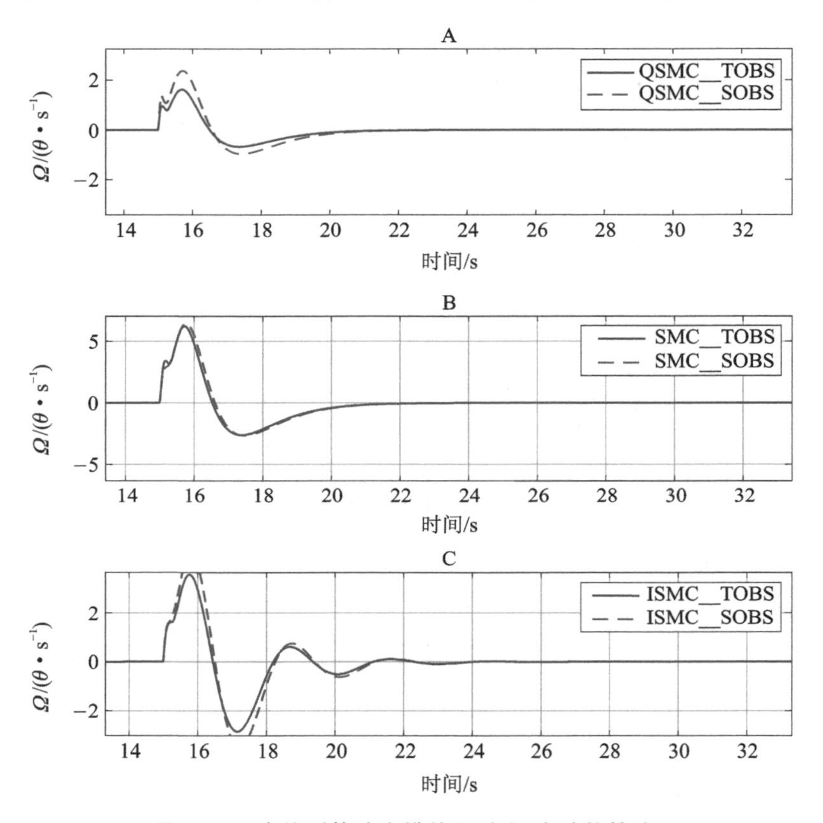

图 7.35 常值型故障容错效果对比(主动轮转速)

可以看出,SMC、ISMC、QSMC 均可在容错控制系统的作用下及时容错,保证系统稳定。相比之下,采用 TOBS 能够快速无抖振收敛,具有更好的观测效果和容错控制效果。TOBS 能够保证故障值无相位滞后的观测,这一优点在处理时变型故障时尤为突出。

系统在 SMC、ISMC、QSMC 的控制下,当闭环系统稳定后,在 $t=15$ s 时加入时变型故障 $f=0.05\sin t$ V 时,系统响应如图 7.38~图 7.40 所示。由图可知,SOBS 的相位滞后对于时变型故障的容错具有极大影响。由于观测的故障值始终滞后于实际故障,因此重构的控制律也滞后于系统故障。在故障随时间而波动时,系统容错控制效果不理想。由于从本质上抑制了抖振,TOBS 不具有相位滞后的缺点,故在应对时变型故障时,具有更理想的容错控制效果。

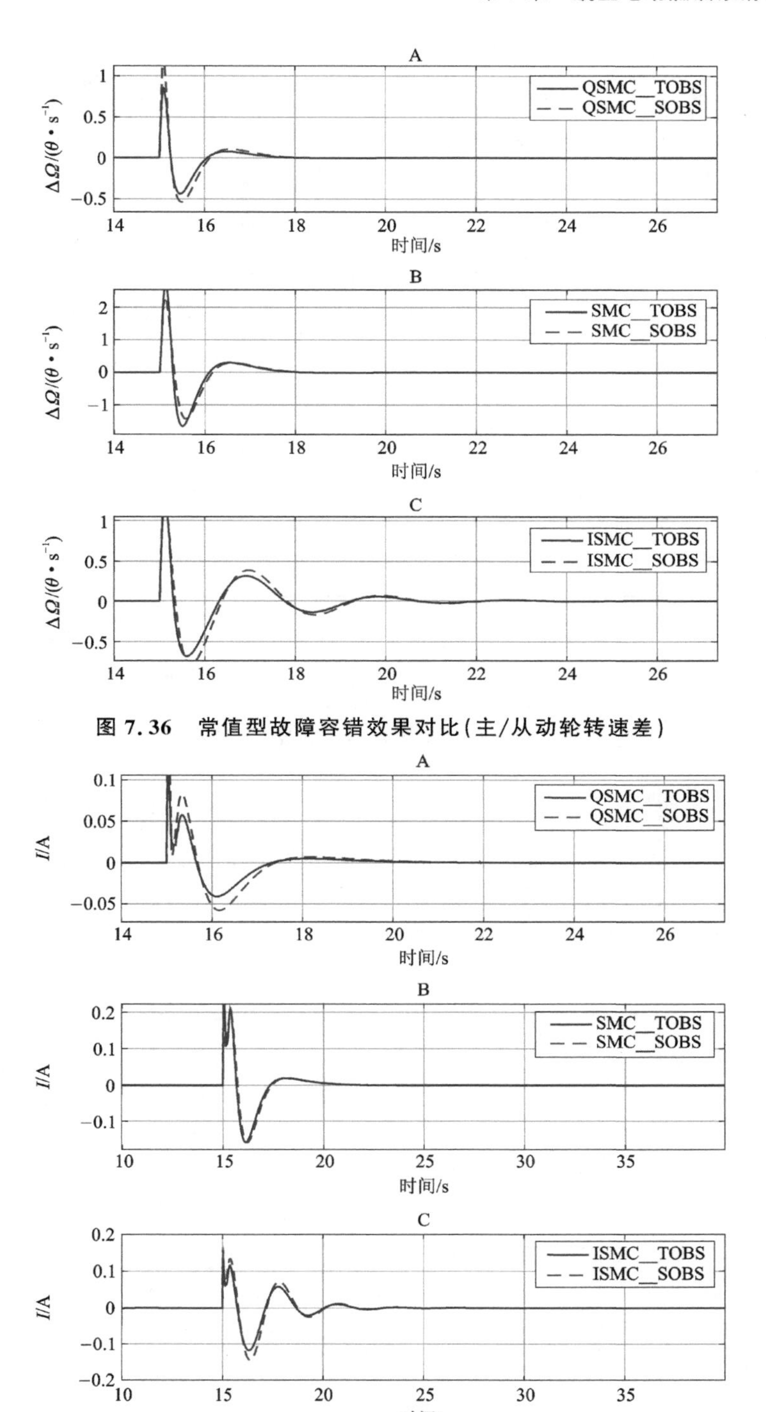

图 7.36　常值型故障容错效果对比(主/从动轮转速差)

图 7.37　常值型故障容错效果对比(电机电流)

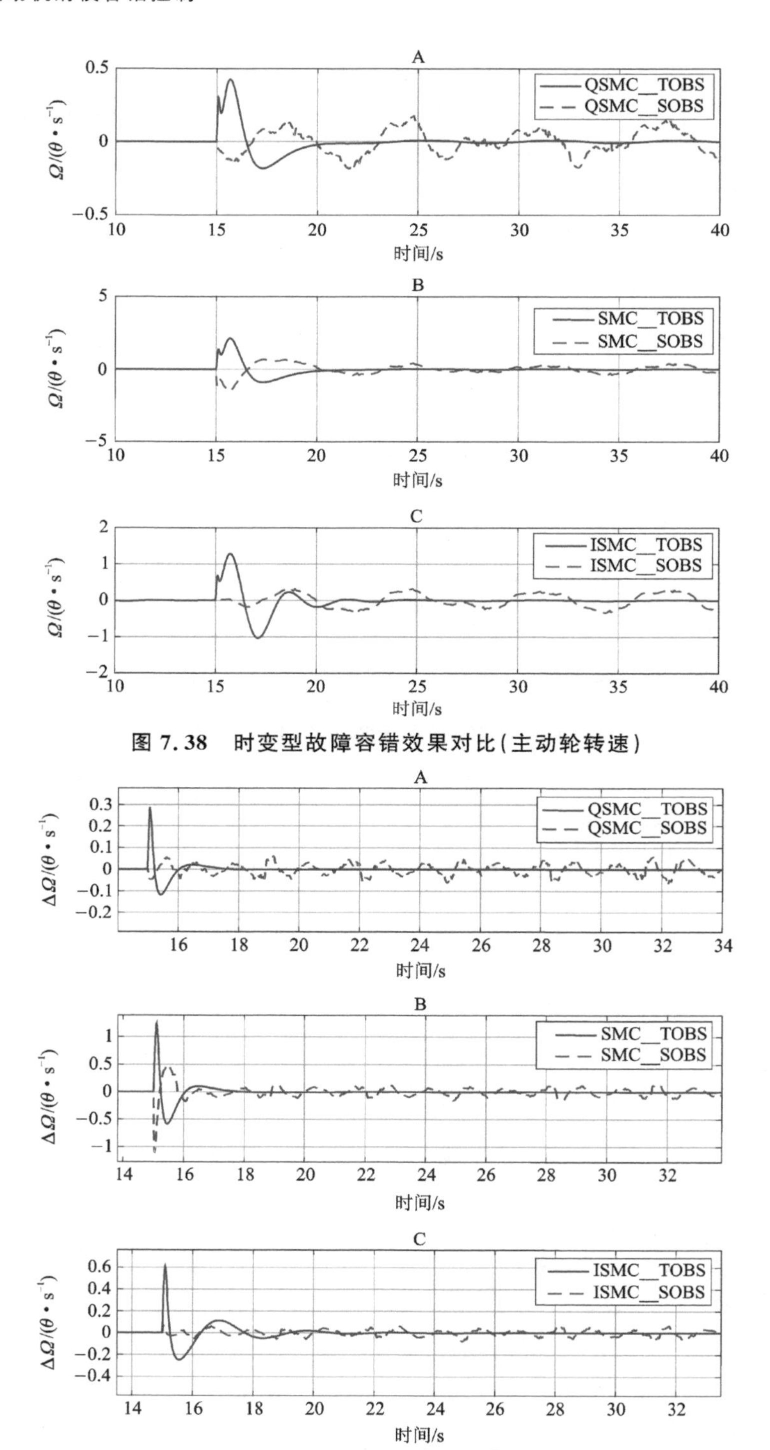

图 7.38 时变型故障容错效果对比(主动轮转速)

图 7.39 时变型故障容错效果对比(主/从动轮转速差)

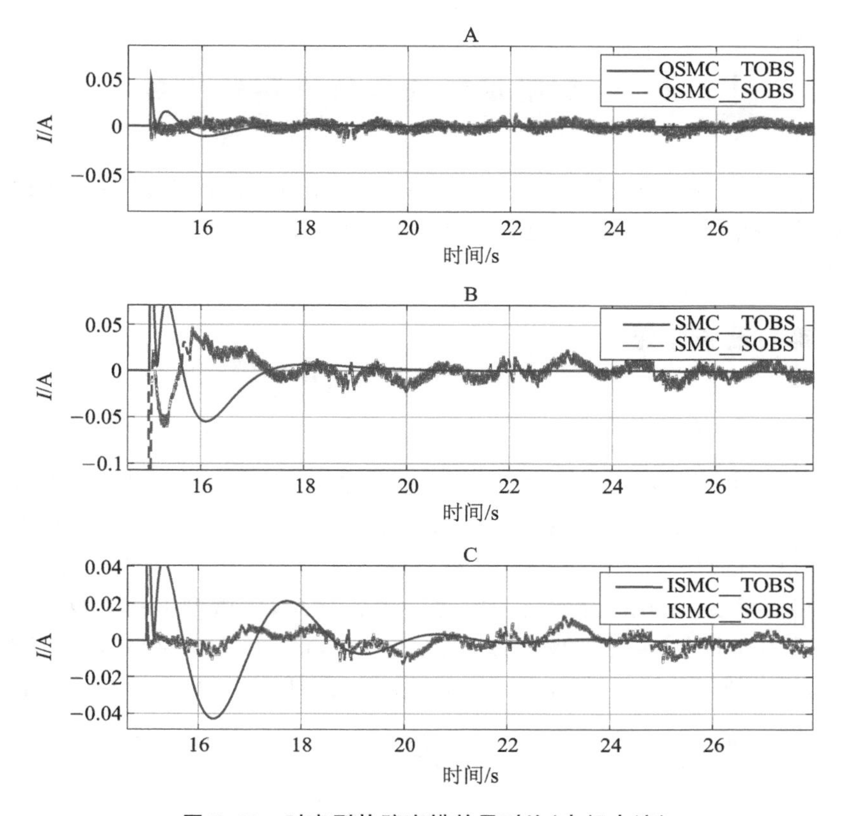

图 7.40　时变型故障容错效果对比(电机电流)

7.3.3　小　结

本节针对执行机构故障,设计了两种容错控制系统。其设计思路一致,即通过观测器的方法,在线实时地对执行机构故障进行估计,并将估计值补偿至控制律中,实现控制律重构,达到容错控制的目的。

(1) SOBS 容错控制系统

基于 Walcott - Zak 滑模观测器的容错控制系统 SOBS 能够迅速观测故障,观测误差能够迅速收敛。由于高频切换项的存在,故障的观测值需要进行滤波处理,因此造成相位滞后。这种相位滞后对时变型故障的容错带来极大影响。

(2) TOBS 容错控制系统

基于混合非奇异快速终端滑模观测器的容错控制系统 TOBS 能够无相位滞后的观测执行机构故障。由于采用混合非奇异快速终端滑模面,故观测误差能够在有限时间内快速收敛,并从本质上抑制了抖振。所观测的故障值无须经过滤波处理,即可用于控制律重构,提高了容错控制效果。这一优势在处理时变型故障时被放大。

7.4 航空电动燃油泵硬件实验平台

本节针对航空电动燃油泵系统，基于STM32和Raspberry Pi搭建了硬件实验平台。通过可视化交互软件，实现对系统开环控制、数据采集、状态监控等功能，为今后的验证实验打下基础。

7.4.1 实验设备介绍

1. Raspberry Pi

Raspberry Pi(见图7.41)中文名为树莓派，缩写为RPi，由注册于英国的慈善组织"Raspberry Pi基金会"带头开发。树莓派是世界上最小的台式机，又称卡片式电脑。其外形只有信用卡大小，却具有计算机的所有功能。树莓派推动了计算机科学及相关学科的发展，让硬件开发更为便利。其基于ARM微型电脑主板，以SD/Micro SD卡为内存硬盘，卡片主板具有4个USB口，1个以太网接口，可连接键盘、鼠标等外设，提供便捷的输入/输出方式。同时，板载HDMI输出及模拟信号输出。

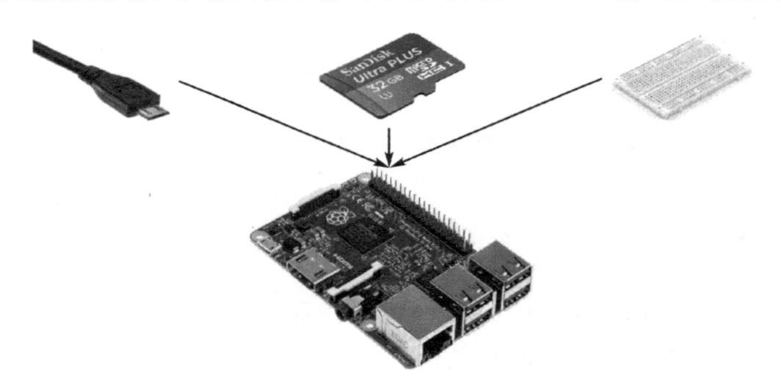

图7.41 Raspberry Pi

Raspberry Pi的主要技术参数如下：

CPU：ARM Cortex - A53；

内存：1 GB；

USB口：4个；

板载储存：Micro SD；

外设：40个通用I/O接口；

额定功率：800 mA·H；

操作系统：Linux；

编译语言：Python。

可见，相比于传统的单片机控制器，采用树莓派作为主控单元，具有更强的计算能力。能够实现在树莓派内计算控制量、收集数据、处理数据、可视化操作等一系列功能，打破了传统上位机-下位机的设定。同时，控制-采集-交互一体化的方案能够精简通信，增强系统的鲁棒性和实时性。丰富的 GPIO（通用 I/O 口）、HDMI 输出、USB 接口等极大地拓展了控制系统的可塑性。

(1) 电动泵系统

采用无刷直流电机与外啮合齿轮泵直接相连的电动燃油泵，其参数如下：

额定电压：12 V；

额定电流：0.7 A；

扬程：3 m；

最大流量：6.5 L/min。

(2) STM32

意法半导体（ST Microelectronics）集团于 1987 年 6 月成立，是意大利 SGS 微电子公司和法国 Thomson 半导体公司合并而成的。其 STM32 系列基于 ARM© Cortex® M 处理器内核，为 32 位闪存微控制器，为用户开辟了一个全新的自由开发空间，并提供了各种易于上手的软硬件辅助工具。

(3) Python 语言

Python 是一种计算机程序设计语言，是一种动态的、面向对象的脚本语言。其最初被设计用于编写自动化脚本（shell），随着版本的不断更新和语言新功能的添加，越来越多地被用于独立的、大型项目的开发。目前，Python 已成为一种易读、易维护，并且被大量用户所欢迎的、用途广泛的语言。

2. 控制软件

航空电动燃油泵控制软件由多个部分组成，见图 7.42。

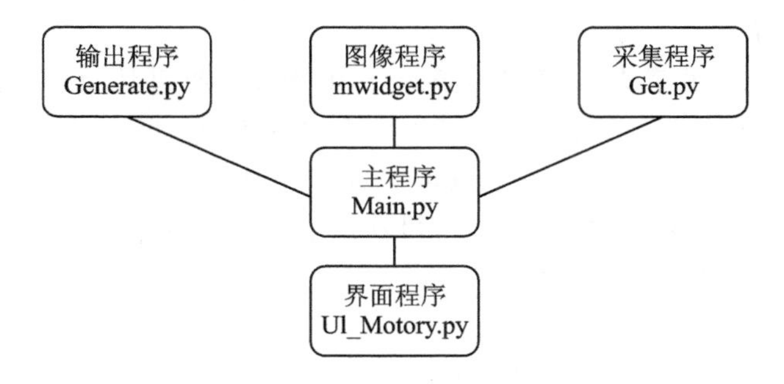

图 7.42　控制软件结构图

输出程序负责生成 PWM 信号，控制输出电压；采集程序负责调用传感器，A/D，采集系统状态。图像程序负责实时对系统状态进行监控，将系统状态进行作图并输出；界面程序提供一个可视化的输入/输出界面，方便对系统进行控制；主程序按周期,以多线程的方式调用不同的程序,实现控制。

7.4.2 实验系统结构

图 7.43 所示的航空电动燃油泵实验系统结构采用基于 Linux 系统的 Raspberry Pi 进行开发,达到了控制电机转速,采集和监控系统状态的作用。其实现方式如下:

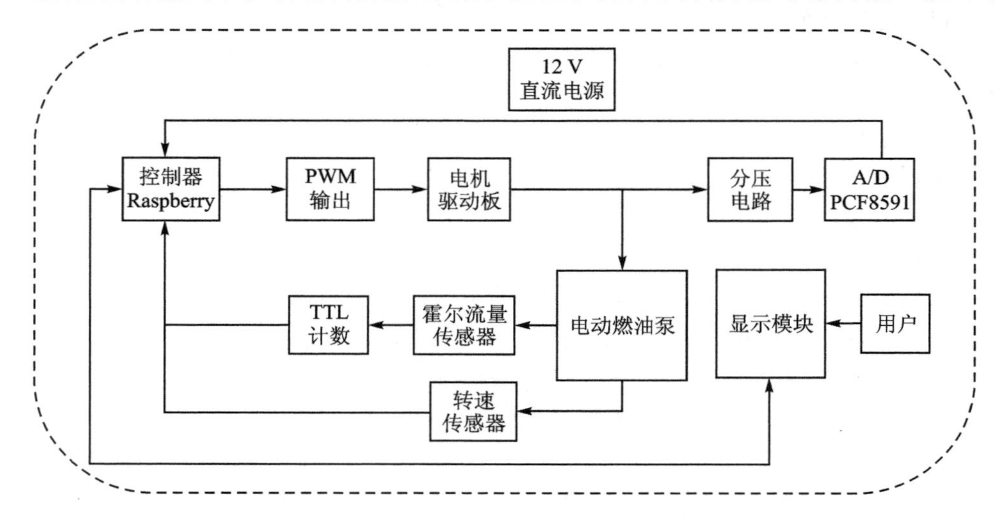

图 7.43 航空电动燃油泵实验系统结构

1. 采 集

(1) 转速采集

通过转速传感器,将电机的转速信号转为连续的 TTL 电平,通过对 TTL 进行计数,得到电机转速。

(2) 流量采集

将燃油泵出口接入霍尔流量传感器,排出的液体将推动传感器内涡轮,内置霍尔传感器将产生连续的 TTL 电平,通过对 TTL 电平计数,得到其频率。通过进行多组多次的开环实验,得到频率与对应流量的数据。由于流量与转速近似于正比例关系,因此将上述数据与多项式进行拟合,得到频率与流量的近似数学模型。通过该模型,可获得不同频率下的对应流量。

(3) 电压采集

将电机驱动板输出端电压接入压电路,使得分压后的电压在 A/D 转换器的许可范围内,将转换后的数据通过 I^2C 通信的方式传入 Raspberry Pi,并根据分压电路的设计进行放大,得到实际电压值。

注:由于 Raspberry Pi 本身计数效果不理想,因此计数由 STM32 执行,并将计数结果通过 I^2C 通信直接传输至 Raspberry Pi。

2. 输　出

(1) 控制量输出

通过 Raspberry Pi 的 GPIO 端口输出 PWM 信号至电机驱动板，并将驱动板输出电压采集回 Raspberry Pi。将输出和采集的差值通过 PID 之后，输出为 PWM 信号占空比，以控制电机驱动板的输出电压。

(2) 图像输出

在控制软件的用户界面(User Interface，UI)中，开辟了三个画布窗口，将采集到的系统状态(转速、电压、流量)实时的以曲线的形式展示在界面上，实现对系统状态的实时可视化监控。

(3) 文字输出

在控制软件的 UI 界面中，在画布窗口下方设置几个长条形文本框，将上一时刻的系统状态以数字量的形式展示在其中。

3. 用户输入

控制软件的 UI 界面为一个可视化的人机交互界面，通过该界面能够实现下达控制指令，实时监督控制系统状态。其界面如图 7.44 所示。

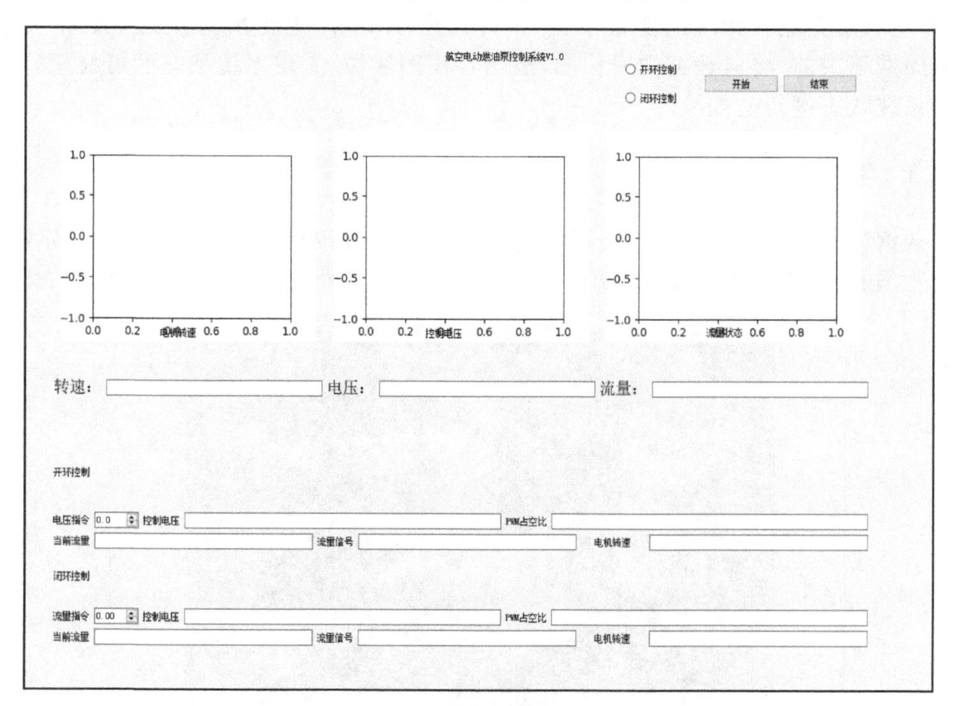

图 7.44　控制系统 UI 设计

(1) 下达指令

通过单选框选择开环控制或闭环控制,并单击“开始”键启动。

选择开环控制时,界面下开环控制区启用。输入电压指令信号(如 5.0 V),按“回车”键确定输入,控制器将输出 PWM 信号,在电机驱动板输出 5 V 电压。同时,采集系统当前状态,存储在相应变量中,并在控制电压、PWM 占空比、当前流量等文本框中显示。每一采样时刻的系统状态将保存在统计文件中。在单击“结束”键时,系统将保存所有数据,关闭存储文件,保证数据安全。同时,将系统输出电压清为零,保证系统安全。

选择闭环控制时,界面下闭环控制区启用。输入流量指令信号(如 12 V),按“回车”键确定输入,则控制器将进行闭环控制,电机驱动板输出控制电压,将燃油泵输出调节至 12 L/min。同时,采集系统当前状态,存储在相应变量中,并在控制电压、PWM 占空比、当前流量等文本框中显示。每一采样时刻的系统状态将保存在统计文件中。在单击“结束”键时,系统将保存所有数据,关闭存储文件,保证数据安全。同时,将系统输出电压清为零,保证系统安全。

注:系统输出控制电压具有上限,为 11.8 V。

(2) 状态监控

界面中具有 3 个作图区域,分别为转速图、电压图和及流量图。在每一个采样时刻,系统状态存储在相应的变量中,在采样周期结束后,将变量值存储至数据向量。在该周期结束前,将该数据向量作图,展示在作图区域,实现系统状态的可视化,动态地对系统状态进行监控。

7.4.3 实物效果展示

依据设计方法和思路,连接硬件系统,控制系统硬件接线图和实物图分别见图 7.45 和图 7.46,电动泵控制系统布局图见图 7.47。由于 Raspberry Pi 的 I/O 管

图 7.45 控制系统硬件接线图

脚对高频信号的采集效果不好，易出现漏数等情况，影响控制和反馈精度。因此，采用 STM32 执行对 TTL 信号的计数，并将结果直接通过 I^2C 通信传至 Raspberry Pi。

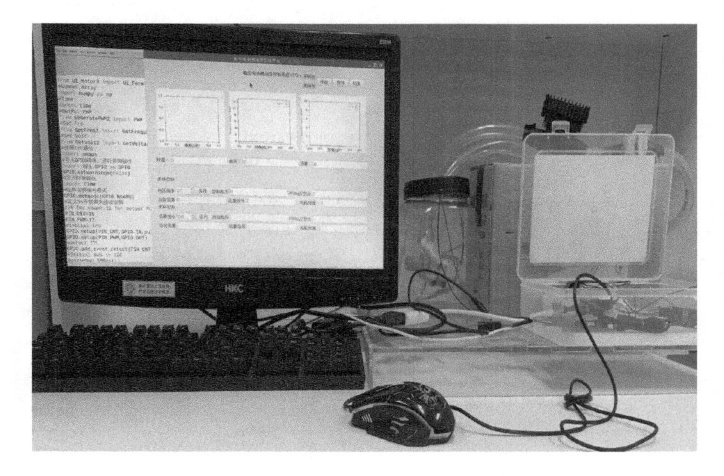

图 7.46　控制系统硬件实物图

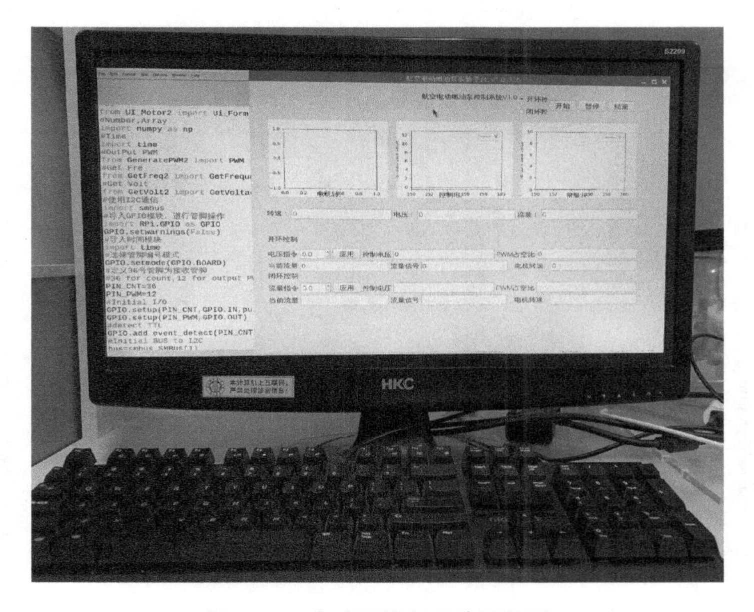

图 7.47　电动泵控制系统局部图

在系统中设定开环电压为 11.8 V(最大允许电压)时，采集电动泵系统流量阶跃响应，导出后得到系统流量阶跃响应，如图 7.48 所示。系统能够在 0.8 s 内快速稳定。

随后，对系统在一组连续阶跃变化电压下(10.5 V，9.5 V，8.5 V，10.5 V)进行实验，得到系统流量响应，如图 7.49 所示。

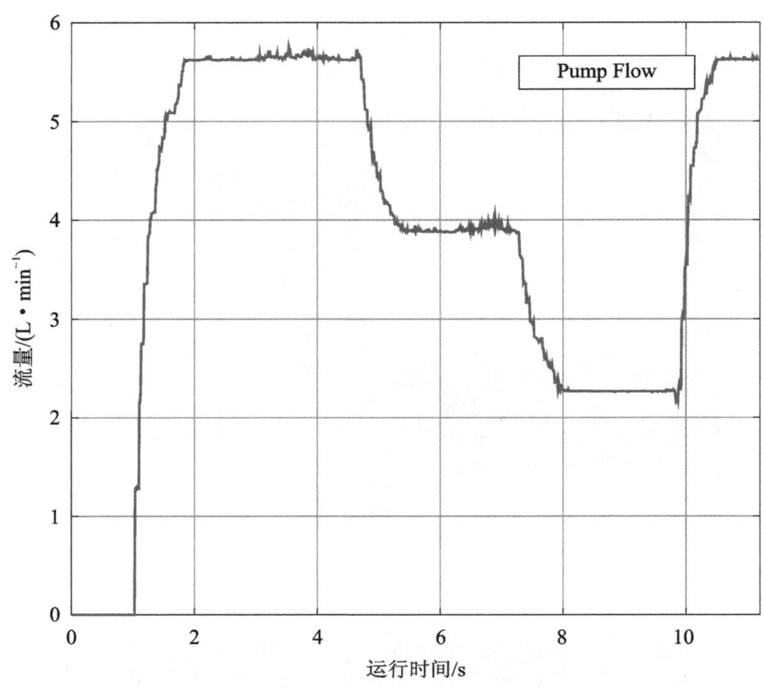

图 7.48　电动泵流量响应图(连续阶跃电压)

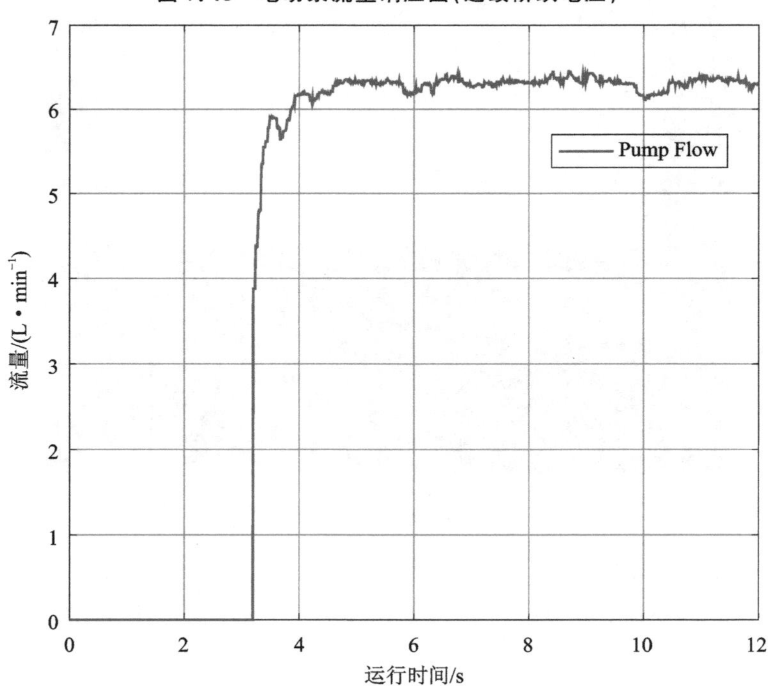

图 7.49　电动泵流量响应图(11.8 V 电压)

由实验结果可知，该系统能够实现电动泵的开环控制，并能够采集系统响应，对系统状态进行实时监控，为今后的闭环控制打下了基础。

7.4.4 小　结

本节研究了电动燃油泵控制系统的硬件实现，提出了控制系统的设计思路和硬件数据；采用 Raspberry Pi 和 STM32，搭建了电动燃油泵的控制系统。其中，Raspberry Pi 作为主要控制单元，通过 Python 设计了带有 UIv 的控制软件，界面程序可提供一个可视化的输入/输出界面，方便对系统进行控制。STM32 实现对 TTL 信号的计数，并将结果传输至 Raspberry Pi。该控制系统实现了系统状态采集、控制量输出、状态可视化监控等功能。最后，对一组连续阶跃变化的电压(10.5 V、9.5 V、8.5 V、10.5 V)进行实验，得到系统流量响应，验证了该控制系统的开环控制功能。

7.5　本章小结

本章针对多电发动机中的航空电动燃油泵系统进行了控制研究，研究的主要内容包括航空电动燃油泵系统建模，航空电动燃油泵滑模控制律设计、容错控制系统设计，以及基于 Raspberry Pi、STM32 的硬件实验平台设计。

7.2 节提出了一种基于二次型积分滑模面的组合滑模控制方法。在基于趋近律的滑模控制方法上，增加了非线性控制项，相比积分滑模控制方法，该方法保守性更小，鲁棒性更好。

7.3 节针对可能出现的执行机构故障进行了研究，设计了容错控制系统，提出了一种基于混合非奇异快速终端滑模观测器的容错控制方法，该方法能够无抖振的快速估计故障值，在理论上保证了估计值在有限时间内收敛。由于估计值无抖振，无须滤波处理，避免了相位滞后，容错控制效果提升明显。

7.4 节针对某型电动燃油泵，基于 Raspberry Pi 和 STM32 设计了硬件实验平台，实现了系统的开环控制、数据采集、可视地监控系统状态等功能，为验证算法打下了基础。

附　录

附录 1　发电机参数

简化的三相同步发电机，建模为 $R-L$ 阻抗后面的内部电压，定子绕组以 Y 形连接至内部中性点。

① 标称功率、线对线电压和频率[P_n(VA)　V_n(V)　f_n(Hz)]:[90×10^3　$115\sqrt{3}$　400]。

② 内阻[$R(\Omega)$　L(H)]:[0.020 4　$0.810\ 4\times10^{-3}$]。

附录 2　ATRU 参数

附录 2.1　三相绕组线性变压器

① 标称功率和频率[P_n(VA)　f_n(Hz)]:[250×10^6　400]。

② 绕组 1 参数[V_1(V)　$R_1(\Omega)$　L_1(H)]:[100　0　0]。

③ 绕组 2 参数[V_2(V)　$R_2(\Omega)$　L_2(H)]:[18　0　0]。

④ 绕组 3 参数[V_3(V)　$R_3(\Omega)$　L_3(H)]:[18　0　0]。

附录 2.2　通用桥路

电力电子器件:二极管;桥臂数量:3 个;缓冲电阻 $R_s(\Omega)$:1×10^5;缓冲电容 C_s(F):inf;$R_{on}(\Omega)$:1×10^{-3};L_{on}(H):0;正向电压 V_f(V):0。

附录 2.3　APF 参数

开关由与串联 RC 缓冲电路并联的门信号控制。内阻 $R_{on}(\Omega)$：0.001；初始状态(0 表示“打开”，1 表示“关闭”)：0；缓冲电阻 $R_{s}(\Omega)$：1×10^{5}；缓冲电容 $C_{s}(F)$：inf。

附录 2.4　DC/AC 逆变器参数

电力电子器件：IGBT/二极管；桥臂数量：3 个；缓冲电阻 $R_{s}(\Omega)$：1×10^{6}；缓冲电容 $C_{s}(F)$：inf；$R_{on}(\Omega)$：1×10^{-4}。

附录 2.5　VSG 参数

$P_{set}=8\ 000$，$J_{p}=0.057$，$D_{p}=2\ 000$，$\omega_{n}=2\pi\times400$，$Q_{set}=4\ 000$，$K_{Q}=20\ 000$，$D_{Q}=0.000\ 25$，$u_{n}=115$。

附录 2.6　AC 负载参数

标称相间电压 $V_{n}(V)$：$115\sqrt{3}$；标称频率 $f_{n}(Hz)$：400；有功功率 $P(W)$：4 000；感应无功功率 Q_{L}(正无功)：2 000。

附录 2.7　DC 负载参数

分支类型：RL；电阻(Ω)：50；电感(H)：1×10^{-3}。

参考文献

[1] 张卓然，于立，李进才，等. 飞机电气化背景下的先进航空电机系统[J]. 南京航空航天大学学报,2017,49(05):622-634.

[2] WHEELER P. Technology for the more and all electric aircraft of the future [C]//2016 IEEE International Conference on Automatica (ICA-ACCA). New York: IEEE, 2016.

[3] 严仰光，秦海鸿，龚春英. 多电飞机与电力电子[J]. 南京航空航天大学学报，2014，46(01)：11-18.

[4] QUIGLEY R E. More Electric Aircraft[C]//Applied power electronics conference and exposition. New York: IEEE, 1993.

[5] CUTTS S J. A collaborative approach to the more electric aircraft[C]// International Conference on Power Electronics, Machines and Drives. London: IET, 2002.

[6] WHEELER P, BOZHKO S. The more electric aircraft: technology and challenges[J]. IEEE electrification magazine, 2014, 2(4):6-12.

[7] CLOYD J S. Status of the United States Air Forceks more electric Aircraft initiative[J]. Aerospace & Electronic Systems Magazine IEEE, 1998, 13(4): 17-22.

[8] 严仰光，秦海鸿，龚春英,等. 多电飞机与电力电子[J]. 南京航空航天大学学报，2014，46(1):8.

[9] HOWSE M. All electric aircraft[J]. Power Engineer, 2003,17(4):35-37.

[10] ROSERO J A, ORTEGA J A, ALDABAS E, et al. Moving towards a more electric aircraft[J]. Aerospace & Electronic Systems Magazine IEEE, 2007, 22(3):3-9.

[11] MALDONADO M A, SHAH N M, CLEEK K J, et al. Power management and distribution system for a more-electric aircraft (MADMEL)-program sta-

tus[C]// IECEC-97 Proceedings of the Thirty-Second Intersociety Energy Conversion Engineering Conference. New York: IEEE, 2002.

[12] 吴志琨，李军，时瑞军. 多电航空发动机研究现况及关键技术[J]. 航空工程进展,2012,3(04): 463-467.

[13] PROVOST M J. The More electric aero-engine: a general overview from an engine manufacturer[C]// International Conference on Power Electronics, Machines and Drives. London: IET, 2002.

[14] GULDNER J. Sliding mode control in electro-mechanical systems[M]. Boca Roton: CRC Press, 2009.

[15] UTKIN V I. Sliding modes in multidimensional systems with variable structure[C]// Conference on Decision and Control including the 12th Symposium on Adaptive Processes. Nedw York: IEEE, 1973.

[16] UTKIN V I. Sliding Modes in control and optimization[J]. Communications & Control Engineering, 1992,189(3):1372-1379.

[17] DRAENOVI B. The invariance conditions in variable structure systems[J]. Automatica, 1969, 5(3):287-295.

[18] CHOI S B, KIM M S. New discrete-time, fuzzy-sliding-mode control with application to smart structures[J]. Journal of Guidance Control & Dynamics, 1971,20(5):857-864.

[19] LEWIS A S, SINHA A. Sliding mode control of mechanical systems with bounded disturbances via output feedback[J]. Journal of Guidance Control & Dynamics, 1971,22(2):235-240.

[20] GIRIJA P K, PRINCE A. Sliding mode observer based sensorless control of BLDC motor under DTC scheme[J]. International Journal of Advanced Research in Electrical Engineering and Instrumentation Engineering, 1970, 2(11):5679-5686.

[21] BREGER A M, BUTKOVSKII A G, KUBYSHKIN V A, et al. Sliding modes for control of distributed parameter entities subjected to a mobile multicycle signal[J]. Automation & Remote Control, 1980, 41(3):346-355.

[22] BREGER A M, Butkovskiy A G, Kubyshkin V A, et al. Sliding modes in control of distributed plants subjected to a mobile multicycle signal[J]. Avtomat Telemekh, 1980:72-83.

[23] ZHANG B T, PI Y G, LUO Y. Fractional order sliding-mode control based on parameters auto-tuning for velocity control of permanent magnet synchronous motor[J]. Isa Transactions, 2012, 51(5):649-656.

[24] BELTRAN B, AHMED A, BOUZID M E H. High-order sliding-mode con-

trol of variable-speed wind turbines[J]. IEEE Transactions on Industrial Electronics, 2009,56(9):3314-3321.

[25] SHKOLNIKOV I, SHTESSEL Y, LIANOS D, et al. Robust missile autopilot design via high-order sliding mode control[C]. AIAA Guidance, Navigation, and Control Conference and Exhibit. 2000.

[26] UTKIN V I, POZNYAK A S. Adaptive Sliding Mode Control[M]. Berlin: Springer, 2013.

[27] SUN X Q, CAI Y F, YUAN C C, et al. Fuzzy Sliding Mode Control for the Vehicle Height and Leveling Adjustment System of an Electronic Air Suspension[J]. Chinese Journal of Mechanical Engineering, 2018,31(1):25.

[28] MIN W, WU X, CHEN K, et al. Fuzzy Sliding Mode Control of Uncertainty Mechanical System with Second Order Approximation Accuracy[J]. Mechanical Science and Technology for Aerospace Engineering, 2018, 37(06): 915-920.

[29] 范其明，吕书豪. 移动机器人的自适应神经网络滑模控制[J]. 控制工程，2017，24(07)：1409-1414.

[30] 杨立. 基于二阶离散滑模观测器的锂电池 SOC 估计[J]. 电器与能效管理技术，2018(03):43-46+52.

[31] 楚晓艳，年晓红，刘静静. 基于鲁棒滑模观测器的多电机卷绕系统故障检测和隔离[J]. 控制理论与应用,2018,35(06):795-804.

[32] CASTANOS F, XU J X, FRIDMAN L. Integral Sliding Modes for Systems with Matched and Unmatched Uncertainties[J]. Lecture Notes in Control & Information ences, 2006:227-246.

[33] NIEDERLINSKI A. A heuristic approach to the design of linear multivariable interacting control systems[J]. Automatica, 1971,7(6):691-701.

[34] SILJAK D Å. Reliable control using multiple control systems[J]. International Journal of Control, 1980,31(2):303-329.

[35] PATTON R J. Fault tolerant Control: The 1997 Situation[J]. IFAC Proceedings Volumes, 1997, 30(18):1029-1051.

[36] 郑应平. 控制科学面临的挑战——专家意见综述[J]. 控制理论与应用，1987(3):3-11.

[37] BACON B J, OSTROFF A J, JOSHI S M. Nonlinear dynamic inversion reconfigurable controller utilizing afault tolerant accelerometer[C]// Digital Avionics Systems Conference. New York: IEEE, 2000.

[38] WU S F, GRIMBLE M J, WEI W. QFT based robust/fault tolerant flight control design for a remote pilotless vehicle[C]// IEEE International Confe-

rence on Control Applications. New York: IEEE, 1999.

[39] MENG Z, ZHANG W, YONG S. Reconfigurable Flight Control System Design using Eigenstructure Assignment and Particle Swarm Optimization Algorithm[C]// IEEE 2nd International Conference on Advanced Computer Control. New York: IEEE, 2010.

[40] GANGULI S, MARCOS A, BALAS G J. Reconfigurable LPV control design for Boeing 747-100/200 longitudinal axis[C]// American Control Conference. New York: IEEE, 2002.

[41] KALE M M. Stabilized MPC formulations for robust reconfigurable flight control[J]. Control Engineering Practice 2005, 13(6): 771-788.

[42] ZHANG Y, JIN J. Bibliographical review on reconfigurable fault-tolerant control systems[J]. Annual Reviews in Control, 2008, 32(2):229-252.

[43] 刘大响. 航空发动机——飞机的心脏[M]. 北京: 航空工业出版社, 2015.

[44] 潘阳. 涡轴发动机控制系统传感器故障诊断与容错控制[D]. 南京:南京航空航天大学, 2016.

[45] ZHANG S J. A Review of Aeroengine Control System[J]. Journal of Aerospace Power, 2004(03):375-382.

[46] THOMPSON H A, BENITEZ P H, LEE D, et al. A CANbus-based safety-critical distributed aeroengine control systems architecture demonstrator[J]. Microprocessors and Microsystems, 1999, 23(6):345-355.

[47] HIRST M, MCLOUGHLIN A, NORMAN P J, et al. Demonstrating the more electric engine: a step towards the power optimised aircraft[J]. IET Electric Power Applications, 2011, 5(1):3-13.

[48] 张书刚. 民用涡扇发动机在线健康诊断关键技术研究[D]. 西安:西北工业大学, 2014.

[49] 覃道亮, 何皑, 孔祥兴,等. 基于 UIO 的航空发动机控制系统传感器故障诊断[J]. 航空动力学报, 2011, 26(6):1396-1404.

[50] 马婷婷, 郭迎清. 基于离散小波变换的某型航空发动机故障诊断研究[J]. 计算机测量与控制, 2010, 18(02):272-275.

[51] 龚志飞, 郭迎清. 基于主元分析法的航空发动机传感器故障诊断研究[J]. 计算机测量与控制, 2012, 20(8):2017-2019.

[52] 殷锴, 钟诗胜, 那媛. 基于 BP 神经网络的航空发动机故障检测技术研究[J]. 航空发动机, 2017, 43(01):53-57.

[53] 侯宽新, 丁发军, 张道新国. 基于 DE-RLSSVM 算法的航空发动机传感器故障诊断[J]. 航空动力学报, 2014, 29(12):2930-2935.

[54] 徐启华, 李华聪. 基于 Riccati 方程的航空发动机鲁棒容错控制[J]. 航空动力

学报，2003，(03):440-443.

[55] 傅强. 航空发动机被动容错控制系统鲁棒性设计[J]. 测控技术，2013，32(05):32-34.

[56] HE A，TAN D，WANG X. A fault-tolerant control approach for aircraft engine using a bank of LMI-based UIO filters[C]// 2011 International Conference on Electronics，Communications and Control (ICECC). New York: IKEEE，Ningbo，2011:1206-1209.

[57] 朱子杰，黄向华. 基于反推方法的一类自适应神经网络容错控制[J]. 信息与控制，2010，39(05):531-535.

[58] SLOTINE J J E，HEDRICK J K，MISAWA E A. On sliding observers for nonlinear systems[C]// American Control Conference. Seattle WA: 2009: 1794-1800.

[59] XU K，WU F. Hybrid Temporal-Difference Algorithm Using Sliding Mode Control and Sigmoid Function[C]// Pacific Rim International Conference on Artificial Intelligence. Cham:Springer，2016:616-625.

[60] GHODKE D B，PARVAT B J，KADU C B，et al. Robust stability of nonlinear dynamic systems using sliding mode controller[C]// Fifth International Conference on Advances in Recent Technologies in Communication and Computing. New York: IEEE，2013:164-172.

[61] YANADA H，OHNISHI H. Frequency-shaped sliding mode control of an electrohydraulic servo-motor[J]. Proceedings of the Institution of Mechanical Engineers，Part Ⅰ: Journal of Systems and Control Engineering，213(6): 441-448.

[62] 高为炳，程勉. 变结构控制系统的品质控制[J]. 控制与决策，1989(04):1-6.

[63] 张维煜，朱烷秋. 飞轮储能关键技术及其发展现状[J]. 电工技术学报，2011，26(7):6.

[64] WEIßBACHER C，STELZER H，Hameyer K. Application of a Tubular Linear Actuator as an Axial Magnetic Bearing[J]. IEEE/ASME Transactions on Mechatronics，2010，15(4):615-622.

[65] GOTANDA H，AMANO R，SUGIURA T. Mode Coupling of a Flexible Rotor Supported by a Superconducting Magnetic Bearing Due to the Nonlinearity of Electromagnetic Force[J]. IEEE Transactions on Applied Superconductivity，2011，21(3):1481-1484.

[66] 嵇青华. 主动磁轴承参数设计及控制系统研究[D]. 镇江:江苏大学，2012.

[67] 李媛媛，朱熀秋，朱利东，等. 磁悬浮轴承发展及关键技术研究现状[J]. 微电机，2014，47(06): 69-73.

[68] NUNES E, PEIXOTO A J, OLIVEIRA T R, et al. Global exact tracking for uncertain MIMO linear systems by output feedback sliding mode control[J]. Journal of the Franklin Institute, 2014, 351(4):2015-2032.

[69] XIAO L, ZHU Y. Sliding mode output feedback control based on tracking error observer with disturbance estimator[J]. Isa Transactions, 2014, 53(4): 1061-1072.

[70] COUTINHO C L, OLIVEIRA T R, CUNHA, José Paulo V. S. Output-feedback sliding-mode control via cascade observers for global stabilization of a class of nonlinear systems with output time delay[J]. International Journal of Control, 2014, 87(11):1-11.

[71] MASLEN E H, et al. Fault Tolerant Magnetic Bearings[J]. Journal of Engineering for Gas Turbines and Power, 1999, 121(3):504-508.

[72] 纪历. 高可靠磁悬浮轴承数字控制器的研究[D]. 南京:南京航空航天大学,2009.

[73] 崔东辉. 高可靠磁悬浮轴承系统关键技术研究[D]. 南京:南京航空航天大学,2010.

[74] 侯勇, 王磊. 5 自由度主动磁悬浮轴承的积分滑模变结构控制[J]. 轴承, 2017, 5(04):16-20.

[75] 崔东辉, 徐龙祥. 主动磁悬浮轴承位移传感器故障识别[J]. 中国机械工程, 2009,20(23):2880-2885.

[76] ALAN I, LIPO T A. Starter/generator employing resonant-converter-fed induction machine II. hardware prototype[J]. IEEE Transactions on Aerospace and Electronic Systems, 2000, 36(4): 1319-1329

[77] FERREIRA C, JONES S, HEGLUND W, et al. Detailed design of a 30-k W switched reluctance starter/generator system for a gas turbine engine application[J]. IEEE Transactions on Industry Applications, 1995, 31(3): 553-561.

[78] 刘闯, 周波, 严仰光. 一种新型的双凸极起动 /发电机的研究及实践 [J]. Chinese Journal of Aeronautics, 2002, 15(3): 150-155

[79] 张卓然, 杨善水, 陈志辉, 等 . 一种新型双凸极起动发电系统电压调节器设计[J]. 电力电子技术, 2004, 38(3): 76-78

[80] ZHANG L, HU Y, HUANG W. Research on DTC control strategy of induction starter/generator system[C]// Proceedings of the Eighth International Conference on Electrical Machines and Systems. New York: IEEE, 2005: 1528-1533.

[81] 胡育文, 黄文新, 张兰红. 异步电机起动/发电系统的研究[J]. 电工技术学报, 2006, 21(5): 7-13.

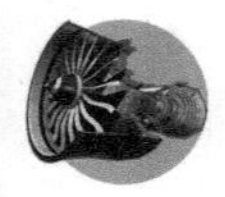

[82] 张兰红，胡育文，黄文新. 异步电机起动/发电系统起动向发电的转换研究[J]. 航空学报，2005，26(3)：356-361.

[83] 黄文新，张兰红，胡育文. 18 kW 异步电机高压直流起动发电系统设计与实现[J]. 中国电机工程学报，2007，27(12)：52-58.

[84] 李亚楠. 三级式同步电机变频交流起动/发电系统的研究[D]. 南京:南京航空航天大学,2011.

[85] 徐轶昊，朱晓晴，刘闯，等. 新型切向/径向磁路并联混合励磁同步电机[J]. 中国电机工程学报，2010，30(36)：53-58.

[86] ZHANG Z，YAN Y，YANG S，et al. Principle of operation and feature investigation of a new topology of hybrid excitation synchronous machine[J]. IEEE transactions of magnetics，2008，44(9):2174-2180.

[87] 张卓然. 新型混合励磁同步电机特性研究[D]. 南京:南京航空航天大学，2008.

[88] 马鹏，刘卫国，骆光照. 一种三级式航空无刷同步电机起动控制策略[J]. 电机与控制学报，2012，16(11)：29-32.

[89]焦宁飞，刘卫国，张华，等. 一种变励磁无刷同步电机最大转矩电流比控制方法[J]. 微特电机，2013，41(01):4-6.

[90]张新伟,骆光照,马升潘,等.一体化起动/发电机起动控制器设计[J].微特电机，2013,41(01):35-39.

[91] 沐杨. 混合励磁变频交流起动发电控制器设计与研究 [D]. 南京:南京航空航天大学，2016.

[92] PUVAN A，CHRIS. Permanent Magnet Starter-Generator for Aircraft Application [J]. SAE，2014.

[93] SERHIY B，SEANG S Y，FEI G，et al. Control Design for Electric Starter-Generator Based on a High-Speed Permanent-Magnet Machine Fed by an Active Front-End Rectifier [C]. Sae Technical Papers，2014.

[94] 高毅军，黄金泉，唐世建. 基于分布式控制的航空发动机电动燃油泵方案研究[J]. 燃气涡轮试验与研究，2012,25(S1)：36-40.

[95] 徐建，杨刚，胡文霏. 根轨迹法在燃油控制回路 PI 控制器参数设计中的应用[J]. 航空发动机，2016,42(04)：17-20.

[96] NILS T，STUMP P B，THIELECKE F. A Robust Pressure Controller for a Variable Speed AC Motor Pump—Application to Aircraft Hydraulic Power Packsges[C]// Proceedings of the BATH/ASME 2018 Symposium on Fluid Power and Motion Control，September 12-141，2018. Bath：2018-8868.

[97] 徐敏. 航空电动燃油泵级联预测控制研究[D]. 南京：南京航空航天大学，2020.

[98] MECROW B C, JACK A G, ATKINSON D J, et al. Design and Testing of a Four-Phase Fault-Tolerant Permanent-Magnet Machine for an Engine Fuel Pump[J]. IEEE Transactions on Energy Conversion, 2004,19(4): 671-678.

[99] 丁润泽. 航空电动燃油泵滑模容错控制研究[D]. 南京: 南京航空航天大学, 2018.

[100] DING R, XIAO L, JIN X. Robust Control for Electric Fuel Pump with Variant Nonlinear Loads Based on a New Combined Sliding Mode Surface[J]. International Journal of Control, Automation and Systems, 2019,17(3): 716-728.

[101] POOJA K K, PREETHI R, SUMATHA V P, et al. Closed Loop Fuel Control of Aero Engine[J]. International Journal of Advanced Research in Electronics and Communication Engineering, 2015,4(5): 1404-1410.

[102] LI H Y, GAO H J, SHI P, et al. Fault-tolerant control of Markovian jump stochastic systems via the augmented sliding mode observer approach[J]. Automatica, 2014,50, 1825-1834.

[103] KOMMURI S K, RATH J J, VELUVOLU K C, et al. Decoupled current control and sensor fault detection with second-order sliding mode for induction motor[J]. Control Theory and Applications Iet, 2015, 9(4):608-617.

[104] SONG Y D, LU Y, GAN Z X. Descriptor Sliding Mode Approach for Fault/Noise Reconstruction and Fault-tolerant Control of Nonlinear Uncertain Systems[J]. Information Sciences, 2016:194-208.

[105] XIAO L F, DU Y B, HU J X, et al. Sliding mode fault tolerant control with adaptive diagnosis for aircraft engines[J]. International Journal of Turbo and Jet-Engines, 2018, 35(01):49-57.

[106] GAO Y, WU L, SHI P, et al. Sliding mode fault - tolerant control of uncertain system: A delta operator approach[J]. International Journal of Robust and Nonlinear Control, 2017, 27:4173-4187.

[107] YIN S, YANG H, KAYNAK O. Sliding Mode Observer-Based FTC for Markovian Jump Systems With Actuator and Sensor Faults[J]. IEEE Transactions on Automatic Control, 2017, 62: 3551-3558.

[108] 张晨阳. T-MATS模块在航空发动机仿真中的应用研究[J]. 科技经济导刊, 2019(7):2.

[109] XUE D, ZHAO C, CHEN Y Q. A Modified Approximation Method of Fractional Order System[C]// IEEE International Conference on Mechatronics and Automation. New York: IEEE, 2006.

[110] OYORI H, MORIOKA N. Integrated power management system for the

More Electric Aircraft[C]// 51st AIAA Aerospace Sciences Meeting including the New Horizons Forum and Aerospace Exposition. Reston: AIAA, 2013.

[111] DUNHAM W, HENCEY B, KOLMANOVSKY I, et al. Predictive propulsion and power control for large transient power loads in a More Electric Aircraft[C]// 2017 American Control Conference (ACC). New York: IEEE, 2017.

[112] ZHANG Y, PENG G, BANDA J K, et al. An Energy Efficient Power Management Solution for a Fault-Tolerant More Electric Engine/Aircraft[J]. IEEE Transactions on Industrial Electronics, 2018, 66(7):5663-5675.

[113] 黄金泉. 现代航空动力装置控制[M]. 3 版. 北京:航空工业出版社,2018.

[114] RASMUSSEN. Advanced Control of Turbofan Engines[M]. Berlin: Springer, 2013.

[115] MIRJALILI S, MIRJALILI S M, LEWIS A D. Grey Wolf Optimizer[J]. Advances in Engineering Software, 2014, 69:46-61.

[116] WHEELER P, BOZHKO S. The More Electric Aircraft: Technology and challenges. [J]. IEEE Electrification Magazine, 2014, 2(4):6-12.

[117] WU H, RUAN X, YANG D, et al. Small-Signal Modeling and Parameters Design for Virtual Synchronous Generators[J]. IEEE Transactions on Industrial Electronics, 2016, 63(7):1-1.

[118] LI P, HU W, XU X, et al. A frequency control strategy of electric vehicles in microgrid using virtual synchronous generator control[J]. Energy, 2019, 189:116389.

[119] CHEEMA K M. A comprehensive review of virtual synchronous generator [J]. International Journal of Electrical Power and Energy Systems, 2020, 120:106006.

[120] 韩京清, 王伟. 非线性跟踪—微分器[J]. 系统科学与数学, 1994,(2): 177-183.

[121] GAO Z. Scaling and bandwidth-parameterization based controller tuning [C]// Proceedings of the American Control Conference. New York: IEEE, 2006, 6: 4989-4996.

[122] XIE L. Robust and adaptive variable structure output feedback control of uncertain systems with input nonlinearity[J]. Automatica, 2008, 44(2): 552-559.

[123] 高为炳. 变结构控制理论基础[M]. 北京:中国科学技术出版社, 1990.

[124] FALLAHA C J, SAAD M, KANAAN H Y, et al. Sliding-Mode Robot

Control With Exponential Reaching Law[J]. IEEE Transactions on Industrial Electronics, 2011, 58(2):600-610.

[125] DEVIKA K B, THOMAS S. Power rate exponential reaching law for enhanced performance of sliding mode control[J]. International Journal of Control Automation and Systems, 2017, 15(6):2636-2645.

[126] WALCOTT B L, ZAK S H. Combined observer-controller synthesis for uncertain dynamical systems with applications[J]. IEEE Transactions on Systems, Man, and Cybernetics, 1988, 18(1):88-104.